Serie Interespecies

Sexto libro de la serie «Interespecies», dirigida por Jorge Carrión, que se propone abordar las claves culturales, sociológicas, tecnológicas y científicas de nuestra época.

Títulos publicados:

Meg Lowman

La arbonauta

Una vida explorando el octavo continente

Prólogo de
Vicente Guallart

Traducción de
Teresa Bailach Arrate

Galaxia Gutenberg

Título de la edición original:
The Arbonaut. A Life Discovering the Eighth Continent in the Trees Above Us
Traducción del inglés: Teresa Bailach Arrate

Publicado por
Galaxia Gutenberg, S.L.
Av. Diagonal, 361, 2.º 1.ª
08037-Barcelona
info@galaxiagutenberg.com
www.galaxiagutenberg.com

Primera edición: mayo de 2026

© Margaret Lowman, 2021
© de las ilustraciones: Na Kim, 2021
Publicado según acuerdo con Farrar, Straus and Giroux, Nueva York
© de la traducción: Teresa Bailach Arrate, 2026
© del prólogo: Vicente Guallart
© Galaxia Gutenberg, S.L., 2026

Preimpresión: Maria Garcia
Impresión y encuadernación: Romanyà-Valls
Plaça Verdaguer n.º 1, 08786-Capellades
Depósito legal: B 581-2026
ISBN: 979-13-87605-79-7

Dedico este libro a esos héroes planetarios de toda la vida: los árboles. Ojalá mi pasión por estos frondosos gigantes inspire a quien lea estas páginas a compartir la fascinación por nuestro octavo continente, y quizá así podamos salvarlo juntos. Un efusivo agradecimiento a Eddie y a James por escalar con una sonrisa un sinfín de bosques con su madre.

Índice

❧ ☙

Prólogo

~❧ ☙~

Árboles, bosques, ciudades

Meg Lowman es una arbonauta, una científica que navega por los árboles y que se ha pasado media vida subida a ellos, tratando de entender cómo funciona la vida en la parte alta de los bosques, el llamado dosel forestal, la capa superior de hojas y ramas que forman las copas entrelazadas. Su vida la ha dedicado a la ciencia, produciendo conocimiento e inspirando a otros.

Yo soy uno de esos que se quedaron fascinados por la valentía y el emprendimiento de alguien que ha decidido dedicar su vida a investigar un nuevo ámbito de estudio para la biología y la ecología, la *canopy biology*, de la cual es pionera. Conocí a Meg en el año 2010, cuando ambos fuimos miembros del jurado de los premios Rolex Awards for Enterprise, un programa global que reconoce y apoya a jóvenes emprendedores (de entre dieciocho y treinta años) con proyectos innovadores en áreas como la ciencia, la tecnología, el medio ambiente y la conservación, otorgando financiación y visibilidad internacional para desarrollar sus iniciativas de impacto social y ambiental. Quedé fascinado por el premio, por algunos jóvenes y, sobre todo, por la pasión con la que Meg hablaba de su trabajo.

El trabajo de Meg Lowman, conocida como "Canopy Meg", es altamente singular dentro de la ecología contemporánea. No tanto por haber descubierto nuevos bosques –que no los descubrió– sino por haber cambiado el punto de vista desde el que los observamos. Su aportación principal ha sido desplazar la mirada científica desde el suelo hacia el dosel forestal, una zona boscosa que durante décadas permaneció prácticamente inexplorada y que hoy sabemos que concentra una parte decisiva de la biodiversidad terrestre.

Esta decisión metodológica, que podría parecer simplemente técnica, tuvo consecuencias profundas. Estudiar el dosel implicaba desarrollar nuevas herramientas, nuevas formas de acceso, nuevas escalas de observación y, sobre todo, aceptar que una parte esencial del funcionamiento de los bosques había quedado fuera del marco habitual de la investigación. Meg fue una de las primeras científicas en asumir ese reto de manera sistemática, convirtiendo una intuición (la importancia ecológica de las copas de los árboles) en un campo de estudio reconocido.

Meg Lowman obtuvo su doctorado en Biología en la Universidad de Yale a comienzos de la década de 1980, tras una etapa de investigación de campo en Australia, donde investigó los procesos que experimentan los bosques de eucaliptos. Aquellos estudios no sólo aportaron datos inéditos, sino que ayudaron a comprender fenómenos de degradación forestal que no podían explicarse a partir de observaciones realizadas a nivel del suelo. De ahí en adelante, su carrera se desarrolló entre la investigación de campo, la docencia universitaria y la divulgación científica, siempre con el dosel forestal en el centro de sus observaciones y aportaciones.

Esa trayectoria queda reflejada en una serie de libros que han marcado distintas etapas de su trabajo. *Forest Canopies* (1994), coeditado con otros investigadores, es probablemente el más influyente desde el punto de vista académico: un volumen que sistematiza métodos, conceptos y hallazgos, y que establece las bases de la ecología del dosel como disciplina. Años más tarde, *Life in the Treetops* (2013) ensanchó ese marco hacia un público más amplio, combinando ciencia, experiencia de campo y reflexión sobre conservación. *The Arbornaut* (2021), finalmente, adopta una forma más personal, sin abandonar el rigor, y funciona como síntesis de una vida profesional dedicada a comprender los bosques desde una perspectiva vertical.

Pero la aportación de Meg Lowman no se limita a la producción de conocimiento. En un momento determinado de su carrera aparece una pregunta que atraviesa todo este libro: ¿Qué ocurre con ese conocimiento una vez producido? ¿Cómo se traduce en protección efectiva de los ecosistemas? ¿Cómo llega más allá del ámbito académico? De esa preocupación surge la creación de la Fundación TREE y, posteriormente, de la iniciativa Mission Green. No como una extensión institucional de la universidad, sino como una estructura operativa orientada a la conservación activa de bosques de alta biodiversidad. Su enfoque está centrado en proteger ecosistemas concretos mediante una combinación de investigación científica, educación ambiental, infraestructuras ligeras y colaboración con comunidades locales. Y para ello ideó la construcción de un sistema de pasarelas que hiciera accesible al gran público la parte alta de los árboles, con seguridad, pero también con respeto al paisaje y a los ecosistemas.

En la práctica, estas pasarelas constituyen una infraestructura mínima pero estratégica, situada en el punto exacto donde la ciencia, la pedagogía y la conservación se refuerzan mutuamente. A diferencia de otras intervenciones en espacios naturales, no buscan dominar el paisaje ni convertirlo en espectáculo, sino hacer accesible una capa del bosque históricamente inaccesible, sin alterar su funcionamiento ecológico.

En los orígenes de su investigación, Meg participó en la creación de sistemas de acceso al dosel forestal en Australia que permitían estudiar de forma continuada los bosques de eucaliptos. Estos dispositivos –basados en plataformas ligeras, cables y estructuras suspendidas– hicieron posible observar directamente procesos como la herbivoría, el estrés hídrico o la regeneración foliar, revelando dinámicas que no podían detectarse desde el suelo.

En la Amazonía peruana, la fundación impulsó pasarelas de dosel forestal asociadas tanto a centros de investigación como a programas educativos y de ecoturismo responsable. Aquí, el acceso al dosel

permitió documentar la extraordinaria biodiversidad de las copas
–insectos, epífitas, aves– y, al mismo tiempo, ofrecer a estudiantes y
visitantes una experiencia directa del funcionamiento del ecosistema tropical. La construcción se realizó con materiales ligeros, combinando madera local tratada y sistemas de suspensión mediante
cables, y con la participación de mano de obra local, reforzando el
vínculo entre conservación y economía del territorio.

En la Reserva de la Biosfera Penang Hill, en Malasia, la fundación impulsó la creación de una pasarela integrada en un entorno
de excepcional valor ecológico y paisajístico. Este sistema de acceso
elevado permitió estudiar y hacer visible la extraordinaria biodiversidad de las copas del bosque tropical y, al mismo tiempo, ofrecer a
investigadores, estudiantes y visitantes una experiencia directa del
funcionamiento del ecosistema desde una perspectiva vertical.
En 2021, Penang Hill fue reconocida como Reserva de la Biosfera
por la UNESCO, consolidando este enfoque como un referente internacional de protección activa del bosque tropical y de integración entre ciencia, territorio y sociedad.

Un caso particularmente significativo es el de Parque Estatal
Myakka River, en Florida, donde Meg estuvo directamente impli-
cada en el desarrollo de una de las primeras pasarelas de dosel accesibles al público en Estados Unidos. En este contexto, la pasarela
actúa como una infraestructura educativa, integrada en un parque
natural frecuentado por miles de visitantes al año. Su impacto no se
mide sólo en términos de investigación científica, sino en la capacidad de transformar la percepción del bosque por parte del público
general, introduciendo una comprensión tridimensional del ecosistema.

En Etiopía, aunque las pasarelas son más limitadas o puntuales,
el concepto de acceso al dosel se integra en un proyecto más amplio
de protección de los bosques iglesia. Allí, el énfasis no está tanto en
la espectacularidad del recorrido como en su valor pedagógico para
científicos locales, estudiantes y comunidades, reforzando la idea
de que estos fragmentos de bosque contienen una complejidad ecológica que merece ser estudiada y preservada.

En todos los casos, las pasarelas funcionan como un dispositivo intermedio: no sustituyen al bosque ni lo interpretan por completo, pero permiten aproximarse a él de una manera informada y responsable. Es una arquitectura deliberadamente discreta, diseñada para desaparecer en el uso cotidiano, pero capaz de generar conocimiento, conciencia y compromiso a largo plazo. En ese sentido, estas estructuras resumen con precisión la lógica de la fundación de Meg Lowman: intervenir lo mínimo imprescindible para comprender lo máximo posible.

Este modo de operar revela también aspectos importantes de la dimensión personal de la autora de este libro. A lo largo de su carrera ha trabajado en contextos muy diversos, combinando investigación, gestión, divulgación y vida familiar. Ha desarrollado su trayectoria en un entorno científico donde el trabajo de campo prolongado y la exploración física han estado tradicionalmente asociados a modelos masculinos. Sin convertirlo en un eje discursivo central, *La arbonauta* deja constancia de esa experiencia y de su compromiso con la formación de nuevas generaciones de científicas.

El tono del libro evita tanto la épica como el alarmismo. Meg no presenta los bosques como espacios intocados ni como paisajes románticos, sino como sistemas complejos en interacción constante con las sociedades humanas. Su propuesta de conservación no pasa por la exclusión, sino por el conocimiento, el acceso responsable y la implicación directa.

En ese sentido, este libro puede leerse también como un texto relevante para disciplinas que van más allá de la ecología. Arquitectura, planificación territorial, educación o políticas públicas encuentran aquí una lógica común: hay que intervenir con precisión, es necesario comprender antes de transformar y se debe asumir que la sostenibilidad no es sólo una cuestión técnica, sino cultural.

El trabajo científico de Meg Lowman se ha desarrollado a lo largo de más de cuatro décadas y ha tenido un impacto decisivo en la manera en que hoy entendemos los ecosistemas forestales. Su contribución principal no se limita a resultados concretos, sino a la construcción de un nuevo campo de estudio: la ecología del dosel forestal. A través de investigación empírica, publicaciones clave, liderazgo institucional y una intensa actividad académica y divulgativa, Lowman ha ampliado tanto el conocimiento científico como su transferencia a la sociedad.

Cuantifica y define sus objetivos personales a partir de la propuesta de orientar a diez millones de niños, vender diez millones de libros, hablar frente a diez mil líderes corporativos, conservar diez millones de acres de bosque y establecer diez pasarelas en diez bosques de alta biodiversidad donde las mujeres y las familias indígenas puedan obtener un ingreso sostenible a partir del ecoturismo en lugar de la tala de árboles.

También ha desarrollado una importante labor institucional como gestora cultural de alto nivel. Fue la directora fundadora del Centro de Investigación de la Naturaleza (NRC) del Museo de Ciencias Naturales de Carolina del Norte, en Raleigh. En ese cargo, Lowman no se limitó a la dirección científica: supervisó un proceso integral que incluyó la puesta en marcha del centro, apoyo a la construcción y al *fundraising*, la definición de programas y la contratación de un equipo de científicos orientado a integrar investigación puntera con comunicación científica para públicos amplios. Como arquitecto jefe de la ciudad de Barcelona, tuve la suerte de participar en el maratón científico de veinticuatro horas organizado durante su inauguración en 2013, donde presenté las estrategias ambientales de la ciudad y el desarrollo de su organización por capas, que quería ofrecer un modelo universal de anatomía urbana. Me sorprendió el carácter híbrido del proyecto, porque contiene un centro de investigación con vocación pública dentro de un museo estatal, diseñado para hacer visible la ciencia en tiempo real y conectar universidades, colecciones científicas, laboratorios y divulgación. En este marco, Meg impulsó colaboraciones con el sistema universitario de Carolina del Norte y reforzó la idea –muy presente en *La Arbonauta*– de que la conservación necesita instituciones capaces de traducir conocimiento en cultura pública.

Tras poner en marcha este centro en Raleigh, fue jefa de Ciencia y Sostenibilidad (*Chief of Science and Sustainability*) en la Academia de Ciencias de California, situada en un nuevo edificio icónico realizado por el arquitecto Renzo Piano, donde siguió impulsando la investigación sobre la ecología de los doseles arbóreos, promoviendo la conservación y conectando a la ciudadanía con la naturaleza, fomentando la formación de nuevas exploradoras.

Su carrera académica incluye posiciones docentes y de investigación en universidades y centros científicos de referencia en Estados Unidos y Australia. Ha sido profesora e investigadora en la Universidad de Sídney, donde desarrolló parte de su trabajo pionero sobre ecología del dosel, y ha ocupado posteriormente cargos académicos en instituciones como Williams College y la Universidad del Norte de California en Chapel Hill, combinando docencia, investigación y gestión científica. Además, ha estado vinculada como investigadora asociada a centros como el Instituto Smithsoniano y el Museo de Australia, reforzando el carácter internacional y transversal de su trabajo.

Más allá de la docencia formal, Lowman ha desempeñado un papel relevante en la formación y mentorización de estudiantes de grado, doctorado y jóvenes investigadoras, especialmente en disciplinas de campo tradicionalmente dominadas por hombres. Este compromiso no se limita al ámbito universitario, sino que se extiende a programas de formación desarrollados desde museos, centros de investigación y proyectos de conservación vinculados a su fundación. A lo largo de su carrera ha defendido activamente la necesidad de abrir la ciencia de campo a perfiles diversos, incorporando perspectivas de género y contextos culturales distintos como parte del rigor científico. Este enfoque se refleja de manera consistente tanto en su producción académica como en sus iniciativas institucionales, donde la educación y la creación de oportunidades para nuevas generaciones de científicas forman parte integral de la estrategia de conservación.

Pocos meses después de conocernos en los premios Rolex en 2010, invitamos a Meg desde el Instituto de Arquitectura Avanzada de Cataluña (IAAC) a dar una conferencia y a participar en unos *workshops* en Barcelona, como una de las primeras iniciativas del nuevo campus de innovación en arquitectura ecológica que estábamos desarrollando en Valldaura, en el Parque de Collserola. *La Vanguardia* le realizó una *Contra* titulada «El techo de los bosques es el octavo continente», donde transmitía su pasión por la ciencia y explicaba que subía al dosel forestal mediante cuerdas, globos, zepelines, helicópteros o grúas y, desde arriba, descendía hasta las copas mediante un arnés. Toda una aventurera.

En el año 2022 volvimos a invitarla al IAAC, ahora ya con Valldaura Labs totalmente operativo, con motivo de la celebración de la iniciativa «Barcelona Capital Europea de los Bosques», impulsada por el Instituto Forestal Europeo, que dirigía en aquel momento el ingeniero forestal Marc Palahí. Nuestra intención era aplicar algunas de sus ideas vinculadas a las estructuras que permiten visitar la canopia forestal en Valldaura. Durante su visita hicimos un recorrido por el Park Güell de Antoni Gaudí: paseamos por el parque y disfrutamos de sus elementos biomorfológicos, esas palmeras pétreas, esas estructuras donde se fusionan la arquitectura y la vegetación, esos viaductos rocosos y elementos de contención de tierras que definen una serie de arcadas que siguen la geometría de las fuerzas de la naturaleza. Para Gaudí, este proyecto comenzado en el año 1900 fue fundamental en su carrera, porque trabajar directamente en un espacio natural que querían convertir en una urbanización privada –y que finalmente se volvió un parque– cambió su manera de entender la arquitectura y le hizo evolucionar desde un modernismo muy particular hacia una arquitectura literalmente inspirada en la naturaleza. De hecho, Gaudí vivió desde 1906 hasta 1925 en el propio Park Güell, en una de las pocas casas que allí se construyeron. La mayor sorpresa de la visita nos la llevamos al caminar por la parte alta del parque, donde sus viaductos actúan literalmente como pasarelas que atraviesan la canopia forestal, similares a las que Lowman construye en las selvas del mundo, en este caso dentro de un parque urbano.

Durante esos días estudiamos la posibilidad, junto con los técnicos del Parque de Collserola, de construir una pasarela en una zona boscosa dentro de los límites de Valldaura. Hablamos también de los *bioblitz* que ella había organizado en Malasia, con el fin de reunir a científicos y ciudadanos durante unos días para mapear la biodiversidad existente en un bosque, incluyendo todo tipo de especies de árboles, arbustos, mamíferos, aves, arañas, insectos e incluso musgos, por los cuales ella sentía una gran fascinación. Por ello decidimos organizar un *bioblitz* en la riera de Valldaura como parte de las actividades de la Capitalidad Europea del Bosque, contando con el apoyo de científicos de universidades y museos de la ciudad.

Ese mismo año, inspirados también por el trabajo de Meg, decidimos que el prototipo que construimos cada año en Valldaura con los estudiantes del máster en Arquitectura Ecológica Avanzada y Construcción Avanzada sería un observatorio de la naturaleza junto a la fachada nordeste de la masía de Valldaura. Elegimos ese lugar porque existe junto al camino una concentración de cinco especies diferentes –roble, encina, pino, olmo y olivo– que nos podía permitir estudiar los procesos naturales de diversos tipos de árboles. Gracias al gran desnivel existente, podíamos entrar por una pasarela a través de las ramas de un roble que ha crecido horizontalmente, lo que permitía observar la evolución de las hojas de los árboles y a los insectos que allí habitan.

El prototipo, que acabó llamándose FLORA (*Forest Laboratory for Observation, Research and Analysis*), consta de un pequeño laboratorio cúbico desde el que observar la naturaleza o aislarse para escribir, rodeado por tres pasarelas situadas a diferentes niveles que permiten acceder a la cubierta del laboratorio. Toda la estructura está rodeada por una malla de cuerda que aporta seguridad a los usuarios y por la que, en el futuro, crecerá la vegetación. Para el desarrollo del proyecto contamos con el asesoramiento de Jorge Mederos, científico cubano y colaborador habitual del Departamento de Artrópodos del Museo de Ciencias Naturales de Barcelona, que, también en la estela de las aportaciones de Meg, había desarrollado un observatorio científico y una pasarela de observación del dosel forestal centrados en el estudio de sus comunidades de insectos en el Parque de Collserola.

La estructura se realizó con madera de pino de Valldaura, que es literalmente de kilómetro cero. La madera proviene de la gestión forestal sostenible de la finca, que después fue aserrada, secada, trabajada con robots y convertida en vigas o en paneles de madera con los que construir la pequeña estructura. Nuestro trabajo en el IAAC, relacionado con la construcción en madera, se produce debido a nuestro interés por el desarrollo de edificios de bajas emisiones de carbono y por el impulso de la bioeconomía circular, fundamentales para luchar contra el cambio climático. De alguna manera, acercarnos a los bosques nos ha permitido comenzar a recordar cosas que los humanos estábamos olvidando, relacionadas con el uso de los recursos de nuestro entorno próximo para construir nuestras ciudades. En los bosques nos hemos relacionado primero con ingenieros forestales y después con biólogos, que ayudan a entender de forma holística el comportamiento de los ecosistemas forestales. Con Meg estamos estudiando la posibilidad, también, de construir otros observatorios científicos y pasarelas que atraviesen bosques mediterráneos y que supongan una estación permanente para la difusión de la ciencia y para el análisis de los efectos del cambio climático en nuestros bosques a largo plazo.

Pero la conexión de los humanos con los árboles es mucho más profunda. Nuestros ancestros homínidos tuvieron que bajar de los árboles y comenzar a caminar erguidos para acelerar la historia de nuestra evolución. Para los humanos, los árboles son nuestro hogar primigenio. Nuestros ancestros biológicos todavía viven allí. Por ello los árboles y los bosques son "casa". Por eso allí nos sentimos tan bien.

En el año 2022 también publicamos el libro *Transforming Biocities: Designing Urban Spaces Inspired by Nature*, impulsado por el Instituto Forestal Europeo, donde desarrollamos el marco conceptual para un nuevo tipo de hábitats humanos. Desde el principio de la Revolución industrial a mediados del siglo XIX, cada cincuenta años se ha desarrollado un modelo de ciudad que, utilizando las tecnologías disponibles en cada época, ha generado diversas formas de asentamiento, movilidad, infraestructuras y arquitectura que han ido construyendo nuestras ciudades. Ahora nos encontramos en uno de esos momentos de cambio, debido a que uno de los retos fundamentales de nuestra sociedad es combatir el cambio climático –y las crecientes desigualdades en el mundo– reinventando nuestra economía y la forma en que vivimos.

Las *biocities* son ciudades que siguen los principios de los sistemas naturales con el fin de promover la vida y la biodiversidad. Todo ello tiene implicaciones profundas en la manera en que diseñamos, construimos y transformamos nuestras ciudades. Deberíamos construir ciudades como bosques y edificios como árboles, inspirados por la propia naturaleza: edificios que producen su energía, que reutilizan sus aguas, conectados al lugar donde se asientan, productivos, organizados por estratos y que funcionan en red junto con su entorno. Los materiales que utilizamos en nuestros edificios definen la huella de carbono embebida en nuestras construcciones. La madera, como material que crece gracias a los efectos del sol y de la lluvia, absorbiendo CO_2 y emitiendo oxígeno, se considera un material de emisiones negativas. Gracias a los sistemas de industrialización avanzada, puede utilizarse para construir viviendas y edificios ecológicos.

Desde Valldaura, rodeados de pinos, robles y encinas, nos atrevemos a pensar que el futuro de nuestras ciudades será un bosque. Un futuro deseable sería aquel en el que transformemos nuestras ciudades actuales –que importan recursos, generan residuos, utilizan materiales petroquímicos y hormigón, fomentan una gran cantidad de movilidad obligada y son grandes productoras de CO_2– en otros ecosistemas que utilicen materiales y recursos renovables de procedencia regional y que, gracias a repensar el metabolismo urbano, tiendan a convertir nuestras ciudades en entornos de emisiones cero que desarrollan una economía basada en la naturaleza. En el planeta existen ejemplos del colapso de civilizaciones a lo largo de la historia de la humanidad en América, Asia o África, cuyos centros urbanos fueron abandonados y cubiertos por la vegetación. Sin duda, preferimos actuar para decidir nuestro futuro. Pero hay que recordar que allí donde desaparece la vida humana, siempre vuelve a surgir el bosque.

Tuvimos que bajar de los árboles para convertirnos en humanos. Meg Lowman se ha subido a ellos durante los últimos cuarenta años para enseñarnos la importancia de amar y proteger la diversidad de la naturaleza como un fundamento de nuestro futuro común. Los bosques como modelo para nuestra evolución.

VICENTE GUALLART
Enero de 2026

LA ARBONAUTA

Prefacio

❧ ❧

Nunca volveré a ver un árbol de la misma manera, ni tampoco veré el resto del mundo de la misma manera, gracias a la autora de este libro. Ahora ya parece una obviedad que casi todo lo que constituye un árbol –o un bosque– está más arriba de la altura de los ojos, pero hasta que la curiosidad irreprimible de Meg Lowman la llevó a observar los árboles desde arriba hacia abajo, la mayoría de los humanos tendían a mirarlos desde abajo. Lo que pasaba desapercibido es casi todo lo que hace de las copas de los árboles no sólo milagros individuales sino, de manera colectiva, la fuente de refugio y alimento para la mayor parte de los habitantes del bosque, con beneficios para el resto de la vida en la Tierra. Me sentí entusiasmada cuando oí hablar de una colega botánica que había ideado modos no sólo de emplear sus habilidades naturales como primate para subirse a los árboles, sino que además había llevado el arte de escalar árboles a un nivel aún más alto, con ingeniosas técnicas de izado, y, más aún, había creado caminos para pasear por las alturas entre las frondosas copas de los árboles. En este libro cautivador, Meg Lowman comparte su visión a través de historias que sabes que son verdad porque «sencillamente, ¡eso no te lo has podido inventar!».

Para una científica y exploradora, es gratificante hacer nuevos descubrimientos, llegar adonde ninguna mujer (ni ningún hombre)

ha llegado antes, ver lo que otros no han visto y encontrar piezas
importantes del gran puzle de la vida que es exclusivo de la Tierra.
Pero Meg Lowman consigue algo más, y es que sabe comunicar de
manera sublime sus hallazgos no sólo a la comunidad científica en
el arcano lenguaje de los números y los gráficos, sino también a la
comunidad no científica, con un entusiasmo contagioso y una lógica elocuente, adaptando el lenguaje y el humor al público al que se
dirige, logrando así transmitir por qué son importantes los árboles
y el modo en que su existencia se conecta, de forma intrincada, con
la nuestra. También transmite la urgencia de cuidar los bosques
naturales que aún quedan en el planeta y de reforzar las medidas
para su protección, mediante charlas en aulas y en salas de conferencias, en aldeas alejadas de los edificios altos, en despachos de
funcionarios gubernamentales, por vía electrónica o en papel, y por
todo el mundo.

A lo largo de la historia, el ser humano ha tomado de la naturaleza todo lo que ha necesitado o deseado de las tierras y las aguas
del mundo. Cuando aún éramos pocos y el entorno natural permanecía, en su mayor parte, intacto, el impacto del ser humano era
leve. Pero, después de cien mil años de relación más o menos pacífi-
ca con la naturaleza, los últimos quinientos años –y, sobre todo, los
últimos cincuenta– han marcado un punto de inflexión que no au-
gura nada bueno para el futuro de la vida en la Tierra. La capacidad
del ser humano para consumir y alterar la esencia de la naturaleza
ha alcanzado un límite crítico peligroso para el clima, para la biodiversidad, para el uso del suelo y el agua, agravado por la contaminación, y todo ello lleva a cambios en los procesos planetarios y en
los cimientos que hacen de la Tierra un lugar acogedor para la vida
tal y como la conocemos. La buena noticia es que hay otro punto de
inflexión: el conocimiento. Los niños y niñas del siglo XXI (también
los adultos) están pertrechados del superpoder de conocer el aspecto que tiene la Tierra desde el espacio, de ver y oír los acontecimientos que ocurren por todo el mundo al instante, y de, al mismo tiempo, comprender las nuevas perspectivas del tiempo geológico, de
ver el lugar de la Tierra en el universo, de viajar de forma vicaria al

interior de los procesos internos de las células, al fondo de los mares más profundos y a las copas de los árboles más altos. Hace medio siglo, aún estaba muy extendida la creencia de que la Tierra era demasiado vasta para malograrse. Ahora sabemos. Si queremos que la Tierra continúe siendo habitable para nuestros semejantes, debemos cuidar lo que queda de los sistemas naturales que tardaron 4.500 millones de años en crearse y poco menos de cinco décadas en estropearse, y debemos hacer todo lo posible por restaurar la salud de las áreas deterioradas. Todavía hay tiempo para mantener los últimos refugios seguros donde los árboles permanecen intactos y acogen a criaturas milagrosas que son tan vitales para nuestra existencia como lo somos nosotros para la suya.

Bravo, Meg Lowman, alias «Su Alteza», por compartir tu viaje en estas páginas, y por fundar Mission Green e inspirar, de esta manera, a otros a entender y saber por qué debemos cuidar el mundo natural como si nuestras vidas dependieran de ello. Porque, de hecho, es así.

Sylvia A. Earle, alias «Su Hondura»
Fundadora de Mission Blue, oceanógrafa, botanista,
exploradora residente de National Geographic

DIEZ CONSEJOS DE UNA BIÓLOGA DE CAMPO PARA ASPIRANTES A ARBONAUTA

1. Lleva siempre contigo una luz frontal de cabeza, no sólo en el bosque sino en cualquier sitio. Incluso en el avión o cuando viajas en coche.
2. Guarda unos cuantos *kleenex* en el bolsillo para esas abluciones de emergencia detrás de un árbol.
3. Ponte un chaleco con muchos bolsillos.
4. Nunca bebas más de la mitad de tu provisión de agua cuando te hidrates. De esta manera, siempre tendrás algo de reserva. Y nunca está de más contarle a alguien tu itinerario, por si acaso hay que ir a rescatarte.
5. Ten siempre una cámara a mano para documentar descubrimientos increíbles, aunque sólo sea la del móvil.
6. Lleva un poncho impermeable contigo. Sirve como tela aislante para el suelo y como equipación para la lluvia.
7. ¡Las galletas Oreo son un fantástico tentempié energético!
8. Si tienes hijos, lleva contigo un par de fotos: es una buena manera de romper el hielo y comunicarte con otras culturas, especialmente si existe una barrera lingüística.
9. Usa tus cinco sentidos sin cesar.
10. Escribe un diario de viaje, para recordar historias, la biodiversidad y observaciones asombrosas.

Prólogo

❧ ❧

Cómo ver el árbol entero
(y lo que eso significa para el bosque)

Imagina que vas al médico para una revisión completa y, durante toda la consulta, la única parte del cuerpo que te examina es el dedo gordo del pie. La consulta termina con el diagnóstico de que estás perfectamente sano, pero nadie ha medido tus signos vitales, el pulso, la vista ni ninguna otra parte más que el dedo gordo del pie. Podrías haber entrado con un brazo roto o con un dolor de cabeza porque tienes la tensión alta, pero la evaluación de tu bípeda extremidad inferior no podría por sí sola poner al doctor al tanto del problema real. ¿Cómo te sentirías? Como mínimo, probablemente cambiarías de médico.

Así es como se ha evaluado, durante siglos, la salud de los árboles, incluso de esos viejos gigantes que crecen hasta superar los cien metros de altura. Los equipos científicos examinaban los troncos leñosos a la altura de los ojos: básicamente, inspeccionaban los «dedos gordos del pie» de sus pacientes y de ahí deducían conclusiones generales sobre la salud del bosque sin haber mirado siquiera el grueso del árbol, conocido como dosel arbóreo, que crecía sobre sus cabezas. La única ocasión en que los arboricultores tenían la oportunidad de examinar un árbol entero era cuando se talaba, que sería algo así como si se extrajera la historia médica completa de una persona a partir de unas pocas cenizas después de incinerarla. Sobre todo en los bosques pluviales, los niveles bajos son tan diferentes de los altos como el día y la noche. Puede ocurrir que el suelo reciba apenas un uno por ciento de la luz que brilla en las copas. De modo que el sotobosque es oscuro, no hay viento y suele ser húmedo, mientras que el dosel está expuesto a un estallido de sol, es azotado por fuertes vientos y a menudo se vuelve tan seco entre una tormenta y la siguiente que cruje. El sombrío suelo forestal está habitado por unas cuantas criaturas amantes de las sombras, al revés que el dosel, que acoge a una desaforada variedad de seres vivos: millones de especies de todos los colores, formas y tamaños imaginables, que polinizan flores, comen hojas y que también se comen unos a otros.

Antes de los años ochenta, los arboricultores, poco imaginativos, pasaban por alto el noventa y cinco por ciento de su materia de estudio; casi nadie prestaba atención a las copas de los árboles. Entonces, en 1978, una joven botánica apasionada desde siempre por los gigantes verdes y obsesionada por las hojas llegó a Australia con una beca para estudiar los bosques pluviales. Venida de regiones templadas, esta neófita no sabía casi nada de los trópicos. Durante su primera visita a una selva en Australia, levantó la vista y contempló unos árboles de la altura más vertiginosa que hubiera visto nunca y pensó: «Ay, madre, ¡no veo la copa!». Esa botánica patidifusa era yo.

Llevaba conmigo un inmenso amor por los árboles y tenía la intención de dedicar mi futuro a desvelar sus secretos. Después de varias desventuras, me di cuenta de que, para comprender todo el bosque, debía subir a sus capas más altas. Al principio tenía la esperanza de que, simplemente con unos prismáticos, conseguiría traer las copas de los árboles hacia mí. Pero, tras mucho reflexionar y varios intentos infructuosos, me inventé una manera de izarme a ese maravilloso lugar mágico e inexplorado, lleno del bullicio de criaturas de seis patas del mundo insectil y más tonos de verde de los que yo hubiera imaginado que podían existir. Bauticé este sorprendente nuevo mundo como el «octavo continente». Mientras los espeleólogos descienden por una cuerda, yo decidí subir. Quienes practican el alpinismo insertan tornillos y anclajes a golpes en las paredes de roca, pero yo instalaba las cuerdas en los árboles altos con cuidado de no romper ninguna hoja y asegurándome de que ninguna criatura se asustara y huyera. Y, para sujetarme con cuerdas a las ramas más altas, soldé mi propio tirachinas a partir de una vara metálica. Mis métodos resultaron ser una técnica sencilla y de bajo coste, que inauguró mi exploración de ese «octavo continente», un complejo foco de biodiversidad ubicado no a cientos o miles de kilómetros de distancia, como el fondo del océano o el espacio exterior, sino casi a nuestro alcance, sobre nuestras cabezas. Me autodenominé una «arbonauta».

Durante aquel primer ascenso fascinante al dosel arbóreo, me encontré cara a cara con seres que jamás habría imaginado y que, en aquel preciso momento, todavía eran desconocidos para el resto del mundo. Me quedé maravillada ante un hermoso gorgojo negro que succionaba el néctar de una hoja, unos elegantes y coloridos polinizadores que revoloteaban entre las flores de las plantas trepadoras, gigantescos helechos nido de ave, donde se refugiaban las hormigas, y cientos de miles de lo que más me gusta en el mundo: las hojas. Al ir pasando desde la parte inferior del árbol hasta la cumbre, me quedé pasmada con los cambios que observé. El follaje en la parte del tenebroso sotobosque era de un verde negruzco, más grande, más fino y, como se comprobó, más longevo (gracias al entorno resguardado, protegido del viento y sombrío del suelo forestal). Las hojas que crecían en lo alto, bajo la luz brillante del sol, eran pequeñas, coriáceas, de un verde amarillento y muy duras. Mirara donde mirara, las copas revelaban secretos que no eran visibles a ras del suelo: escarabajos brillantes que comían el tejido de las hojas jóvenes (pero no de las viejas), orugas que actuaban en grupo, alimentándose de ramas enteras, desde el follaje más tierno al más adulto, aves que iban comiéndose a estas incautas larvas como si estuvieran dándose un festín de ensalada en el bufé libre, hasta que un repentino aguacero hacía que todos estos bichos salieran en desbandada a guarecerse bajo la hoja más próxima o en una rendija del tronco. En los años que siguieron, la exploración de las copas de los árboles llevaría al descubrimiento de que *más de la mitad* de todas las criaturas terrestres viven a unos treinta metros por encima de nuestras cabezas, y no en la superficie, como la ciencia había creído hasta entonces. Muy pronto descubriría que, en las copas más altas, la mayoría eran nuevas especies que la ciencia no había descrito aún. Entre las más de sesenta mil especies de árboles, casi cada una de ellas acoge comunidades únicas y singulares.

Cuando los equipos científicos alcanzan fronteras inexploradas, deben diseñar nuevos métodos y tecnologías para poder explorar de forma segura. Gracias a la invención, en los años cincuenta, del aparato autónomo de respiración subacuática (SCUBA, por sus siglas en inglés), la investigación científica tuvo acceso al extraordinario mundo de la biodiversidad de los arrecifes de coral. Durante los años sesenta, los astronautas aterrizaron en la luna gracias al desarrollo por parte de la NASA del motor cohete para viajar al espacio. El combustible sólido de los cohetes supuso para los astronautas lo que mi humilde tirachinas artesanal supuso para los arbonautas: no tanto un invento nuevo, sino una manera innovadora de usarlo. De la misma manera que la exploración espacial trajo consigo una generación de astronautas, el acceso al dosel arbóreo inauguró una nueva trayectoria profesional para arbonautas. Si te encanta subirte a los árboles, toma nota, ¡hay una carrera para ti! Yo soy una de esas primeras exploradoras arbóreas y podría decirse que la única escaladora lunática que ha llevado a cabo su investigación en todos los continentes (incluso en la Antártida, donde la parte alta del follaje del musgo y el liquen alcanza una altura de apenas cinco centímetros, lo que te obliga a arrodillarte, en lugar de a escalar, para acceder a sus copas liliputienses). Durante los últimos cuarenta años, he marcado miles de hojas para rastrear la historia de sus vidas, que en algunos casos ha durado más de veinte años, a pesar de la amenaza constante de todo tipo de criaturas (en su mayoría insectos), que tratan de comérselas, arrancarlas, perforarlas o deformarlas. Además, este giro aéreo de nuestro abordaje de la ciencia forestal ha llevado a avanzar en el conocimiento de los procesos globales, desde el ciclo hidrológico hasta el almacenamiento de carbono y el cambio climático.

A nadie debería sorprender (aunque algunos todavía se sorprenden) que la salud planetaria esté directamente relacionada con los bosques. Sus copas producen oxígeno, filtran el agua dulce, transforman la luz del sol en azúcares, limpian el aire al absorber dióxido de carbono, y proporcionan un hogar al extraordinario banco genético de las criaturas terrestres, entre muchas otras funciones de crucial importancia. Y, al contrario que una red eléctrica o una depuradora de agua, no hacen falta costosos impuestos ni tarifas para mantener esta compleja maquinaria forestal que cuida de la salud de nuestro planeta Tierra. Aun así, para que funcione como es debido, debemos defenderla de la destrucción humana. A lo largo de mis años de vida, unas seis décadas, la degradación de la selva amazónica ha aumentado más allá del punto de inflexión; ya no es probable que llegue a restaurarse. En algunos países, como Madagascar, Etiopía o Filipinas, apenas queda rastro alguno de los bosques primarios, imprescindibles para que sus semillas produzcan futuras arboledas. Y las fracciones de bosque que sobreviven en todo el mundo, desde California hasta Indonesia o Brasil, están en grave peligro, amenazadas por los incendios, las sequías, las carreteras y la tala rasa. Debemos correr aún más rápido para entender los misterios de los doseles arbóreos antes de que estos desaparezcan, o, mejor aún, debemos encontrar la manera de conservar esas arcas verdes de Noé que todavía existen. El término «cambio climático» no formaba parte de mi vocabulario cuando estudiaba los árboles locales, hace unos cincuenta años, pero ahora esta expresión aviva una urgencia aún mayor por conocer y conservar los sistemas naturales, y sobre todo los bosques.

Una manera de salvar más árboles es difundir sus maravillas entre una mayor cantidad de gente. Tras perfeccionar las técnicas de seguridad mediante cuerdas, diseñé unas pasarelas aéreas en lo alto de los árboles llamadas pasarelas del dosel o pasarelas celestes, que permiten que un grupo de personas estudie las copas, en lugar de una sola persona colgada de una cuerda. Estos senderos no sólo ofrecen una importante herramienta para la investigación y la educación, sino que cumplen una función humanitaria: proporcionan un medio de vida a los pueblos indígenas a través del ecoturismo, que sustituye a la tala, lo cual, a su vez, fomenta la conservación sostenible. Después de las cuerdas y las pasarelas, pasé a diseñar, trastear y usar un amplio kit de herramientas para la exploración del dosel arbóreo, que incluye plataformas elevadoras, globos aerostáticos, grúas y drones. Cada uno de estos artilugios me permitió un acceso único a diferentes aspectos del bosque y me proporcionó un modo de dar respuesta a un sinfín de cuestiones planteadas durante la investigación. La exploración de los bosques en su totalidad, no sólo a ras del sotobosque, ha servido de inspiración a muchas comunidades en todo el mundo –desde gobiernos en Malasia hasta sacerdotes en Etiopía– para aliarse con los arbonautas con el fin de salvar su valioso legado verde, de crucial importancia para la supervivencia del ser humano. En mi experiencia, se logran más resultados positivos de conservación como resultado de la confianza mutua entre los equipos científicos y la población local que a través de las publicaciones técnicas más recientes. ¡Y nunca está de más invitar a un grupo de líderes de la comunidad al dosel arbóreo! A la gente le encanta subirse a los árboles; incluso a quienes creen que ya son muy mayores para eso.

Nadie podía haber adivinado que una tímida cría del norte rural del estado de Nueva York, una auténtica friki que pasó su infancia recolectando flores silvestres de las cunetas, podría cambiar nuestra visión del planeta con unos cuantos artilugios caseros. Ahora viajo por todo el mundo con un sencillo kit de herramientas que cabe en una bolsa de lona y me dedico a explorar el octavo continente, descubriendo sus secretos y contando, a quien quiera escuchar, las maravillas de las copas de los árboles. Mi historia es un testimonio: un niño o una niña común y corriente puede realizar descubrimientos con sólo explorar el mundo que tiene alrededor. Este libro trata de transmitir la pasión por la exploración aérea, que incluye kilómetros de cuerdas, muchos tiros errados con un tirachinas soldado a mano, montones de selvas remotas, cientos de miles de hojas examinadas en su lugar de nacimiento (no arrancadas ni muertas entre la maleza), tropeles de hormigas que pican y un montón de criaturas más, en sus áticos verdes. Tras cuatro décadas como arbonauta, el bosque sigue siendo mi mejor maestro. Cuando hayas subido conmigo, a través de este libro, a las copas de los árboles, apuesto a que tú también sentirás la urgencia de defender su conservación.

De flor silvestre a flor de tapia

·§§· ·§§·

Una niña naturalista en la Norteamérica rural

Había puesto la alarma, pero con la emoción, me desperté media hora antes de que sonara. A las cuatro de la madrugada, apenas asomaban unos rayos de luz en el horizonte, así que salí de puntillas de la sala de estar de nuestra pequeña cabaña en Seneca Lake para no despertar a mis dos hermanos menores.

En verano hacía un calor insoportable en Elmira, nuestra ciudad en el estado de Nueva York, de modo que nos escapábamos a una cabaña cercana, a unos cuarenta kilómetros, donde los bosques obraban su magia refrescante natural. La cabaña en la que pasábamos los veranos era un molino harinero abandonado. Muchos años atrás, probablemente hacía casi un siglo, un olmo había echado raíces en el emplazamiento del molino; mi abuelo, cantero y carpintero, construyó entonces la cabaña con todo su amor alrededor del árbol, de tal manera que, como característica principal, el tronco atravesaba la sala de estar por la mitad. Cuando llovía, el agua goteaba a través del tejado y bajaba por la corteza hasta un cerco de tierra abierto en el suelo de piedra. Yo solía pasar el tiempo buscando los insectos diminutos que habitaban todas aquellas hendiduras leñosas. La copa del olmo cubría el tejado entero, daba sombra a la cabaña en verano y se erigía como un centinela con sus ramas desnudas en invierno. Yo amaba cada centímetro de ese árbol, hasta el último de los diversos hongos que se extendieron por el tronco cuando cayó, víctima de la enfermedad del olmo holandés. Que tuviera esa ubicación especial dentro de nuestra cabaña siempre fue reconfortante, y su muerte supuso uno de los momentos más tristes de mi infancia. Subido a una escalera peligrosamente alta, mi abuelo cortó con sumo cuidado todas las ramas muertas y dejó el querido tronco allí, como una estatua que adornaba el centro de la cabaña. Mis abuelos a veces me dejaban coger uno de los duros y planos hongos poliporos que decoraban el tronco muerto, situado junto a la mesa del comedor. Yo me esmeraba al máximo para grabar bocetos y hacer dibujos de plantas en este lienzo viviente, conocido a veces como «hongo de artista». Los veranos en nuestra cabaña rústica eran mi refugio: allí podía explorar, observar y coleccionar, inhalando toda la naturaleza que mi pequeño cuerpo era capaz de absorber.

Sacudí levemente a mamá para que se despertara, luego nos deslizamos afuera antes del amanecer y condujimos en silencio unos ocho kilómetros por la pista forestal hasta mi estanque de observación de aves favorito. Esta salida a la naturaleza suponía algo grandioso para mí. Mamá ni siquiera tenía unos prismáticos y todo lo que ella sabía de mis amigos plumados era que los estorninos a veces se dedicaban a arrancar sus brotes de lechugas variadas. Pero sabía que la observación de aves me hacía inmensamente feliz a la tierna edad de siete años, de modo que se ofrecía a conducir a un lugar especial para asistir al coro del amanecer, un exquisito concierto ofrecido al alba por una coral alada. En nuestro viejo Rambler, avanzábamos dando tumbos por una carretera polvorienta, atravesábamos los campos de cerezos donde mi hermano y yo nos ganábamos unos dólares recolectando fruta, pasábamos junto a una vieja casa encantada que me ponía los pelos de punta y dejábamos atrás el bar donde los granjeros presumían de su cosecha de maíz. Los sauces rodeaban el borde del estanque, sus raíces bien adaptadas a la tierra pantanosa. Había una barca de remos abandonada, llena de agujeros, atada a una rama. Durante todo el verano, había soñado con remar lejos de la orilla para observar a las garzas y garcetas. Si aparecían aquellas majestuosas aves, obtendrían cinco grandes estrellas en mi modesta lista de aves. Cuando llegamos, a mi madre le preocupaba que hubiéramos entrado en la propiedad privada de algún granjero, aunque no se veía ninguna casa, de modo que se subió a regañadientes en aquel bote destartalado, lleno de telarañas y una base polvorienta. Nos pusimos a remar. Eso fue lo más cerca que nunca he estado de sentirme como una princesa en un carruaje de plata, a pesar de que aquello era un trasto que se movía bruscamente ¡y estaba lleno de fugas! Fuimos remando y achicando el agua todo el tiempo, para mantenernos a flote. Cuando alcanzamos el centro del estanque, dejamos de remar y enfoqué mis enormes prismáticos de los grandes almacenes Sears. Eran un armatoste ridículo, daba la impresión de que pesaban casi tanto como yo, y probablemente no enfocaban bien, pero me hacían sentir como si fuera una ornitóloga profesional. Para mi gran sorpresa, como si alguien le hubiera dado una señal, una garza azul se acercó volando y aterrizó siguiendo la línea de la orilla. Incluso mi madre se quedó sobrecogida e impresionada.

Los niños hoy en día están rodeados de tecnologías en el interior de las casas y son víctimas de la fatiga visual por las pantallas, mientras que yo probablemente sufriera de una sobredosis de oxígeno de las plantas y me cegara tanto verde. Desde que aprendí a andar, me convertí en una infatigable coleccionista de cosas naturales. En el lago, atesoraba montones de conchas y piedras especiales. De vuelta en Elmira, debajo de la cama, almacenaba flores silvestres, ramitas, nidos de aves, más piedras, plumas, ramitas muertas (¡para estudiar los botones invernales!) e incluso pieles de serpientes. Mis padres consentían este amor mío por la naturaleza con detalles pequeños pero atentos, y siempre paraban el coche cuando quería recoger una hierba de la cuneta o me alentaban cuando construía cosas a partir de palos, hojas, corteza y otros restos botánicos. Era una auténtica flipada de la naturaleza. Ninguna de mis amigas de la infancia de allí compartía ese entusiasmo, y definitivamente nadie más en las generaciones recientes del linaje de los Lowman había desarrollado una pasión por la botánica (a pesar de que mi abuelo obviamente respetaba la naturaleza lo suficiente como para conservar el tronco de un olmo en medio de su construcción). En el norte rural del estado de Nueva York, no teníamos fácil acceso a museos, a profesionales de la ciencia que actuaran como modelo a seguir, o a otros recursos para enriquecer el amor de una chiquilla por las ciencias naturales. Todo lo que teníamos eran los juegos al aire libre, pero ese sencillo placer transformó a una niña de una ciudad pequeña en una joven naturalista.

En aquellos largos días al aire libre, desarrollé la paciencia de la observación del mundo natural en solitario, que implicaba muchas horas en silencio. Es posible que esa práctica haya alimentado mi timidez. Cuando entré en preescolar, me convertí en la flor de tapia de la clase, triste al hallarme confinada entre cuatro paredes y rodeada de ruidosos compañeros. Casi nunca hablaba en clase, salvo cuando me preguntaban. La maestra le dijo a mi madre que algo no iba nada bien. Me llevaron a ver al médico de familia, quien, con un brusco acento alemán, sonrió y dijo: «*Frau* Lowman, ¿preferiría lo contrario?». El último día de preescolar, nuestra maestra, la señorita Jones, estaba corrigiendo los cuadernos de tareas. Yo la admiraba porque nos había contado con humildad la historia de por qué llevaba un soporte ortopédico en las piernas, y es que vivía con valentía las secuelas de la polio, después de que unos niños la empujaran a una charca de agua estancada cuando era pequeña, donde había tragado agua contaminada. La historia de la maestra me atormentaba y reforzó mi miedo hacia los matones. Ese año, mi cuaderno de preescolar estaba perfecto, hasta que llegó el último día y mi mejor amiga, Mimi, tuvo celos y marcó la respuesta incorrecta en la última página con su gran rotulador negro. Con el corazón encogido, lo entregué diligentemente sin decir una palabra. La señorita Jones suspiró y dijo: «Ay, Meg, tenías un cuaderno casi perfecto hasta el error de hoy». Las lágrimas se agolparon y contemplé con horror cómo la señorita Jones me daba una estrella plateada (no dorada) para ese año. Ni siquiera tuve el valor de chivarme de mi mejor amiga. Durante muchos años después de aquello, Mimi y yo guardamos aquel cuaderno infame en nuestro fuerte secreto del árbol, entre risas por la historia polémica que contenía.

(Todavía es una de mis amigas más cercanas, ¡a pesar de que me quedé sin la estrella dorada!) Más tarde lamenté no haber tenido un auténtico naturalista o botanista profesional en mi infancia, que me guiara y me sirviera de inspiración.

Después de leer sus biografías en la biblioteca pública, Rachel Carson y Harriet Tubman se convirtieron en mis modelos a seguir. Carson se enfrentó a las empresas químicas cuando descubrió que los pájaros cantores estaban desapareciendo a causa de los pesticidas. De una manera discreta pero contundente, contó su historia para que el público pudiera comprender la ciencia. De noche, Tubman condujo a grupos de personas esclavizadas hacia el norte por la ruta secreta conocida como el Ferrocarril Subterráneo, empleando el musgo de los troncos de los árboles como método de orientación: una verdadera naturalista pionera. Yo solía cerrar los ojos en el bosque, palpaba buscando el musgo y trataba de encontrar el camino; nunca resultaba fácil, y admiraba aún más a Tubman por ello. Mis dos únicos modelos a seguir habían fallecido. En retrospectiva, supongo que los árboles ocuparon el lugar vacante como entidades ejemplares vivas y me ofrecieron numerosas lecciones de vida. Se erigen, altos y benevolentes, dando refugio, estabilizando tanto el suelo como el agua, y siempre devuelven algo a su comunidad.

Mis tres mejores (y únicas) amigas en preescolar vivían cerca y jugaban al aire libre en el bosque conmigo, aunque a veces lo hacían a regañadientes. Mirándolo desde el presente, le debo mi trayectoria científica no sólo a la pasión por las colecciones, sino también a unas pocas compatriotas leales que estuvieron dispuestas a explorar el jardín de atrás. Mimi era uno de los diez hijos de su familia y mi *alter ego*, porque era valiente y no tenía pelos en la lengua. Betsy provenía de una familia de nueve hijos, y tenía acceso a la ropa de sus hermanas mayores; era nuestra gurú de la moda y todos los chicos la admiraban. Era, también, la única amiga que yo tenía que disfrutaba de la observación de las aves, y eso era muy importante para mí. Maxine era atrevida y divertida, y a menudo proponía de pronto ideas descabelladas. Una vez, nos convenció para fumar unos palos huecos y todas acabamos creyendo en una muerte inminente por cáncer de pulmón. Éramos un equipo leal, inventábamos nuestras pequeñas aventuras, antes incluso de que llegara la televisión por cable a nuestra ciudad para ver los especiales del canal National Geographic. Detrás de la casa de mis padres, a unos treinta metros, ya imaginábamos que estábamos a mitad de camino a Siberia en una de nuestras «expediciones folloneras», una expresión secreta que nos inventamos para aludir a nuestras misiones. Algunos días llevábamos sándwiches de mortadela de Bolonia, un termo con batido de fresa (mi favorito) y una manta para sentarnos. Siempre llevábamos tarros para coger bichos, una bolsa de plástico para las plantas y varias cajas de zapatos vacías para rescatar a pequeñas criaturas. No se permitían chicos. En aquellos días, el cambio climático no formaba parte del vocabulario medioambiental de la juventud, de la ciudadanía o incluso de la comunidad científica, y la mayor amenaza para la flora local eran las pandillas de adolescentes que corrían por el pantano y aplastaban las plantas en flor que yo estaba deseando recolectar. Para evitar encontrarnos con estos chicos bulliciosos, aprendí a quedarme sentada en silencio y a hacerme invisible en el bosque, una habilidad muy útil para una futura bióloga de campo.

Las chicas y yo queríamos tener un lugar secreto al que pudiéramos acudir para escapar de los adultos, los chicos y todas las demás distracciones. Construimos un fuerte rústico entre las ramas bajas de unos abedules y unos arces. Nuestro material inicial de construcción consistía en unos troncos de la leñera de mi padre y un matorral cercano de jóvenes retoños. Aquello no era, ni mucho menos, una maravilla arquitectónica; sólo unos cuantos puntos de apoyo sujetos en su sitio con clavos, y unas ramas y unas mantas que transportamos hasta la magnífica horcadura del arce azucarero, a poco más de un metro del suelo (aunque la distancia parecía mucho mayor cuando teníamos seis años). Allí, en nuestro escondite especial, comíamos el almuerzo, dibujábamos y contábamos historias. A pesar de su diseño enclenque, pasamos muchas horas cuidando de los polluelos de aves que se caían de sus nidos, tratando de reparar las alas rotas de las mariposas o, simplemente, acumulando las flores que más tarde secaba en la prensa y guardaba debajo de la cama. Una tarde, rescatamos a unas lombrices que habían quedado cortadas por la mitad por culpa de los cortacéspedes de nuestros padres. Teníamos la intención de volver a juntarlas con unas tiritas, pero las pobres criaturas no sobrevivieron a nuestra cirugía básica. Jugábamos a ser exploradoras, enfermeras, heroínas, científicas y náufragas. Los abedules, con su corteza blanca descascarillada, despertaban nuestra imaginación y nos transformábamos en integrantes de la tribu local indígena cayuga, que usaba la corteza del abedul para construir sus canoas y para otros fines prácticos. En ese fuerte aprendí los rudimentos de la sucesión forestal, allí fui consciente por primera vez de los árboles más altos, las ramas más fuertes, las copas más sombreadas y la tendencia de cada especie a albergar vida silvestre. Junto con el zumaque y el álamo de Norteamérica, el abedul era una especie relativamente efímera en el norte del estado de Nueva York, y se le llamaba de sucesión temprana porque los abedules eran los primeros en brotar en un claro del bosque, aunque la fragilidad de la madera finalmente hacía que se derrumbaran con los vientos fuertes o las tormentas de nieve. Los abedules eran entonces reemplazados por árboles de sucesión más tardía (o clímax), tales como el arce, el haya o el abeto canadiense. Mis padres habían construido nuestra casa en una parcela despejada, de modo que el jardín trasero se transformó de nuevo en bosque; a lo largo de mi infancia, varios abedules y álamos, que constituían nuestro jardín para jugar, se vieron superados más tarde por los arces, en una auténtica sucesión forestal. Pude contemplar la transición del álamo y el abedul al arce y el haya, cuyas densas copas, a su vez, sumieron en la oscuridad a muchas de las flores silvestres que hasta entonces crecían en el suelo del bosque.

Durante mi niñez, aprender acerca del mundo natural —y, en especial, acerca de todo lo floral— se convirtió en mi obsesión. Me volví una experta local en fenología, la estacionalidad de los fenómenos naturales, antes de que nadie en Elmira, en el estado de Nueva York, hubiera siquiera oído el término. Yo sabía exactamente cuándo y dónde encontrar la *Arisaema triphyllum* en el bosque, a la que seguían, unas semanas después, el lirio trucha amarilla y una increíble variedad de violetas, cuya gama de colores iba del rosa al púrpura, el azul o el blanco. Las efímeras de primavera son las plantas silvestres que florecen al inicio de la estación, antes de que los árboles desarrollen sus hojas, mientras la luz del sol todavía llega al suelo forestal. Esta astuta estrategia les permite crecer y reproducirse antes de que la sombra de las copas superiores impida que tengan las condiciones de luz adecuadas para florecer. La flora de la primavera tardía y del verano abunda en campos soleados y en los prados despejados, pero no en la densa sombra bajo la copa de un arce o de una haya. Para cuando cumplí los diez años, ya conocía el calendario fenológico floral de muchas flores silvestres en el norte del estado de Nueva York. Llevaba diarios detallados para seguir todo tipo de estacionalidades, desde la floración de las plantas al reverdecimiento de las copas, desde la migración de las aves al picado de los mosquitos o el parpadeo de las luciérnagas.

Mi colección de flores silvestres adquirió enormes proporciones. Acumulaba viejas guías de teléfonos debajo de la cama, que utilizaba como prensas para las plantas, y sacaba pilas de guías de campo de la biblioteca pública para ayudarme a identificar las especies. Ni siquiera sé de dónde surgió la inspiración para prensar mis colecciones de flores, porque no vi un herbario hasta que estuve en la universidad, ni tampoco conocí nunca a un botanista de verdad que me enseñara los entresijos técnicos de cómo coleccionar plantas. De algún modo, decidí que una flor silvestre prensada tenía un aspecto ligeramente mejor que un esqueleto mustio de tallos resecos, tras ver muchos de mis ramos de flores silvestres marchitarse patéticamente sobre la mesa de la cocina. A pesar de la paciencia que demostraba mi madre con mis actividades naturistas, no le hacía mucha gracia que vinieran los ratones, atraídos por todos aquellos restos de campo prensados que guardaba debajo de la cama. Repartió unas trampas para ratones con trozos de queso, pero por fortuna aquellas criaturas peludas estaban bien alimentadas con las colecciones de plantas secas y las trampas nunca saltaron en mitad de la noche. Me pasaba horas casi todos los días sentada en el suelo de mi cuarto, convertido en mi laboratorio, leyendo con atención un ejemplar cutre de las guías de bolsillo Golden Guides que había sacado de la biblioteca, tratando de identificar especímenes. Cuando abría la guía telefónica, tras aproximadamente un mes de usarla como prensa, ahí yacían decenas de planos cadáveres marrones. Después de todo el esfuerzo de prensar y luego esperar a que se secaran, era desalentador descubrir que la mayoría de las plantas pierden su color cuando mueren. Los desafíos que presentaba la coloración, unidos a una falta de libros especializados en botánica, me ponían verdaderas trabas para identificar muchos de los especímenes.

Mi mejor fuente de información a la hora de aprender la jerga botánica era una colección de enciclopedias sobre la naturaleza que había en el expositor de la caja del supermercado y que mamá, amablemente, me permitía comprar –un volumen por viaje, a un dólar cada uno–, cuando la acompañaba a hacer la compra. Yo apreciaba mucho aquellos dieciséis volúmenes, que me proporcionaban unas definiciones rudimentarias y que incluían diagramas del pistilo, el estambre y el aparato reproductor de las plantas de un modo levemente más sofisticado que las básicas Golden Guides. Me resultaba inquietante que la palabra «pistilo», que se refería a las partes femeninas de la planta, sonara tan parecida a un arma mortal, «pistola», aunque fueran radicalmente diferentes. ¡Había tanto que aprender! Yo no era más que una chica de una pequeña ciudad, aficionada a la naturaleza, que amaba el aire libre, pero me perdía con la mayoría de los tecnicismos del vocabulario científico.

Cuando nuestra profesora de quinto de primaria anunció con ligereza que la Feria de Ciencias del Estado de Nueva York se celebraría ese año en la ciudad vecina de Cortland, estaba entre vacilante y decidida a presentar allí mi colección. ¿Podría ser que la feria de ciencias me pusiera en contacto con otros niños que estudiaran la naturaleza? Hice un póster en el que dibujé las partes generales de una flor silvestre: los pétalos, los sépalos, el pistilo y todo lo demás. Era un dibujo sencillo, pero me sentí más cerca que nunca de mi heroína, Rachel Carson, después de haber catalogado, durante los cinco años anteriores, mi «colección científica» de varios cientos de especímenes de la botánica local, todos ellos cuidadosamente prensados y etiquetados en unos ridículos álbumes de fotos de trece por dieciocho centímetros. Seleccioné cuatro libros de especímenes prensados, que suponían más o menos la mitad de mi herbario artesanal. Entonces no sabía que, en un herbario profesional, las plantas se pegan en unas hojas grandes de unos veintiocho por cuarenta y tres centímetros. Yo había ido a una tienda local y había comprado unos álbumes pensados para fotografías de bebés. En lugar de eso, acabaron cargados de flores silvestres secas (y, en su mayoría, marrones), acompañadas de pequeñas fichas que incluían el nombre, la fecha de recolección, el lugar y el hábitat. Traté de elegir las mejores, las que tenían algún vestigio del color original o las que tenían nombres realmente chulos (como serpentaria, siempreviva o pipa india), y evité mostrar las menos atractivas, como la espadaña, que prácticamente había explotado y había desparramado las semillas blancas por toda la hoja.

Papá, a pesar de no saber absolutamente nada de botánica más allá de cómo se corta el césped y se barren las hojas, brindó su entusiasmo paternal y se levantó a las cinco de la mañana el día de la feria de ciencias para llevarme en coche hasta Cortland, un trayecto de dos horas. No pude dormir ni un segundo la noche anterior, temblando de miedo ante la idea de que alguien me hiciera alguna pregunta acerca del proyecto. No era sólo que la idea de un evento público acrecentara mi timidez, sino que además yo nunca había conocido a ningún científico profesional. Cargamos con mucho cuidado los álbumes de plantas prensadas y los pósteres con los dibujos en nuestro Ford Crestline Sunliner del 53 de segunda mano, y papá y yo emprendimos lo que para mí era una gran expedición. Era el año 1964 y él siempre iba a por gasolina cuando bajaban el precio, así que debía de estar cara esa semana, porque no había llenado el depósito. Papá, por supuesto, no quería que me preocupara, así que cuando pasamos la cima de la colina de camino a la ciudad, me dijo: «Agárrate». El coche se deslizó cuesta abajo con el depósito vacío, pasando a toda velocidad los semáforos en rojo a través de las calles, tranquilas a esas horas de la madrugada. Éramos los primeros de la fila cuando abrió la gasolinera.

La feria de ciencias se celebraba en un enorme gimnasio de la universidad estatal, y yo tenía asignada una pequeña mesa para mi exposición. Encajada entre lo que parecían ser 499 chicos revoltosos, no vi a ninguna chica por allí, pero esperaba que al menos hubiera algunas diseminadas entre la multitud. Deseaba encontrar alguna alma gemela. Me sorprendió la cantidad de mesas que mostraban un experimento químico para replicar un volcán: vierte vinagre en medio de una pirámide de papel maché rellena de bicarbonato de sodio y, *voilà*, ¡una erupción! Quizá sólo hubiera cincuenta volcanes en aquel auditorio lleno de quinientos estudiantes, pero atraían ruidosas ovaciones y una atención alborotada que alentaba a sus creadores y que, simplemente, no era parte de mi ADN. Si no me hubiera sentido tan cohibida, podría haberme parecido hasta gracioso: una colección de flores silvestres expuesta por una consumada flor de tapia, entre un caos de volcanes avinagrados. Pero estaba demasiado nerviosa, la única botanista (y una de las pocas chicas) en el auditorio, como más tarde me dijeron los miembros del jurado. Tampoco vi ningún otro proyecto de historia natural en toda la feria de ciencias. El jurado pasó en rebaño, sin hacer ninguna valoración, limitándose a echar un vistazo a algunas de las páginas de flores secas y a hacer amables comentarios acerca de las dificultades que presenta prensar las plantas sin dañarlas. (Yo habría querido soltar: «Pues claro, qué tontería, si coges una planta, sin ninguna duda eso le produce un daño y finalmente la flor muere.») Al contrario que la mayoría de los estudiantes, que habían acudido con otros compañeros de clase de sus colegios, yo era la única de mi distrito de primaria, así que no formaba parte de ningún grupito de los que deambulaban por los pasillos, mirando otros proyectos. Me pasé el día entero sentada al lado de mis flores silvestres; incluso mi padre, por lo demás fiel escudero, salió a hacer un par de recados para pasar el rato. Después de un día tan largo, tenía ya muchas ganas de recoger la muestra y volver a casa, al santuario de mi laboratorio-dormitorio. Entonces, para mi sorpresa, me llamaron desde el escenario para recoger el segundo premio. Muda, pero llena de un inesperado sentimiento de logro, recibí un pequeño trofeo de plástico, y deseé que Harriet Tubman y Rachel Carson estuvieran dándome su aprobación desde el cielo. Para mi familia, este premio estaba a la altura del Nobel y permaneció en la mesa de la cocina durante meses. Y a pesar de que no hizo que aumentara mi popularidad en el recreo de la escuela de primaria, como habría hecho un trofeo deportivo, les dio a mis padres un rayo de esperanza de que, a lo mejor, el inusual amor por la naturaleza de su hija podría cosechar algunos frutos.

Tras conquistar el ámbito de la botánica de las cunetas en la feria de ciencias de quinto de primaria, unos años después me topé, por casualidad, con un proyecto de ornitología. Mientras limpiaba el ático de nuestros abuelos, encontré dos cajas de madera polvorientas, con una colección de huevos de ave de un antepasado del siglo XIX. (¿Quizá un pariente amante de la naturaleza del que nadie me había hablado?) Estos óvalos exquisitos estaban decorados con espirales azules, grises, blancas y canela, dibujadas con el pincel de la Madre Naturaleza. Pero las etiquetas se habían desintegrado, víctimas del piojo de los libros. Mi abuela era una formidable profesora de inglés y una ama de casa impecable, y sin duda consideraba estos huevos como una porquería asquerosa. Así que me permitió llevarme aquellos tesoros a casa, al laboratorio del suelo de mi cuarto, donde trataría de identificarlos. Después de otra visita a la biblioteca, pasé de las guías de campo de botánica a los libros sobre aves. Era relativamente sencillo encontrar volúmenes con ilustraciones de los propios pájaros, pero era mucho más complicado hallar en ellos descripciones de los huevos. Muy pronto aprendí que la coloración tenía una gran importancia en la clasificación, junto con la forma y el tamaño exacto. No bastaba con una regla corriente; los huevos de ave requerían de un instrumental más sofisticado. Algunos de los libros de la biblioteca mencionaban calibradores especiales para medir el grosor de la cáscara del huevo y sus dimensiones. Me atreví entonces a escribir a una empresa de productos biológicos cuyo anuncio aparecía en una revista *Audubon*, y les pedí un catálogo. Me daban una discreta paga por hacer las tareas de la casa y convencí a mi madre para que me firmara un cheque para hacer el pedido por correo, y yo le pagaría con el dinero que guardaba en la hucha. Por solo 13,95 dólares, muy pronto tuve un juego de calibradores, y pasé cientos de horas midiendo las dimensiones del huevo del zorzal del bosque, del turpial de Baltimore, del petirrojo, del jilguero norteamericano y del frailecillo, entre otros.

La identificación de huevos de ave resultaba más difícil que la botánica, una tarea prácticamente imposible con guías de campo tan básicas. Las descripciones en los libros genéricos sobre aves normalmente se limitaban a «tamaño medio, azul» o «huevo blanco solitario». Rebuscando en la literatura ornitológica, encontré unos volúmenes polvorientos en la biblioteca pública, de John Burroughs, John James Audubon y otros naturalistas del siglo XIX. Con el tiempo, fui aprendiendo un nuevo vocabulario: el sistema métrico (en lugar de pulgadas); patrones como manchado, moteado, pintado o punteado, y la diferencia entre el color canela, avellana, castaño y marrón. No contaba con ningún profesor de ciencias al que acudir, ni siquiera una amiga en el colegio que compartiera una pasión parecida por las aves, así que era una ocupación solitaria. En aquella época, de los aproximadamente cien miembros de nuestra Sociedad Audubon local, yo era prácticamente la única que tenía menos de setenta años y no podía imaginarme a los demás agachados en cuclillas inspeccionando huevos de ave. Mis padres me habían regalado la membresía de la Audubon para mi cumpleaños, y yo asistía entusiasmada a todas las proyecciones de películas sobre la naturaleza que organizaban en el auditorio local. Los observadores de aves a veces me invitaban amablemente a la salida del sábado. Me adoptaron, más o menos, y me explicaron cómo calcular el número de aves en una bandada migratoria y cómo identificar al escurridizo parúlido otoñal, uno de los mayores desafíos para cualquier aficionado amante de las aves. Aunque era primeriza, estaba realmente fascinada por la observación de las aves, pero demasiado cohibida para abrir la boca y hablarles de mi colección de huevos.

De vez en cuando, mamá me llevaba en coche hasta el Laboratorio de Ornitología Cornell para pasear por las pistas y observar a los pájaros. El laboratorio estaba a tan solo una hora de casa e incluía una exposición abierta al público con sonidos de aves que se transmitían desde un estanque hasta una sala donde había un gran ventanal. Era emocionante oír el graznido del ganso canadiense o el parpado del ánade real o el canto primaveral de las aves migrantes que regresaban. En dos ocasiones, me quedé tímidamente de pie durante al menos una hora en el pasillo de los despachos de los científicos, con la esperanza de que alguien se animara a hablar con una niña pequeña que sostenía un táper que contenía huevos de ave. Nadie lo hizo nunca, a pesar de esos intentos esperanzados. En ambas ocasiones, llevaba varios huevos dudosos y deseaba conocer a algún experto que resolviera rápidamente su correcta identificación. Habría sido algo maravilloso poder hablar con un científico de aves. Al recordar la enorme decepción cuando nadie se percató de mi presencia, ahora yo misma respondo a cada niño o niña que contacta conmigo, sin excepción.

En algún momento, me quedé sin respuesta para un huevo grande y blanco. Casi un año después, volví de nuevo al misterio de aquel simple huevo blanco. Lo comparé con todas las guías ilustradas, medí una y otra vez su largura y anchura, y me tuvo perpleja durante semanas. Era más grande que los huevos del parúlido o del zorzal, y al mismo tiempo, carecía de cualquier coloración singular. Entonces, un sábado, mientras preparaba unos huevos revueltos para desayunar, tuve un momento de eureka y me di cuenta de que ¡había tenido la respuesta delante de las narices todo el tiempo! Agarré una cáscara de la cocina y corrí escaleras arriba. ¡Guau! Era casi idéntico al misterioso huevo. Me había pasado un año imaginando que ese huevo sería de un alca gigante o de una grulla trompetera, pero resultó que era de una gallina común y corriente. Acababa de releer *Primavera silenciosa*, el libro de mi heroína Rachel Carson, que explicaba que los pesticidas estaban matando a los pájaros cantores, y esto me sirvió de inspiración para diseñar un proyecto científico extraordinariamente sencillo. Durante el siglo XX, Carson había descubierto que las aves (incluso los pollos) ingerían pesticidas, y que su toxicidad hacía que los huevos tuvieran una cáscara más fina y que de esos huevos no nacieran crías. Mis viejos y polvorientos huevos habían sido recogidos a mediados del siglo XIX, de modo que tenían aproximadamente cien años de edad. Cogí varios huevos de la nevera de mamá, pertenecientes a 1970, y medí su grosor con los calibradores. Luego casqué con delicadeza el huevo ancestral por la mitad, calculé el grosor de la cáscara y lo comparé con los huevos modernos. La cáscara del huevo centenario tenía un grosor de 0,019 pulgadas (0,048 centímetros), mientras que una cáscara reciente tenía, de media, 0,011 pulgadas (0,028 centímetros) de grosor. (Mis calibradores, a la vieja usanza, empleaban pulgadas, como en los buenos tiempos, en lugar de centímetros.) Más tarde estudié estadística y aprendí que la investigación científica basada en una sola copia no es muy sólida, pero en aquel momento lo sentí como un gran descubrimiento. Alojé este miniproyecto de investigación que comparaba cáscaras de huevo con cien años de diferencia en una modesta caja de cigarros, con unas etiquetas donde escribí a mano los resultados, y aún ocupa un lugar destacado del que me enorgullezco en un estante de mi biblioteca, y me recuerda la emoción que producen los descubrimientos científicos.

En el tercer año de secundaria, mis tres amigas mosqueteras habían sustituido los fuertes en los árboles por los chicos. Pero mi pasión por la naturaleza creció y, durante los fines de semana, pasaba los sábados entusiasmada observando aves en los parques de los alrededores. Siempre estaba haciendo listas y registraba todos los avistamientos: los picogordos vespertinos eran el plato fuerte, así como los pájaros carpinteros, con su incesante tamborileo sobre los diversos árboles muertos. Crecer en un pueblo pequeño de Estados Unidos era un arma de doble filo. Conocíamos al heladero. Íbamos al colegio andando, jugábamos en la calle, limpiábamos la nieve con una pala, cogíamos moras en el campo y cazábamos luciérnagas. Pero la escuela pública tenía su cuota de abusones y de problemas de drogas, y era difícil hacer amigas con intereses raros como la observación de aves. Estaba tan empeñada en hacer alguna amiga a la que le gustara la naturaleza que escribí a Duryea Morton, un destacado líder de la Sociedad Nacional Audubon, cuyo nombre encontré mencionado en la revista. En mi carta le explicaba que yo era una observadora de aves y le pedía consejo para encontrar a otras niñas que compartieran mi pasión. Milagrosamente, Morton me contestó desde su elevado despacho en la ciudad de Nueva York y me ofreció una solución. Me sugirió que asistiera al campamento de verano de Virginia Occidental, que organizaba un ornitólogo amigo suyo llamado John Trott. En aquel momento, ese era el único campamento de naturaleza para jóvenes en todo Estados Unidos, y él creía que tal vez allí, entre los campistas, podría encontrar a otros amantes de las aves con los que trabar amistad. A pesar de que a mis padres no les hacía mucha gracia conducir tan lejos, hasta Virginia Occidental, y aunque el coste del campamento suponía un esfuerzo económico considerable, el siguiente verano me apuntaron a regañadientes al Burgundy Wildlife Camp, con la ferviente esperanza de que no volviera a quedarme en Elmira, donde mi vida social quedaría relegada al club de los observadores de aves de setenta y tantos. Después de conducir todo un día desde Elmira, en el estado de Nueva York, hasta Capon Bridge, en Virginia Occidental, la pista de tierra final antes de llegar al campamento rodeaba una destilería, con una variopinta congregación de lugareños que disfrutaban del fruto aguardentoso de su trabajo. Vadeamos un arroyo para cruzar hasta los terrenos del campamento y fue un milagro que papá no diera media vuelta. El campamento era rústico y estaba gloriosamente ubicado en mitad del bosque: un riachuelo para cazar bichos acuáticos, un estallido de pájaros cantores en las copas de los árboles, kilómetros de caminos para recorrer, redes dispuestas para el anillado de las aves, una chimenea rodeada de porches con mosquiteras, con todo tipo de cachivaches para el estudio de la vida salvaje y, lo mejor de todo, otros diecinueve chicos y chicas amantes de la naturaleza.

Durante aquellas dos semanas de campamento que me cambiaron la vida, hice amigos que prestaban atención a las hormigas, las rocas, las flores silvestres, las salamandras, el musgo y, ¡sí!, ¡las aves! Fue realmente el paraíso en la tierra, y los directores, John y Lee Trott, se convirtieron, para mí y para muchos otros campistas, en mentores para toda la vida. Me asignaron una litera superior en la habitación de las chicas, una construcción sencilla y sin paredes, compuesta de unas pantallas mosquiteras y unos rudimentarios troncos, donde cabía una docena de niñas. La primera noche, sentí un zumbido que me pasó a muy poca distancia de la cara, y me acurruqué debajo de la manta, aterrorizada, preguntándome qué sería aquello que me había atacado. Al día siguiente, cuando mencioné este asalto, la orientadora del campamento me explicó que había un murciélago que vivía en las vigas justo por encima de mi litera, y que tenía mucha suerte, porque se comería todos los mosquitos. Su explicación alivió mi estado de pánico, pero sólo un poco. Durante todo el día, digerí lentamente esa información y finalmente acabé por convencerme de que un murciélago residente era, en efecto, un compañero de habitación excepcional.

Aquel campamento de vida salvaje cambió mi visión del mundo natural de muchas maneras, no sólo con respecto a los murciélagos. Tuve la oportunidad de sostener un jilguero en la carpa de anillamiento de aves, una experiencia espiritual extraordinaria para una amante de las aves como yo. Aprendí las constelaciones bajo el cielo nocturno en el territorio salvaje de Virginia Occidental, en una total ausencia de luces artificiales. Nadábamos en un estanque lodoso, nuestra única actividad deportiva, y cuando me encontré un renacuajo pegado a la piel por debajo del bañador, el director del campamento me felicitó por atraer a uno de los más preciados integrantes de la biodiversidad del agua. Yo aún era tímida y me esforzaba por estirar muy bien las sábanas al hacer la cama, para que no me pillaran en falta durante la inspección diaria, cuando revisaban los dormitorios para comprobar que todo estuviera recogido. Deseaba desesperadamente que me aceptaran en esta pandilla de la naturaleza. En el campamento, se consideraba a todos los niños como naturalistas, al margen de su educación o de su sexo, de modo que hice buenas migas con los chicos (tanto como con las chicas) por primera vez en mi vida. La mayoría se convirtieron en amistades duraderas, muchos de ellos luego se convirtieron en profesionales de las ciencias naturales, y ahora, como adultos, continuamos organizando actividades relacionadas con las aves y la botánica.

Cada campista trabajaba en un proyecto de investigación, y yo decidí identificar los musgos del bosque de Virginia Occidental. Después de haber abordado las flores silvestres y los árboles en el norte del estado de Nueva York, estaba lista para los desafíos de las plantas sin flores. También buscaba una excusa para usar el increíble microscopio del campamento, que era imprescindible para identificar los musgos. Harriet Tubman había adquirido un dominio de los musgos del bosque para orientarse a través del Ferrocarril Subterráneo, y yo estaba decidida a seguir sus pasos como la «brióloga» del campamento, también conocida como la experta en musgos. Mi entusiasmo por estos pequeños fragmentos de materia verde velluda era tan inmenso que, una vez hube completado una detallada colección de musgos, los Trott me pidieron que volviera el verano siguiente como miembro del personal. ¿Una niña de trece años, miembro del personal? Me embargó un gran sentimiento de humildad. Los directores creían fervientemente que el modelo de «niños educando a niños» era el más efectivo para aprender, y contrataban a adolescentes para enseñar a los campistas. El sueldo por aquel primer trabajo de verano ascendía a la irrisoria cifra de veinticinco dólares, pero me sentí muy rica. Podía ganar la misma cantidad tras una larga noche cuidando niños en Elmira, pero el campamento me aportaba otras cosas de manera indirecta. Gracias a que me atreví a enviar una carta a la Sociedad Nacional Audubon, ahora tengo un grupo de amigos a los que les encanta hablar de la migración de las aves y de la identificación de árboles, y además adquirí algunas destrezas y habilidades para enseñar a estudiantes jóvenes acerca del mundo natural.

Mi primera tarea educativa como orientadora adolescente del campamento se centró en los árboles (la dendrología). Como era de esperar, me costaba hablar y era muy inexperta, pero el director del campamento alivió mi ansiedad al recordarme que aprender con los estudiantes es un sistema de enseñanza más efectivo que lanzar sermones llenos de datos frente a una clase. Aun así, estaba extremadamente nerviosa. Durante el invierno anterior, había sacado una gran pila de libros sobre árboles de la biblioteca pública y había leído y releído con entusiasmo cada página. Con los bolsillos llenos de fichas, regresé el verano siguiente al campamento como la profesora oficial de dendrología. Di clases al aire libre, bajo un magnífico roble rojo americano, animando a los campistas a convertirse en detectives arbóreos y recoger bellotas, medir el contorno de los troncos y examinar las hojas en busca de señales de ataques de insectos. Tanto mi amor por los árboles como el apoyo de los directores del campamento me transformaron en una entusiasta educadora. Trabajé en Burgundy Wildlife Camp durante seis veranos, y allí di clases acerca de las arañas (aracnología), los insectos (entomología) y de geología. Treinta años después, regresé al campamento y construí una pasarela en el dosel arbóreo, en aquel magnífico roble, para que los campistas tuvieran el privilegio de explorar sus secretos aéreos. Ahora, las nuevas generaciones de campistas en el campamento de verano de mi infancia ¡son arbonautas!

Cuando regresaba a casa, durante los años del instituto, tenía a mi alcance multitud de prados y bosques para explorar, pero no tenía cerca ninguno de los museos del Instituto Smithsoniano para ir los fines de semana (como hacía la mayoría de mis amigos campistas que vivían cerca de Washington D. C.), ni programas de prácticas para estudiantes en alguna oficina central tecnológica u organización medioambiental. En Elmira, los estudiantes solían juntarse con barriles de cerveza en la colina que había detrás del instituto, fumaban en el aparcamiento, alardeaban de sus malas notas o pasaban el rato en el sótano de una destartalada tienda llamada People's Place, donde vendían pantalones vaqueros de campana, regentada por un magnífico compañero de clase rebelde llamado Tommy Hilfiger.

Como una desgarbada plántula que lucha en tierra seca, me di cuenta de que las plantas se parecían mucho a mí porque no hablaban. A los críos sociables les atraen los perritos juguetones y quizá terminen creando volcanes como experimento científico, pero a mí me fascinaban las flores silvestres y estudié todas sus partes botánicas, incluidos los pistilos. No las «pistolas» que disparan balas, sino las entrañas de las flores, donde ocurre toda la acción sexual. En lugar de coleccionar discos de los Beatles, yo coleccionaba escarabajos de seis patas. En vez de quedarme a dormir en casa de mis amigas y pintarme las uñas con laca rosa o probar nuevos peinados, yo preguntaba si alguien quería levantarse pronto para ir a observar pájaros. Era «guay» saltarse las clases del instituto y no aparecer en la lista de los mejores estudiantes. Aquellos eran los dilemas a los que se enfrentaban los estudiantes de una escuela pública en una comunidad que carecía de una sólida base económica durante los años sesenta. El norte del estado de Nueva York formaba parte del creciente malestar norteamericano, sumido en el desempleo y los vales de comida, al contrario que otras ciudades donde la innovación y la tecnología impulsaban una economía vibrante. Crecer en Estados Unidos es una lotería en la que el código postal a menudo determina tu futuro.

Cuando decidí solicitar plaza en Williams College, el asesor académico del instituto me dijo que eso no existía, que sin duda me refería, en realidad, al College of William and Mary. Yo sabía bien lo que decía, porque había comprado varios catálogos universitarios y había leído que Williams College, en Massachusetts, era una de las pocas facultades pequeñas con su propio bosque. En la entrevista para la universidad, yo era un manojo de nervios, me estremecía como la hoja de un álamo temblón. El encargado de admisiones observó en mi solicitud que había enseñado arañas en el campamento de naturaleza de verano. Me miró con gran seriedad y me preguntó:

–Margaret, exactamente ¿qué les enseñaste a las arañas?
No me pareció en absoluto que estuviera haciendo un chiste.
Angustiada por no haberme explicado claramente en mi presentación para la solicitud, rápidamente le expliqué que había enseñado acerca de las arañas a otros niños, no a las propias arañas. Tras este malentendido, estaba convencida de que había destruido cualquier posibilidad de ser admitida en Williams College. Varios meses después, para mi total sorpresa, recibí la carta de admisión.

Cuando el director del instituto anunció que yo no había conseguido las mejores notas, y que había quedado en segundo lugar para dar el discurso de graduación, mis compañeros de clase se enfadaron; la estudiante con las mejores notas no había hecho un curso de excelencia académica extra, y por lo tanto les parecía que tenía menos mérito. Me quedé muy sorprendida cuando la clase votó para que fuera yo quien diera el discurso de graduación. De pronto, todos aquellos años de dedicación a los estudios daban sus frutos. La ceremonia de graduación era algo muy importante en una ciudad pequeña, y todo el mundo contaba los días. A mí, en cambio, la perspectiva de dar un discurso ante un auditorio lleno de gente me quitó semanas de sueño. Ensayaba en la ducha, me despertaba con sudores fríos mientras recitaba en sueños, y casi me da un ataque de nervios al pensar en la noche de la graduación. Y entonces empezó a llover... y llovió y llovió. La gran inundación de 1972 está grabada en la memoria de Susquehanna River Valley; el río local de Elmira, el Chemung, era un afluente del Susquehanna. El río se desbordó alrededor de las dos de la madrugada el 23 de junio y muchos estudiantes del último curso del instituto se despertaron durante la última semana de clase y se encontraron con que había varios metros de agua en la cocina y en el salón de sus casas. Muchas familias tuvieron que ser evacuadas. Se cerraron los colegios. Las carreteras se inundaron. El instituto se convirtió en el centro de emergencia de la Cruz Roja. Sacaban cadáveres de las aguas crecientes del río. El hedor del barro que rezumaba en las casas y del moho de las paredes es algo que nunca olvidaré. La ciudad, que ya tenía un panorama económico desolador, se convirtió en una ciudad aún más desolada. De repente, mis compañeros de clase y yo estábamos como voluntarios poniendo inyecciones de la vacuna contra el tétanos en lugar de vistiéndonos para la fiesta de graduación. Fue un final agridulce a nuestros años de instituto. Nunca llegamos a graduarnos oficialmente, sino que recibimos nuestros diplomas por correo al cabo de unos meses. La región de Elmira y sus alrededores nunca se recuperó del todo de aquellas inundaciones. El valor inmobiliario cayó en picado, especialmente en las casas situadas cerca del río Chemung. A medida que las familias fueron yéndose, el número de alumnos disminuyó; nuestro antiguo instituto ya no existe. El banco donde trabajaba mi padre sufrió recortes y él perdió su empleo. La inundación fue el remate de una economía ya renqueante. La Madre Naturaleza gobierna sin excepciones. En aquella época, los desastres naturales se veían como algo que ocurría una vez cada cien años, de modo que consideramos la inundación de 1972 como una anomalía. Apenas veinte años después, el rápido avance del cambio climático haría que las inundaciones frecuentes –así como las sequías, los incendios y las olas de calor– se convirtieran, en muchas regiones, en acontecimientos corrientes. Nuestra inundación en Elmira fue un heraldo de lo que estaba por venir.

Durante los últimos cincuenta años, muchas cosas han cambiado, no solo el clima o la frecuencia de las inundaciones y los incendios, sino también la ciencia de las plantas. Ha habido muchos avances en la forma en la que recogemos y preservamos las plantas, la forma en la que las identificamos y en la manipulación de los científicos agrícolas para crear cosechas más fuertes u olmos resistentes a las enfermedades. Pero dos de las lecciones de vida más importantes que he aprendido como científica tuvieron su inicio con aquellas colecciones de plantas de mi infancia en el norte rural del estado de Nueva York: (1) «el poder de uno»: a través de la observación, generalmente en solitario, no sólo llegué a tener un conocimiento excelente de las flores silvestres locales, sino que además me convertí en una experta aficionada a los huevos de ave, y todos ellos fueron pequeños pasos que me llevaron a convertirme en una bióloga de campo profesional; y (2) «comienza en lo local, pero ve

a lo global»: una reflexión personal al mirar atrás, porque gracias a
que aprendí sobre el paisaje del jardín de atrás de mi casa y a que
más tarde amplié mis conocimientos ascendiendo a los ecosistemas
globales, me convertí en una bióloga de campo más eficaz. Treinta
años después, del fuerte en el árbol de mi infancia pasé a las pasarelas de los doseles arbóreos tropicales en varios continentes. El amor
por un gran olmo en nuestra cabaña del lago creció hasta convertirse en mi profesión, como conservacionista forestal internacional.
La felicidad de jugar al aire libre a lo largo de mi infancia –cultivan-
do los cinco sentidos para encontrar, tocar, oler e identificar las
plantas– sirvió de inspiración para muchos de mis estudios posteriores de grado y de posgrado, no sólo para mí, sino también en
calidad de mentora de otras mujeres como yo y diversas minorías.
Todas estas pasiones de la infancia, cosidas unas a otras formando
una colcha de retales, me llevaron a convertirme en una de las primeras arbonautas del mundo. Probablemente no habría tenido una
trayectoria profesional como bióloga de campo sin una infancia
feliz de exploración al aire libre. Llena de árboles. Llena de soledad.
Llena de flores silvestres, hojas y la curiosidad de saber cómo actúa
la naturaleza.

❧ EL OLMO AMERICANO ❧
(*Ulmus americana*)

El olmo americano (*Ulmus americana*) fue clasificado por vez primera por Carl Linnaeus en 1753, cuando escribió su famoso *Species Plantarum*, que sentó las bases de toda la futura clasificación de los organismos. Este árbol es miembro de la familia *Ulmaceae*, que incluye seis géneros y cuarenta especies. Es un árbol originario de Norteamérica y su distribución abarca la franja de la costa este, desde Maine hasta Florida, bajando por el oeste de Dakota del Norte, hasta Tejas. Su primo británico, el olmo inglés (*Ulmus procera*) era tan común que lo llamaban «hierba de Wiltshire», porque su silueta dominaba el paisaje. El olmo americano estaba igualmente extendido y crecía en tierras inundables, riberas, terrenos pantanosos, laderas y suelos bien drenados. En resumen, ¡crecía casi en cualquier sitio! Gracias a que las semillas se dispersan por el viento, los olmos se extendían rápidamente y germinaban casi de manera inmediata. Los nativos norteamericanos empleaban la corteza del olmo para varios usos medicinales, y la madera era codiciada para la construcción de muebles, suelos, ataúdes y cajas. La copa del olmo solía ser un alegre epicentro para las aves y las mariposas, así como para una multitud de herbívoros, incluidas las larvas minadoras, los insectos perforadores, las cochinillas y las brácteas. Conocido también como el olmo blanco, el olmo americano es el árbol estatal de Massachusetts y de Dakota del Norte. Históricamente, era un árbol de crecimiento rápido, resistente y se adaptaba bien a entornos urbanos, de modo que era un importante árbol en las calles, en cualquiera de sus variedades. Un pariente del olmo americano, el olmo rojo o resbaladizo (*Ulmus rubra*), se empleaba habitualmente para calmar el tracto digestivo, y en los tiempos de las colonias, las mujeres usaban la superficie áspera de sus hojas como colorete natural: una pasada rápida con el follaje del olmo resbaladizo dejaba las mejillas irritadas, rojas y, en teoría, más bonitas. Cuando éramos niñas, a mis amigas y a mí nos encantaba frotarnos las mejillas con las hojas del olmo resbaladizo y fingir que nos estábamos maquillando.

Los olmos eran la especie más común en los pueblos y ciudades de Nueva Inglaterra a finales del siglo XIX y principios del XX, aunque en aquel tiempo no existía ninguna imagen por satélite para darnos un recuento exacto. A mediados del siglo XX, el noventa y nueve por ciento de los olmos americanos murieron por la grafiosis, la enfermedad del olmo holandés, una infección fúngica proveniente de Europa, que provocó su desaparición en el nordeste y que alcanzó a todas las variedades de la especie. Los únicos supervivientes fueron los ejemplares aislados, especialmente en Florida y la Columbia Británica, donde la enfermedad no se extendió más allá de la distribución normal del olmo. La enfermedad del olmo holandés no sólo afectó al olmo americano; también desapareció el olmo inglés en Europa en los años setenta. El hongo *Ophiostoma novo-ulmi* (también conocido como *Ceratocystis ulmi*) se extendía a través de los coleópteros escolítidos del género *Scolytus* (y más tarde, otro género de coleóptero escolítido llamado *Hylurgopinus*).

Los escarabajos hembra buscaban olmos con el tronco débil para excavar las galerías donde ponían los huevos, entre la corteza y la madera. Si el hongo estaba presente en una hembra, un gran número de esporas fúngicas se depositaba en el interior de esas cámaras. Cuando emergían los jóvenes insectos adultos, transportaban y propagaban las esporas a los olmos sanos en sus vuelos para alimentarse del follaje. Las esporas infectaban el xilema y se reproducían en el interior de estos vasos de conducción de agua, casi como una levadura en fermentación. A medida que el olmo recién infectado se debilitaba, era más susceptible a ser escogido por los escarabajos que buscaban troncos moribundos para depositar los huevos. La eliminación de la enfermedad del olmo holandés requería de la completa exterminación de estos coleópteros, económicamente muy costosa y casi imposible de lograr en condiciones naturales.

Durante todo el siglo xx, los genetistas clasificaban el olmo americano como un organismo tetraploide, es decir, que cuenta con el doble de cromosomas que los considerados diploides. Sin embargo, los análisis genéticos recientes han revelado que algunos olmos son diploides, y esos ejemplares parecen ser más resistentes a la enfermedad del olmo holandés. El hecho de tener dos subespecies de olmos tal vez lleve a desarrollar olmos genéticamente resistentes, para su futura propagación. Los híbridos de olmo americano y olmo asiático también han mostrado una gran resistencia al hongo, y ofrecen una esperanza para la restauración del dosel arbóreo de los olmos.

Probablemente fueran los olmos los que inspiraron mi carrera botánica, gracias a la ingeniosa manera que encontró mi abuelo de construir nuestra cabaña en el lago. Pasé de una infancia de amor por los árboles a estudiar la fenología de los bosques de clima templado como parte de una tesis de biología durante la carrera. Durante aquellos años, también sufrí punzadas de dolor cuando talaban los olmos del campus. La enfermedad del olmo holandés fue un gigantesco revés no sólo para los bosques, sino también para las regiones urbanas, donde la sombra de las copas de los árboles aumenta el valor inmobiliario y proporciona enormes servicios ecológicos, también conocidos como «capital natural». Aparte de sombra, los árboles urbanos también filtran el agua, ayudan a la conservación del suelo y el almacenamiento de carbono, limpian la contaminación del aire, y constituyen el hogar de muchos pájaros y animales. Los árboles suministran unos servicios ecológicos valorados en miles de millones de dólares, si los dejamos crecer. En mi ciudad, Elmira, en el estado de Nueva York, unos enormes olmos se alineaban en las calles de la ciudad hasta que fueron arrasados por la enfermedad del olmo holandés. Los echo mucho de menos.

2

Una detective forestal

❧ ☙

*Primeros encuentros con los árboles de clima templado,
desde Nueva Inglaterra hasta Escocia*

En mis tres primeras semanas en la universidad, descubrí que el noventa y cinco por ciento de los cursos de ciencias biológicas en mi facultad estaban especialmente diseñados para entrar en la Facultad de Medicina, y la mayor parte del contenido se centraba en las células sanguíneas, y no en el canto de los pájaros. Así que me cambié a Geología, pensando: ¿por qué no estudiar el paisaje donde crecen mis queridos bosques? Me parecía un buen plan B para alcanzar mi objetivo profesional de trabajar en la naturaleza. Pasé la mayor parte de aquellas excursiones de campo en el primer año de Geología fotografiando flores silvestres y aves, mientras el resto de los estudiantes se concentraba en el lecho de roca. Aun así, afortunadamente fui aceptada en un programa de verano para un curso de campo organizado de forma conjunta por los departamentos de Geología de la Universidad de Idaho y Williams College. Mi entusiasmo menguó cuando descubrí la proporción de chicas: una por cada diecinueve chicos. Pero no iba a dejar pasar esa oportunidad, así que metí en la mochila las botas de senderismo, unos vaqueros, varias sudaderas y unos prismáticos, emocionada por pasar el verano aprendiendo acerca de las magníficas Montañas Rocosas. Nunca había viajado al oeste del río Misisipi, e inmediatamente me enamoré del paisaje, mientras vivía feliz dibujando formaciones de rocas e imaginando allí a los dinosaurios deambulando entre aquellos gigantes afloramientos geológicos. Ya durante nuestra primera semana trepando por las crestas metamórficas, sin embargo, observaba con impotencia a la mayoría de mis compañeros de estudios, que se pasaban la hora de la comida lanzándoles martillos de exploración a las perdices nivales. Los martillos geológicos tenían una garra muy afilada, que servía para romper el basalto, de gran dureza; los chicos pensaban que era divertido arrojarlos contra estas bellísimas aves terrestres. Por fortuna, no tenían muy buena puntería, probablemente porque el martillo no tenía el peso equilibrado para que fuera lanzado como una jabalina. Aun así, me sentí indignada hacia ellos por ese comportamiento cruel y decepcionada conmigo misma por el hecho de que, a pesar de mi pasión por las aves, no me atreviera a decirles nada a aquella pandilla de estudiantes que se habían apuntado a la universidad para entrar en algún equipo deportivo y que habían elegido el curso de «piedritas» porque les parecía fácil.

Dedicaba el tiempo libre a hacer *footing*, en parte para huir de la interacción social en el campo base, pero también porque la grandeza de las altas cumbres de alrededor era impresionante. El ejercicio extra, añadido a la ardua tarea diaria de trazar mapas de los salientes rocosos, me dejaba realmente exhausta, así que me retiraba a dormir temprano, mientras el resto de los estudiantes se reunía para beber cervezas y jugar al póker hasta altas horas de la madrugada. Un día, mientras corría por una carretera solitaria, una camioneta pasó tan cerca que el vaquero que iba en el asiento del copiloto me dio una cachetada en el trasero mientras me hacía algún comentario lascivo. Después de aquello, dejé de correr por allí y, en cambio, subía por las pistas de montaña, que era más arriesgado debido al terreno rocoso irregular, pero resultaba más seguro que enfrentarse a delincuentes de carretera.

La experiencia de aquel verano en Idaho me puso a prueba realmente, porque me quedó claro que la geología era un bastión del hombre blanco, al menos en aquel entonces. No me sentí bienvenida y tampoco me sentía parte de una comunidad en la que lo que primaba era beber cerveza sin parar, tratar de asesinar a unas perdices níveas y emplear un lenguaje soez. Cuando volví a las clases, al otoño siguiente, el director del departamento de Geología parecía sorprendido de que hubiera terminado el curso, y más aún de que hubiera obtenido una buena nota. Dejó claro que nunca había tenido una estudiante mujer en su clase del proyecto final, que era un requisito para completar el grado. No era un rechazo rotundo, pero su advertencia, cargada de recelo y negatividad, me dio a entender que no sería bienvenida. En aquel momento, yo era la única aspirante mujer a graduarme en Geología, y no tenía ninguna colega con la que unir fuerzas o consolarme, y tampoco se me ocurrió informar de mi experiencia a la administración. Eran los primeros tiempos de la educación mixta en muchas facultades; yo formaba parte de la que era solo la segunda promoción que incluía a mujeres en Williams. De modo que, sencillamente, asimilé la decepción y busqué un camino alternativo. Casi con un sentimiento de alivio, volví a inscribirme en Biología. Después de todo, había solicitado plaza en Williams desde un principio debido a su bosque.

Además de los obstáculos por la proporción de hombres y mujeres en geología, casi suspendo mineralogía; de algún modo, el instituto público no me había preparado para las particularidades de los hábitos de estudio de la universidad ni para exámenes que consistían en escribir una redacción. No me despegué de la silla y prácticamente memoricé el libro de texto entero. Con un aprobado raspado en esa asignatura, cada vez dudaba más de que pudiera tener una trayectoria como científica. Pensaba en esos días que había pasado de pie en el pasillo de los profesores de ornitología en la Universidad de Cornell y me di cuenta de que nunca había conocido a ninguna científica mujer viva (incluso en Williams, el claustro de profesores de ciencias estaba compuesto enteramente de hombres). Los textos de biología, así como los de geología, presentaban de forma sistemática ejemplos de hombres como modelos a imitar. Todo aquello me hacía ser pesimista… ¿Habría realmente algún lugar para las mujeres en el campo de la biología?

Al comenzar en la Facultad de Biología, ya como estudiante de tercer año, debía diseñar una propuesta de tesis con cierta urgencia si quería continuar con la investigación de campo, que, por definición, requiere de años de recogida de los mismos datos estacionales año tras año, para calcular el promedio y descartar anomalías, como las sequías o los inviernos extremos. Así que volví a mis raíces para ampliar mis observaciones de flores silvestres de la infancia y convertirlas en una propuesta para estudiar la fenología de las plantas más grandes: los árboles. Pasé los últimos dos años de universidad de acampada en el bosque, inmersa en los placeres de la naturaleza y rodeada de mis viejos amigos: ¡el arce, el abedul, el roble y el haya! Sólo había un profesor que enseñara algún curso de historia natural, así que no tuve que pensar mucho a la hora de solicitar que fuera mi supervisor. En vista de la cantidad de alumnos que estudiaban Biología para pasar a la Facultad de Medicina, parecía entusiasmado por tener a una incipiente ecóloga amante de las plantas bajo su protección. Yo estaba muy interesada en recoger datos reales y en emplear para ello un protocolo científico, en lugar de limitarme a hacer un simple diario de aficionada. Había tenido contacto hasta cierto punto con la investigación profesional, a través de las lecturas de mi curso de ecología, y enseguida aprendí la metodología para diseñar el trabajo de campo: plantea una pregunta, localiza un lugar de estudio, recoge los datos, investiga la literatura existente para buscar trabajos similares, analiza los resultados y después, escribe un artículo. Había crecido observando las hojas salir con regularidad cada primavera y caer cada otoño, como un reloj, y me preguntaba si el crecimiento de la madera en los árboles de climas templados seguía un ciclo estacional, como el de la foliación. Al principio, parecía fácil diseñar un proyecto de investigación de campo, casi como seguir una receta en la cocina. Escogí dieciséis especies de árbol y formulé la hipótesis de que sus troncos se expandían cada primavera y luego se recogían en el otoño, exactamente igual que su follaje estacional. Sin darme cuenta, estaba siguiendo los pasos convencionales de doscientos años de ciencia forestal, limitando mi observación al «pulgar del pie» del árbol en la base, en lugar de pensar en el bosque entero. En aquella época, la perspectiva a ras del suelo era, también, la manera más fácil que tenía un científico de observar un árbol, centrándose en el tronco. Esos altos pilares marrones que sostienen el follaje en lo alto están compuestos de un noventa y nueve por ciento de madera (células muertas que proporcionan un soporte mecánico) y aproximadamente un uno por ciento de células vivas, situadas en una franja estrecha llamada haz vascular, que crece justo por debajo de la corteza. Este tejido vascular está formado por dos delgadas vías del grosor de una célula: el xilema, que transporta el agua hacia arriba desde las raíces hasta las hojas, y el floema, que transporta los azúcares hacia abajo desde los cloroplastos de las hojas a los capilares de la raíz. El haz vascular es la única sección viva de un tronco, y cada año vuelve a crecer y a morir; un proceso estacional que tiene como resultado los anillos anuales, que los científicos hoy consideran el código de barras de la historia climática. A lo largo de mucho tiempo, los anillos de los árboles cuentan historias no sólo acerca de la vida de ese árbol, sino del medio ambiente a su alrededor. Los expertos en anillos de árboles, llamados dendrocronólogos, pueden rastrear la historia medioambiental de la Tierra, incluidas las épocas de sequía, los incendios y las etapas de rápido crecimiento. Como incipiente ecóloga de campo, yo quería dar respuesta a preguntas acerca de las dinámicas a corto plazo del crecimiento del tronco a lo largo de los meses y las estaciones, no a lo largo de la vida entera de un árbol. Entusiasmada con la idea de embarcarme en mi primera investigación de campo oficial en botánica, me sentía como un caballo de carreras, lista para salir de la caseta.

Leí con entusiasmo las publicaciones de ciencias forestales que existían acerca del crecimiento del tronco de los árboles en los bosques de clima templado. No había demasiada literatura ecológica, pero sí mucho material sobre cómo fomentar el crecimiento del árbol en las plantaciones de pinos, dado que, en aquella época, la producción de madera era el ámbito de las ciencias forestales que más financiación recibía. No es de extrañar que la mayor parte de la investigación sobre árboles se centrara en la madera y en la economía del pie tabla, que es la unidad estándar de medida para la madera. La biblioteca de biología de la universidad contaba con una gran cantidad de estanterías llenas de revistas científicas, con volúmenes encuadernados en cuero de varios colores, del rojo al naranja chillón o al fucsia, que recogían los artículos publicados cada año por cada revista. Durante mis numerosas visitas nocturnas –las estanterías estaban a disposición de los estudiantes las veinticuatro horas del día–, peiné todos aquellos estantes polvorientos. Poco a poco me convertí en una asidua del lugar, junto con todos los estudiantes que se preparaban para entrar en Medicina, que parecían vivir a tiempo completo en la biblioteca de ciencias. Mis revistas de biología de campo, entre las que se incluían *Botanical Gazette*, *Plant Physiology* y *Botanical Review*, estaban prácticamente intactas, en comparación con títulos como *Cell Physiology* o *Blood and Cells*. Probablemente rasgué la rígida encuadernación de cada número de las revistas relacionadas con los árboles más o menos desde 1950 hasta 1974. Para acceder a las publicaciones anteriores a 1950, había que rellenar una solicitud para las revistas del archivo, que entonces se sacaban de un almacén situado fuera del campus. Este proceso de préstamo generalmente tomaba una o dos semanas. No existían copias digitales de las revistas científicas, sólo unos enormes volúmenes encuadernados.

Por primera vez en mi vida, iba a recoger datos reales, y esto requería de un equipo especializado. Al estudiar los métodos empleados en las ciencias forestales, descubrí una herramienta genial llamada dendrómetro de radio, que mide el crecimiento del tronco, también conocido como expansión de la circunferencia. No era muy caro, así que compré dos (siempre es buena idea tener uno de repuesto, por si se rompe), y entonces empecé a fijar con cuidado una plantilla de tornillos a la altura del pecho en los troncos de dieciséis especies distintas de árboles. «Altura del pecho» es una medida aproximada que se emplea en ciencias forestales para que los distintos diámetros puedan ser comparados a una altura similar con respecto al suelo. (Por supuesto, la altura de mi pecho era sin duda alguna más baja que la del leñador promedio, que todo el mundo imagina como alguien parecido al mítico leñador gigante Paul Bunyan.) Los cuatro tornillos de cada árbol creaban una matriz o plantilla cuadrada, en la que se colocaba el medidor, que calculaba la distancia desde las cabezas de los tornillos hasta la corteza, para poder registrar la expansión del tronco; es decir, cuánto había ascendido la corteza alrededor de los tornillos. Al igual que ocurre cuando se instala una hamaca, los pequeños tornillos que se insertan en los troncos vivos no provocan ningún daño, porque el noventa y nueve por ciento de toda la madera que hay bajo la corteza está formada por células leñosas muertas, también llamadas «duramen». (Aparte de tirar abajo el árbol entero, la única forma de dañar un tronco es anillarlo: ceñir la fina capa del haz vascular situada justo bajo la corteza externa, lo cual impide que el agua suba desde las raíces, y que los azúcares bajen desde las hojas.) El dendrómetro, que mide hasta 0,025 mm, un diminuto incremento de la expansión, es lo bastante sensible para el crecimiento extremadamente lento de un árbol. Yo ya sabía, por mis observaciones de cuando era pequeña, que, en los robles, la foliación se producía antes que en el haya y el arce, pero ¿responderían igual sus troncos leñosos a los primeros signos de la primavera? También había aprendido, gracias a la lectura de todas esas revistas técnicas de arboricultura, que los troncos se expanden y se contraen en función de las condiciones medioambientales tanto a corto plazo (meses) como a plazos más largos (años), de manera que tendría que hacer mediciones durante más de un año para acercarme siquiera a determinar cualquier patrón de expansión del tronco. Mi fantástico dendrómetro era tan sensible que no sólo medía la expansión, sino también la contracción. En caso de sequía o debido al envejecimiento, el diámetro de un árbol se reduce, igual que los humanos, que perdemos peso cuando ayunamos o altura cuando envejecemos.

Sólo tendría dos años para medir, medir y medir. Y eso hice: medí dieciséis árboles dos veces por semana durante veinticuatro meses, con nieve y heladas, bajo la lluvia y los rayos, así como en las olas de calor. (Hubo dos pausas en mis datos, en las semanas de Acción de Gracias y Navidad.) La mayoría de mis compañeros de la clase de Biología, que estudiarían Medicina, permanecían a salvo, confinados en un laboratorio, con cómodos sillones, máquinas de refrescos y pizza a demanda, realizando los experimentos para sus tesis con ratones o células. Yo, en cambio, me pasaba los días en el bosque de la universidad, agachada bajo árboles de más de veinte metros de altura, racionando el agua de mi cantimplora de litro, masticando frutos secos mientras recogía (exactamente) 736 mediciones de los troncos de los árboles durante dos años y anotaba mis observaciones acerca de la fenología de las hojas. Durante el invierno, mis dedos se congelaban mientras escribía un sinfín de notas en mi diario de campo, y los pies se me dormían de estar de pie en la nieve amontonada en la base de cada árbol. Hopkins Memorial Forest, el terreno boscoso propiedad de Williams College, se convirtió en mi segundo hogar. Subía en bicicleta los ocho kilómetros de cuesta hasta el lugar de estudio y atravesaba a pie el camino entre cada uno de los dieciséis árboles. A veces me llevaba conmigo unas grandes ramas de follaje primaveral para medir el tamaño de los botones o de las hojas, provocando las risitas de mis compañeras de residencia, ante toda aquella vegetación que llenaba nuestra sala de estar. Se corrió la voz de que yo era una experta en el bosque de la universidad y los estudiantes empezaron a acompañar a su loca de la naturaleza residente a medir sus árboles, como si fuera un evento social. Varios de los estudiantes que iban a seguir en Medicina incluso se aventuraron a adentrarse en el bosque y les parecía encantador aprender los cantos de las aves o identificar las flores silvestres en primavera. Atravesamos el bosque con esquíes, raquetas, a pie e incluso descalzos. Un amigo mío afirmaba ser un apasionado de la botánica (pero del tipo de botánica que se podía fumar) y me rogaba una y otra vez que lo despertara a las seis de la mañana para una incursión en la naturaleza. Yo llamaba a la puerta y él solía tambalearse hasta allí con los ojos muy rojos, se desternillaba de la risa al verme vestida con pantalones caquis y unos prismáticos en la mano, y luego se desplomaba de nuevo en la cama.

Durante los dos años que duró la investigación para mi tesis, nunca me centré en las copas de los árboles, de modo que, como muchas generaciones de científicos forestales antes que yo, pasé por alto alrededor del noventa y cinco por ciento del bosque. Me emocionaba con la madera; no con los pies tabla, sino con cuánto crecían los troncos en un bosque templado sano y con cómo variaban los patrones de crecimiento estacionales entre especies vecinas. Había dos tipos de crecimiento de madera fisiológicos que predominaban en la literatura existente de las ciencias forestales, y cada una producía distintos patrones de anillos anuales. Uno se llamaba de porosidad difusa, y en este patrón las especies como el arce, el abedul y el haya formaban anillos de células leñosas de tamaño uniforme. El otro se llamaba de anillo poroso y, con este tipo, al inicio de la primavera se formaban unas células leñosas de gran tamaño, y más tarde, otras de menor tamaño, en la estación de crecimiento, como en el caso del olmo, el fresno y la falsa acacia. Cuando me fijé en la función ecológica que desempeñaban las especies de porosidad difusa, me di cuenta de que también eran de estado sucesional tardío, es decir, a largo plazo; eran las ganadoras en la competición de crecimiento para conseguir espacio en el dosel arbóreo. Las especies de anillo poroso, en cambio, tendían a ser de estado sucesional temprano: crecían las primeras y rápidamente en una ladera despejada, pero finalmente perdían terreno con respecto a las especies de estado sucesional más tardío, que crecían de manera lenta y constante, sobrepasándolas. La correlación entre los patrones de crecimiento de la madera y el estado sucesional de una especie de árbol era un descubrimiento, al menos para mí. No me había encontrado con esta información en ninguna de las revistas polvorientas de ciencias forestales disponibles en la biblioteca de biología de la universidad, y no podía estar segura de que figurara en algún otro sitio, pero yo deseaba fervientemente que fuera un descubrimiento. Mi supervisor estaba de acuerdo en que aquello era una pista prometedora. Este hallazgo me llevó a preguntarme si los patrones de foliación y de crecimiento de la madera eran similares. ¿Tendrían también un acelerón de crecimiento de la madera al inicio de la primavera los árboles de foliación más temprana? Durante el segundo año, presté especial atención a los patrones de foliación de cada árbol mientras medía el crecimiento del tronco. ¿Permitía la temprana expansión del tronco en algunas especies sobrepasar a otras mediante un acelerón temprano en el crecimiento cada primavera? ¿O, por el contrario, era el crecimiento tardío de la madera en verano, lento y constante, el que permitía a las especies arbóreas finalmente dominar el dosel? Esta clase de investigación a largo plazo estaba fuera del alcance de mi tesis, pero ciertamente demostraba la importancia de la recogida de datos a lo largo de la vida de un organismo, y esto, en el caso de los árboles, ¡es mucho tiempo! De pronto, me encontré proponiendo una pregunta que llevaba a muchas más. ¡Eureka! No podía imaginar entonces que en eso consistía el trabajo de una científica y que por eso era tan emocionante.

Medí árboles con infatigable devoción y, a cambio, los árboles compartieron algunos de sus secretos conmigo. Aprendí que el diámetro se encogía durante las semanas de la canícula estival. Ambos lados de cada tronco mostraban de forma consistente la misma respuesta de crecimiento estacional, aunque cada lado fluctuaba a diario, encogiendo ligeramente cuando recibía la luz solar a distintas horas del día, y con microexpansiones cuando llovía. Mi descubrimiento más emocionante, sin duda, fueron los patrones estacionales de la expansión del tronco entre aquellas categorías fisiológicas de crecimiento de las especies de porosidad difusa y de anillo poroso. Los árboles de anillo poroso producían un acelerón en la expansión del tronco al inicio de la primavera y una foliación tardía; los árboles de porosidad difusa, con un crecimiento de la madera distribuido de manera uniforme a lo largo de toda la estación de crecimiento, tenían una foliación temprana. Mi primera hipótesis de investigación científica, que el crecimiento del tronco mostraba patrones estacionales, estaba confirmada. Pero el verdadero descubrimiento llegó cuando revisé detenidamente los datos, después de terminar todo mi trabajo de campo. Esto me llevó a concluir que las especies de porosidad difusa (con sus botones tempranos y un crecimiento uniforme de la madera a lo largo de todo el verano) eran, también, especies de estado sucesional tardío, los máximos árboles clímax. Por el contrario, las especies de anillo poroso, que favorecen un crecimiento de la madera temprano pero tienen una foliación más tardía, eran de estado sucesional temprano: crecían rápidamente en un bosque joven, pero se quedaban atrás en la carrera sucesional a largo plazo para dominar el dosel arbóreo. Una vez más, mis resultados llevaban a más preguntas que respuestas. Pregunta uno: ¿Cuántas muestras son suficientes? Es decir, ¿qué deducciones podría extraer si medía sólo dos lados de un tronco por especie? Mis datos no eran concluyentes en absoluto, pero servían para abrir una futura vía de investigación. Los desafíos de recoger muestras me inquietaban, incluso antes de que hiciera un buen curso de estadística biológica. Pregunta dos: ¿Qué efecto podrían tener sobre las arboledas otros episodios climáticos más largos a lo largo de su vida, cuando yo había dedicado apenas dos años a su estudio? Había comprobado el impacto inmediato del tiempo meteorológico –la lluvia de verano provocaba la expansión del tronco y los episodios ocasionales de sequía reducían su diámetro–, pero necesitaría varias décadas (o más) para desmenuzar las complejidades de las fluctuaciones climáticas en la salud del bosque. Esta pregunta afloraba en las horas que pasaba caminando por los bosques en solitario. La importancia del cambio climático aún no había entrado en el debate ecológico, excepto en los ámbitos de la geoquímica y la climatología, de manera que tenía poca información. Y pregunta tres: ¿Es correcto extrapolar un tramo de bosque universitario a todo el territorio de bosques templados del litoral este de Estados Unidos? Yo sabía que existían arboledas similares de robles, hayas, arces y nogales americanos no sólo en Massachusetts, sino también en varias zonas de otros seis estados de Nueva Inglaterra, de modo que era lógico pensar que existían patrones de crecimiento similares en otras zonas en toda la variedad de estas especies. Pero también sentía curiosidad por saber qué impacto tendrían las temperaturas (como las cumbres expuestas al frío en el norte de Vermont en contraposición a los valles más cálidos del sur de Connecticut) en los patrones fenológicos del crecimiento del tronco y la foliación. ¿Y qué pasaba con las grandes sequías? ¿O las nevadas tempranas? Todas estas preguntas requerían más años de recogida de datos y quedaban fuera del alcance de una tesis de fin de grado. Y estaba claro que tenía que aprender más sobre el muestreo estadístico, para diseñar una investigación de campo adecuada.

A lo largo de esos dos años, tuve que encontrar una manera de quedarme por el campus todo el verano para continuar con la medición mensual de los troncos cuando las clases habían terminado. Me busqué varios trabajos, desde friegaplatos y secretaria de nóminas hasta camarera o niñera. El empleo más relevante que tuve fue cuando mi director de tesis contrató a un pequeño equipo de estudiantes para calcular la cantidad de madera que crecía en Nueva Inglaterra, como parte de un estudio para medir el potencial de producción de combustible para las cocinas de leña durante el invierno. Cinco de nosotros nos pasamos un verano entero trabajando con una motosierra, lo cual me hizo sentir muy culpable pero también me proporcionó un importante conocimiento acerca de los «dedos gordos de los pies» de los árboles de clima templado. Para este proyecto, debíamos talar veinticuatro ejemplares, pesar la biomasa del tronco y después calcular la cantidad de madera por hectárea de bosque. Anillo tras anillo, la motosierra arrasaba la vida entera de cada habitante leñoso que segábamos. Era un sentimiento agridulce, ver cómo se desintegraban las capas de xilema y floema, convertidas en serrín. Un miembro de nuestro equipo era un arboricultor en prácticas de una escuela profesional cercana; le encantaba trabajar con la motosierra, y echaba aceite y afilaba celosamente nuestro monstruo dentado. Me resultó interesante aprender acerca de su perspectiva, que consistía por entero en acumular pies tabla y aumentar la productividad maderera para sacar provecho económico. Desde su punto de vista como talador, él mostraba un enorme entusiasmo por los árboles, que yo admiraba realmente. Sin duda, yo era más dada a abrazar los árboles que a talarlos, así que, para mí, los aspectos económicos no eran lo más importante. Unos años más tarde, agradecí haber conocido esta perspectiva más centrada en la aplicación práctica del valor de la madera, dado que sigue siendo un aspecto importante de la gestión forestal. Logramos crear con éxito el modelo energético que nos habían encomendado, pero aquella experiencia me convenció de que quería estudiar bosques vivos, y no productos forestales. También favoreció un encendido debate, porque las cocinas de leña, cuyo uso se celebró al principio como una bendición para la autosuficiencia energética de varias partes de Norteamérica, muy pronto se convirtieron en una maldición. Hoy en día, la ciencia considera el hollín negro como una de las mayores amenazas en el contexto del cambio climático. Cuando la madera arde, emite hollín, y esas partículas no sólo provocan enfermedades respiratorias a las mujeres y los niños, que son, generalmente, quienes se encuentran cerca de las cocinas de leña, sino que este hollín también se posa sobre el paisaje invernal, donde su coloración oscura acelera el deshielo de los glaciares y las capas de nieve.

En los intervalos entre las mediciones de los árboles, mi último verano en la universidad lo pasé trabajando como ayudante de investigación en el departamento de Biología de la universidad, que incluía la revisión de un viejo y descuidado herbario, que se conservaba en el sótano del edificio de biología y consistía en varios miles de ejemplares secos. Me encantaba observar cuidadosamente las carcasas inertes marrones, un recuerdo de mis años de laboratorio infantil en el suelo de mi habitación. Las condiciones habían mejorado ligeramente: ahora contaba con una mesa plegable y un diminuto flexo blanco en un cuarto oscuro. Pero pronto aprendí que aquel entorno entrañaba un riesgo significativamente alto, porque compartía el espacio con el taxidermista del departamento, cuyo comportamiento era, por decirlo de manera suave, extremadamente cuestionable. Había sido contratado por la facultad décadas atrás –en los tiempos en que los alumnos estudiaban con organismos más que con células– y se dedicaba a merodear por el sótano rellenando especímenes. Durante el semestre, los estudiantes de Biología que buscaban hacer un descanso emocionante a medianoche salían de la biblioteca e iban a explorar el sótano cavernoso del edificio, donde cientos de animales disecados se apilaban, cubiertos de polvo, en salas oscuras. Nadie de entre los que hacíamos estas exploraciones nocturnas sabía que, durante el día, un humano vivo custodiaba aquellas colecciones polvorientas. El taxidermista resultó ser, a su vez, un depredador: el mío. Catalogar plantas secas con aquella respiración fuerte y aquellas manos que se movían mientras se acercaba por detrás sigilosamente no era una situación laboral viable para mí. Tras varios enfrentamientos incómodos, reuní el valor suficiente para denunciarlo al director de Biología, que rápidamente me «ascendió» a uno de los pupitres de la planta superior. Además de organizar las plantas secas para la facultad, tuve tiempo para hacer mediciones de campo durante todo el verano y completar, así, un total de veinticuatro meses de dinámicas de crecimiento del tronco. Mi director de tesis me prometió que me guiaría en mi primera publicación científica, porque le parecía que los datos eran originales. Yo no podía estar más eufórica, y puntualmente escribí mi parte justo después de la graduación. Entonces, esperé seis meses y volví a escribirle preguntando acerca de nuestra publicación conjunta. Supongo que estaba muy ocupado y se olvidó, porque nunca más volví a saber del tema. Más tarde, cuando estaba haciendo un posgrado, sentí una punzada de envidia al ver que otros estudiantes habían publicado conjuntamente su primer artículo con sus directores de la tesis de grado y asistían a conferencias para presentar un póster con sus conclusiones, una experiencia que yo me perdí.

De todos aquellos troncos de árbol aprendí los fundamentos de la recogida de datos de campo, el estrés a la hora de diseñar el muestreo y el proceso de formular una hipótesis y luego ponerla a prueba. Al final, mi manera de ver los bosques templados cambió bastante con respecto al principio; ahora sabía que los troncos de estos árboles son centros de expansión y contracción, y que la estacionalidad de la foliación está estrechamente sintonizada con el comienzo del crecimiento del tronco. Unas décadas más tarde, otros biólogos de campo como yo descubrirían que el cambio climático global está debilitando la madera en aproximadamente un diez por ciento, porque, en climas más cálidos, las plantas crecen más rápido (y tienen una estructura celular menos densa). Estos cambios en los troncos tienen siempre un impacto en la altura, la salud y el crecimiento del árbol. Los árboles son las plantas más grandes, las más

antiguas y las más icónicas de todas. Su biomasa planetaria sobrepasa las cuatrocientas gigatoneladas (Gt) de carbono, comparada
con las sólo dos gigatoneladas de los mamíferos salvajes y las apenas 0,06 gigatoneladas de los humanos. Su maquinaria arbórea es
compleja y está interconectada de arriba abajo, y, para mí, esta incursión inicial en la investigación del crecimiento de la madera despertó mi curiosidad por todo el bosque, no sólo por los troncos.

Después de la carrera, estaba decidida a entrar inmediatamente
en un programa de doctorado. La razón subyacente era un temor
oculto a no hacerlo y terminar casándome y sentando la cabeza,
como la mayoría de mis amigas del instituto. Tenía un novio fantástico en la universidad, que estudiaba Biología, pero él tenía planeado entrar en la Facultad de Medicina. ¿Por qué no mudarnos juntos
y casarnos?, me propuso. Más adelante podría buscar un programa
de posgrado cerca del suyo. Estaba indecisa. Sería una vida cómoda, tener un marido médico y no tener que trabajar nunca. Pero los
árboles me llamaban con fuerza; estaba resuelta a buscar nuevos
descubrimientos botánicos. Y para conseguirlo, necesitaba adquirir
algo de experiencia fuera de la zona de confort de los bosques templados de Nueva Inglaterra. Yo lloré. Él lloró. En medio de la tristeza, emprendimos caminos separados, con la vaga promesa de que
volveríamos a estar juntos al cabo de unos años, aunque todas las
parejas saben que eso rara vez ocurre.

Era el año 1976, cuando los estudiantes de ecología abraza-ár-
boles creían fervientemente que los bosques crecerían para siempre,
que sobrevivirían a los humanos y proporcionarían estabilidad al
planeta si les ofrecíamos protección mediante vallas y un puñado de
políticas técnicas gubernamentales. La expresión «cambio climático» aún no formaba parte de nuestro vocabulario y no podíamos ni
imaginar que nada salvo la tala, la quema para ganar tierras de
cultivo o alguna que otra plaga de insectos podría amenazar a los
árboles a escala global. Sólo dos décadas después, los bosques se
enfrentarían a la amenaza definitiva de un planeta cada vez más
inhóspito debido al calor extremo, las sequías, los insectos y unas
plagas de insectos agravadas por unas temperaturas cada vez más

altas. Para dar respuesta a mi amor por los árboles, solicité plaza en
dos escuelas de posgrado de Ciencias Forestales, y una de ellas me
ofreció una beca completa. Hice mi elección desde una perspectiva
enteramente económica, porque todavía lastraba el préstamo que
había pedido para estudiar la carrera. Parecía un milagro recibir
una beca de la Universidad de Duke. Desde el punto de vista general de una chica de una ciudad pequeña, también me parecía que
mudarme al paisaje de las faldas de los montes de Carolina del Norte era prácticamente como conocer otro continente, que me ofrecía
una nueva serie de sujetos verdes de gran altura para estudiar. Lamentablemente, la Escuela de Ciencias Forestales de la Universidad
de Duke en 1976 no fue muy diferente de mi experiencia con el departamento de Geología durante la carrera. Solo habían aceptado
a dos mujeres en una clase de más de treinta alumnos. Me apunté
con ilusión a algunos cursos de botánica porque en ese departamento la proporción de mujeres era algo mayor, aproximadamente
de una por cada tres alumnos. Una de mis clases favoritas era la
Ecología Ártica, a cargo de un emblemático botanista llamado
Dwight Billings. A pesar de mi entusiasmo por las plantas, me sentía intimidada por él, así como por otros compañeros de clase, que
venían de sitios como Washington D. C., Santa Barbara y Chicago.
¿Podría estar a la altura de todos estos estudiantes de grandes universidades que ya habían publicado artículos en colaboración con
sus supervisores y que habían recorrido varios congresos científicos
como expertos durante la carrera? Las noches de los viernes, se
apresuraban a ir a la biblioteca para ser los primeros en leer las revistas científicas recién llegadas. Peor aún, un requisito del curso del
doctor Billings era que debíamos hacer dos presentaciones delante
de la clase. Vomité en el baño de las chicas antes de hacer mis dos
presentaciones orales aquel semestre, atormentada por mi timidez y
totalmente incapaz de hablar. Mientras tanto, en las clases de Arboricultura analizábamos los pies tabla de la madera en plantaciones
de pinos taeda. Para hacer los cálculos, tuve que aprender un lenguaje de programación llamado Fortran, en un enorme ordenador IBM cuya presencia metálica ocupaba una clase entera. Cada

estudiante creó una baraja de tarjetas perforadas para hacer los distintos cálculos que nos habían asignado, y las transportábamos en unas enormes cajas con ayuda de unos carritos cada vez que íbamos a clase. Yo me sentía fuera de lugar y no demasiado motivada con la idea de calcular pies tabla, de modo que me desahogaba al aire libre, en Duke Gardens, el jardín botánico de la universidad, o simplemente buscando flores silvestres de piedemonte en los bordes de los caminos.

Salir a correr todavía era mi actividad favorita para quitarme las telarañas del cerebro. Había empezado en la universidad, porque me daba la excusa perfecta para ir a ver árboles. En el instituto no había equipos de deportes femeninos, de modo que no tenía experiencia deportiva, pero supongo que salir a correr se convirtió en otra actividad solitaria, un poco como prensar flores silvestres o medir el crecimiento de los troncos de los árboles. Duke contaba con un circuito serpenteante para correr que atravesaba los bosques que había cerca del edificio de ciencias. Yo era asidua, y prefería salir a correr por las mañanas, cuando los pájaros cantaban y apenas se oían pisadas humanas golpeando la tierra. Un brillante y soleado sábado, iba corriendo sola, llena de vitalidad con el aire fresco del bosque. Me pilló por sorpresa ver a un corredor alto y atlético que venía hacia mí tan temprano por la mañana, y nos cruzamos en la estrecha pista. No le di ninguna importancia hasta que de pronto oí una respiración fuerte detrás de mí. El corredor había dado la vuelta y me estaba alcanzando. Se me encendió una alerta interna y empecé a buscar rutas de huida, justo cuando me agarró los pechos con sus enormes manos. No habría servido de nada que gritara –no había nadie alrededor–, pero yo era una friki de la naturaleza y sabía moverme entre la maleza. Con una descarga de adrenalina, eché a correr hacia la izquierda, y me metí en un túnel de zumaques, cornejos y vides. No era muy rápida, pero era pequeña y la densa vegetación era mi mejor opción para escapar. El agresor era larguirucho y medía más de uno ochenta, de manera que las vides lo hacían tropezar y el ramaje del sotobosque le golpeaba en la cara y se le enganchaba en las atléticas extremidades: la trampa

de la Madre Naturaleza. Sorprendí al atacante con mi huida zigza-
gueante y conseguí alejarme de él a través del espeso follaje, para
finalmente llegar corriendo a toda velocidad hasta mi oficina. Con
el corazón latiendo a mil por hora, me senté ante mi mesa y me pasé
tres horas enteras temblando, antes de reunir el coraje para llamar
a la seguridad del campus. Me preguntaron, a gritos, que cómo
había tardado tanto en llamar. Me explicaron que hacía tres meses
habían recibido un aviso de que había un violador en el campus. Yo
entonces les pregunté que por qué no habían puesto ningún cartel
de advertencia. Se quedaron en silencio al otro lado del aparato.

Esta terrorífica experiencia me llevó a tomar la decisión radical
de que la escuela de arboricultura, bajo un dominio tan patriar-
cal, no era para mí. Gracias a mi trabajo a tiempo parcial para la
Agencia de Protección Medioambiental (EPA) en el centro de investigación Research Triangle Park, había ahorrado lo suficiente para
financiar mi propio año sabático. A veces, las decisiones no respon-
den a una estrategia o a un sofisticado plan a largo plazo; esta decisión, provocada por una agresión sexual, finalmente me llevó a
buscar un cambio en el otro extremo del océano Atlántico. La Universidad de Aberdeen, en Escocia, ofrecía un máster de Ecología
que duraba doce meses, un programa que me había llamado la
atención en la oficina académica de Williams College hacía más
de un año, cuando valoraba las distintas opciones de estudios de
posgrado. En aquel momento, la matrícula de cinco mil dólares no
estaba a mi alcance económico, y los estudiantes internacionales no
podían solicitar la ayuda financiera de esa universidad; un año después, había conseguido ahorrar justo lo suficiente, gracias a mi empleo a tiempo parcial en la EPA. Mi inesperada salida de la Universidad de Duke no propició ninguna pregunta o entrevista final
acerca de los obstáculos por motivos de género, las agresiones, la
falta de modelos a seguir o de mentoría, conversaciones que son
habituales en el paisaje universitario hoy en día. Mi renuncia en la
EPA, sin embargo, los impulsó a tentarme con un puesto a tiempo
completo. Yo había trabajado en la división de regulación de la
contaminación del aire, una solitaria mujer entre varios cientos de

ingenieros hombres. El trabajo implicaba leer unos largos informes grapados sobre las regulaciones, comparar los detalles de la contaminación permitida entre las fronteras de los estados y predecir qué conflictos podrían surgir si, por ejemplo, un estado tenía una regulación más laxa y el estado contiguo era más estricto. En aquellos tiempos, estas comparativas se hacían a mano, no mediante los sofisticados modelos computacionales que se emplean ahora. La oferta me puso en una encrucijada: ¿debía acomodarme en una silla acolchada y observar la regulación de la contaminación del aire durante toda mi trayectoria? Podía imaginarme el buen paquete de beneficios gubernamentales en mi jubilación, tras cuatro décadas de trabajo, pero yo ya me aburría como una ostra en aquella cómoda oficina durante horas y horas. No podía imaginarme una trayectoria profesional que no incluyera estar al aire libre, en los bosques. Así que renuncié a mi nómina y me inscribí en el programa de máster de Ecología en la Universidad de Aberdeen.

Metí la ropa de abrigo en la maleta y abracé a mis pobres padres, que se sentían como si me fuera a la luna. El vuelo desde Elmira hasta Escocia suponía una importante transición emocional, además de física. Desde el aire, el norte del estado de Nueva York era un complejo mosaico de granjas y bosque, el único terreno escabroso de mi pasado: aquellos cuadrados de tierras de cultivo que se cubrían de blanco en invierno, intercalados con cuadrados oscuros de territorio boscoso. Este patrón blanco y negro era especialmente visible porque la nieve permanecía sobre los campos y no así sobre los árboles, donde el calor del dosel vivo derretía la materia nívea. En un sentido figurado, la coloración invernal a rayas de las granjas rurales y los bosques ilustraba la dicotomía entre el declive económico de mi región y la belleza natural intacta que aún conservaba. Yo había sido testigo de la situación después de una gran inundación durante mi último año en el instituto, y cinco años después, casi todas las sedes corporativas y las fábricas de nuestra zona se habían trasladado a lugares más al sur. Había que mirar más allá del lento avance de la epidemia de carcasas de coches que se apilaban en el jardín trasero de las casas para poder apreciar los hermosos bosques característicos del escenario rural del estado de Nueva York.

Cuando el avión aterrizó en Aberdeen, el cielo era frío y gris; pronto aprendería que aquello era la norma. Un año en Escocia se puede resumir en 364 días grises, como atestiguan mis más de mil fotografías de paisajes sin sol. A pesar de la grisura, mi experiencia como estudiante de posgrado en el extranjero realmente fue de las que te cambian la vida. La Universidad de Aberdeen estaba a orillas del mar del Norte, desde donde se veían las plataformas petrolíferas situadas frente a la costa, que eran la razón por la que las playas estaban salpicadas de pegotes de crudo. La presencia de compañías petrolíferas norteamericanas en Aberdeen era a la vez una suerte y una maldición. En cuanto oían mi acento, la mayoría de los tenderos pensaban que yo era la mujer de algún ricachón del petróleo, aunque enseguida se lo pensaban mejor cuando veían mis pantalones caquis polvorientos, mi abrigo impermeable y el termo abollado que me colgaba de una mochila mustia. Para poder costearme la matrícula con un presupuesto modesto, me mantenía muy abajo en la cadena trófica y tuve que buscar un alojamiento muy económico. Otros dos compañeros de clase y yo descubrimos que había una vieja granja, a unos veinticuatro kilómetros hacia el norte de la ciudad, que ofrecía alojamiento gratis a cambio de ayudar a los dueños con la cosecha de cebada.

Mi habitación estaba en el piso de arriba, donde una grajilla había construido su nido en la chimenea y el aire frío se colaba por las rendijas durante los días en que los fuertes vientos entraban del mar del Norte. Por la ventana veía el oleaje helado gris, más allá de los campos de cebada, que bailaban una danza salvaje con aquellos vientos interminables del norte. Mi mejor compra en Escocia fue una manta eléctrica, que me costó la friolera de cinco libras. Escribí mi tesis entera envuelta en aquel capullo eléctrico, que me salvó la vida, literalmente, en una granja helada sin calefacción ni agua caliente. Contaba aproximadamente con cinco libras por semana para vivir, y con eso apenas me llegaba para algo de pescado, berza, té y algunos paquetes de galletas. Mis compañeros en la granja también vivían con un presupuesto muy estricto, de manera que compartíamos los gastos de la comida. Una berza escocesa grande nos duraba aproximadamente una semana para los tres, y yo me convertí en una experta a la hora de calcular la cantidad exacta de sal que había que poner en la olla de agua hirviendo para intensificar el sabor. Casi cada semana, bajaba a los muelles de los pescadores para comprar lo que hubieran pescado ese día, que salía mucho más barato si lo comprabas directamente de los barcos. Mis compañeros de vivienda, Alan y Peggy, tenían una ranchera Morris destartalada, tan vieja que tenía moho en los laterales de metal, y eran muy hábiles a la hora de encontrar animales salvajes atropellados como plato principal. Si encontraban un conejo y estaba frío, suponían que había muerto una muerte lenta por mixomatosis, una enfermedad que arrasaba las poblaciones de liebre de las Tierras Altas. Si el conejo estaba templado, deducían que era un ejemplar sano que había sido atropellado, y decidían que era seguro para el consumo humano. Alan agarraba su afilado machete y se comportaba como un director sinfónico loco, ondeándolo en la cocina, partiendo con él los huesos para el estofado. Añadíamos un par de cebollas, hervíamos la carne durante horas y así preparábamos una comida sustanciosa. Mis hijos se avergüenzan de que su madre optara por comer animales atropellados como estrategia económica durante sus años de estudiante, y he de reconocer que seguramente aquello era un poco peligroso. Nunca les aconsejaría que hicieran nada parecido.

Una vez comenzaron las clases, vi un cartelito en el tablón de anuncios del departamento con una oferta para trabajar los fines de semana vigilando una pequeña colonia de charranes amenazada, en la costa (es decir, una colonia de reproducción), a unos ocho kilómetros del litoral. El trabajo consistía en impedir que los senderistas y los perros interfirieran en la nidificación de los charranes. Conseguí el puesto, me compré una vieja bicicleta y pasé todos los sábados refugiada en una duna de arena desde el alba hasta el anochecer, con un termo lleno de café. Los días eran largos y fríos, con el viento del mar del Norte latigando el agua helada, pero me encantaba observar a los charranes y oír sus llamadas estridentes para proteger los huevos. Ganaba cinco libras por cada sábado durante el periodo de nidificación, y con eso cubría la modesta compra y aún me quedaba lo suficiente para comprarme de vez en cuando un billete de autobús para hacer una excursión de senderismo por las Tierras Altas. Escocia presumía de unas condiciones climáticas que incitarían a cualquiera a beber. Y así era: alrededor de las cuatro de la tarde veía a los lugareños del pueblecito pesquero de al lado trasladarse al pub, mientras yo volvía a casa tiritando sobre la bicicleta desde la colonia de charranes.

La Universidad de Aberdeen exigía una tesis de investigación para completar el máster de Ecología. Yo enseguida me sentí fascinada por el abedul escocés, que me recordaba a mi infancia en el norte del estado de Nueva York. Crecía en las Tierras Altas y era el árbol más duro que yo hubiera visto. Unos vientos huracanados y nieve casi todos los meses del año son unas condiciones desalentadoras incluso para los botones y el follaje más robustos. Como consecuencia de este entorno extremo, los árboles que crecían en lo alto de las colinas eran mucho más bajos y delgaduchos que en los valles. Sentía curiosidad por la fenología del abedul a lo largo del gradiente altitudinal, que abarcaba desde unas condiciones templadas y casi subtropicales en los resguardados valles hasta unas temperaturas heladas con vientos del Ártico en las cimas. De modo que decidí investigar la variación estacional de los patrones de foliación y floración a distintas alturas, lo cual exigía una activa agenda de caminatas de montaña (como las llamaban los escoceses). Mi supervisor, un apasionado botanista tropical, pasaba, sabiamente, la mayor parte del invierno en Malasia, investigando los árboles tropicales. (Se emocionaba tanto y se ponía tan poético hablando de los misterios del bosque pluvial que sus historias finalmente me impulsaron a abrirme mi propio camino en esa parte del mundo.)

En el transcurso del año, me hice amiga de un viejo guarda forestal cascarrabias que parecía conocer la ubicación de todos y cada uno de los abedules del país. Conocí a Richard cuando, con mi clase de Aberdeen, visité las Tierras Altas Occidentales e hicimos un *tour* por varias de las plantaciones forestales que gestionaba para el condado. Después de aquello, me ayudó en algunas de mis expediciones para buscar abedules, y probablemente me salvó la vida en varias ocasiones mientras tratábamos de buscar arboledas en las cumbres más altas. Casi todos los fines de semana, iba en autobús hasta Skye, Inverness o Loch Ness, compraba *fish and chips* en su envoltorio tradicional de periódico en una gasolinera que había de camino, y entonces quedaba con Richard para ir a observar el follaje de los abedules en las partes remotas de las Tierras Altas. Viajaba ligera de equipaje: un saco de dormir, la tienda de montaña y un pequeño hornillo capaz de hervir una taza de té en cinco minutos. Richard llevaba su propio equipo, pero lo mejor era que tenía una brújula interna para orientarse en las montañas. De vez en cuando, nos sorprendía una nevada, que se convertía en una peligrosa ventisca cuando los fuertes vientos batían la nieve y envolvían todo el paisaje en una gran bola blanca. Muchos senderistas han muerto en estas circunstancias, pero Richard conseguía guiarme en el descenso desde mis abedules a gran altitud: avanzábamos a ciegas, entumecidos de frío, pero siempre llegábamos a un valle en el que podíamos montar las tiendas. A lo largo de todo ese tiempo, probablemente caminé miles de kilómetros en las montañas de Escocia y examiné cientos de abedules, mientras tomaba detalladas notas sobre su estado de foliación y floración, y, sobre todo, mientras iba creciendo mi enorme admiración por su tenacidad. Siempre me sentía genial al quitarme las botas de monte de cuero y los ásperos calcetines de lana tras un largo día de caminata helada por la montaña y masajearme los dedos de los pies para asegurarme de que aún no se me habían congelado.

Además de hacer un seguimiento de la fenología de las copas de los abedules a lo largo y ancho de las Tierras Altas Occidentales, también sentía curiosidad por saber si la foliación en un árbol individual se producía de forma sincrónica entre la base y la copa; tal vez el microclima fuera más cálido en el sotobosque, comparado con la copa arrasada por el viento. En los valles, la altura de los árboles superaba los nueve metros, mientras que, ya cerca de las cumbres, solo alcanzaban los tres o cuatro metros. Mi supervisor, Peter Ashton, pensaba que esta cuestión era una gran oportunidad detectivesca para estudiar el árbol entero en lugar de centrarme sólo en la base, como los científicos forestales convencionales. Él me ayudó a buscar unos cuantos postes y unas tablas, y juntos construimos un andamio sólido, aunque peligroso, para investigar las copas de los árboles a una altura de unos siete u ocho metros. En aquel momento no supe apreciarlo, pero aquel armazón improvisado fue mi ascenso inaugural al dosel arbóreo y el inicio de una trayectoria como arbonauta que duraría toda la vida. ¡Mi primera investigación del dosel arbóreo comenzó con unos abedules escoceses raquíticos y un andamio enclenque! Arrastré aquel artilugio hasta diferentes laderas con ayuda de la ranchera de la familia de Peter; parecía una de esas personas que rebuscaba en los contenedores y que hubiera rescatado unos viejos tablones de madera y unas barras de metal, pero, de hecho, estos desechos de alguna construcción me permitían medir los botones que crecían en las copas de los árboles. Esta metodología del andamio sólo duró dos meses, y después de ese tiempo, unos técnicos de mantenimiento de la universidad, al encontrar las piezas cuidadosamente apiladas en un rincón del aparcamiento de botánica, arrastraron diligentemente mi artilugio de metal y lo tiraron al contenedor de la universidad. Pero aquello fue suficiente para proporcionarme conocimientos de primera mano sobre la estacionalidad del abedul de arriba abajo, y confirmar que las ramas más bajas verdecían antes que la copa, de manera que aprovechaban la luz del sol antes de que las ramas superiores las sombrearan.

Las observaciones de campo también mostraron que la foliación del abedul ocurría, como mínimo, un mes más tarde a altitudes más altas, en comparación con los árboles de los valles. No era de extrañar que los ejemplares de las cumbres estuvieran tan encogidos por los rigores del clima y que no crecieran más allá de los tres metros, y por ello sus botones surgían de manera simultánea por toda la copa. Sin embargo, en los valles resguardados, donde los árboles crecían al menos hasta los siete metros y medio, en primavera los botones brotaban en el sotobosque dos o tres semanas antes que en el dosel. A pesar de que en aquel momento no era consciente de ello, a finales de verano los bosques templados atienden a la señal de la duración del día según la estación, para prepararse para «endurecerse» de cara al invierno. Cuando los días se acortan, los árboles se organizan estratégicamente para el frío y adaptan su sistema entero para el invierno, para que las células leñosas no estén demasiado cargadas de agua, que podría tal vez expandirse y romper las paredes de las células en esas primeras noches de heladas. Recientemente, cuando la amenaza del cambio climático crea oscilaciones cada vez más grandes de fenómenos climáticos extremos, las señales medioambientales de las temperaturas estacionales resultan menos fiables y siembran el caos en los sistemas de la Madre Naturaleza. Pero la luz del sol, que durante milenios ha proporcionado ciclos regulares de duración de los días, también llamados «fotoperiodos», continúa indicando a los árboles de forma constante que ya pueden apagar sus operaciones de cara al invierno y volver a intensificarlas en la primavera. Si las plantas confiaran totalmente en la temperatura, no en la luz solar, como indicador para los cambios estacionales, sin duda habrían padecido una confusión extrema y una mortandad más extendida, especialmente en estos tiempos, con la acelerada tendencia al calentamiento.

En ese corto verano escocés, me topé con una novedosa observación que me sirvió de inspiración para una futura investigación. En cuanto brotaban todas las hojas jóvenes, los áfidos atacaban a los abedules en masa. Aquello era una carnicería espantosa: chupaban las hojas, las desfiguraban y las estrujaban hasta convertirlas en unos cadáveres secos y marchitos. Este fue mi primer enfrentamiento con los enemigos de seis patas del follaje, técnicamente llamados «herbívoros». Tal y como pude comprobar, con horror, los áfidos en realidad no masticaban el follaje sino que, en lugar de eso, absorbían todos sus jugos y dejaban un esqueleto traqueteante de carcasas de hojas secas. Los áfidos infestaban el ochenta y cinco por ciento del follaje en los valles, pero sólo el treinta y cinco por ciento en las colinas expuestas y azotadas por el viento. De manera que, si eres un abedul, quizá una buena defensa contra las plagas de insectos sea vivir en la cima de las montañas, donde el clima es demasiado extremo para tus enemigos. Podría haberme pasado la vida entera en Escocia, comparando el destino del *Betula* en los valles con respecto a las cimas, para comprender las interacciones de la foliación, el clima y los áfidos. Como ocurre con muchos aspectos de la ecología, un año no era suficiente para llegar a conclusiones firmes. Y, como aprendería más tarde con los árboles tropicales, a veces ni siquiera bastaba con varias décadas para responder con rigor a las cuestiones ecológicas.

Todo el año hizo un tiempo horrible y, a pesar de ello, me encantó la investigación de campo sobre el abedul escocés. Aquella fue la primera experiencia académica que experimenté en la que el género no suponía una desventaja, porque el curso de ecología y el claustro de profesores en Aberdeen eran extremadamente inclusivos. No sólo había una presencia paritaria en cuanto al género en nuestra clase de doce, sino que además estaba compuesta por alumnos de cinco culturas distintas. Tras oír las historias que contaba mi supervisor escocés acerca de su investigación forestal en Malasia, me contagió del virus tropical. Peter Ashton era un experto a escala mundial en una gran familia de árboles llamada dipterocarpácea. Estos altísimos habitantes predominaban en numerosos bosques del Sudeste Asiático, y mi supervisor había escrito gran parte de la biología definitiva de estos importantes árboles. Contaba historias asombrosas de incursiones en las selvas de Malasia, rodeado de una flora y una fauna que me eran desconocidas –desde el oso malayo y el langur oscuro hasta los cálaos y los loris perezosos– y de inesperados encuentros con varias especies de cobras letales. Escuchar las anécdotas que contaba Peter acerca del bochorno y la deshidratación en Malasia mientras tomábamos algo sentados en un pub escocés con el viento helado del mar del Norte sacudiendo las ventanas fue una gran fuente de inspiración, más que suficiente para que yo fantaseara con trabajar en un hábitat tropical. Por una increíble coincidencia, varias semanas después conocí a un botanista australiano que estaba de sabático en la Universidad de Cambridge. Junto con Belice, Australia era uno de los dos únicos países de habla inglesa con bosques pluviales. Gracias a este encuentro casual, me enteré de que la Universidad de Sídney ofrecía cuantiosas becas a los estudiantes internacionales.

De pronto, tenía la vista puesta en los bosques pluviales australianos, a pesar de que no estaba, ni mucho menos, preparada. Solicité una plaza en el programa, me aceptaron y me compré alegremente el billete de avión más barato que encontré, que volaba desde Londres hasta Sídney por doscientas libras, en la aerolínea People Express. Envié mi título de Aberdeen por correo a casa. Mamá lloró cuando la llamé desde una cabina. La idea de que su única hija se mudara más lejos todavía de Elmira, en el estado de Nueva York, para ir a buscar hojas era más de lo que podía soportar. Teníamos una relación estrecha como madre e hija, pero, de alguna manera, nunca hablábamos de las decisiones importantes, como la elección de universidad, los novios o los temas sobre los que escribía en los trabajos académicos. Mis padres me ofrecían un amor y una confianza incondicionales, y dejaban las decisiones enteramente a mi criterio. No puedo ni imaginarme cómo habría reaccionado mi madre si hubiera sabido que aún tardaría trece largos años en volver a vivir en territorio norteamericano. Embarqué en el avión en Londres, con dieciocho kilos de libros en la bolsa de cabina, en un intento de evitar pagar por el exceso de equipaje. Las azafatas me recibieron con el gesto torcido al verme entrar vestida con unos pantalones caquis arrugados y botas de monte, cargada con una biblioteca científica muy pesada. La mayoría de las pasajeras del avión llevaban kits de maquillaje o neceseres llenos de joyas extra como equipaje de mano, pero yo iba muy orgullosa con mis libros de botánica, lista para dar media vuelta al mundo y estudiar plantas de una altura gigantesca.

En aquellos tiempos, un vuelo de Londres a Sídney duraba casi veinte horas e incluía una escala para repostar. Yo permanecía despierta, nerviosa, pensando en lo que me esperaba. Una pandilla de australianos se emborrachó en la parte de atrás del avión y pensó que era muy divertido pedir a las chicas que se quitaran la camiseta como peaje para acceder a los lavabos. A mí no me pareció tan gracioso y, de hecho, empezaba a darme cuenta de que estaba a punto de hacer una inmersión en una nueva cultura. «Apedrea a los malditos cuervos»: esa es la frase que me enseñaron aquellos australianos borrachos para cuando pasa algo asombroso, una versión algo más gráfica de la expresión «¡Madre mía!». Nuestro vuelo aterrizó para repostar en Kuala Lumpur, Malasia, un lugar que conocía solo como el retiro ecológico tropical de invierno de mi supervisor de Aberdeen. Los bosques de este país están entre los más altos, y en ellos predominan las dipterocarpáceas, la familia de árboles más importante del mundo desde el punto de vista económico, y aun así, nunca oí hablar de ellos en los cursos de botánica durante la carrera.

¿Estaba yo realmente hecha para hacer estudios de posgrado en «el país afortunado», como cariñosamente se llamaba a Australia? Ni siquiera sabía de primera mano qué aspecto tenía un bosque pluvial, aunque todavía recordaba las fotos que había visto de pequeña en un número de la *National Geographic*. No me emocionaba mucho la masa repleta de serpientes venenosas que aparecía debajo de todas las copas en aquellas páginas de papel cuché, y no era precisamente una entusiasta cervecera como aquellos ruidosos *Aussies* en la cola del vuelo internacional. Pero, incluso si suspendía y abandonaba la Universidad de Sídney, al menos tendría el consuelo de haber visto un koala y de añadir un nuevo continente a mi lista creciente de maravillas botánicas.

❧ MIS ABEDULES FAVORITOS ❧
(*Betula papyrifera*, *B. pendula* y *B. pubescens*)

El majestuoso abedul papirífero o abedul de las canoas (*Betula papyrifera*) crece en los jardines traseros de las casas en el norte del estado de Nueva York y adorna muchos de los bosques y los bordes de las carreteras de Nueva Inglaterra. Su característica corteza blanca se desprende con facilidad y constituye un importante recurso para la construcción de canoas por parte de los pueblos originarios onondaga, cayuga y seneca, tribus nativas de mi región. Donald Culross Peattie, un famoso naturalista norteamericano, rindió tributo a las canoas de corteza de abedul con la siguiente declaración:

Para un norteamericano de una generación más vieja (ahora, qué lástima, incluso las canoas se construyen de aluminio) no existía dicha mayor que el momento en que, en la primera visita a los bosques de

Northwoods, ponía un pie en una canoa de corteza de abedul, que tal vez no llegaba a pesar ni veinticinco kilos y sin embargo era tan fuerte que podía transportar veinte veces su peso. Al primer golpe de remo, salía disparada por el lago como un pájaro, tan rauda que aspirabas una ráfaga del más puro ozono de felicidad, porque en todas las aguas del mundo no flota una embarcación más dulce que esta.

¿A quién no le maravilla un paisaje de elegantes abedules papiríferos meciéndose con la brisa? Pero, cuidado, son de raíz poco profunda y crecen rápido, así que a menudo son los primeros en caer durante una fuerte tormenta. Sus raíces penetran hasta un máximo de aproximadamente un metro de profundidad bajo tierra y el abedul no tolera vivir bajo la sombra de otros. Por todo ello, está clasificado como de sucesión temprana, lo cual significa que crecen rápidamente en los primeros estadios del desarrollo del bosque, pero desaparecen cuando son superados por árboles más altos, como el haya o el arce, que constituyen especies de sucesión más tardía. Como si fuera un detective, uno puede datar un bosque de Nueva Inglaterra observando qué especies ocupan el dosel arbóreo y clasificando su estadio de sucesión temprana o tardía.

La madera de *Betula* se emplea en revestimientos, contrachapado, para la construcción de muebles y como leña. Los pueblos originarios norteamericanos empleaban esta especie no sólo para fabricar canoas, sino también para hacer cestas, portabebés, antorchas, silbatos de llamada de alces y de aves, y esteras. En medicina, el abedul se empleaba para tratar enfermedades de la piel y disentería, y para favorecer la subida de la leche en madres lactantes. En primavera, los abedules solían sangrarse, porque su savia sirve para hacer sirope, cerveza, vino o vinagre deliciosos. Durante mi niñez, disfrutamos de muchas hogueras chisporroteantes en familia, alimentadas con sus troncos de bordes papiráceos. Como la mayoría de los árboles de clima templado, el género *Betula* cuenta con su cuota de plagas de insectos. El barrenador del abedul amenaza los troncos, mientras que la aparición de insectos minadores provoca la defoliación de las copas, y varias especies fúngicas pueden causar cancro. Desde siempre, los niños han tenido la tentación de pelar la corteza del abedul, pero cuando esta se retira de los troncos vivos, la bella corteza blanca no vuelve a salir, sino que es sustituida por unos feos anillos negros, así que siempre es mejor retirar las tiras de corteza blanca de un tronco caído.

Los abedules producen amentos masculinos y femeninos, técnicamente denominados inflorescencias. Los amentos masculinos aparecen en verano, al principio como botones en las axilas de las hojas, y durante el invierno emergen como panículas erectas, visibles en las desnudas copas. Cuando llega la primavera, se hacen más largos, cuelgan hacia abajo y finalmente florecen, con cada flósculo masculino envuelto en un cáliz de cuatro sépalos. Los amentos femeninos son más gruesos, sus flósculos no van envueltos en un cáliz sino que están recubiertos de escamas superpuestas de un ligero color amarillo, a veces con notas de rojo, que finalmente se tornan marrones y leñosas. El abedul da unos diminutos frutos con forma de cono de unos 3,8 centímetros de longitud. Se reproduce mediante la dispersión de las semillas por efecto del viento, que las distribuye ampliamente, y germina con rapidez en ambientes soleados y suelos bien drenados, como especie de sucesión temprana.

Como muchos otros árboles, el *Betula* tiene parientes que existen en otras regiones y que datan de los primeros tiempos de la evolución, cuando los continentes aún estaban unidos. Al otro lado del océano Atlántico, donde completé mi tesis de máster, Escocia acoge a algunos abedules que son primos de nuestra especie americana, incluido el bailarín de la familia, el abedul plateado (*Betula pendula*), con sus ramas oscilantes meciéndose con la brisa como la coreografía de un bailarín. En algunos lugares de Europa, a esta belleza arbórea la llaman «la dama de los bosques». Otra especie, una que también analicé en mi investigación de campo en Escocia, es el recio abedul de las Tierras Altas o abedul pubescente (*B. pubescens*), que soporta los rigores de las alturas como parte de su área de expansión. A pesar del doble contratiempo del clima extremo y del sediento áfido, este resistente árbol tiene una extraordinaria fuerza, como demuestra su predominio como centinela del dosel arbóreo a lo largo de la mayor parte de las regiones alpinas no sólo de Escocia, sino de Europa.

Ya sea en Norteamérica o en Europa, unos cuantos bonitos abedules con algunos huevos de ave en sus ramas pueden ser toda una fuente de inspiración para una aspirante a naturalista, como fue definitivamente el caso durante mi propia infancia.

3

A treinta metros de altura

❧ ☙

*Cómo estudiar las hojas
en el bosque pluvial australiano*

Como una versión adulta de Tom Sawyer, fijé la vista sobre el objetivo y apunté hacia allí. Preparados, listos, fuego. Con un improvisado tirachinas lancé el sedal y el plomo de pesca hacia arriba, a una robusta rama en lo alto de un palo satinado (*Ceratopetalum apetalum*), a unos treinta metros de altura. Mirando hacia arriba con satisfacción desde el suelo húmedo del bosque pluvial australiano, apenas sentía la infantería de sanguijuelas que me subían por las piernas y los halíctidos que invadían mis ojos, ni prestaba atención alguna a las serpientes marrones venenosas a mis pies.

Lo creáis o no, lo conseguí al primer lanzamiento. ¡El método para aparejar árboles funcionaba de verdad! A unos dieciséis mil kilómetros de mi familia y mis amigos, aprendiendo yo sola a escalar árboles con un arnés casero y un tirachinas improvisado, me sentía bastante asustada. Tras haber catapultado el sedal alrededor de la recia rama a casi treinta metros de altura, a continuación deslicé la cuerda de nailon a lo largo de la trayectoria del sedal, y después, la cuerda más pesada de escalada. Aseguré un extremo de esta cuerda de escalar alrededor del tronco de un árbol cercano, con al menos tres nudos, una absoluta exageración. Agarré el extremo libre de la cuerda y me dispuse a lanzarme. Comprobé dos veces, tres, mi arnés y los estribos, un protocolo de revisión de mi equipación que memoricé enseguida, casi como un astronauta antes del despegue. Concluida la inspección de seguridad, enganché los dos puños de elevación a la cuerda, asegurándome de que el puño del estribo estuviera por encima del del pecho, porque si no, me daría la vuelta y quedaría bocabajo. En cuclillas, me senté, inclinada hacia atrás, con el arnés, y entonces deslicé los puños hacia arriba por la cuerda, como una ridícula imitación de un gusanito. Poco a poco, el suelo retrocedió y me vi rodeada de un denso y frondoso follaje. Las hojas verdes oscuras del sotobosque me engulleron. Dos de mis amigos de espeleología, Al y Julia, observaban desde el suelo, esperando que recordara todas las indicaciones de seguridad a la hora de usar aquella equipación que había tomado prestada. Casi no me atrevía a mirar a los lados, mucho menos hacia abajo, mientras giraba en el aire, agarrada a una cuerda de 12,7 milímetros, como una diminuta oruga navegando colgada de un hilo de seda a través de una gigantesca extensión verde. Me mecí de un lado a otro, como una torpe novata con poco sentido del equilibrio, agitándome junto al tronco del árbol, agarrada a la cuerda con todas mis fuerzas. Pero, a medida que subía, el ascenso se iba haciendo más fácil…: practicar, practicar, practicar. Unos rayos de luz empezaron a parpadearme en el rostro mientras me iba acercando a la copa del palo satinado. Entonces se desató el caos a mi alrededor. Había entrado en las hojas moteadas por el sol que oficialmente formaban el dosel superior, y estaba rodeada de una sobrecarga sensorial: todo tipo de criaturas masticando, volando, reptando, polinizando, eclosionando, hurgando, tomando el sol, digiriendo, cantando, apareándose y acechando. La vida que veía a mi alrededor era prácticamente invisible desde el suelo forestal.

El árbol continuaba hacia arriba otros quince metros –¡yo solo estaba a treinta metros de altura!– por aquel bullicioso y animado punto caliente de biodiversidad llamado el dosel superior. Permanecí encaramada en mi posición aérea al menos durante una hora, que me pareció una eternidad, fascinada con toda aquella actividad que transcurría a mi alrededor. Me había adentrado en un nuevo mundo. Podía oír el lírico canto melódico de los pericos elegantes, interrumpido por los chiflidos de unas zordalas crestadas orientales que había en la copa de otro árbol, pero más a mano tenía una multitud zumbante de polinizadores, escarabajos coloridos triturando las hojas nuevas con sus aparatos bucales, y mariposas revoloteando en los puntos soleados, en busca del néctar de las enredaderas en flor para desayunar. Yo no era entomóloga pero, aunque lo hubiera sido, no habría tenido ni idea de qué hacía allí la mayoría de aquellas criaturas, ¡porque nadie había estado ahí arriba hasta entonces! Sentí una enorme humildad al entrar en su mundo y pensar en lo desconocidos que eran todos esos seres para la ciencia, y más aún, al darme cuenta de que mi presencia no los asustaba ni los hacía salir volando. Me quedé observando. Aguanté la respiración, maravillada. Giré sobre la cuerda para mirar en todas direcciones. ¿Cómo podría nunca dotar de sentido a todo aquello? Busqué a tientas mi voluminosa cámara, tratando con dificultad de sacarla de la mochila sin tirarla y sin desenganchar ningún anclaje de seguridad, e hice algunas fotos, que más tarde pude comprobar que no eran más que patéticos intentos de captar todo aquel mundo nuevo. Me sentí tentada de sacar un bloc de notas y apuntar algunas observaciones pero no podría hacer justicia a lo que tenía alrededor. Todo lo que podía hacer era mirar, alucinada. Finalmente, descendí hasta el oscuro sotobosque, relativamente silencioso y vacío, cautivada y llena de asombro, prácticamente ebria de la emoción.

Tenía un sano respeto por las alturas, pero no me daban miedo realmente, de manera que, en la escalada, era cauta pero decidida. Estaba en buena forma física, y gracias a la equipación no había que ser una superatleta para subir con la cuerda. De hecho, ni siquiera jadeé después de aquella primera escalada, porque las herramientas de ascenso, los puños, tenían unos dientes en diagonal que dejaban pasar la cuerda hacia arriba (pero no hacia abajo) y me sujetaban con seguridad cuando paraba para descansar. Muy pronto aprendí a hacer pausas para disfrutar de la vista, feliz de que la equipación me mantuviera en el sitio con seguridad. Aun así, al día siguiente casi no podía moverme de la cama, me dolían todos los músculos de las piernas y los brazos, porque instintivamente había tratado de abrazar el tronco del árbol con las rodillas y de agarrarme frenéticamente a todas las ramas con los brazos, como un mono. Tras unos cuantos ascensos, me obligaba a recordar que nada de eso era necesario, porque el equipo y el arnés me proporcionaban apoyo suficiente. A pesar de mi agotamiento, la pura felicidad de ver tanta vida entre el follaje del dosel arbóreo me electrizaba las neuronas y mi entusiasmo sobrepasaba con creces cualquier pensamiento sereno y consciente de la importancia científica de aquellas primeras escaladas. En cierto sentido, estaba reviviendo la emoción del descubrimiento del bosque templado de mi infancia, con sus fuertes en los árboles y los nidos de los pájaros, pero en las copas del bosque pluvial podía observar y apreciar, como mínimo, diez veces más especies. Y, en lugar de abedules que se elevaban hasta los quince metros de altura, estos gigantes verdes medían casi cuarenta y cinco metros, lo cual explica por qué aquel tumulto aéreo resultaba completamente inaudible, además de invisible, desde el suelo forestal. Al encontrar un mundo nuevo en los altos árboles del bosque pluvial, había dado un paso más en mi evolución de ser una friki de la naturaleza en una ciudad pequeña a convertirme en una de las primeras arbonautas del mundo.

⊰⊱ ⊰⊱

Muchos meses antes de que pudiera imaginarme construyendo un tirachinas o pidiendo prestadas unas cuerdas para escalar árboles de gran altura, fantaseaba con una imagen algo ingenua de los bosques pluviales: altos, verdes, densos, peligrosos, serpientes por todas partes, jaguares al acecho, una luz atenuada, el olor acre de la descomposición, revoloteo de mariposas y coros de aves. En los años setenta, había pocas imágenes aéreas o estudios a escala nacional que reconocieran siquiera que la deforestación constituía una terrible amenaza para estos preciados ecosistemas. Como neófita, verdaderamente yo no tenía una concepción realista de la altura ni de la complejidad de este sistema forestal, y Australia estaba a punto de engullirme en sus junglas durante varias décadas. Al contemplar el amanecer sobre el puente de la bahía de Sídney desde la ventanilla del avión, no sólo imaginaba árboles tropicales; también pensé que aquel era uno de los paisajes urbanos más bellos que había visto nunca. Aferrada a mi pasaporte, fui tambaleándome con mi enorme bolsa de libros de botánica hasta salir del avión y recogí dos pequeñas maletas llenas de prendas de lana escocesas que ni se me había ocurrido que no me servirían de nada en los trópicos australianos. Estaba a medio mundo de distancia de familia y amigos, y avergonzada, porque ni siquiera sabía el aspecto que tenía una selva tropical. ¿Lograría una modesta estudiante de posgrado desentrañar los secretos del bosque australiano? Un estudiante, también norteamericano, me recibió y me acompañó hasta un alojamiento temporal, antes de partir de regreso a los arrecifes de coral, para continuar su propia investigación. No recuerdo gran cosa de aquellos primeros días, excepto que una zarigüeya me orinó desde los tablones que había por encima de mi cama en el lugar donde me alojaba. ¡Supongo que la vida salvaje australiana me estaba dando la bienvenida!

Dormí hasta que me recuperé del *jet lag* y salí al bullicio de la ciudad, donde viví varios momentos cercanos a la muerte al cruzar la calle, hasta que recordé que allí conducen por el carril contrario. Para una chica de la pequeña Elmira, en el estado de Nueva York, Sídney era otro planeta: lleno de árboles exóticos (en su mayoría gomeros), de asombrosos cantos de aves y del ruido del tráfico, un fantástico servicio de transporte público, numerosos parques y playas y una enorme cantidad de australianos sinceros y despreocupados. Después de los gélidos vientos y la vida espartana en Escocia, Sídney era un oasis de exuberancia tropical. El siguiente lunes –el 3 de noviembre de 1978, para ser exactos–, me dirigí a la universidad y fui directamente a conocer a mi nuevo jefe, el director de la Escuela de Ciencias Biológicas. Su oficina estaba en el departamento de Botánica, ubicado en un edificio clásico de aspecto antiguo con un suelo de baldosas gastado por el uso y unos pasillos que apestaban a sustancias químicas rancias, donde se alineaban unos armarios viejos a punto de reventar de la cantidad de archivos allí guardados, almacenados durante muchas décadas por profesores muertos y enterrados tiempo atrás. En aquella primera reunión, inmediatamente me topé con la opinión académica de los australianos acerca de las mujeres: «¿Qué hace una chica tan simpática como tú perdiendo el tiempo con un doctorado si luego te casarás y tendrás hijos?». Esta fue la primera conversación que tuve con el director del departamento de Ciencias, que tenía edad suficiente para ser mi abuelo, y yo me quedé tan pasmada que ni le contesté. También estaba el temor oculto a que pudiera estar en lo cierto, pero me sentí furiosa por esta opinión tan estrecha de miras sobre el papel de la mujer, que me recordaba demasiado a mis tiempos en la Escuela de Geología y Ciencias Forestales. Ese primer día, conocí también a todas las mujeres que había en el departamento de Ciencias Biológicas, lo cual no era difícil: podía contarlas con una mano. Había una solitaria profesora ayudante, dos estudiantes de posgrado mujeres y un grupo de secretarias y técnicas que trabajaban para aproximadamente dos docenas de profesores hombres, así como para sus estudiantes de posgrado (también hombres).

Yo había elegido la Universidad de Sídney porque los bosques pluviales se encontraban cerca de allí y por sus generosas ayudas para estudiantes internacionales. Esto se traducía en una financiación que cubría el alojamiento y los gastos durante tres años, así como la matrícula. Sin obligaciones. Los estudiantes de posgrado no estaban obligados ni tan siquiera a enseñar ni a ayudar en los laboratorios. Pero, por debajo del entusiasmo externo por conocer toda una nueva zona climática, un nuevo continente con su lista de aves, su vegetación y todo lo que ello conlleva, me carcomían las dudas de si lograría ese objetivo tan alto: el título de doctora. Solicité una plaza en el departamento de Botánica, con una propuesta para hacer un proyecto de investigación en los bosques pluviales y subtropicales, unos ecosistemas que nunca había visto, a medio mundo de distancia de cualquier árbol que yo hubiera conocido hasta entonces. Era el año 1978 y, aunque parezca inconcebible, la deforestación tropical no era entonces un tema crucial, como resultó ser pasados cuarenta años. Por lo visto, la deforestación de los bosques pluviales apenas estaba empezando a intensificarse en

África, en la selva amazónica y en Asia a principios de los años ochenta, pero aún no existía la observación aérea para monitorizar la deforestación con tecnologías avanzadas. Y Australia, que, de manera infame, ya había talado muchos de sus árboles y había dejado unos pocos núcleos diminutos del bosque pluvial original, ni siquiera se tenía en cuenta en la vigilancia internacional de los bosques pluviales. Aquello cambiaría durante el transcurso de mi doctorado.

Todos los días, el departamento ofrecía un desayuno, para que los estudiantes de posgrado se conocieran, se relacionaran con el claustro de profesores en un entorno informal y compartieran información. Cuando fui presentada como una nueva estudiante que acababa de llegar para estudiar el bosque pluvial australiano, sentí que, ante mí, se levantaba un muro invisible. Nadie, en aquella sala formada casi exclusivamente por profesores y estudiantes hombres, me dio una cálida bienvenida. Yo estaba nerviosa y decepcionada, pero hubo algunos estudiantes norteamericanos que más tarde vinieron a rescatarme y me explicaron que, culturalmente, no estaba bien visto mostrarse amable con una «media azul» (un término que se usa en Australia de forma despectiva para referirse a una mujer que tiene objetivos intelectuales).[1] Enseguida quedó claro que no sólo debía lograr distinguirme en el ámbito académico como científica de los árboles, sino que también debía demostrar que las mujeres merecían ocupar un lugar en este campo.

Tras crecer entre árboles que perdían sus hojas en el otoño, y más tarde trabajar con los abedules de Escocia, que eran, también, de hoja caduca, parecía sensato concentrarme en algo similar y diferente al mismo tiempo; en este caso, las hojas tropicales. Puede que suene sencillo, pero yo estaba completamente fascinada ante el

---

1. *Blue stocking*: el término surge en Londres en el siglo XVIII, a raíz de las llamadas sociedades de las medias azules, que fomentaban la educación de las mujeres y su participación en la vida intelectual. Posteriormente el término adquirió su actual matiz despectivo hacia las mujeres intelectuales. *(N. de la T.)*

hecho de que la mayor parte de los árboles tropicales mantenían el verde durante todo el año. Como consecuencia de ello, sus copas no presentaban una clara estacionalidad concreta para la pérdida de las hojas. ¿Aparecía un nuevo brote cada vez que caía una hoja? ¿Mostrarían los árboles un proceso de foliación durante todos los meses del año? ¿Existía un sutil pulso estacional, imposible de detectar a ras del suelo? Me sentía perpleja ante este verdor permanente y quería jugar a ser una detective de la foliación, comparar el dosel tropical con el follaje caducifolio de las zonas de clima templado, que constituían mi zona de confort. Cambiar de un ecosistema a otro es un desafío para cualquier científico joven, pero mudarse a la otra punta del mundo, a Australia, constituía otro tipo de reto terrorífico. Incluso en los mejores momentos, me costaba hablar, inmersa, como estaba, en una nueva cultura y un paisaje desconocido. Al menos en Escocia contaba con especies de árboles que me eran familiares y conocía de mi niñez. Lo único que tenía claro era que debía andarme con mucho ojo, porque en los trópicos había muchísimas criaturas venenosas.

Mi plan era partir de la investigación del abedul en Escocia y abordar cuestiones similares acerca de los árboles tropicales. ¿Cómo vivían las hojas en el dosel de un bosque pluvial de hoja perenne? ¿Qué amenazas y enemigos enfrentaba un follaje tan longevo? ¿Sufrían estas hojas los ataques de los áfidos, como les ocurría a las hojas de los abedules escoceses? Un mes después de mi llegada en noviembre, traté de elegir de forma prematura las especies de árboles que estudiaría y de definir los sitios en los que me centraría de las distintas zonas de bosque pluvial, separadas por enormes distancias. Aquello era, sin duda, demasiado ambicioso. Mi director de tesis, un amable botanista que había emigrado desde Inglaterra para estudiar la ecología del fuego, me convenció para tomármelo con más calma. (No era en absoluto un experto en bosques pluviales, pero sabía mucho acerca de los árboles de los bosques abiertos, especialmente sobre el eucalipto, que requiere del fuego para su regeneración.) Yo había leído unos cuantos artículos sobre los bosques pluviales de Australia, y había averiguado que, asombrosamente, se dividían en veinticuatro tipos, técnicamente diferenciados, todos ellos clasificados en función del suelo, la vegetación y la geografía, por uno de los dos expertos australianos en el tema. Era imposible estudiar los veinticuatro tipos en tres años, pero, afortunadamente, había cuatro tipos generales, definidos por la altitud y la latitud: tropical, subtropical, templado cálido y templado frío. La elección de los sitios de muestreo es crucial en una investigación. Mi director se ofreció a proporcionarme un vehículo y un conductor si accedía a visitar algunos de esos sitios antes de tomar una decisión definitiva. Me asignó a un reacio estudiante de botánica para que me ayudara a adentrarme en las carreteras forestales, en una expedición piloto para explorar esos cuatro tipos de bosque pluvial en la parte norte de Nueva Gales del Sur y el sur de Queensland.

No podía dormir, anticipándome a mi incursión en la jungla, como llaman en Australia a cualquier matorral de vegetación densa. Quienes visitan el país suelen sorprenderse cuando se enteran de que Australia tiene un tamaño sólo ligeramente menor que Estados Unidos: 7.741.411, frente a 9.826.675 kilómetros cuadrados. Allí, los bosques pluviales sólo crecen a lo largo de una estrecha franja costera que se extiende hasta unos ochenta kilómetros hacia el interior, donde predominan los vientos del Pacífico que traen consigo la lluvia necesaria hasta las laderas del lado oriental de la Gran Cordillera Divisoria. La escarpadura impide que la lluvia continúe hacia el interior del continente, esa zona llamada comúnmente «el remoto interior», cientos de miles de kilómetros cuadrados donde unas pocas cabezas de ganado y un montón de canguros sobreviven a duras penas sobre un terreno árido. El inmenso interior de Australia está punteado con algunas zonas de bosque abierto, compuesto principalmente por árboles del género *Eucalyptus* (también llamados gomeros). Los bosques pluviales cubren sólo algo más de tres millones de hectáreas del enorme territorio australiano, apenas un tres por ciento del total de la superficie boscosa, pero podría decirse que ocupan los lugares más húmedos. Albergan el sesenta por ciento de las especies de plantas del país, el treinta y cinco por ciento de los mamíferos y el sesenta por ciento de las especies de aves. En aquel momento, en los años setenta, casi todas las masas forestales de menor tamaño se destinaban a la tala. Al final, el empeño nacional por destruir los bosques pluviales tuvo un impacto en mis años de estudiante, una década marcada por la polémica medioambiental, la tala furtiva y las manifestaciones políticas. Para resumir, el treinta y dos por ciento de los bosques que quedaron están ahora protegidos como Patrimonio de la Humanidad por la Unesco, una fuente de orgullo para la mayoría de los australianos. Muchos de los antiguos madereros, que entonces tuvieron que reinventarse a regañadientes, ahora son millonarios y cuentan con una fuente de ingresos sostenible en el sector del ecoturismo.

Para hacer más manejable el trabajo de campo para mi investigación, tenía que elegir un subconjunto de especies importantes de árboles dentro de cada tipo de bosque, para estudiar la foliación a largo plazo. Las decisiones acerca de qué especies y qué sitios analizar, y durante cuánto tiempo, son el corazón y el alma de un buen trabajo de campo. En cualquier investigación basada en la observación repetida a lo largo de varios años, es muy duro tener que empezar de cero a mitad del proceso, de modo que lo mejor siempre es diseñar la recopilación de datos con mucho cuidado desde el principio. Y el rigor de la investigación depende de diseñar un buen plan de muestreo. Decidí comparar las dinámicas de foliación de tres especies de árboles en tres sitios en cada una de las cuatro regiones de bosque pluvial principales. Las regiones eran: (1) subtropical: cálida, muy húmeda y se parece a un bosque pluvial de verdad, pero con menos especies, debido a su situación, ligeramente más alejada del ecuador; (2) templada cálida: cálida y muy húmeda, pero situada a una latitud templada, y por lo tanto con una menor diversidad de especies que las regiones subtropicales; (3) templada fría o montañosa: húmeda y situada en lo alto de la cadena montañosa, alberga una menor diversidad de especies, y (4) tropical: la más diversa, situada más cerca del ecuador y, como mínimo, a dos o tres días de viaje en coche desde Sídney.

Para prepararme para salir al campo, me pasé una semana en la biblioteca de botánica, leyendo todo lo que pude encontrar acerca de los bosques pluviales australianos. Lamentablemente, sólo había un puñado de científicos que hubieran estudiado este ecosistema. Un botanista había creado la clasificación técnica basada en el suelo que identificaba veinticuatro tipos de bosques pluviales, y otro había hecho una guía de las plántulas y su taxonomía. Un tercero escribió varias guías de árboles para su identificación, y un cuarto ecólogo vivía en California pero viajaba a Australia cada año para monitorizar la diversidad de especies en los bosques pluviales y los arrecifes de coral. No tardé mucho en leer todas sus publicaciones y en darme cuenta de que mi investigación iba a ser relativamente solitaria. La literatura existente confirmaba que la mayoría de los biólogos tropicales centraban sus trabajos en Panamá y Costa Rica, lo cual tenía sentido: esos países estaban a pocas horas de vuelo de las universidades norteamericanas, y contaban con grandes estaciones de campo con cómodas instalaciones, como aire acondicionado y comedores. Australia estaba o bien demasiado lejos o era demasiado desconocida como para despertar el mismo grado de curiosidad científica en las bien dotadas universidades estadounidenses o europeas. Esto me preocupaba bastante. Sin un grupo de colegas estudiantes, sin una biblioteca que contuviera una gran cantidad de descubrimientos a partir de la investigación, y con una financiación relativamente pequeña para el estudio de los bosques pluviales, estaba verdaderamente sola. Además, cada vez me iba quedando más claro que debía tener en cuenta los riesgos de realizar un trabajo de campo en unos bosques que estaban desapareciendo rápidamente por la tala.

Aunque suelo ser bastante frugal en cuanto a la ropa que llevo de viaje, me pasé horas organizando la mochila para esta primera expedición al bosque pluvial. Aquellas botas Wellington escocesas tan gastadas me vinieron muy bien, junto con varios pares de pantalones caquis, unas cuantas camisetas de manga larga, unos ponchos impermeables, linternas y el equipo de acampada. Nadie me dio ningún consejo sobre qué llevar conmigo, pero tenía suficiente experiencia de campo de Escocia para hacerme una idea, más o menos. Aunque en Australia hacía un calor tremendo, llevaba camisetas de manga larga para reducir las picaduras. Compré varios cuadernos de campo y un carrete Kodak de repuesto para la cámara. Todavía tenía mi diminuto hornillo de queroseno, que casi cabía en un bolsillo de la chaqueta y que me había salvado la vida, literalmente, al proporcionarme sopa caliente en numerosas y gélidas salidas en las Tierras Altas de Escocia. Así que hice lo mismo para adentrarme en la selva en Australia: llevé un suministro de sopa en polvo, fideos, gachas y otros alimentos fáciles de llevar de acampada. Los australianos se toman un descanso, un *smoko*, tanto por la mañana como por la tarde, que en origen era una pausa para fumar, pero que, en tiempos más recientes, consiste en tomarse un té y algo dulce. Así que me aseguré de comprar varios tipos de galletas australianas para mantener las energías del conductor. Después de mi año en Escocia, yo era muy capaz de conducir por el lado izquierdo de la carretera, pero en Australia ir al volante seguía siendo, en gran medida, una cosa de hombres. Salimos de la congestión del tráfico urbano de Sídney y nos dirigimos hacia el norte, conduciendo durante todo el día, hasta que entramos en una pista forestal. Mi conductor y colega estudiante decía que tenía el mapa en la cabeza, así que yo no tenía modo de saber adónde nos dirigíamos, sólo sabía que íbamos a la selva.

Al anochecer, en algún lugar entre Sídney y Brisbane, la vegetación cambió de pronto, del gris azulado y plateado de los gomeros a un exuberante verde esmeralda. Giramos para entrar en una muy remota pista forestal con unos inmensos árboles, de más de un metro de diámetro, que se elevaban a una altura de más de treinta metros, y un follaje denso y de un verde profundo, a ambos lados del camino. Me quedé sin respiración de la emoción y tuve que pellizcarme, porque allí estaba la realidad, ante mis ojos. Los árboles no sólo eran altos sino que parecían piruletas, con un denso montón de follaje en lo alto de las copas, y unas guirnaldas hechas de enredaderas y epífitas que caían, adornando los troncos. Esta forma tan divertida tenía sentido, teniendo en cuenta la competición extrema por la luz en unos bosques tan densos y diversos. Los árboles tropicales vivían en una carrera constante, y los más altos eran los ganadores porque sus copas recibían la luz solar directa. Yo hacía esfuerzos por divisar la forma de una hoja, pero estaban a demasiada distancia por encima de nuestras cabezas. Sin embargo, la alegría duró poco. Mi conductor tomó la siguiente curva y metió el morro del *jeep* en un mugriento tramo de lodo acuoso tan hondo que las ruedas de delante se hundieron y quedaron sumergidas. Lanzó un juramento y trató de acelerar, pero al girar, los neumáticos se adentraron aún más en aquella mugre marrón. Aquella primera tarde, aprendí muchas palabrotas australianas, hasta que mi conductor insistió en que me adentrara a pie en los matorrales subtropicales, para poder jurar libremente en mi ausencia. Esto ocurrió en 1979, años antes de que las expediciones contaran con móviles y aparatos de GPS.

La primera vez que vi los bosques pluviales, me quedé anonadada (y también me asusté) por la altura y la inaccesibilidad de los árboles. En Australia, las copas se extendían de los quince a los sesenta metros de altura, imposible de calcular a primera vista a ras del suelo, excepto cuando se abría una carretera que atravesaba la jungla y dejaba expuesta la altura de los árboles como en un corte transversal del bosque. La abundancia de verdor desafiaba cualquier expectativa: si existe un lugar donde el oxígeno es más abundante y puro, las alturas de un bosque pluvial ocuparían sin duda el primer puesto, con diferencia. Miraba hacia arriba: verde. Miraba hacia los lados del sendero: verde. Miraba hacia abajo: marrón, de los restos en descomposición de las hojas (verdes) en el suelo forestal. En resumen, este mundo envolvente de follaje hacía realidad mis más alocados sueños de estudiar las hojas, aunque inmediatamente se hizo evidente que existían varias limitaciones logísticas. Primero, ¿cómo diablos iba a alcanzar las hojas cuando la copa estaba a semejante altura? Y segundo, ¿podría orientarme a través de estas densas masas forestales de gran altura donde los árboles parecían todos iguales y donde apenas se apreciaba ningún sendero? Vi, asimismo, muchas laderas recién taladas, situadas junto a unas hermosas masas forestales primarias (es decir, de bosque primitivo o virgen) que probablemente correrían la misma suerte. Estaba furiosa, aunque aquello también me impulsaba a ponerme a trabajar. Muy pronto comprobé que la desaparición de los bosques pluviales australianos estaba ocurriendo a mayor velocidad que el descubrimiento de sus secretos.

Mi director hizo bien en enviarme a la selva antes de que diera por finalizada la planificación para mi investigación; este primer viaje me permitió plantearme unos objetivos ambiciosos pero realistas. Y ahora lo que quería era subir allí arriba con aquellos millones de máquinas (también conocidas como «hojas»), a tomar el sol. Regresé a la biblioteca de botánica y leí con entusiasmo acerca de cómo habían accedido los científicos forestales a los árboles tropicales en otras partes del mundo (principalmente, los habían talado, como pronto supe), y asistí a seminarios para aprender de otros estudiantes cómo elegir los sitios para la investigación de campo (al oírlos, todo parecía muy fácil). Me sumergí en las colecciones del herbario de la Universidad de Sídney, donde adquirí una base para identificar los árboles de los bosques pluviales, aunque la mayoría de los especímenes incluían sólo las hojas del sotobosque en un estado bidimensional marrón, apretado y seco. Después de revisar con atención cientos de plantas prensadas, tenía una marabunta de nombres en el cerebro, incluidos géneros que apenas era capaz de pronunciar: *Acmena, Doryphora, Dendrocnide, Elaeocarpus, Sloanea, Orites*, y el trabalenguas máximo: *Pseudoweinmannia*. Tomé notas impetuosamente y comencé una serie de cuadernos acerca de especies de árboles, ubicaciones geográficas y metodología para el trabajo de campo. Intenté hacer yo sola un curso intensivo de la ecología de los bosques pluviales australianos, pero apenas había artículos disponibles, y no había nada, cero, acerca de las copas o de sus hojas. Las publicaciones científicas que existían en otras regiones tropicales se limitaban, igualmente, al sotobosque o, en un par de casos, se basaban en árboles caídos. ¿Sería yo capaz de desarrollar una metodología valiosa para estudiar las hojas de todo el árbol en los bosques pluviales, cuya altura ahora sabía que superaba los treinta metros? ¿Cómo elegiría cuáles de los cientos de especies de árboles debía estudiar, los lugares geográficos, la duración del estudio y cuántos ejemplares analizar? Sencillamente, no existía una literatura suficiente ni un asesoramiento que me ayudara a reducir el ámbito.

Hice amigos entre algunos de los estudiantes de posgrado del departamento de Biología Marina, que resultaron ser una auténtica mina de oro de información y de consejos para el diseño del trabajo de campo, aunque en su caso se centraban en las poblaciones intermareales del percebe y sus depredadores, o en los arrecifes de coral, con toda su compleja ecología. En concreto, los estudiantes de los arrecifes de coral se enfrentaban a un desafío similar a la hora de reducir su área de investigación en medio de aquel inmenso despliegue de biodiversidad. Como en mi caso, ellos también tendían a abarcar demasiado. A diferencia de los estudios de laboratorio, donde las preguntas teóricas a menudo se respondían empleando una o dos especies en un entorno protegido, donde las condiciones estaban bajo control, la biología de campo estaba plagada de obstáculos: el clima, las inundaciones, árboles que caían, bichos, sequía, incendios, el efecto de borde, la actividad humana y el sesgo de muestreo, así como algunos factores que olvidé tener en cuenta. Probablemente tendría que haber recibido un título honorífico en dinámicas de población del percebe o en la ecología del pez mariposa, teniendo en cuenta la cantidad de horas que dediqué a ayudar a otros estudiantes con su investigación. Pero nuestras largas conversaciones me permitieron diseñar el trabajo de campo en los árboles de una manera más precisa y eficaz. Monitorizar peces tropicales en el hábitat tridimensional del arrecife de coral no era muy diferente de la observación de insectos en la copa tridimensional del árbol, salvo por el hecho de que, en lugar de mareas y tiburones, yo debía enfrentarme a la gravedad y a las serpientes. Además de todo eso, como única estudiante de posgrado dedicada a la ecología del bosque pluvial y como una de las dos únicas mujeres entre unos veinticinco estudiantes, debía lograr el éxito en un entorno laboral dominado por los hombres y centrado en el ámbito marino. Afortunadamente, hice amistad con algunos estudiantes de posgrado (hombres) fantásticos y probablemente recibí más atención, no menos, por ser la única que estudiaba los bosques pluviales. Un buen ejemplo es Hugh, a quien conocí en la fotocopiadora un viernes por la tarde, donde coincidimos fotocopiando ambos con furor el artículo más reciente de Joe Connell, el ecólogo mundialmente conocido, de la Universidad de California, en Santa Barbara, que estudiaba la biodiversidad en los arrecifes de coral y en los bosques pluviales. Hugh me vio aferrada a un ejemplar del *New Yorker* y sonrió. Él mismo estaba suscrito a la revista, y sabía de sobra que sólo existían cien suscripciones en toda Australia, lo cual, comentó, nos convertía en dos seres especiales. Nos pasamos la mayor parte de ese fin de semana hablando de la hipótesis Janzen-Connell, un tema que inspiraba a muchos de nuestros colegas a trabajar con distintas hipótesis acerca de la biodiversidad. Connell había establecido unas parcelas permanentes de estudio en ciertas zonas del arrecife de coral y los suelos de los bosques pluviales australianos; a lo largo de los años, había monitorizado el grado de éxito de cada especie, y había confirmado el importante dato de que, en los ecosistemas de alta diversidad, la competición en realidad ayuda a que el sistema sea sostenible en lugar de hacer que una única especie se vuelva dominante. Tanto Hugh como yo estábamos extremadamente interesados en la diversidad, en concreto, por su impacto en la salud de los diferentes ecosistemas intermareales o en los árboles del bosque pluvial, respectivamente. Hugh estudiaba la estacionalidad y la competición de los percebes a lo largo del litoral de Nueva Gales del Sur. Para su investigación, trasplantaba especies diferentes de percebes sobre unas placas artificiales, pero llevaba a cabo su trabajo de campo con las olas rompiendo a su alrededor, algo que casi nadie había intentado antes, pero que funcionó y obtuvo resultados. Ese tipo de encuentros fortuitos durante aquellos felices días de curiosidad intelectual genuina son lo que hizo que mis años en la escuela de posgrado fueran uno de los mejores capítulos de mi vida.

Mientras parloteaba con enorme entusiasmo con Hugh y otros estudiantes durante aquellas primeras semanas, comenzaron a cristalizar las preguntas para mi investigación y los protocolos de campo para los altísimos bosques pluviales australianos. Cuando nuestro muy admirado ecólogo norteamericano apareció, en efecto, por la Universidad de Sídney para ofrecer un seminario sobre su investigación puntera acerca de la diversidad de especies, preguntó si alguien estaba trabajando en los bosques pluviales. Una sola mano se levantó como un resorte. Necesitaba un ayudante de campo para identificar sus árboles y plántulas, y al momento conseguí el puesto: no hubo competición. Estaba como en una nube ante la perspectiva de trabajar con este reputado científico, y finalmente nuestra colaboración duraría más de una década. Como yo, Joe Connell había trabajado en Escocia, y ahora su trabajo de campo había virado hacia Australia. Durante muchos años él fue mi mentor, e incluso me bautizó con el mote definitivo: Margaret Número 2 (su mujer era Margaret Número 1), después de compartir muchas aventuras y miles de horas identificando plántulas y árboles. (Algún día quizá escriba otro libro sobre la donación de sangre a las sanguijuelas mientras «nos postrábamos» –así describía Joe nuestra actividad de campo– en el suelo forestal para marcar miles de plántulas... A veces me refiero a ese tipo de investigación a ras del suelo como mi plan de jubilación para cuando ya no pueda escalar más.)

Mi experiencia previa con las hojas de los climas templados me sirvió para plantear las primeras preguntas acerca del follaje tropical: ¿Qué provocaba la caída de estas hojas en un entorno en el que no había inviernos fríos? ¿Cómo sobrevivían las que estaban en la parte más baja del árbol sin apenas luz solar? ¿Y qué pasaba con el follaje más alto, expuesto a un sol tan implacable y caliente? Estas cuestiones evolucionaron hasta convertirse en un plan para la tesis: observar cómo brotaban, crecían y morían las hojas. (En mi fuero interno, deseaba que todo fuera muy sencillo.) En comparación con la estacionalidad de las flores silvestres y de los árboles en el norte del estado de Nueva York, donde todo se cerraba como un reloj después de la primera helada otoñal, aquí debía estar atenta para detectar otras pistas que desencadenaran el final de la vida de una hoja tropical. Todos los seres vivos, incluidas las hojas perennes, tienen un tiempo de vida finito, determinado por factores físicos y biológicos. De mis lecturas, yo sabía que la mayoría de los árboles tropicales eran de hoja perenne, lo cual significa que sus hojas no caían todas a la vez, sino que iban cayendo por tiempos, de modo que mi hipótesis planteaba que también la salida de las hojas ocurría de manera similar, a lo largo de todo el año, no en una estación bien definida. Parecía bastante lógico. Teniendo en cuenta que las condiciones en el bosque pluvial son las de una sauna, también supuse que una endeble hoja no podría durar mucho, agitándose en la punta del delicado peciolo, en un ambiente bochornoso y con frecuentes episodios monzónicos. Así que calculé a ojo que dos años debía de ser el máximo tiempo de vida de una hoja en el bosque pluvial. La hipótesis que me proponía probar era la siguiente: las hojas perennes emergen a lo largo de todo el año, pero cada hoja tiene, de media, una esperanza de vida de dos años. Después, tenía que diseñar la metodología de campo para poner a prueba mi suposición. Me imaginaba a mí misma tumbada en una hamaca en la selva, en un hermoso entorno tropical, mirando las hojas caer a lo largo de varios años, para después escribir la tesis. Pero cuando le conté alegremente a mi director aquella visión, le salió una risita amable. Le gustaba la hipótesis acerca de la longevidad de las hojas, pero no estaba muy convencido de que pudiera limitarme a documentar pasivamente la caída de las hojas como una observadora desde el suelo forestal. Me planteó que un trabajo de campo que resultara realmente valioso requería que subiera a los árboles para examinar las hojas allí donde crecían. Yo no era muy atlética, así que al principio propuse varias opciones a ras del suelo que, de manera indirecta, abordaban la región de la copa: ¿Tal vez podía entrenar a un mono? ¿Conseguir unos prismáticos superpotentes? ¿Colocarme sobre una colina que estuviera justo al lado de un barranco, cerca de unas cuantas copas superiores? ¿Disparar una pistola para que las hojas cayeran al suelo? No, me explicó mi director: si quieres estudiar las hojas, entonces tienes que tener acceso a

todo el árbol, no sólo al sotobosque. Y si quieres estudiar su esperanza de vida, entonces necesitas que esas hojas sigan unidas al árbol. Como experto en vegetación seca, especialmente en los gomeros, que a menudo alcanzaban una media de nueve metros de
altura, no tenía ninguna habilidad arbórea que enseñarme y, dicho-
so él, no parecía ser muy consciente de la altura de algunos de estos
gigantes de los bosques pluviales. A pesar de que no era un experto
en este tipo de bosques, era el único botanista en toda la universidad que se dedicaba al estudio de los árboles. Fiel a su cometido, mi
director fue guiando suavemente mi entusiasmo hasta construir
una sólida hipótesis, acompañada de una metodología fiable para
recoger datos rigurosos. Me obligó a pensar de manera creativa
acerca del trabajo de campo, empezando por una hipótesis clara y
retrocediendo a partir de ahí para establecer cómo iba a recopilar
los datos para probarla. En primer lugar, yo quería estudiar las hojas. En segundo lugar, si iba a hacer un seguimiento del crecimiento
de las hojas en árboles de gran altura, tendría que escalarlos..., muy
a menudo. El problema era obvio. Sólo había que pensar en un par
de estrategias para alcanzar aquellos objetos aéreos de estudio. Por
pura casualidad, yo ya había encontrado el club de espeleología de
la universidad, y les había pedido consejo y equipación.

Mi introducción a la espeleología tuvo lugar durante mi primer
mes en la Universidad de Sídney. Los estudiantes de posgrado de
ecología podíamos acceder a una financiación para asistir a un congreso en Nueva Zelanda. Yo era la única estudiante dedicada a los
bosques pluviales, así que me metieron en el mismo saco de la beca
para los estudiantes de ecología marina. Mike, el estudiante de
posgrado norteamericano que me había recibido cuando aterricé en
Sídney, propuso que alquiláramos un coche para visitar Nueva Zelanda después de las conferencias. Durante el congreso, estuve muy
atenta a cómo preparaban su trabajo de campo los distintos investigadores: desde cartografiar los lechos de algas marinas hasta contar peces de los arrecifes de coral o rastrear el diminuto fitoplancton
en una columna de agua. Yo estaba sentada en el público, escu-
chando hechizada, imaginándome mi propio diseño experimental y

la manera de recoger muestras en un espacio tridimensional aéreo, en lugar de en uno acuoso. Concluidas las conferencias, en teoría Mike y yo íbamos a encontrarnos para salir con nuestro coche de alquiler, pero no lo encontraba por ninguna parte. Pregunté por ahí y, con una risita, me dijeron: «Prueba en la habitación 122». Por lo visto había conocido a una chica en la comida final y se habían ido juntos. Cuando llamé con cuidado a la puerta de la habitación del motel, me tiró las llaves del coche, contrariado, y me dijo: «Ve tú sola a conocer Nueva Zelanda». De repente, iba a explorar un nuevo país como una aventura solitaria. No me importaba conducir por el lado izquierdo de la carretera, ya había tenido que adaptarme a ello en Escocia, pero me producía cierta inquietud acampar sola en lugares desconocidos. Sin embargo, no sólo salí a hacer senderismo yo sola por el Parque Nacional Tongariro y acampé junto a un manantial termal, sino que también paré en las cuevas de Waitomo para ver las famosas luciérnagas luminiscentes. Me crucé por casualidad con el director del parque y charlamos sobre nuestros respectivos trabajos. Estaba a punto de embarcarse como director de una aventura espeleológica para encontrar huesos antiguos de dinornis, un ave terrestre que se extinguió hacia el año 1300 debido a la caza por parte de los maoríes. Y me invitó a participar porque, dijo, les vendría bien otro par de ojos en su búsqueda nocturna. Yo no era espeleóloga, pero aun así sonaba divertido. Me puse el casco y, después de un cursillo rápido de una hora sobre arneses y descenso con cuerdas, me uní a la expedición nocturna de espeleología. No recuerdo gran cosa del descenso en sí, porque estaba aterrorizada en aquella oscuridad. Pero encontramos muchos huesos en el fondo de la cueva y esta introducción al transecto vertical con cuerdas me vino muy bien unos meses después, como arbonauta novata.

Después de practicar la espeleología en Nueva Zelanda, busqué a los espeleólogos de la Universidad de Sídney, que se reían ante la idea de escalar hacia arriba, ellos que siempre escalaban hacia abajo. Pero se dieron cuenta de que iba en serio y de que estaba decidida a alcanzar las copas de los árboles. Afortunadamente para mí, gracias a la experiencia en las cuevas de Waitomo, tenía fe en que la equipación para la espeleología podría adaptarse a las necesidades de una arbonauta. Los arboricultores, esos fornidos escaladores de árboles que podan y talan los árboles urbanos, emplean una equipación completamente diferente, compuesta por un equipo pesado, adecuado para vencer las ramas y atravesar las copas; eso no me serviría para recorrer los árboles con delicadeza, manteniendo intactas las hojas. Sin embargo, los espeleólogos empleaban materiales ligeros, apropiados para trasladarlos a lo largo de muchos kilómetros por senderos remotos, para acceder a los lugares de exploración subterránea, que a menudo, en una expedición larga, implicaba que había que llevar el equipo encima todo el día. El club de espeleología de la Universidad de Sídney fabricaba su propia equipación, porque en aquellos tiempos ese material deportivo no estaba disponible en las tiendas. Una de las pocas mujeres del club, Julia, me prestó su máquina de coser industrial y un rollo de cincha de un naranja brillante (probablemente sacado de un proveedor militar, porque aún no había disponibilidad de cinturones de seguridad para los coches), así que me medí la cintura y los muslos y copié el patrón para coserme un arnés básico. Nunca imaginé que me alegraría de haber tomado una clase de economía doméstica en mi primer año de enseñanza secundaria, en la que me convertí en una experta en el manejo de la máquina original Singer de costura en zigzag e incluso había dominado el arte de fabricar un traje de chaqueta y pantalón, incluida la cremallera. En comparación con aquello, fabricar un arnés de escalada era mucho más sencillo. Pero, además del arnés, aún necesitaba piezas técnicas, así que Al, compañero de espeleología de Julia, me vendió muy amablemente dos puños (unos aparatos metálicos dentados para el ascenso por la cuerda), unos cuantos mosquetones (unas anillas de metal) para conectar las cuerdas con la equipación y una «cola de ballena», que era una placa multianclaje de metal, con cuatro agujeros para ensartar la cuerda y reducir, así, la velocidad en el descenso. Este era un cacharro perfecto para una amante de las hojas, porque, de este modo, nunca bajaría destrozando todo a mi paso. Además, por dentro estaba realmente asustada ante la idea de colgarme con una cuerda de una rama que no sabía si sería lo suficientemente fuerte, así que agradecía cualquier utillaje que me frenara o que me diera un mayor control. Al me enseñó también a hacer los nudos básicos, incluido el más popular entre los escaladores, el nudo Prusik, y el muy seguro ballestrinque. Por suerte, muchos de ellos debían mantenerse atados al equipo, así que no tenía que volver a hacerlos. Por último, lo más importante: necesitaba una cuerda con una longitud del doble de la altura máxima de escalada, para poder izarla, pasarla por encima del tope y hacerla descender desde una rama segura a la mayor altura posible. Con apenas un poco más de sesenta metros de cuerda, podía escalar cualquier árbol que midiera aproximadamente treinta metros de altura, y dejar suficiente cuerda de sobra para atarla al tronco de algún árbol cercano a ras del suelo. Teniendo en cuenta los cálculos que había hecho a simple vista en mis primeras incursiones, supuse que esta sería una altura suficiente para empezar. Me compré, además, un casco de bicicleta, de un naranja chillón, para ir conjuntada con mi arnés de color zanahoria.

Pero ¿cómo instalaría la cuerda en las ramas superiores? Los espeleólogos simplemente dejan caer las cuerdas en un oscuro agujero; su mayor dificultad reside en la ausencia de luz para orientarse. Pero yo tenía que hacer que mi cuerda, literalmente, volara, así que necesitaba un tirachinas, el único artefacto capaz de propulsar una cuerda hacia arriba y que, además, podía ser manipulado por una neófita como yo. Muy pronto supe que era ilegal vender tirachinas en Australia, así que tendría que fabricarme uno. La mayoría de los estudiantes de biología están constantemente fabricando artilugios, como marcos de metal para el recuento de peces o jaulas especiales para atrapar a pequeños mamíferos, así que yo ya me había hecho amiga de los responsables del taller de la universidad. Un veterano canoso muy hábil llamado Basil me ayudó a escoger una vara de metal del diámetro perfecto, y juntos la soldamos hasta convertirla en la clásica catapulta con forma de «Y», y luego cortamos un pedazo de neumático viejo de una rueda de coche para usarlo como cinta elástica. Después, até un plomo de pesca a un carrete de sedal y disparé el primer tiro sobre una rama que estaba a unos quince metros de altura, en el exterior del edificio de botánica. Funcionó. Una semana después, en medio del bosque pluvial, la cosa era muy distinta. La maraña de enredaderas y ramas muertas que había en las copas de los árboles interceptaba la trayectoria del sedal en prácticamente todos los disparos. ¡Practicar, practicar, practicar! Con el tiempo, me convertí en la Jane de Tarzán del departamento de Botánica (no en el entrañable Deadeye Dick)[2] y aprendí a encontrar una rama sólida con el espacio inferior despejado, que me permitiera ascender en vertical por la cuerda. Además de la rama recia y del espacio libre, al hacer el transecto vertical con la cuerda tenía que pasar a través del follaje a distintas alturas, con el fin de conseguir un muestreo apropiado. El proceso de encontrar la especie de árbol adecuada, una rama en lo alto que resultara segura y acceso a las hojas en la trayectoria de la cuerda era una nueva habilidad que debía desarrollar en el bosque, de manera rápida y segura.

Tras identificar un brazo en la especie de árbol correcta, con una adecuada cantidad y distribución de hojas, estaba lista para usar mi reluciente tirachinas. La instalación de la cuerda de escalada era un proceso de tres pasos: primero, propulsar el sedal con el tirachinas; segundo, sujetar el sedal a una cuerda de nailon y hacer que recorriera la misma trayectoria; y tercero, izar una cuerda de escalada más pesada y colocarla en su sitio, atándola a la cuerda de nailon, subiéndola y pasándola por encima de la rama de sujeción. Una vez colocada la cuerda de escalada, un extremo queda en manos del arbonauta y el otro se sujeta con nudos a un árbol cercano. *Voilà!* Ya está listo y disponible el transecto vertical por la

2. Se refiere a la novela *Deadeye Dick*, de Kurt Vonnegut (publicada en español como *Buena puntería* y *El francotirador* y en catalán como *El bala perduda*), cuyo protagonista comete un doble asesinato de forma accidental durante su adolescencia. *(N. de la T.)*

copa. Durante los siguientes meses, fui puliendo y mejorando mi equipación para el trabajo de campo con el método de prueba y error. Fabriqué un molde para fundir plomo, para hacer plomos con la forma perfecta para propulsar el sedal a través de la espesura de enredaderas, y ajusté la banda elástica del tirachinas para que tuviera el largo y el ancho exactos para mejorar la destreza del disparo. También me fabriqué un cinturón especial para acarrear todo tipo de cachivaches: lápices, un bloc de notas, rotuladores resistentes al agua para etiquetar las hojas, cinta americana para marcar las ramas, una cámara y las galletas Oreo de supervivencia. Y, finalmente, diseñé un gorro con una malla para la cara, para librarme de los halíctidos y de otras criaturas que se arremolinaban durante los largos periodos que pasaba colgada de la rama. No quise trastear con el arnés, aunque se me hincaba completamente en el trasero, porque estaba impaciente por subirme a los árboles. Al recordarlo ahora, me doy cuenta de que le daba mucho más valor a ser precisa en cuanto a la ciencia que a la comodidad personal. Todo ello –el arnés, el tirachinas, el material de escalada y las cuerdas– cabía en una bolsa de deporte y, muy pronto, aquello era todo lo que necesitaba para acceder a casi cualquier copa de árbol en todo el mundo. El último ingrediente, y tal vez el ingrediente crucial, de mi equipación consistía en acceder a una gran valentía interior que no sabía que tenía, y que sólo descubrí, literalmente, en la cuerda floja. Y así fue como me encontré colgando de un palo satinado, una arbonauta novata escalando cuidadosamente hasta alcanzar la copa superior, donde descubrí una algarabía de biodiversidad. Para mi enorme sorpresa, muchos de mis colegas de posgrado (todos hombres) estaban deseando acompañarme al bosque para instalar el equipo en el árbol, porque el tirachinas era un artilugio que les parecía divertidísimo. Algunos acertaban el disparo a la primera, mientras que otros soltaban muchos juramentos hasta que lograban pasar el sedal por encima de la rama correcta. No había ningún manual de escalada; al menos, no en Australia. Sólo tenía los consejos del club de espeleología. Pero si lograba alcanzar las hojas sin caerme a lo largo de toda la altura del árbol, entonces podría responder a las cuestiones que me proponía probar en mi investigación. Con toda aquella equipación organizada y una noción básica de la logística para escalar árboles altos, todavía tenía que pensar muy bien qué árboles escalar, cuántos y por qué. Para hacer las excursiones a la selva con el fin de localizar los árboles para el estudio, había que reservar un vehículo de la universidad, preparar un equipo completo de acampada, revisar los mapas para comprobar la ubicación de los bosques pluviales y conocer las particularidades de la conducción por áreas rurales en Australia: no se trataba sólo de conducir por el lado izquierdo de la carretera, sino también de tener previsto que podían aparecer canguros, camiones madereros y barro. En la segunda salida, fui felizmente sola y visité tres parques nacionales –Dorrigo, Nueva Inglaterra y Royal–, todos ellos bosques pluviales primarios situados en Nueva Gales del Sur, y protegidos de la tala furtiva y de la tala rasa gracias a su estado de conservación protegido. El primer día, organicé una reunión con un arboricultor jubilado en Dorrigo, cuyo nombre aparecía por todas partes en las guías de campo de la biblioteca de botánica. Alex Floyd había escrito las únicas guías que entonces existían de identificación de los árboles de los bosques pluviales australianos. Le envié una carta escrita a mano, el medio de comunicación convencional a finales de los años setenta, y me contestó confirmando la fecha para encontrarnos e ir a observar árboles. Yo tenía un especial interés por identificar especies sobre el terreno, y Alex accedió amablemente a darme algunas indicaciones básicas. Nos encontramos en el aparcamiento del Parque Nacional de Dorrigo; estaba diluviando. Fue fácil saber quién era porque no había nadie más allí. En Australia, los únicos bosques pluviales que habían sobrevivido a un siglo de explotación forestal solían ser masas forestales situadas en laderas extremadamente inclinadas, donde era difícil extraer la madera. Así que nosotros, dos botanistas empapados, procedimos a avanzar con dificultad por cuestas resbaladizas mirando hacia arriba, a las siluetas de los diferentes árboles, mientras nos limpiábamos constantemente las gafas, empañadas con las gotas de la lluvia.

Gracias a la pasión que compartíamos por los bosques pluviales, Alex se convirtió en un colega fiel, tal vez porque sólo éramos unos pocos quienes habíamos aprendido a identificar estos árboles. (¡Más tarde le di clases de botánica a su hijo cuando fue a la universidad!) Empezamos ya desde el borde del aparcamiento, donde Alex me enseñó a identificar el sasafrás: estrujó una hoja, para que yo pudiera apreciar su hermosa fragancia, como la del sasafrás norteamericano que crecía en el suelo forestal de mi infancia. Sin embargo, la versión australiana era un árbol de gran altura, no una planta pequeña en el sotobosque. El perfume aromático es la única característica que comparten estas dos especies, que crecen cada una en un lado del mundo. (Ahí había un futuro proyecto de investigación: estudiar cómo había evolucionado el aroma de los sasafrás de forma separada, como planta del sotobosque de clima templado y como árbol tropical.) Después, nos topamos con el cedro australiano, muy apreciado por su extraordinaria madera. Al ser muy común para la construcción de muebles, era conocido en la zona como la especie responsable de la tala rasa de los bosques pluviales australianos (aunque, en realidad, la especie que llevaba a cabo la deforestación era la gente, no el cedro australiano). Era uno de los pocos árboles de hoja caduca de Australia, de manera que despertaba mi curiosidad foliácea por su potencial para la investigación, pero Alex me advirtió de que era bastante escaso, debido a la continua tala furtiva.

Mientras caminábamos a través del bosque, mirando hacia arriba a las copas despreocupadamente, o mirando hacia abajo para asegurar las pisadas de las botas sobre el sendero fangoso y empinado para no resbalar, vi que salía sangre a través de la tela de mi camiseta embarrada. ¿Me había cortado con algo? Miré dentro de la camiseta con cuidado. Anidada entre mis pechos, había una criatura hinchada, viscosa y negra, de unos veinticinco milímetros de largo. No tenía ni idea de qué era lo que me estaba atacando. Aterrorizada, apenas podía hablar y, a duras penas, le describí el invasor a mi veterano colega. Él se rio y dijo: «Sólo es una sanguijuela». Alex estaba de lo más tranquilo, pero yo estaba horrorizada. El entorno tropical me era desconocido, yo nunca había oído hablar de que hubiera sanguijuelas en los bosques pluviales australianos y tampoco sabía cómo retirar una de mi pecho. Alex sugirió que las dejara en paz, pues, una vez se hubieran saciado de sangre, se descolgarían solas; aquello no era muy tranquilizador, especialmente cuando tenía una enorme sanguijuela en el pecho. Pero, para cuando acabó el día, había alimentado con mi sangre a una docena de sanguijuelas, como mínimo, y al final había dejado de prestar atención a la invasión; Alex también había atraído a su propia cuota de habitantes. ¡Bienvenida al bosque pluvial australiano! Al final de lo que había sido un día muy mojado, encontré muchos más de aquellos chupópteros resbaladizos en diversas partes de mi anatomía, y con gran disgusto los fui lanzando por la ventana del motel de carretera donde me alojaba. A pesar de que su mordida y posterior sangría no suponían un peligro de muerte, me tomaba aquellos ataques como una afrenta personal y desde entonces me embarqué en una misión de por vida para minimizar sus embates. Mi método de combate inicial era simplemente retirarlas cuando las descubría. Pero tirarlas mientras caminas por el sendero se considera un gesto de mala educación en la selva, porque generalmente se agarran a la persona que va detrás. A lo largo de los años, recurrí a sistemas más creativos de retirar sanguijuelas: quemarlas, cortarlas, echarles sal, estrujarlas, e incluso coserme las botas de lona a los pantalones para evitar la invasión, ya que las sanguijuelas generalmente trepan desde los zapatos, por los calcetines y luego por el interior de las perneras de los pantalones hasta la ingle, en busca de los pliegues más calentitos y cómodos, para succionar su ración de sangre. Como me ocurría con gran parte de la investigación en el bosque pluvial, terminé con más preguntas que respuestas: ¿Por qué no hay sanguijuelas en los trópicos americanos? ¿Ocupa otro organismo ese nicho ecológico? ¿Habitan estas criaturas el dosel arbóreo australiano o sólo el suelo forestal?

Alex me dio a conocer varias docenas de especies de árboles, y me proporcionó trucos muy útiles para la identificación en el trabajo de campo, como el aroma de las hojas del sasafrás o las flores

rojas del árbol de fuego illawarra (*Brachychiton acerifolius*). A veces, tener sólo un poco de conocimiento puede ser peligroso, y esta
excursión me mantuvo despierta muchas noches, tratando de desci-
frar qué árboles eran seguros para la escalada con cuerdas y que me
ofrecieran, también, unas características de foliación únicas para la
investigación. Como investigadora solitaria y además mujer, tenía
que pensar estratégicamente también acerca de mi propia seguridad
en el campo. Los bosques pluviales australianos son una región remota y bastante salvaje del planeta. Sin duda, me daba cierto repa-
ro conducir, dormir y explorar yo sola, pero, sencillamente, tuve
que reunir el valor y superar esos pequeños y habituales miedos a lo
desconocido.

La fase de debate es crucial para diseñar una investigación efectiva. ¿Cómo podía marcar las ramas en lo alto y volver a encontrarlas después, un mes tras otro? ¿Podría camuflar cada lugar de escalada para evitar a merodeadores humanos? ¿Qué especie ofrecía las
características de foliación más intrigantes? ¿Cuáles eran los árboles más seguros de escalar? Mis amigos del club de espeleología me
habían servido de gran ayuda con la logística preliminar, pero ahora necesitaba un análisis de la parte científica. Así que me dirigí al
grupo de estudiantes de los arrecifes de coral, que estaban en el vecino departamento de Zoología. En cuanto al grado de biodiversidad, los bosques pluviales son el equivalente en tierra firme de los
arrecifes de coral. Los estudiantes de biología marina y yo teníamos
muchos temas comunes para conversar, porque compartíamos preguntas parecidas acerca de la biodiversidad y de cómo hacer un
muestreo de manera correcta en nuestros complejos ecosistemas.
Mientras que yo quería averiguar de cuántas hojas y a qué alturas
debía recoger los datos para documentar la foliación, ellos tenían
que determinar cuántos peces y en qué áreas del arrecife de coral
debían estudiar para responder a las cuestiones acerca de los ecosistemas marinos. Yo debía planificar un diseño experimental (básicamente, una receta) para recopilar mediciones de campo a lo largo
de varios años, y luego analizar los resultados. Pero también debía
lidiar con distintos factores relativos a la seguridad: serpientes,

sanguijuelas, carreteras embarradas, hormigas venenosas, ramas podridas, encontrar fuentes de agua dulce, cuerdas desgastadas y otros imprevistos desconocidos que contrastan con el entorno protegido de un laboratorio entre cuatro paredes. Al igual que el arrecife de coral, el dosel arbóreo era un mundo inexplorado, de modo que todos los elementos de la investigación eran más que un simple ejercicio estudiantil; eran una incursión en lo desconocido. Probablemente me pasé la mitad del tiempo diseñando métodos nuevos y la otra mitad, haciendo propiamente la investigación de campo.

Gracias a las lecturas, supe también que, para cuando yo entré en escena, en 1979, quedaba menos de un diez por ciento de los bosques pluviales australianos primitivos. Gobiernos como el de Queensland habían puesto todo su empeño en explotar estos bosques para extraer la madera, sin una mínima comprensión de cuestiones como la biodiversidad, la extinción o la restauración. De los diez millones de kilómetros cuadrados de selva tropical que se calculaba que había en el mundo, menos de una cuarta parte del uno por ciento estaba en Australia (unos 22.500 kilómetros cuadrados), pero incluía especies que no existían en ningún otro lugar del planeta. Menos de un diez por ciento de esa parte diminuta estaba protegida, dentro de varios parques nacionales, de modo que yo tenía un fuerte sentimiento de urgencia por explorar aquellas masas forestales que aún resistían, antes de que también ellas desaparecieran.

Escogí cinco especies de árboles para las observaciones a largo plazo del crecimiento y la caída de las hojas, un muestreo lo suficientemente grande como para asegurar diversos patrones, y lo suficientemente pequeño como para que una única arbonauta pudiera gestionarlo. Cada especie era o bien representativa de un gran tipo de bosque pluvial y/o tenía una característica de foliación atípica. Estas especies eran:

1. Árbol urticante gigante (*Dendrocnide excelsa*): con unos afilados pelillos extraordinariamente densos que pican en la superficie tanto de la hoja como del peciolo, despertó mi

curiosidad por su vistosa armadura de defensa contra cualquier herbívoro hambriento.

2. Cedro australiano (*Toona ciliata*): uno de los pocos árboles del bosque pluvial australiano que cuenta con un patrón caducifolio, que plantea cuestiones acerca de si su fenología, completamente diferente, supone alguna ventaja para la supervivencia, en comparación con sus especies vecinas de hoja perenne.

3. Sasafrás (*Doryphora sassafras*): la única especie presente en todos los tipos de bosque pluvial australiano, lo cual permite examinar el modo en que su foliación se ha adaptado a los diferentes entornos.

4. Palo satinado (*Ceratopetalum apetalum*): sus hojas eran oblongas, lisas y cerosas, típicas de la mayoría de las especies de los bosques pluviales. Era importante contar con una «hoja corriente».

5. Haya antártica[3] (*Nothofagus moorei*): un árbol que desafiaba la norma convencional de diversidad de árboles en el bosque pluvial, al crecer en masas monodominantes, lo cual me llevó a preguntarme por qué los insectos no sobreexplotaban una fuente de hojas tan homogénea.

Regresé a mi primer palo satinado para hacer una prueba piloto de los métodos de recopilación de datos de campo y reproduje con cuidado un protocolo, marcando hojas que sirvieran de réplica en tres ramas a tres alturas. Escalé al primer estrato de follaje, llamado sotobosque, que es un entorno de profundas sombras y que se eleva desde el nivel del suelo hasta los nueve metros de altura. Dejé caer un aparato de medición forestal de largo alcance para registrar la distancia vertical exacta desde el suelo, y repetí el

---

3. Anteriormente llamada «haya de cabeza de negro», actualmente denominada «haya antártica»; no confundir con la otra haya antártica (*Nothofagus antarctica*), que crece en el bosque andino patagónico, en Sudamérica. *(N. de la T.)*

mismo procedimiento para el dosel medio (que está entre los nueve y los dieciocho metros de altura, moteado de manera intermitente por el sol, con pequeñas motas de luz solar que se filtran entre las hojas superiores), y luego en el dosel superior, evidente por la abundancia de luz solar que caía sobre las hojas (generalmente situado por encima de los dieciocho metros). En cada estrato, seleccioné tres ramas, cada una de las cuales contaba con entre cinco y quince hojas, y marqué la primera rodeándola con un discreto collar de sedal de pesca, empleando una etiqueta de cinta aislante amarilla con la anotación «Rama 1-1». En un pequeño bloc de notas amarillo resistente al agua, transcribí el significado de cada etiqueta: rama número 1 y altura 1 (por ejemplo: cuatro metros y medio). Cada hoja estaba numerada y representaba puntos de recopilación de datos en cada altura, de manera que pudiera monitorizar los cambios a lo largo de la vida de la hoja. Repetí el mismo proceso con las ramas número 2 y 3, de nuevo a la misma altura y con el mismo nivel de luz, que constituían las réplicas necesarias para el estudio.

La parte peliaguda durante aquella primera escalada de cada árbol era escribir un número que resultara legible en todas las hojas de cada rama, mientras permanecía colgada de la cuerda de escalada. Tenía que intentar no romper la hoja al tocarla y evitar ejercer excesiva presión en la rama, incluso aunque el viento meciera el cordaje. La hoja en la base de cada rama era la número 1, luego iba la 2 y la numeración continuaba aumentando a lo largo de la rama hasta el extremo, de manera que pudiera continuar la secuencia numérica cuando brotaran nuevas hojas en la estación siguiente. Como ocurre con el crecimiento de todas las plantas, los nuevos botones aparecen en la punta de la rama, de modo que las hojas nuevas salen en la región exterior del dosel. De vez en cuando, tenía que hacer alguna acrobacia para alcanzar el extremo de cada rama desde la cuerda con un balanceo, o a veces, agitándome de arriba abajo con el arnés para agarrar suavemente las hojas más lejanas. Muy pronto me hice una experta en marcar hojas, y hasta hoy nunca se me ha roto una hoja ni una rama

durante mis muchas décadas de vigilancia de las copas de los árboles. Pero aquel primer ramaje me generó una enorme ansiedad,
mientras iba aprendiendo los entresijos de cómo tomar notas colgada de una cuerda. Un episodio digno de mención fue mi visita
mensual a la rama 2-2 del palo satinado, situada en el dosel medio
del árbol número 2, donde aprendí a apartarme del tronco impul-
sándome con el pie izquierdo, agarrarme con suavidad a la rama
con la mano izquierda, y luego colocarme casi en horizontal sobre
el arnés para alcanzar las hojas más recientes, que crecían muy
alejadas de la cuerda y del transecto original.

Durante aquellas primeras semanas de trabajo de campo, compré un cubo naranja barato que se convirtió en un pilar de mi actividad, en el que llevaba el conjunto creciente de cacharros que ya
no me cabían en el cinturón: rotuladores resistentes al agua, blocs
de notas, lápices, reglas, papel cuadriculado, cinta aislante amarilla, cinta de medir, tijeras de podar, sedal, láminas de plástico (para
delinear las hojas), viales (para bichos), mi aspirador favorito de
todos los tiempos (una locura de aparatito succionador que permite
inhalar de manera segura un insecto para introducirlo en el vial), la
cámara, galletas Oreo (¡no pueden faltar!) y agua. Aseguraba el
cubo con ayuda de un mosquetón y lo colgaba de un gancho a mi
cinturón, para tener fácil acceso. Extendía una lona de unos dos
metros cuadrados muy barata, de diez dólares, sobre el suelo forestal, para que las cuerdas y la equipación de campo no se mancharan
tanto con el barro. Nosotros, los científicos de campo, nos sentimos
muy orgullosos de nuestra inventiva y nuestra capacidad para apa-
ñárnoslas con lo que haya. Los científicos de laboratorio generalmente necesitan cuantiosas becas para comprar y mantener una
maquinaria sofisticada, pero la ciencia de campo se realiza típica-
mente con un presupuesto relativamente modesto y unos cuantos
artilugios rudimentarios.

Mi trabajo de campo en aquel primer árbol supuso un día entero de manipular las cuerdas y numerar todas las hojas en tres ramas
y a tres alturas distintas. Me llevó dos días más hacer lo mismo en
los árboles 2 y 3. Creé unas hojas de datos a medida que marcaba

las hojas; cada hoja tenía su propia línea y veinticuatro meses de casillas en blanco listas para registrar los cambios mensuales: herbivoría, secado, coloración o muerte. Una vez quedé contenta con la metodología para esta tarea, repetí el proceso con las cinco especies hasta llegar a un total de tres ramas a tres alturas en tres árboles situados en tres zonas de tres tipos de bosques pluviales, todo ello en un día de coche. Una vez los árboles tuvieron el cordaje instalado y las hojas marcadas a distintas alturas, el chequeo mensual me supondría mucho menos tiempo. Dejé las cuerdas de nailon invisibles colgando de cada árbol, para que fuera fácil izar la cuerda de escalada y colocarla en posición en mi visita mensual. Estas delgadas cuerdas eran de color verde oscuro, lo suficientemente inocuas como para resultar imperceptibles y no enredarse con ningún animal. Compré varios rollos de trescientos metros de cuerda de camuflaje, suficiente para dejarla colocada en cada árbol equipado. Afortunadamente, nunca ocurrió que los sedales se rompieran en una horcadura del árbol. Todos los meses inspeccionaba las hojas, e ideé un código para que las anotaciones cupieran en las fichas de datos de campo. Una «E» significaba «emergente/joven»; la «G», «agallas»; «Y», amarillo; y otras letras representaban diferentes características ecológicas, tales como el *frass* de los insectos (es decir, sus excrementos), la presencia de telas de araña o de colonias de orugas. Hugh, mi leal colega de biología marina, se ofreció voluntario para quedarse en el suelo como *dirt* (una especie de «pinche en el barro»), para recopilar datos. Hoy en día, una tableta electrónica podría organizar este tipo de tareas con mucho menos esfuerzo, pero nosotros confiábamos en el viejo lápiz, en el papel resistente al agua y en el tedioso proceso de transferir los datos más tarde a unas hojas de cálculo. Durante aquellos primeros meses de trabajo de campo, tenía el cerebro sobrecargado y estaba agotada. No podía expresar con palabras el nivel de entusiasmo que sentía al estar en la primera línea del descubrimiento científico, y era ciertamente asombroso que nadie hasta entonces hubiera estudiado el ciclo de vida de una hoja perenne en el dosel del bosque pluvial. Casi cada mes, un muestreo me llevaba a fabricar un nuevo dispositivo para la equipación o a hacer ajustes para hacer todo de manera más efectiva y segura.

Durante el segundo mes de visitas, me sorprendió descubrir que muchas de las hojas que con tanto cuidado había numerado habían sido parcialmente devoradas. Agujeros pequeños, agujeros grandes, incluso había evidentes agallas en la mayor parte del follaje. Me resultó bastante ofensivo que alguien se atreviera a comprometer aquellas muestras foliáceas, que incluso a veces aparecían mordidas directamente en el lugar donde recientemente había anotado el número. La herbivoría apareció como un factor principal de amenaza para la supervivencia del follaje, especialmente en el caso de las hojas nuevas. Me hice experta en reconocer los distintos tipos de herbivoría: la masticación, que directamente agujereaba el tejido foliáceo; la minería, que incluía artísticos túneles excavados entre las capas de tejido de la hoja; las agallas, que eran pequeños puntos de infección que se hinchaban, donde los insectos habían puesto sus huevos; y el ataque fúngico, que dejaba marcas negras en el follaje. Una hoja joven es extremadamente vulnerable a los herbívoros no sólo porque su tejido es suave y masticable, sino también porque a menudo es más digerible, antes de que segregue las sustancias químicas de defensa. La planta y los insectos se enzarzan en una carrera armamentística: las plantas tratan de crear hojas más resistentes a las sucesivas generaciones de insectos defoliadores, mientras que los insectos se adaptan rápidamente para poder digerirlas. Para su supervivencia, las hojas recurren a tácticas como las toxinas, la dureza y una estacionalidad de foliación estratégicamente configurada para evitar la aparición del insecto. Los insectos herbívoros luchan por ir un paso por delante de las defensas foliáceas, se adaptan para digerir las sustancias químicas y para masticar hojas más duras, salen del huevo a tiempo para consumir las hojas nuevas y superan cualquier otro mecanismo físico o estacional que hayan desarrollado las plantas. Por ejemplo, un árbol que pierde las hojas de manera gradual a lo largo de largos periodos puede minimizar el ataque de determinadas orugas que eclosionan de manera sincronizada. También es importante el hecho de que un herbívoro necesite encontrar el follaje de su elección en medio de una gran extensión de verde. En los bosques pluviales, esto incluye miles de especies distintas de árboles, con hojas que pueden ser suaves o duras, nutritivas o no, viejas o jóvenes, comunes o raras, a medio comer o enteras, protegidas por hormigas o libres de ellas, al sol o a la sombra, y a mucha o poca altura. El dosel arbóreo era como el bufé de ensalada más complejo del planeta. De la misma manera que los humanos seleccionamos de entre las hojas verdes para crear una ensalada, en las copas de los árboles, los insectos herbívoros tienen frente a ellos una enorme variedad de manduca vegetariana, pero su sistema sólo está adaptado para digerir una parte de ella. Los escarabajos deben volar muchos kilómetros para encontrar un palo satinado con hojas jóvenes adaptadas a su paladar y a la potencia de sus piezas bucales. Las hormigas cortadoras de hojas (*Atta* sp.) de Costa Rica son capaces de rebuscar en los árboles, recorriéndolos de arriba abajo en vertical a lo largo de muchos metros, para encontrar un suministro de hojas de *Virola* de una determinada textura, que entonces es transportada, gracias a sus miles de trabajadoras, hasta sus jardines fúngicos subterráneos. Hay una especie concreta de gorgojo que es muy capaz de viajar por toda la extensión de una rama de sasafrás para encontrar las condiciones ideales de exposición a las motas de luz solar que propician que haya hojas con una textura adecuada para que su probóscide pueda succionar los jugos foliáceos.

Otro descubrimiento que hice durante aquellas primeras escaladas al octavo continente fue el modo en que las hojas cambian de tamaño, color y grosor a diferentes alturas. El ascenso vertical en la mayoría de los árboles era similar a un rascacielos en el que el piso del ático difiere enormemente del inmueble situado en el bajo; no sólo en relación con las vistas, sino con la luz, la calidad del aire, los vientos y prácticamente cualquier otro factor medioambiental. Al escalar por aquella cuerda marrón serpentina (a mí al menos me recordaba a una serpiente desenroscada hacia abajo a través de las capas de hojas), primero me encontraba las hojas del sotobosque, a baja altura, que crecían en condiciones de sombra, sin viento y con un alto grado de humedad. Esas hojas de los estratos más bajos generalmente me abofeteaban la cara en el ascenso, porque eran grandes, flexibles y finas. De un color verde oscuro, tenían agujeros de insectos y rastros artísticos de los insectos minadores. A veces las hojas estaban manchadas de polen o cubiertas de polvo debido a la ausencia de vientos fuertes o de las gotas de las lluvias torrenciales. A menudo estaban cubiertas con una capa de musgo, liquen y otros tipos de biodiversidad en miniatura, seres que prosperaban bajo las sombras, sobre la superficie de una hoja húmeda. Esta película viviente sobre la hoja se llamaba, de forma colectiva, «epifilia», una auténtica comuna de criaturas liliputienses que crecen, todas ellas, sobre un filoplano (un término sofisticado para hablar de la superficie de la hoja), y hasta hoy sólo dos científicos han dedicado su investigación a estudiarla.

Por encima del sotobosque, el dosel medio contenía hojas de varios tamaños y texturas. Eran de un tamaño ligeramente más pequeño que en la parte más sombría, pero mayor que el de las que crecían en lo alto, al sol; más finas en los huecos sombreados y más gruesas si estaban expuestas a frecuentes rayos de la luz solar que se filtraba desde arriba. En el dosel superior, las hojas se volvían sorprendentemente pequeñas, gruesas, duras, de un verde claro y muy resilientes, a consecuencia de las condiciones del ambiente caliente, seco y ventoso a esa altura. Técnicamente, los árboles del bosque pluvial presentan dos tipos fisiológicos de foliación que varían según la luz del entorno: hojas de sombra en la parte baja y hojas de sol en la copa, pero con muchos tipos intermedios a lo largo de la sección media. (Para complicarlo más todavía, a veces pueden encontrarse hojas de sol en la parte más baja del árbol, en el límite de un claro o una carretera, allí donde los rayos alcanzan las ramas más bajas.) Los árboles de mayor altura, llamados emergentes porque se elevan sobre el resto, recibían luz de todos los lados, de manera que su follaje estaba compuesto enteramente de hojas de sol. Los árboles tropicales, que, en algunos casos, se calcula que tienen millones de hojas, representan una gran extensión de verde, pero no es un verde homogéneo. Como gran enamorada de las hojas durante muchas décadas, puedo corroborar que el dosel está formado por un complejo mosaico de tonalidades de verde según las diferentes especies, alturas, edades, salud, condiciones de luz, susceptibilidad al ataque de los insectos y vulnerabilidad al viento y la lluvia. Como en cualquier propiedad inmobiliaria, todo depende de la zona, que determina, en gran medida, la suerte de la hoja. Incluso otros factores fortuitos como la cercanía a una densa formación de enredaderas o de plantas epífitas (en las que los insectos puedan esconderse durante el día para darse el festín durante la noche), o la distancia a un nido de murciélagos (que salen por la noche para consumir hordas de insectos en la vecindad), pueden tener un impacto en la supervivencia de las hojas.

Del mismo modo que me obsesionaban los altos niveles de herbivoría, otro pensamiento me producía ansiedad y me mantuvo insomne durante aquellos primeros meses de muestreo: ¿Y si a los insectos lo que les gustaba era la tinta negra que yo empleaba para anotar los números sobre las hojas? O al revés: ¿Y si evitaban alimentarse de hojas que estuvieran marcadas con tinta? Este resultado podía provocar el mayor pecado en la biología de campo: un sesgo de muestreo. Por eso, diseñé un pequeño experimento para estudiar el impacto de la tinta en sí sobre la alimentación de los insectos. Durante un periodo de tres meses, marqué cien hojas de todas las edades con un número anotado en diferentes zonas de la superficie de las hojas. Todos los meses regresaba y contaba el número de hojas en las que los insectos habían mordido la parte con tinta y en las que los insectos habían esquivado la tinta. Por suerte, los resultados no mostraban una preferencia estadística por parte de los herbívoros para consumir o evitar la tinta. Lo que en un principio pensé que sería una tesis bastante sencilla para calcular la esperanza de vida de las hojas se estaba convirtiendo rápidamente en un complejo montón de datos.

Además de la complejidad de los datos mismos, el trabajo de campo seguía estando plagado de obstáculos logísticos. Durante el segundo año, en uno de los sitios de estudio subtropicales, yo siempre escalaba un árbol urticante gigante y un palo satinado, porque

crecían uno al lado del otro. Un soleado día de octubre, iba paseando por el bosque con las cuerdas en la mano, disfrutando de
un concierto en estéreo del pájaro lira, una elegante ave terrestre
australiana que cuenta con una larga cola con forma de lira. Como
parte de su bella sinfonía, los pájaros lira suelen imitar los sonidos
de su entorno, generalmente las llamadas de otras aves. Por desgracia, lo que oí fue una ejecución impecable del sonido que producen los camiones bajando de marcha en las carreteras de montaña. Nunca había oído a un pájaro lira imitando nada que no fuera
otra ave y me entristeció ser testigo de esta confirmación de la invasión humana en el mundo de la Madre Naturaleza. Ese mismo
día, al llegar a un claro y mirar hacia arriba para inspeccionar las
ramas para la escalada, de pronto sentí el suelo moverse bajo mis
pies. En el suelo veteado de sol y sombras se retorcían varias serpientes marrones, jóvenes y adultas, exultantes ante una nueva
prole de crías y tal vez disfrutando de la calidez del sol sobre su piel
resbaladiza. Del susto que me dio ver tantas serpientes extremadamente venenosas todas juntas, casi escalé el tronco entero sin cuerdas. Al parecer, algunas serpientes australianas celebran el solsticio
de primavera con unos elaborados encuentros sexuales y con la
eclosión de sus crías. Se dedican a enredarse y retorcerse haciendo
nudos, como si estuvieran en una orgía sensual. Me apresuré a re-
troceder sobre mis pasos y decidí saltarme la observación mensual,
dado que la mordida de una serpiente marrón resulta mortal. En
Australia, donde el noventa por ciento de las serpientes son venenosas, no es un gran alivio saber que estar colgada de un árbol es
más seguro que estar sobre el suelo, ¡hay que pasar junto a ellas
para llegar a los árboles!

Otra dificultad logística del trabajo de campo eran las grandes
distancias que había que conducir entre las distintas masas que quedaban de bosque pluvial. Durante tres años, sumé al mes más de
mil quinientos kilómetros al cuentakilómetros de aquellas camio-
netas de la universidad, desde Sídney hacia el norte por la costa,
hasta el sur de Queensland, y vuelta. En algunos trayectos de regreso, abría todas las ventanas del vehículo y cantaba a gritos las

canciones de la radio para mantenerme alerta. Los canguros a menudo saltaban a las autopistas a oscuras y quedaban cegados por los faros de los vehículos; eso provocaba grandes daños a los coches australianos, además de la lamentable muerte del animal. Yo tuve suerte: no sufrí colisiones con ningún canguro durante el trabajo de campo, pero el miedo a atropellar a alguno me mantenía despierta. El otro gran peligro en la carretera venía de las piedras que lanzaban volando los camiones que venían de frente. Los coches australianos no tenían los mismos requisitos de seguridad para las ventanas que en Estados Unidos y, en un instante, una pequeña grieta en el parabrisas podía convertirse en un estallido de metralla de vidrio. Nunca me sentí tranquila conduciendo por aquellas carreteras agrestes de Australia, especialmente cuando conducía a última hora, después de un agotador día de trabajo de campo. Siempre era un alivio llegar a mi apartamento con garaje en Sídney y desplegar todas las hojas de datos en el suelo para descubrir qué secretos habían revelado las hojas ese mes.

Vivir con el presupuesto de una estudiante de posgrado suponía otro desafío logístico permanente. Puse en práctica algunos trucos para reducir gastos, pero, al recordarlo, probablemente era bastante peligroso. Después de las excursiones, abría la puerta del horno y usaba la llama del gas para calentar mi diminuto apartamento: algo sin duda poco seguro pero muy económico. Mi alojamiento costaba solo cuarenta dólares por semana, pero tenía una instalación eléctrica desfasada que era un peligro, y un colchón antediluviano que probablemente albergaba especies desconocidas de biodiversidad en su interior mohoso. La puerta de entrada se abría con una llave común y corriente, aunque allí no había nada de valor, salvo los datos de mi investigación. A diferencia de la temporada anterior en Escocia, donde había sobrevivido alimentándome de animales atropellados, en Sídney vivía bastante bien, generalmente deleitándome con tortillas para cenar, que salían muy baratas. Mi casera tenía noventa y seis años, y todos los días, cuando daban las cuatro, se entonaba con un jerez. Ejercía de vigilante y de chismosa a partes iguales, y opinaba sobre todos los invitados hombres que se acercaban al apartamento. Yo tenía una lista de invitados muy cambiante, porque vivía cerca del aeropuerto internacional y a menudo me encargaba de recibir a los recién llegados. Una vez, recibí a una de las pocas científicas mujeres que vino a visitar el departamento, Jean Langenheim, una ecóloga de la Universidad de California, en Santa Cruz. A Jean le encantó mi invento de las botas de lona cosidas a los pantalones caquis para minimizar la invasión de sanguijuelas, así que decidió hacerse, ella también, un conjunto. Tras varias horas cosiendo a mano, sostuvo en alto con orgullo los pantalones y entonces se dio cuenta de que había cosido las botas al revés. Todavía nos reímos cuando nos acordamos de aquel episodio. A veces venían técnicos de otras universidades. Uno de ellos en particular, del laboratorio de ecología de Canberra, siempre traía una espléndida botella de vino chardonnay Brown Brothers como regalo de agradecimiento, y a esa botella se reducía prácticamente mi consumo de alcohol, dadas mis restricciones presupuestarias. Cuando no había ninguna visita, ahorraba en transporte recorriendo en bicicleta los casi trece kilómetros hasta la universidad; salía antes de que empezara el tráfico por la mañana y volvía a casa antes de la hora punta. Mi gran despilfarro fue la compra de un tocadiscos de segunda mano, junto con algunos vinilos usados de 33 revoluciones por minuto, para escuchar música mientras analizaba los datos. En aquellos tiempos, antes de los iPhones, ¡aquel armatoste ocupaba la mitad de la diminuta sala de estar!

La parte más frustrante y, al mismo tiempo, la mayor fuente de inspiración de la investigación de campo en el bosque pluvial fue darme cuenta de que cada pregunta me llevaba a otras cinco preguntas más. Y cada respuesta parecía generar todavía más misterios, y cada uno de ellos implicaba escalar más aún. No eran sólo experimentos pequeños como el de la tinta en las hojas, sino rompecabezas acerca de la dureza de las hojas en relación con las partes bucales de los insectos; averiguar si, para la supervivencia de la hoja, era más perjudicial la mordida o el minado que sufría, y muchas otras cuestiones desconocidas. Mis cuadernos se llenaron de observaciones, datos, ilustraciones y miles de mediciones, que producían múltiples desvíos en la investigación. De las hojas medía el largo, el ancho, los agujeros, los patrones de minado, los bordes, el contenido de agua, la longevidad, las toxinas, el grosor, la respiración del área de superficie e incluso cómo se secaba y se descomponía el follaje. Antes de las cuerdas y el arnés, los arboricultores habían estudiado menos del cinco por ciento de los bosques pluviales de gran altura, y habían pasado por alto el noventa y cinco por ciento restante, donde transcurría la mayor parte de la acción. Ahora yo estaba haciendo todo lo posible por abordar ese otro noventa y cinco por ciento. La escalada me dio acceso a un frenético meollo de criaturas desconocidas y a sus interacciones.

Como todos los estudiantes de ecología, tomé un curso de estadística. En mi caso, lo hice dos veces: una cuando inicié el trabajo de campo, y otra hacia el final, porque, como pionera arbonauta, quería desesperadamente aplicar los mejores protocolos de muestreo a mis series de datos de campo. (Gracias, Tony Underwood, por mostrarnos, en tus increíbles clases, ejemplos de diseños experimentales empleando tus propios datos intermareales.) ¿Cómo podía tomar muestras de hojas de manera correcta en un extenso hábitat tridimensional, sabiendo perfectamente que no podía medir todas las hojas? En la clase de estadística aprendí que casi todo en la naturaleza depende de dos variables: el tiempo y el espacio. Pero no me tomé esas variables en serio realmente hasta que analicé mis datos del dosel arbóreo. Si se tenían en cuenta correctamente la variación temporal y la espacial durante el muestreo, luego era posible extraer conclusiones precisas a partir de un subconjunto de hojas, sin haber medido todas y cada una de ellas. El tiempo: las hojas diferían según si eran jóvenes o adultas, y a lo largo de los días, las semanas, los meses y los años. Algunos árboles del bosque pluvial australiano no sólo tenían una variación foliácea estacional sino también formas de hoja fisiológicamente diferentes entre las plántulas y el árbol adulto. El espacio: las hojas también diferían en una escala espacial; desde la parte más alta hasta la parte más baja de un árbol individual o de una ladera entera, entre masas forestales locales y continentes enteros, o, en algunos casos, incluso entre microubicaciones alrededor de un tronco. Evaluar el ciclo de vida de las hojas en términos del espacio y el tiempo proporcionaba un conocimiento no sólo acerca de la supervivencia de la hoja, sino que podía extrapolarse a la salud general del bosque.

Los seres humanos tenemos tendencia a realizar observaciones a lo largo de un periodo corto, y generalmente no apreciamos los procesos a más largo plazo que exigen algunos organismos, especialmente los árboles. Pero esos dos pilares de la biología de campo –el tiempo y el espacio– requerían de mediciones a largo plazo para asegurar que los datos fueran precisos. Monitorizar unas hojas concretas en un marco temporal extenso permitía el análisis adecuado de los cambios a lo largo de los días, meses y años, e incluso la extinción paulatina de bosques enteros a lo largo de las décadas. Mi dedicación a la variación espacial, mediante la escalada, esclarecía la complejidad de los árboles desde la parte más baja hasta la copa. Lamentablemente, a menudo resulta difícil realizar una recopilación de datos de campo a largo plazo. Las ayudas a la investigación a través de becas e instituciones normalmente requieren revisiones anuales que no propician unos marcos temporales extensos. Los científicos sufren presiones para conseguir resultados después del primer año o, como mucho, del tercero. Las conclusiones no eran fiables cuando la variabilidad temporal no se había tenido en cuenta de la manera adecuada. Cuando las entidades que ofrecían financiación o mis jefes me pedían que presentara mis descubrimientos de manera más rápida, con unos plazos más cortos, yo reunía observaciones a corto plazo que eran, básicamente, capturas o mediciones aisladas, tomadas dentro de un marco temporal acotado. Gracias a los muchos años que dediqué a la recopilación de datos en Australia, fui capaz de calcular la desviación de esas imágenes instantáneas, en comparación con las observaciones a largo plazo. ¡La diferencia era sorprendente! Por ejemplo, al medir la herbivoría del palo satinado durante un solo día, ya fuera cortando un puñado de hojas o recogiéndolas del suelo forestal, como solían hacer los arboricultores, la defoliación media era de aproximadamente un ocho por ciento de pérdida de área foliácea. Pero cuando medí la defoliación a lo largo de ciclos vitales enteros de las hojas (que alcanzaban los cinco años, en el caso de algunas hojas de palo satinado), la media era del veintidós por ciento de pérdida de área foliácea por año. El resultado más exacto se obtenía mediante la monitorización de la hoja a lo largo de todo su ciclo de vida, y mostraba un error triple al usar el método de captura instantánea, deprisa y corriendo. ¿Por qué existía esta discrepancia? La respuesta era sencilla: al recoger unas cuantas hojas y medir el daño, era imposible tener en cuenta las hojas que hubieran sido totalmente devoradas por los herbívoros o calcular la herbivoría de todo el árbol, incluido el follaje del dosel superior. Sólo podría calcular de manera correcta el consumo de todo el bufé de ensalada si escalaba el árbol y hacía las mediciones a lo largo del tiempo.

Durante la investigación del doctorado, aproveché la oportunidad para plantear una hipótesis acerca de las hojas en el entorno seguro y fácilmente controlable de un laboratorio. Trabajar en un laboratorio suponía un contraste gigantesco y disfruté de los pequeños lujos, como llevar ropa interior limpia todos los días, pedir una pizza o hacerme un café en una cocina de verdad. La pregunta para el laboratorio era: ¿Cuál era más tóxica: la hoja joven o la adulta? Algunos ecólogos pensaban que las hojas jóvenes contenían una mayor concentración de toxinas químicas, que se disipaban con la expansión de la hoja. Otra escuela de pensamiento defendía que las hojas acumulaban toxinas de manera gradual a lo largo de su vida. Para responder a esta cuestión, recogí, sequé y analicé hojas jóvenes, de mediana edad, maduras y senescentes de las cinco especies. Hice tests para detectar compuestos fenólicos y taninos, que son compuestos comunes, conocidos como defensa contra los herbívoros. A diferencia del trabajo de campo, en el que la Madre Naturaleza dirige el cotarro, un laboratorio analítico es un entorno estéril y controlado, ideal para la obtención de datos. Pero, como ocurre con la mayoría de los temas relacionados con las hojas, los resultados no ofrecían una respuesta clara. Una especie mostraba los niveles más altos de toxinas en las hojas jóvenes, mientras que tres especies iban acumulando más toxinas a medida que las hojas crecían. Una quinta especie no tenía apenas toxinas, lo cual demostraba el amplio espectro de mecanismos de defensa en los árboles del bosque pluvial. La fenología de la foliación mostraba estrategias temporales (o estacionales) para proteger a estas máquinas verdes, no sólo con el objetivo de engañar a los hambrientos herbívoros sino, cada vez más, para minimizar los estragos de la sequía, las inundaciones, las tormentas y el cambio climático. En muchos bosques de clima templado, la foliación y la floración ocurren ahora, en el siglo XXI, con casi un mes de antelación, en comparación con hace unas pocas décadas, como respuesta al calentamiento global. Dado que las hojas representan la economía del árbol, estos importantes cambios temporales podrían muy bien estar afectando a la salud de todo el bosque. La nueva foliación, suave y frágil como la piel de un bebé, debe evitar estratégicamente a los depredadores, así como los episodios de clima extremo que amenazan su supervivencia. En los bosques de clima templado, la foliación ocurre en un estallido primaveral. Mientras que la eficacia energética general de estas fábricas que operan con energía solar (es decir, las hojas) es sólo del uno por ciento, el noventa y nueve por ciento restante se destina al mantenimiento de la hoja. La mitad de ese noventa y nueve por ciento se dedica a la transpiración, el movimiento del agua desde las raíces hacia arriba, hasta las hojas del dosel. Además de la luz solar, el agua es un componente imprescindible para la productividad del follaje. El paso continuo de agua a través del tronco hasta la hoja se produce contra la fuerza de gravedad, y en algunos árboles, ¡el agua puede viajar hasta una altura de más de cien metros! Las células xilemáticas transportan el agua de manera colectiva y funcionan como una bomba, succionando los líquidos hacia arriba a partir de los capilares de la raíz hasta las hojas de sol. Se estima que un diminuto tallo de maíz puede elevar hasta doscientos litros de agua en una breve temporada de cultivo, y las altas secuoyas pueden transpirar entre dos mil y cuatro mil litros de agua ¡al día! Trabajando en silencio, sin combustibles fósiles y sin residuos tóxicos, los árboles superan con creces cualquier fábrica construida por el ser humano.

En aquellos viejos tiempos previos a los dispositivos móviles portátiles, tomaba todas las notas cuidadosamente en columnas separadas sobre unas hojas de borrador. De vuelta en el despacho, pasaba los datos a limpio para su análisis estadístico. Les dedicaba mucho tiempo. Creedme, amigos, ¡estaba rodeada de datos! Cada vez que brotaba un botón, los números de las nuevas hojas casi se duplicaban. Después de dieciocho meses de escaladas, había contado 4.183 hojas, divididas entre cinco especies. Como una yonqui adicta, no podía parar de sumar nuevas hojas a la base de datos, y cuando me senté a escribir mi tesis, el número total de hojas era más del doble de la cantidad inicial. Después de treinta y seis meses escalando árboles, empecé a tratar de extraer la historia que contaban esos datos. De modo que, ¿qué es lo que aprendí? La mayor parte del follaje del dosel arbóreo en el bosque pluvial tenía una esperanza de vida de entre tres y cinco años de media, pero oscilaba entre unos breves cuatro a seis meses en el caso del árbol urticante gigante, de crecimiento rápido, aunque tóxico; entre los seis y los doce meses en el del cedro australiano, de hoja caduca, y hasta más de veinte años en el caso de las hojas del sotobosque del sasafrás. (¿Cómo calculé los veinte años del sasafrás?, os preguntaréis. En resumen, seguí monitorizando esas hojas restantes durante muchos años después de completar mi doctorado.) A altitudes mayores, donde el sasafrás era un árbol más pequeño y estaba sometido a condiciones más frías y ventosas, sus hojas sólo vivían entre dos y cuatro años, independientemente de su altura en el dosel. ¡Todo depende de la zona!

La herbivoría de los insectos era el principal culpable de la suerte que corriera la hoja. Antes de mis incursiones en el dosel arbóreo, no se había medido la herbivoría de árboles completos, ni en Australia ni en ningún otro sitio, y no había datos en los que se hubiera tenido cuidado de incluir réplicas o que hubieran tomado en consideración tanto la variación temporal como la espacial. El follaje arbóreo ofrece muchos tipos diferentes de vegetación nutritiva para los herbívoros. Aunque el restaurante siempre está abierto y los árboles no pueden huir de sus enemigos, sorprendentemente nunca he visto, en toda mi vida de observación, que los insectos consuman un dosel arbóreo entero en el bosque pluvial. (La cosa cambiaba en los bosques abiertos. Esa historia viene luego.) En el caso del palo satinado, al año, los herbívoros comían aproximadamente el veintidós por ciento del área de superficie foliácea, principalmente durante los tres primeros meses de la vida de la hoja; ¡casi un cuarto de media sobre el total de las hojas!, ¡madre mía! Las hojas de sombra del sasafrás sufrían una mayor herbivoría que las de sol, pero la copa entera perdía una media de un quince por ciento anual de superficie foliácea. El cedro australiano sólo tenía una defoliación anual del 4,5 por ciento, una media consistente a lo largo de todo el árbol. Esta especie no tenía unas poblaciones de hojas tan diferenciadas entre el sol y la sombra debido a su estructura en forma de piruleta y a que sus hojas, caducas, tenían una vida más breve. El haya antártica sufría un treinta y un por ciento de herbivoría, con un sorprendente noventa y nueve por ciento del daño concentrado en los tres primeros meses de la vida de la hoja, cuando el tejido era suave y vulnerable. Los árboles urticantes fueron la mayor sorpresa de todas. Ese emblemático diablo del bosque pluvial, con su evidente defensa de pelos que pican, sufría una media de un cuarenta y dos por ciento de superficie foliácea consumida. Un extraordinario porcentaje que me dejó, simplemente, alucinada. Una especie de escarabajo había evolucionado para poder digerir los capilares urticantes y ningún depredador osaba acercarse a esa superficie tóxica para cogerlo.

Mi humilde equipación casera para acceder al dosel arbóreo no sólo me permitió tomar muestras de hojas a lo largo de todo el árbol, sino que también reveló que la defoliación por parte de los insectos era cuatro o cinco veces más alta de lo que se había calculado hasta entonces, a partir de estimaciones limitadas al suelo forestal, es decir, al «dedo gordo del pie» del árbol. Para un biólogo de campo, ¡este grado de discrepancia era muy relevante! Cuando concluyó la fase de recolección de datos, yo era una auténtica «doctora de las hojas». Las hojas del follaje del dosel eran mis «pacientes». Conocía los signos vitales de cada una: ¿Estaban sanas? ¿Se las habían comido? ¿Permanecían intactas? ¿Secas? ¿Habían sufrido algún minado? ¿Estaban amarillas? ¿Marrones? ¿Dobladas por el viento? ¿Cubiertas del *frass* de los insectos? ¿Había una rama rota (por el viento o por alguna de las escandalosas aves australianas, como la cacatúa)? ¿Había botones? ¿Hojas nuevas? ¿Agallas? También sabía cómo identificar el daño asociado a la mayoría de los tipos de insectos. Las larvas de las moscas dejaban unos trazos de minado característicos en la superficie de las hojas. Los escarabajos crisomélidos solían aplicar unos mordiscos de tamaño medio a lo largo de los bordes de la hoja, aunque unos pocos dejaban unos agujeros como de encaje entre las nervaduras. Los insectos palo, envalentonados, eran capaces de comerse el setenta y cinco y hasta el noventa y cinco por ciento de una hoja en una sentada. Las orugas de algunos lepidópteros (mariposas y polillas) o larvas de dípteros (moscas) comían en colonias y despojaban de sus hojas a ramas enteras, aunque dejaban los principales nervios de la hoja intactos, porque eran demasiado duros para masticar. Los gorgojos, que se alimentaban mediante la succión, dejaban unas manchas desteñidas redondas de color marrón o amarillento en la superficie de la hoja. Me vi obligada a convertirme en una entomóloga autodidacta para descubrir quién estaba mordiendo mis queridas hojas. Las guías, monografías y libros ilustrados acerca de los artrópodos australianos eran contados, así que resultaba más práctico capturar ejemplares y donarlos a los expertos.

Varias veces, llevé muestras al Museo Australiano o a la Organización de Investigación Científica e Industrial de la Commonwealth (CSIRO), donde algunos de los entomólogos identificaban los ejemplares y contaban increíbles historias acerca del mundo de seis patas. Uno de los pilares de la entomología en Australia era un experto en gorgojos llamado Elwood Zimmerman. Compartí tímidamente con él mis colecciones y, de inmediato, advirtió que había cinco nuevas especies y un nuevo género. Le brillaban los ojos cuando hacía sus comentarios: «Una nueva especie de *Diabathrarinae*», «¿Género? ¿Nuevo? En el grupo *Imathia*», «Una nueva especie de *Tychiinae*». Resultaba obvio para todos los curadores del Museo Australiano que el dosel arbóreo contenía muchos insectos no descritos, y ahora contaban con una arbonauta para recoger especímenes de las copas de los árboles. Me convertí en un personaje popular entre estos taxonomistas, que registraron con entusiasmo todos aquellos bichos y los incorporaron a los cajones del museo.

Del mismo modo que el equipo SCUBA incentivó la investigación en los arrecifes de coral en los años cincuenta, mis métodos de campo con cuerdas y arneses ayudaron a inaugurar la exploración de las copas de los árboles. Los doseles arbóreos se convirtieron en el punto caliente de la investigación tropical en los años ochenta y noventa, y esta tendencia se extendió desde Australia a muchos otros países tropicales. Después de diseñar un acceso seguro, empecé a entrenar a otros estudiantes, tanto en Australia como en varios países vecinos, como Indonesia, para que se convirtieran, como yo, en arbonautas. En la otra punta del mundo, pero casualmente también en 1979, Don Perry, un estudiante de posgrado de la Universidad Estatal de California, en Northridge, empleó arneses, cuerdas y una ballesta para escalar árboles en Costa Rica. Igual que hice yo, Don enseñó, a su vez, a otros a escalar y ambos promovimos de manera independiente la investigación del dosel en distintos lugares del planeta. Cinco años después de nuestros ascensos iniciales, finalmente nos conocimos en un congreso científico, pero sólo después de que hubiéramos publicado sendos artículos acerca de nuestros métodos similares en una revista científica. En aquellos días, antes de la llegada de internet, la comunicación científica era de una lentitud ridícula, y los investigadores sólo podían enterarse de los nuevos descubrimientos asistiendo a los grandes congresos o leyendo revistas que a veces tardaban meses en llegar por correo postal. Durante aquellos años de formación y descubrimiento, Australia estaba aislada de Centroamérica y Sudamérica, tanto desde el punto de vista geográfico como desde el académico. En la época de mi exploración forestal pionera, Australia hizo una reforma de sus políticas de uso del territorio, virando de la práctica de talar bosques pluviales hacia un esfuerzo nacional masivo por conservar los fragmentos que quedaban. Impulsados, en parte, por el conocimiento adquirido gracias a la exploración del árbol en su totalidad, los medios de comunicación y los legisladores australianos abandonaron una visión retrógrada y se convirtieron en la voz de la conservación frente a la deforestación. Estoy orgullosa de que mis descubrimientos del dosel arbóreo ayudaran a generar esta transformación. Hoy día, las pequeñas extensiones que aún quedan en Australia de bosque pluvial protegido se valoran por su interés para el ecoturismo y por su importante valor multimillonario en servicios biológicos: conservación del suelo, almacenamiento de carbono, productividad, biodiversidad, agua dulce y control climático.

En aquellos tiempos de estudio pionero de las copas de los árboles, mis colegas de biología marina estaban igualmente inmersos en un esfuerzo por comprender la función que cumplían unos ecosistemas con una biodiversidad tan alta como los arrecifes de coral. Todos nosotros estábamos embriagados con los descubrimientos, y casi no dormíamos ante la idea de averiguar cómo podían vivir tantas especies en un mismo lugar. Se consideraba que tanto el dosel arbóreo de los bosques pluviales como los arrecifes de coral estaban, básicamente, a la vanguardia de la investigación de campo en ecología. Pero durante los años ochenta no nos dábamos cuenta de que el clima estaba cambiando y de cómo esto afectaba a nuestra recopilación de datos. En 1982, se registró el episodio más fuerte de El Niño, las aguas del Pacífico oriental se volvieron muy cálidas y se produjo el primer gran fenómeno de decoloración del arrecife de coral, que se extendió por Panamá, Centroamérica y las Islas Galápagos. En los arrecifes del Pacífico panameño, murió entre el setenta y el noventa por ciento de los corales. La mayoría de los ecólogos del arrecife de coral lo definieron como un «problema del coral» hasta que volvió a ocurrir, alrededor del ecuador, entre 1997 y 1998, cuando la comunidad científica internacional tomó nota. De manera similar, en los últimos años del siglo xx los ecólogos del bosque pluvial consideraban el clareo, la quema y la tala rasa como las principales amenazas para la salud forestal, y eran relativamente pocos los debates acerca del cambio climático, hasta principios del siglo XXI. Mientras esquivaba camiones madereros en los años ochenta, no di la voz de alarma ante ciertos brotes sorprendentes de insectos y su asociación con unas condiciones más cálidas y secas, porque los ecólogos pensábamos que este tipo de episodios se debía, sencillamente, a los ciclos naturales, con una mínima intervención humana. Tanto los científicos del arrecife de coral como los del bosque pluvial estábamos todavía centrados en aprender cómo funcionaban estos sistemas tan diversos y no estábamos prestando atención realmente a la enormidad de las aberraciones causadas por el ser humano, especialmente al cambio climático, cuya amenaza se estaba acelerando.

⟫ EL PALO SATINADO ⟪
(*Ceratopetalum apetalum*)

La primera vez que vi un palo satinado fue amor a primera vista. ¿Qué arbonauta no aspiraría a pasar tiempo entre las ramas de este robusto árbol, de bellas proporciones, con un tronco de color blanco y un elegante ramaje de hojas verdes brillantes, y flores que pasan del blanco al rosa a medida que crece? Era una especie ideal para la escalada, el descubrimiento y la biodiversidad. Los nombres comunes de palo satinado perfumado o, en inglés, *coachwood* (literalmente, «madera de carruaje»), se refieren a su corteza fragante y a que la madera se usaba para construir carruajes. Su nombre científico viene de *ceras* («cuerno») y *petalum* («pétalos»), por los lóbulos con forma de cuerno de los pétalos de sus flores, y el nombre de la especie, *apetalum*, significa «sin pétalos». Las flores blancas, muy abundantes, del palo satinado se vuelven rosas después de brotar, pero la coloración se debe a los sépalos con forma de pétalo: no son pétalos reales, de ahí el término *apetalum*. Las flores proporcionan refugio y alimento a una amplia variedad de invertebrados, como también lo hace el fruto rojo, que atrae al papagayo australiano y a otras aves frugívoras. El palo satinado pertenece a la familia *Cunoniaceae*, que incluye diversos primos arbóreos, como el *Vesselowskya*, el *Pseudoweinmannia* y el *Schizomeria* (todos ellos son un trabalenguas y muy difíciles de identificar sobre el terreno para cualquier botanista inexperto, porque se parecen mucho).

Dado que el palo satinado fue el primer árbol que escalé en el bosque pluvial, presté especial atención a la biodiversidad que hallé en sus ramas más altas, entre aquellos tipos de hojas variados y económicamente diferentes. Algunos de aquellos habitantes eran particularmente memorables: el gorgojo negro de trompa larga (*Apion* sp.) succionaba el jugo del follaje del sotobosque y del dosel medio; el nínox robusto (*Ninox strenua*) se posaba en sus ramas para echar la siesta durante el día; bandadas de papagayos retozaban armando mucho escándalo en las ramas superiores mientras comían los frutos, y los escarabajos *Edusella* sp. y *Colaspoides* sp. preferían las hojas jóvenes (y no comían las adultas). Como les digo siempre a mis alumnos, la mayoría de los descubrimientos dan más preguntas que respuestas. Los doseles de palo satinado aún contienen para nosotros, seres bípedos pegados al suelo, muchos secretos pendientes de revelarse.

El palo satinado, común en los bosques pluviales de clima templado cálido de Australia situados a lo largo de Nueva Gales del Sur y el sur de Queensland, crece en suelos relativamente pobres, produce una madera resistente y puede vivir hasta doscientos años. Su follaje verde brillante tiene un discreto margen aserrado de configuración opuesta, y es una delicia para una variedad de herbívoros. En lo alto de la copa, las hojas de sol del palo satinado muestran unos valores de dureza que están entre los más altos que se hayan registrado en cualquier especie de los bosques pluviales australianos, probablemente para minimizar la sequía en una ubicación tan soleada y extremadamente caliente. Mi investigación reveló que, como ocurre con cualquier otra especie del bosque pluvial, las hojas del palo satinado sufren una herbivoría mayor durante los tres primeros meses de la vida de la hoja. Las hojas de sombra perdían aproximadamente el treinta y cinco por ciento de área foliácea al año a causa de los herbívoros, mientras que las hojas de sol perdían sólo el 9,4 por ciento. De manera similar, tardaban veinticuatro meses en descomponerse en el suelo forestal, algo típico de las hojas esclerófilas, de gran dureza. Estas hojas eran las más duras de las cinco especies que estudié, pero contenían sólo un nivel moderado de compuestos fenólicos, lo que implicaba que la textura de su superficie, dura y cerosa, era más importante que las toxinas químicas a la hora de repeler a los herbívoros. (Por el contrario, en el caso de los árboles urticantes, las hojas apenas tenían compuestos fenólicos, y las hojas maduras del sasafrás y del haya antártica tenían casi el doble.) Elegí el palo satinado como especie para mi investigación porque sus hojas tenían características típicas de muchos otros árboles del bosque pluvial australiano: eran esclerófilas (de cutícula dura), perennes, prácticamente lisas (aunque el margen estaba ligeramente serrado), elípticas y las hojas jóvenes presentaban una coloración rojiza. Mientras que el follaje de clima templado por lo general se vuelve rojo o naranja en el otoño, antes de la caída de las hojas, muchos árboles tropicales producen una pigmentación roja o rosada durante la foliación. Este estallido de color podría ser la manera que tiene la Madre Naturaleza de crear un efecto disuasorio para los herbívoros, dado que una coloración rosa engaña a cualquier herbívoro que priorice el verde en su búsqueda de alimento. Podría ser también una estrategia económica del árbol, para evitar invertir demasiado pronto en un pigmento verde –la clorofila–, relativamente costoso, teniendo en cuenta que las hojas jóvenes tienen una probabilidad más alta de ser devoradas.

Bauticé el palo satinado con el apodo de mi «árbol económico», porque me enseñó muchas cosas acerca del plan de negocio para un dosel saludable. Mientras los humanos invierten en acciones, bienes inmuebles y mobiliario, y a veces miden el éxito por el precio de sus yates y sus bodegas, el árbol también tiene un proyecto para su supervivencia. Un árbol de hoja caduca sigue un plan de negocio bastante definido, en el que pierde sus activos en otoño, con una fe ciega en que la luz del sol y las temperaturas cálidas le asegurarán la aparición de un nuevo follaje al llegar la primavera. Estas diminutas unidades verdes funcionan como máquinas que, de manera colectiva, impulsan el crecimiento del árbol, aportando azúcares y permitiendo su expansión, para sobrepasar a sus vecinos. Como copa subtropical perenne, el palo satinado tiene un plan de negocio mucho más complejo, según el cual cada hoja tiene su propia fórmula exclusiva para lograr el éxito, y forma parte de una arquitectura ciertamente compleja de unidades diversas. Las hojas de los estratos más bajos son de mayor tamaño y más oscuras, para utilizar de manera eficaz la escasísima luz que se filtra hasta abajo a través de los estratos superiores. Estas hojas inferiores, además, viven mucho tiempo, porque producirlas tiene un alto coste. Por el contrario, la economía del follaje superior se basa en hojas de un verde amarillento mucho más pequeñas y gruesas, perfectamente adaptadas a las condiciones de calor seco, y constituyen una fábrica de clorofila extremadamente poderosa, capaz de producir los azúcares que mantienen vivo y sano al árbol entero, y que fomentan su crecimiento. Entre las hojas de sol y las de sombra se hallaba una variedad de hojas de todo tipo, todas ellas diseñadas para adaptarse a un entorno específico dentro del sistema complejo del dosel. Las hojas de sol del palo satinado miden aproximadamente un cuarto del tamaño de las que componen el follaje de sotobosque, y son igualmente distintas en cuanto a su grosor, color, dureza, humedad y función. El crecimiento del dosel responde a una norma básica: todos los árboles tropicales necesitan producir una copa que supere a sus vecinos para alcanzar la luz, además de un sistema raigal que aproveche al máximo la captura de agua y nutrientes. Cada individuo posee un plan de acción que determina detalladamente cuándo debe brotar cada hoja, cuál es su punto álgido de productividad, cuánto tiempo debe permanecer viva y cuándo debe, finalmente, caer. Si una rama se rompe durante una tormenta, se trata de una herida grave: la copa entera debe recalibrarse de inmediato para adaptarse a la arquitectura alterada, y también debe recalibrar la función de cada hoja alrededor de la rama caída, de la misma manera que se realizan ajustes sobre las infraestructuras cuando un terremoto produce destrozos en una ciudad. Gracias al *Ceratopetalum apetalum*, con su complejo bufé de ensalada a distintas alturas y grados de luz, siento una admiración aún mayor por la intrincada maquinaria que compone un árbol del bosque pluvial.

4
¿Quién se ha comido mis hojas?

✼

Cómo rastrear (¡y descubrir!)
insectos en Australia

Después de un año encontrándome agujeros en las hojas a lo largo y ancho de todos los doseles, me propuse como misión rastrear los insectos merodeadores cuyas mandíbulas estaban abriendo túneles de manera extensiva a través de todas las muestras de hoja del haya antártica. Colgada de una cuerda a veinticinco metros del suelo, en las copas de los árboles, estaba mareada por la altura pero también por el daño que veía a mi alrededor: prácticamente todas las hojas nuevas de estos árboles de varios miles de años de edad estaban plagadas de túneles marrones o diminutos agujeros. Los hilos de seda que yo iba apartando a medida que avanzaba por el aire me proporcionaban una pista que indicaba que aquellas comedoras de hojas eran larvas, que flotaban, literalmente, de rama en rama por aquellos hilos. Parecía que sólo comían las hojas jóvenes, de modo que yo esperaba que aquel delincuente fuera un bichito pequeñísimo (traducción: difícil de encontrar) con piezas bucales que sólo pudieran comerse la vegetación más blanda. Una vez alcancé los estratos más altos del haya, empecé a ver, en todas las ramas, unas diminutas cositas blancas que se retorcían, de menos de doce milímetros de largo. Estas larvas garabatosas practicaban túneles a través de una capa del tejido de las hojas más jóvenes, en los extremos de la rama. A medida que crecían, iban descendiendo por la copa, para comer, a mordiscos ligeramente más grandes, las hojas más duras de mediana edad. Aquellos herbívoros pasaban a un follaje más crecido a medida que sus mandíbulas se hacían más grandes y fuertes.

Al no tener formación en entomología, no tenía ni idea de cuánto tiempo tardaba una larva en completar la metamorfosis, pero sabía que tenía que hacer que eclosionaran como adultos para poder identificar la especie. Así que, con mucho cuidado, transporté varias docenas de larvas regordetas, junto con un carro entero de ramas de haya, hasta mi apartamento con garaje en Sídney. Coloqué las ramas en unos cubos para sujetarlas, rodeadas de bolsas de plástico para evitar que las larvas huyeran flotando de un hilo de seda, y las crie con paciencia, confinadas en mi pequeña sala de estar. Después de unos diez días alimentándose primero de hojas jóvenes y luego de un follaje algo más crecido, las minúsculas bolitas blancas estaban más gorditas y mullidas, aunque todavía medían sólo alrededor de doce milímetros de largo, con patas en ambos extremos pero no en la mitad (una característica propia de los coleópteros, el orden de los escarabajos). Un día, empezaron a caerse de las ramas de haya al suelo, perdiéndose en mi alfombra verde de los años cincuenta. Como por arte de magia, se habían transformado de larvas en unos cristales esféricos, el equivalente en los escarabajos del capullo de las polillas. Entré en pánico (¡no quería pisarlos!) y con mucho cuidado conseguí peinar los hilos de la alfombra y extraer todas las pupas esféricas, para entrar en la siguiente fase de la metamorfosis del escarabajo. Como si fuera una madre gestante, observé a estas larvas atravesar los diversos estadios o instares, para surgir, unas semanas después, como bellos escarabajos de un color marrón canela.

Me dirigí a todo correr al Museo Australiano con varios viales que contenían tanto larvas conservadas como escarabajos adultos, entusiasmada con la idea de compartir este descubrimiento con algunos entomólogos. Los curadores de insectos se arremolinaron alrededor de las muestras y a continuación proclamaron que este bicho era un insecto crisomélido, una rama específica de la familia de los escarabajos. Brian Selman, el mayor experto mundial, residía en Inglaterra, de manera que enviamos algunos especímenes por correo a la Universidad de Newcastle upon Tyne. Los museos cuentan con permisos legales para el intercambio de especímenes, y mis preciados viales fueron transportados de manera segura hasta la otra punta del mundo. A pesar de que él nunca había escalado una haya, gracias a mis notas de campo Brian fue capaz de redactar la descripción técnica completa de este nuevo herbívoro especializado en este anfitrión, y yo fui su orgullosa coautora. Al principio, Brian estaba frustrado porque acababa de terminar un monográfico acerca de los crisomélidos, y ahora tenía que revisar su extensa publicación, para incluir a este recién llegado. Pero los taxonomistas siempre están revisando, editando y añadiendo nuevos datos a sus árboles de la vida a medida que se descubren nuevas especies y/o cambian las clasificaciones. Bautizó a este nuevo escarabajo como *Novocastria nothofagi*, en honor a su institución (Newcastle; literalmente, «nuevo castillo») y al árbol anfitrión, el haya antártica (*Nothofagus moorei*). No llegamos a conocernos en persona pero desarrollamos un vínculo profesional a través de nuestra pasión global por los escarabajos. Como tantos insectos que viven en el octavo continente, no sólo era una nueva especie para nosotros, sino un nuevo género. Esto significa que ahora la ciencia conocía un nuevo grupo evolutivo entero de escarabajos: el género llamado, desde entonces, *Novocastria*. Muchos insectos no tienen un nombre común, sólo un nombre científico, pero yo, cariñosamente, lo bauticé como «escarabajo Gul», por Williams College, porque, en latín, *gulielmensian* sería el equivalente a «Williamsian» y era, también, el nombre del anuario de la escuela universitaria. Encontrar una nueva especie, clasificarla y publicar el hallazgo es un proceso dolorosamente lento: más de dos años, en el caso de este nuevo escarabajo. Los arbonautas estimamos que el noventa por ciento de las especies que habitan el dosel no se han descubierto ni clasificado aún. A lo largo de los años, a medida que se iban descubriendo nuevos bichos en los doseles arbóreos, estos han viajado al encuentro de entomólogos en todo el mundo: coleopterólogos británicos, acarólogos rusos, australianos curadores de gorgojos, aracnólogos del

Instituto Smithsoniano, laboratorios en Florida especializados en el escarabajo de la corteza, entre otros expertos. A semejanza del ecosistema de la copa de un árbol, el mundo de la ciencia está compuesto por una amplia red de equipos expertos que colaboran en los diferentes aspectos que conforman la historia natural.

Yo no me había propuesto estudiar los insectos de las copas de los árboles, sólo las hojas, pero me sentía frustrada y perpleja al encontrarme continuamente los signos del daño producido por los insectos cada mes en mi trabajo de campo. La mayoría de los herbívoros dejaban grandes agujeros en la parte masticada, pero otros creaban hermosos diseños, casi artísticos, al hacer túneles que atravesaban las capas de tejido, y generalmente dejaban intacta la cutícula, excavando a través del interior más blando y húmedo de la hoja. Unos cuantos insectos imprimían marcas parecidas a mensajes escritos en braille mediante agallas (que se forman cuando los mosquitos o las avispas ponen sus huevos en el tejido foliáceo y la actividad de las larvas hace que se forme un nódulo protuberante en la hoja). A veces, los merodeadores dejaban como pista añadida unas pequeñas bolitas negras, llamadas *frass*, que indicaban que un insecto se había alimentado en ese lugar recientemente y los excrementos no se habían desprendido aún de la superficie de la hoja. Si las actuales técnicas de ADN hubieran existido en aquel entonces, probablemente podría haber analizado los excrementos para identificar a los culpables. En lugar de eso, era necesaria la observación paciente, para ser testigo directo del diabólico acto de un insecto masticando su comida. Había descubierto toda esta carnicería y debía convertirme en una detective de insectos si quería continuar con mi trabajo como especialista en hojas. ¿Quién comía qué? ¿Cuándo? ¿Dónde? ¿Y qué impacto tenía este fenómeno en estos árboles?

Casi todas las especies de plantas sufren la defoliación porque las hojas no pueden salir huyendo de sus enemigos. Los organismos móviles pueden apartarse rápidamente para escapar de los depredadores, pero las plantas están arraigadas en su sitio. Así que desarrollan estrategias sofisticadas para protegerse: producen toxinas para hacer que su tejido sea venenoso o de sabor desagradable, o escapan empleando el tiempo (mediante una foliación simultánea, de manera que algunas hojas puedan sobrevivir al ataque) o el espacio («escondiéndose» en un bosque, rodeadas de otras especies de plantas). Los árboles son especialmente vulnerables al peligro de ser devorados debido a su incapacidad para moverse y al hecho de que invierten décadas de crecimiento hasta que llegan a convertirse en un árbol maduro. Mi tarea detectivesca para encontrar a estos glotones no era fácil, teniendo en cuenta que eran unos seres diminutos en medio de un enorme bufé de ensalada verde. Los herbívoros de gran tamaño, como los ciervos, las jirafas, los elefantes o los perezosos que habitan otros continentes son fácilmente detectables a simple vista, mientras que los bosques pluviales de Australia no cuentan con ninguno de esos vegetarianos de mayor tamaño (excepto los koalas, que sólo habitan los bosques abiertos, donde se alimentan exclusivamente de las hojas del eucalipto). Los insectos creaban todo un nuevo nivel de complejidad y confusión dentro de mi calendario de trabajo de campo, mientras yo me las veía y me las deseaba para emplear nuevos métodos y pasar más tiempo en los árboles para esclarecer las interacciones entre las hojas y los bichos que se las zampaban.

Encontrar un insecto en el dosel arbóreo se me antojaba parecido a encontrar una aguja en un pajar, y me sentía desanimada. Había descubierto con éxito un importante herbívoro en la copa del haya antártica, pero sabía que casi todas las especies de árbol tendrían uno (o más) comedores de hojas. ¿Cómo podía diseñar mi trabajo de campo para averiguar cuáles eran algunos de los saqueadores más importantes? La mayor parte de la ingestión constituía un fenómeno críptico: los insectos se camuflaban en las superficies de la hoja y, además, se alimentaban en solitario, y esto hacía que fueran muy difíciles de detectar. Por lo que había leído en la literatura ecológica, sabía que los insectos eran, de hecho, increíblemente abundantes en la vegetación, pero muy esquivos. Tal vez sería como la observación de las aves, donde tras años de práctica una aprende a tener buen ojo para detectar el rápido batir de las alas. En lugar de espiar a las plumadas voladoras, tenía que aprender a localizar pequeños y huidizos comensales en la superficie de las hojas. «Biodiversidad» es el término colectivo que describe la variedad de las especies de la Tierra, muchas de las cuales tienen seis patas, es decir, son artrópodos. En la primera década del siglo XIX, Charles Darwin calculó que la Tierra albergaba ochocientas mil especies. (Me puedo imaginar la reacción de sorpresa de la reina de Inglaterra, que quedaría muy impresionada ante lo que parecería una cantidad enorme en aquella época, según los cálculos de su joven naturalista pródigo.) Casi cien años después, un científico del Instituto Smithsoniano llamado Terry Erwin aumentó la cantidad original estimada por Darwin, y la multiplicó casi por treinta, basándose únicamente en el recuento de los escarabajos que vivían en un árbol tropical. Erwin roció un pesticida desde arriba, empleando un atomizador manual para hacer que los artrópodos descendieran al suelo forestal, y contó la «lluvia» de insectos que había caído a la sábana de plástico desplegada bajo la copa del árbol. A partir de este episodio vaporoso, Erwin extrapoló los datos y dedujo que el mundo podía contener aproximadamente treinta millones de especies, que, en su mayoría, eran insectos que no habían sido clasificados hasta entonces, y que una amplia mayoría de estos eran escarabajos. Y como se supone que más de la mitad de todos los insectos son herbívoros, los ecólogos ahora calculan que más del cincuenta por ciento de la biodiversidad terrestre en el mundo vive en el dosel arbóreo, con sus tropecientos mil millones de hojas. En 1988, el profesor Edward O. Wilson, distinguido entomólogo de la Universidad de Harvard, incrementó la cantidad calculada por Erwin y propuso que la Tierra contiene más de cien millones de especies, incluidas las bacterias y los organismos del suelo. Considerando que la ciencia no ha explorado de manera adecuada las copas de los árboles ni los ecosistemas del suelo, Wilson cree que estas dos regiones contienen muchas especies desconocidas que podrían elevar sus cálculos aún más. Pero la velocidad de los descubrimientos de nuevas especies en los bosques forestales, como pronto aprendí, es extremadamente lenta debido al fenómeno «aguja en un pajar»: la ciencia calcula que más o menos el noventa por ciento todavía no ha sido descubierto. Por eso, el concepto de «octavo continente», acuñado de forma independiente por varios de nosotros, los arbonautas, refleja la amplitud aún por descubrir de los doseles arbóreos. Muchas de esas especies desconocidas tal vez desaparezcan sin que el ser humano las haya conocido nunca. Más alucinante aún es la cantidad de insectos que viven en nuestro planeta, que se calcula que asciende a diez trillones (un diez seguido de dieciocho ceros). De ese total, una enorme proporción de esos bichos de seis patas vive en el octavo continente.

Cuando empecé a fijarme en los millones de insectos desconocidos de las copas de los árboles, comencé, también, a apreciar la multitud de insectos en mi día a día. Resulta que los insectos son abundantes, aunque invisibles en casi todos los ecosistemas, no sólo en el octavo continente. ¿Cuántos de nosotros conocemos el número de artrópodos que habitan un metro cúbico de nuestro propio jardín? ¿O los asombrosos bichos que viven en el interior de nuestras casas, con nosotros? Y, definitivamente, no tenemos ni idea de cuántos insectos viven en los bosques, salvo que es una cifra muy alta. La ciencia ha avanzado en muchos cálculos increíbles: la distancia a la luna, el diámetro de un átomo, las dimensiones de un dinosaurio, incluso ha conseguido crear un mapa del genoma humano. Pero todavía no hemos contado de manera precisa la abundancia de insectos en la copa de un árbol. La exploración del octavo continente va a la zaga de la exploración de los arrecifes de coral, los desiertos, las regiones polares e incluso el espacio exterior, porque sólo hay un puñado de arbonautas profesionales, así que debemos abrirnos paso para no quedarnos atrás.

Cuando me di cuenta de que los insectos herbívoros eran una gran amenaza para el follaje y de que era difícil observar sus prácticas alimentarias, tuve que idear una manera de mejorar como entomóloga *amateur*. Mis salidas mensuales de trabajo de campo para observar las hojas y hacer una crónica de su suerte se ampliaron para incluir el factor de los bichos. Tenía que rastrear su consumo: quién, cuándo, cuánto y cada cuánto tiempo. Añadí los viales y las

redes de captura a mi equipación de campo. Además de colum-
piarme en el arnés para tomar muestras de las hojas y, luego, de los
insectos, desarrollé una rutina bastante regular en mis salidas: preparar la equipación, conducir, dormir, despertarme, escalar, medir,
hacer fotos, cazar insectos durante las horas de luz, escalar otra vez,
medir, monitorizar, ducharme (sólo con agua fría), cenar, perseguir
a los cuoles del lugar (*Dasyurus viverrinus*, un marsupial emparentado con el diablo de Tasmania que se alimenta de insectos y de
animales de pequeño tamaño), que se llevaban mi cena de la barbacoa, tomar muestras de insectos cuando oscurecía, desmayarme en
el saco de dormir y desear fervientemente que nadie se topara, después de una larga noche «líquida» en uno de los pubs rurales, con
mi remoto campamento.

Durante el primer año de trabajo de campo, aprendí lo que
debe saber un buen detective para localizar las pistas que dejaban
los herbívoros, desde el *frass* hasta las marcas de la alimentación
sobre las hojas. Durante el segundo año, lamentablemente me di
cuenta de que la herbivoría tenía como consecuencia una importante disminución de la clorofila, lo cual reducía la capacidad del
árbol para hacer la fotosíntesis. Después de resolver el misterio
del escarabajo defoliador especializado en el haya antártica como
especie anfitriona, me sentí desconcertada ante un episodio constante de defoliación del palo satinado en las copas subtropicales,
en el sitio de estudio del Parque Nacional de Dorrigo. Casi todas
las hojas nuevas presentaban algún grado de daño, pero no había
visto ni a un solo insecto comiendo. Entonces, durante una salida
rutinaria mensual para el muestreo, se dio una casualidad. Yo
siempre acampaba con una diminuta tienda de expedición, porque no había hoteles cerca, a excepción de algunos pubs poco re-
comendables. El área de acampada en Dorrigo se llamaba Never
Never («Nunca Nunca»), un nombre muy apropiado porque nunca había nadie en aquella zona aislada. Por lo general, tenía para
mí sola tanto el edificio de las letrinas como la única mesa de pícnic, que a veces compartía con un par de pergoleros y papagayos
curiosos. Los pergoleros machos construían estructuras de cortejo

con palitos que recogían del suelo forestal, y las decoraban con frutos y flores de color azul para atraer a la hembra. Por desgracia, muchas de estas enramadas en Dorrigo estaban abarrotadas de pajitas de plástico azules, basura de los establecimientos de comida rápida. Siempre me asustaba cuando un coche se acercaba a la zona del aparcamiento, pero mi mayor temor era no conseguir encontrar un insecto herbívoro o perder el rastro de una rama marcada a lo largo del transecto cordado vertical. Una estrellada noche de verano, en febrero, me desperté a eso de las dos de la madrugada para ir a la letrina. Mis pasos crujían sobre las hojas secas del suelo bajo mis pies, el único sonido del bosque. Me paré, para apreciar la auténtica oscuridad en aquel remoto lugar, y oí unos ruidos, unos chirridos roncos que recordaban al cambio de marcha de un camión. En mitad del bosque, aquello era completamente escalofriante. Regresé a la tienda para coger la linterna mientras me venían imágenes de aquel cuento de hadas que me gustaba de pequeña, el de Jack escalando por su proverbial planta de habichuelas. Cuando dirigí el estrecho haz de luz hacia el verdor de arriba, para mi sorpresa, vi a miles de escarabajos masticando las hojas del palo satinado, con sus caparazones metálicos reflejándose a la luz de la linterna. ¡Eureka! La sección aérea de ensalada era frecuentada por insectos noctámbulos. Para la mayor parte de los insectos, tenía sentido alimentarse durante la noche y evitar a las aves depredadoras durante el día. Yo había estado buscando durante las horas de luz, ¡por eso volvía siempre con las manos vacías! Este era un descubrimiento emocionante y posteriormente sería útil, cuando los futuros entomólogos empezaran a explorar los doseles arbóreos en otras partes del mundo. Gracias a mi vejiga, estaba un paso más cerca de desvelar las complejas interacciones entre los insectos y el follaje.

A partir de aquel día, añadí la escalada nocturna a mi trabajo de campo. Era espeluznante ascender sola en mitad de la oscuridad, y tenía que ir con muchísimo cuidado para evitar encontrarme con cualquier cosa que fuera venenosa, tóxica o agresiva. No existía ninguna precaución específica para evitar a los posibles

depredadores mientras una escalaba un árbol en mitad de la noche, pero una cuidadosa revisión previa con la luz frontal me aler-
taba de la presencia de cualquier globo ocular por encima de mi
cabeza (por lo general, arañas), de la presencia de «cuerdas» col-
gantes de *Calamus australis* (si me enredaba en una de estas enredaderas, no podía soltarme porque sus espinas se enganchan hacia
atrás) y de algún que otro bache marsupial marrón, las zarigüeyas
arbóreas. Era un privilegio especial compartir todo ese nuevo
mundo de los vegetarianos noctámbulos, no sólo con los escarabajos crisomélidos, como en las copas de las hayas, sino también con
saltamontes, insectos palo, orugas y gorgojos succionadores. El
paisaje de la superficie de la hoja, el filoplano, estaba en constante
cambio. La frenética actividad alimentaria de los insectos alcanzaba su máximo apogeo en las copas de los árboles ¡y yo era una de
las primeras en escalar allí arriba para observarlos *in situ*!

No todos los insectos salen en la oscuridad para huir de sus enemigos. Algunos usan estrategias temporales, empleando la eclosión
sincrónica para devorar las hojas en masa durante un breve lapso,
antes de que los depredadores los detecten y se los coman a todos,
o antes de que el árbol prepare su propia defensa mediante la producción de sustancias químicas defensivas. El escarabajo del haya
antártica aplicaba esta estrategia. El haya formaba el noventa y cinco por ciento del dosel del bosque templado frío (de ahí que se de-
nomine «monodominante»), y un insecto, el *Novocastria nothofagi*, sobrevivía a base de alimentarse frenéticamente de las hojas
jóvenes del haya, y a continuación experimentar una rápida metamorfosis. Su ciclo vital era una carrera contrarreloj: sus enemigos
—como ciertas aves o infecciones— no podían reunirse en cantidades
suficientes ni tan rápido como para controlar la explosión de larvas
en las copas del haya victimizada. A diferencia de los escarabajos
del haya, otros comedores de hojas sobrevivían empleando la estrategia de la escasez. Si eres un solitario insecto palo y vas paseando
por un sasafrás, los depredadores seguramente no te detectarán.
O si eres un saltamontes y sales solo por la noche para alimentarte,
tienes una doble póliza de seguro que te salva de ser descubierto por

tus enemigos: te libras en el espacio mediante el aislamiento, y además, bajo un manto de oscuridad.

Como la mayoría de los biólogos de campo, yo siempre estaba preocupada por el rigor de la metodología de mi trabajo de campo. Uno de mis temores al diseñar la investigación era el problema de evitar el sesgo. Si encontraba un insecto, no había lugar para la ambigüedad: o bien lo contaba, o no existía. A esto lo llamamos, simplemente, «presencia o ausencia». A la hora de calcular la defoliación, hacen falta múltiples muestras para generar medias y lograr, así, datos objetivos. Era especialmente complicado obtener estimaciones precisas en toda la enorme extensión del dosel tridimensional, comparado con las condiciones controladas de un laboratorio. Una podía estar tentada de elegir hojas que no habían sido comidas, para reducir el tiempo y el esfuerzo al calcular la defoliación, pero eso suponía caer en el sesgo de muestreo. Así que, ¿cómo podía estar segura de que mis muestras de hojas y mis cálculos de la herbivoría eran un reflejo exacto del dosel entero? Los ecólogos a menudo usan una sencilla tabla de números aleatorios para generar selecciones imparciales del objeto sometido a un submuestreo. Por ejemplo, para hacer un muestreo de diez hojas a partir de treinta, se numeran todas y entonces se consulta una tabla de números aleatorios para generar la selección de submuestreo. El objetivo del submuestreo es ahorrar tiempo y energía (así se evita medir cada hoja individual en el bosque) y evitar sesgos (como elegir las hojas más cercanas, las más bonitas o las más intactas). Aprendí lo importante que es evitar el sesgo gracias a mi profesor de estadística, que nos habló acerca de un costoso experimento de laboratorio para estudiar la velocidad de nado de un importante pez oceánico. Cada mes, los científicos sacaban a treinta peces de un gran tanque de trescientos individuos y medían la velocidad a la que nadaban en una cámara especial. Después de dos años de estudio y un gasto económico enorme, el experimento se fue al traste. Al haberse limitado a sacar los peces del tanque, en lugar de numerarlos y después seleccionar números aleatorios de una tabla, sin darse cuenta habían escogido a los peces más lentos: los más fáciles de pescar. (Una pesadilla para aquellos ictiólogos, ¡pero yo recordaré su historia toda mi vida!)

Para preparar un muestreo adecuado de la ingesta por parte de los insectos en un árbol de gran altura, tenía que aprender mucho acerca de los agujeros en las hojas. ¿Cuál era el alcance de la defoliación en las diferentes especies de árboles? ¿Qué edad del tejido foliáceo preferían los herbívoros? Y tercero, y tal vez el aspecto más importante de todo el trabajo detectivesco con las hojas: ¿Cómo podía calcular de manera correcta el daño de las hojas de un árbol entero, con sus millones de hojas, sin cosecharlas todas o sin medir cada una de ellas? Me hervía el cerebro con este tipo de cuestiones relacionadas con el muestreo y, desgraciadamente, no existía ninguna publicación previa que ofreciera un protocolo. Tenía otra gran preocupación foliácea que literalmente me robaba el sueño por las noches: si un insecto le pega un mordisquito a una hoja joven, ¿se expande el agujero resultante cuando la hoja se hace adulta? Es decir, un diez por ciento de hoja joven comida, por ejemplo, ¿se mantiene como el diez por ciento de la hoja madura? Para responder al enigma de estas venerables hojas agujereadas, diseñé un sencillo experimento de campo para medir el tamaño de los agujeros en el follaje joven en comparación con el follaje adulto. La lista de materiales era increíblemente barata: una perforadora de papel de dos dólares, rotuladores resistentes al agua, etiquetas para las ramas (para encontrarlas cada mes) y un cuaderno. Encontré un árbol caído que formaba un pequeño claro donde las ramas del sotobosque del palo satinado aprovechaban al máximo los salpicones de luz solar. Debido a los altos niveles de luz en el claro, la rama estaba forrada con numerosas hojas nuevas cerca del suelo, en lugar de a treinta metros de altura. Numeré entre nueve y quince hojas en cada una de tres ramas en tres árboles, teniendo cuidado de incluir cuatro edades diferentes: joven, mediana edad, madura, senescente. Usé la perforadora de papel para agujerear 0,33 centímetros (el área exacta de una perforación), 0,66 centímetros (dos perforaciones) o 1 centímetro (tres perforaciones) en hojas aleatorias y coloqué los agujeros tal y como lo haría un escarabajo al comer, evitando los principales nervios, difíciles de morder con las piezas bucales de los insectos.

Perforé todas aquellas hojas y luego esperé. La paciencia es un requisito indispensable en la mayor parte de la investigación ecológica. A veces se tarda años, incluso décadas, en completar la recogida de datos. En este caso, sólo hubo que esperar varios meses a que el follaje alcanzara la madurez. Yo estaba emocionada ante la idea de regresar y cosechar las muestras, todas ellas bien etiquetadas. De vuelta en el laboratorio de botánica, utilicé un digitalizador (un aparato que mide el área de superficie de cualquier objeto bidimensional colocado sobre una cinta que pasa sobre un rayo láser) para calcular si los agujeros habían crecido, encogido o algo parecido. Volví a medir cada agujero perforado en las hojas jóvenes que habían crecido, en las hojas viejas que servían de control y en las hojas de mediana edad que habían experimentado un crecimiento moderado. En cada muestra, los agujeros se hacían proporcionalmente más grandes a medida que la superficie de la hoja se expandía debido al crecimiento, pero se mantenía el mismo porcentaje del total del área de la hoja. Eran buenas noticias: si el diez por ciento de una hoja joven era devorado, se mantenía en el diez por ciento cuando la hoja era adulta. Era un alivio saber que no debía temer un error de muestreo al medir la herbivoría en hojas jóvenes o maduras; la cantidad proporcional del daño era consistente al margen de la edad. Esto también significaba que los datos expresados mediante porcentajes eran más precisos que calcular los milímetros de los agujeros. Diez milímetros cuadrados de hoja joven dañada se convertían en cuarenta milímetros cuadrados cuando la hoja cuadruplicaba su tamaño.

Otro desafío me atormentaba: ¿Cómo podía hacer para tener en cuenta las hojas que eran devoradas al cien por cien? Si un insecto se come una hoja entera, no hay una manera fácil de medirlo. Afortunadamente, el proceso tenaz de realizar observaciones mensuales a lo largo de varios años me permitió establecer exactamente cuántas habían sido devoradas en su totalidad. Los insectos generalmente dejaban rastros después de comerse una hoja entera, como el *frass*, los hilos de seda o un peciolo colgante. Si tenía una hoja con el número 8 situada entre las hojas 7 y 9, y de pronto era sustituida por un montoncito de *frass* en el tallo, *voilà*, la número 8 seguramente había sido devorada. Por lo general, los peciolos quedaban intactos porque les resultaban demasiado duros. Normalmente encontraba la mitad del follaje comido en el primer mes, hasta las tres cuartas partes en el segundo mes, y luego, completamente comido en el tercer mes. Los fuertes vientos también contribuían al total de la defoliación, pero era fácil detectar el daño en el follaje producido por las tormentas porque todo el dosel se veía afectado. Mi conjunto de datos a largo plazo reveló que los árboles sufrían una defoliación tres o cuatro veces más alta de lo que se creía hasta entonces, entre los científicos forestales que se limitaban a hacer rápidos estudios basados en el suelo forestal. Las publicaciones de arboricultura previas afirmaban que los bosques incurrían en una defoliación anual de entre el cinco y el ocho por ciento, pero mis resultados demostraron que los árboles soportan un daño mucho mayor. Las copas toleran ataques de insectos que van desde el quince al veinticinco por ciento anual de pérdida de área foliácea, una información que ayudará a la conservación y la gestión forestal a la hora de construir modelos de bosques sanos y brotes de insectos. Con la aparición del cambio climático, se espera que se produzca un aumento de estos brotes de insectos, de manera que es importante calibrar el umbral de resiliencia de los árboles.

El material ingerido por los insectos se recicla y vuelve rápidamente al suelo a través del *frass*. La lluvia que se filtra a través del dosel, llamada «lluvia trascolada», se lleva las bolitas hasta el suelo forestal, donde son rápidamente reabsorbidas por los capilares de la raíz. Este es un circuito importante en el ciclo de los nutrientes. Por el contrario, cuando las hojas que no han sido devoradas caen al suelo y sufren un proceso de descomposición más gradual debido a su gran tamaño y a su superficie cerosa. El follaje de cuatro de las cinco especies que estudié para mi investigación tardaba más de un año en descomponerse en el suelo forestal. (En efecto, medí con atención sus velocidades de descomposición mediante la colocación sobre el suelo forestal de treinta bolsas de red que contenían el mismo peso de material foliáceo, y la recolección de tres cada mes durante diez meses para pesarlas y poder, por fin, averiguar la velocidad de descomposición.) Puede que la defoliación producida por los insectos sea beneficiosa para el árbol, porque el tejido digerido que cae al suelo en forma de *frass* recicla los nutrientes con rapidez. Las grandes sequías tal vez impidan esta supuesta ventaja de la reabsorción del *frass* en el suelo forestal si el terreno se seca y los capilares de las raíces superficiales mueren. Sin embargo, las sequías extremas y la temperatura que alcanzan también producen más brotes de insectos y, por lo tanto, una mayor cantidad de *frass*. Estos circuitos son, en verdad, muy complejos.

Lamentablemente, a diferencia de las aves y los peces, los árboles no pueden cambiar su ubicación cuando las condiciones se vuelven desfavorables. En algún momento, los bosques superan un punto máximo de estrés producido por el trío de la sequía, el calentamiento y los brotes de insectos, y mueren. En las últimas décadas, los ataques de los insectos se han disparado debido al aumento de las temperaturas y las sequías provocadas por el cambio climático, obra del ser humano. A lo largo de la década de los años ochenta, el asunto del cambio climático se limitaba principalmente a los círculos de la geociencia y la climatología, y rara vez alcanzaba a los ecólogos profesionales. Es difícil creer que, hace sólo treinta años, muchas disciplinas carecían de esa perspectiva acerca del cambio global. Estábamos tan obcecados con averiguar cómo funcionaban los ecosistemas y cómo podían coexistir tantas criaturas que no fuimos capaces de atar cabos e interpretar las señales de alarma del clima. Efectivamente, los árboles no nos dejaron ver el bosque. Si los ecólogos tropicales nos hubiéramos percatado antes de la importancia del calentamiento global, tal vez habríamos desarrollado investigaciones de la biodiversidad en ecosistemas de bosques distintos, para establecer unos datos básicos de referencia, antes de que los fenómenos climáticos extremos comenzaran a poner en peligro la supervivencia de las especies. Ahora, la comunidad científica lucha por ponerse al día, mientras muchos bosques son devorados por incendios descontrolados o ante el incremento de la gravedad y frecuencia de las plagas de insectos. No podemos saber qué cantidad se ha extinguido sin antes conocer la biodiversidad que existía en estos bosques.

Además de los posibles sesgos en el muestreo de las hojas a lo largo y ancho del vasto dosel, y de la dificultad de calcular el grado de herbivoría de las hojas totalmente devoradas, había un tercer dilema en el trabajo de campo que implicaba un sesgo humano. ¿Qué ocurre si algunas personas ven las cosas de manera diferente a otras debido a un problema de la vista o por una tendencia a exagerar? Una solución es incluir a una variedad de personas que recojan muestras, un muestreo multitudinario, para la recopilación de datos. Lo creáis o no, existe la posibilidad de que una persona sea demasiado tímida a la hora de meter los insectos en la red, de manera que subestime los recuentos y genere, así, un sesgo. Esto no puede ser. Aprendí a minimizar el error humano creando un equipo de voluntarios –ahora conocidos como científicos ciudadanos– para blandir las redes y contar insectos. Con el tiempo, varios robustos hombretones armados con cazamariposas que rompían todas las ramas que encontraban a su paso compensaban a los dos o tres tímidos introvertidos que casi no conseguían atrapar ningún insecto con sus delicados movimientos. Tal vez os estéis preguntando cómo hice para obligar a cincuenta personas a meterse en la selva y tomar muestras de insectos. La respuesta es ¡Earthwatch! Esta innovadora organización, con su sede principal en Boston, funciona como una oficina de información que pone en contacto a voluntarios con expediciones de investigación científica. La primera vez que solicité una ayuda, solicité la beca Earthwatch, para pedir voluntarios que midieran la herbivoría en los bosques australianos. Las ayudas son la savia de la ciencia; casi todas las investigaciones requieren una financiación externa para cubrir los costes de la equipación, el personal, los viajes e incluso cosas tan esotéricas como botiquines para picaduras de serpientes o gafas de seguridad para el laboratorio. Los fondos de ayudas son muy competitivos, por lo general a los novatos se los considera menos cualificados que a la vieja guardia y es muy difícil entrar dentro del sistema. Respondí con cuidado a todas las preguntas, envié mi propuesta y esperé con ansiedad. Varios meses después, recibí una carta que decía: SÍ. ¡Qué alegría! Para cualquier científico, recibir una ayuda es uno de los mayores detonantes de felicidad (y de éxito). Recibir un NO es una de las peores experiencias que existen, pero nos pasa a todos, porque la mayoría de las solicitudes tienen sólo entre el cinco y el diez por ciento de probabilidad de éxito. Después de tres décadas de trabajo de campo, he tenido la suerte de recibir millones de dólares en ayudas, pero he sido rechazada casi por la misma cantidad.

Las becas Earthwatch eran modestas en términos económicos, pero muy generosas en cuanto a potencia humana. Tenía equipos de cincuenta ojos buscando en los árboles de manera simultánea, en lugar de sólo mis dos (a veces muy cansados) ojos. Durante ocho años, más de doscientos cincuenta científicos ciudadanos de muchos países contribuyeron a mi investigación del dosel arbóreo en el bosque pluvial australiano. Todas ellas eran personas curiosas, intrépidas y entusiastas. Convencí a uno de los técnicos del laboratorio de la universidad, Wayne, para que me ayudara en las expediciones. Como exmilitar, Wayne organizaba sofisticadas *happy hours* en mitad de los bosques pluviales de Queensland; era evidente que había montado juergas parecidas para su pelotón. Además, tenía una puntería formidable con el tirachinas, de manera que nos convertimos en un dúo prodigioso en la selva australiana. En una expedición, una voluntaria que había sido piloto de las fuerzas aéreas se enganchó el pelo en la pieza metálica de ascenso cuando estaba colgada de una cuerda, a veinticuatro metros de altura. Izamos unas tijeras para que pudiera desengancharse, rezando por que cortara el mechón de pelo y no la cuerda. La misión de rescate fue un éxito y somos amigas desde entonces. Otro voluntario entusiasta era un cazador de Kansas. Mi tirachinas le parecía una ridiculez, y cuando volvió a casa, me compró uno muy sofisticado, de una empresa norteamericana que vendía material de caza. En Australia no existía ese comercio de armas por correo y los tirachinas requerían un permiso especial. Paradójicamente, se podían comprar pistolas en casi cualquier tienda, porque su uso estaba muy extendido entre los granjeros, para controlar a las alimañas. Varios meses después de esa expedición, abrí la puerta de mi casa, en mi granja, y me encontré delante a un oficial de la Policía. Me explicó que había recibido un arma ilegal de ultramar que requería de una licencia. Rellené de buen grado toda la documentación, la envié por correo y me convertí, así, en la orgullosa dueña de un elegante tirachinas, que llegaría en cualquier momento. Cuando el paquete finalmente me fue entregado, lo abrí con expectación. Para mi sorpresa, no sólo contenía un despampanante cohete de mano de aluminio, sino también dos piezas de ropa interior de camuflaje y un elegante frasco de perfume. Había una nota en el fondo del paquete, que decía: «Las bragas y el perfume son para la prometida de Wayne». Wayne se había prometido durante la última expedición de Earthwatch. Me puedo imaginar las risas de los funcionarios de aduanas al inspeccionar aquel paquete; seguramente se preguntarían qué tipo de ciencia picantona se practicaba usando perfume, lencería y un tirachinas.

Después de que aquella voluntaria se enganchara el pelo en el equipo de escalada, los dueños del alojamiento de ecoturismo donde dormían los voluntarios expresaron cierta preocupación. ¿Y si alguien se caía? ¿Eran seguras las ramas? Tuve que darles la razón, era arriesgado entrenar a tantos novatos. Una tarde, mientras tomábamos una copa de un buen vino australiano, el propietario del alojamiento y yo dibujamos un boceto de un «sendero en la copa del árbol» en una servilleta de papel. ¿Por qué no construir una pasarela aérea, de manera que los voluntarios no tuvieran que andar columpiándose con unas cuerdas? Muy al estilo *Aussie*, celebramos la idea con más vino. Yo no podía dormir de la emoción. Un sendero elevado permitiría que muchos investigadores recolectaran datos todos a la vez, al margen del clima o de la oscuridad, y permitiría el acceso a especies problemáticas, como el urticante gigante, que era peligroso de escalar porque tenía una madera frágil y unas espinas tóxicas. Al año siguiente, gracias a un equipo de ingeniería local y al personal del alojamiento, se construyó la primera pasarela del dosel arbóreo del mundo, en el Parque Nacional Lamington, al sur de Queensland. Mis equipos de Earthwatch fueron los primeros investigadores que usaron esta fabulosa estructura. Se construyó en una pendiente, empleando postes de teléfono para sujetar los puentes. Esa pasarela tiene ahora más de treinta y cinco años y ha transportado a miles de visitantes hasta las copas de los árboles, y transformado la percepción del público acerca de las selvas. A escala global, las pasarelas aéreas han catapultado hasta lo alto la investigación del dosel arbóreo.

Poco después, se construyó una segunda pasarela en el Parque Nacional Bukit Lambir, en Malasia. Allí, el equipo de ingeniería rodeó los troncos de los árboles con collares de goma, de manera que los puentes podían trazarse en lo alto, a mayor altura que el límite de los postes de teléfonos. Tras tantos años apuntando con el tirachinas y lanzando cuerdas por encima de las ramas altas, los arbonautas ahora pueden usar pasarelas que dan acceso a todo el bosque con una gran seguridad. Hoy día, hay pasarelas aéreas distribuidas en más de cincuenta bosques, construidas con estructuras de postes o bien con collares en los troncos, y están hechas de madera, aluminio o acero. A menudo me asesoro acerca de la ubicación, para maximizar la educación acerca de la biodiversidad, y trabajo con los equipos de ingeniería y arboricultura, que aportan el conocimiento técnico para su construcción. He ayudado a diseñar y a construir pasarelas por todo el mundo: entre ellas, la estructura tropical más larga, en el Amazonas peruano; la más cara construida nunca (por metro), en el bosque tropical de Biosfera 2 (una gigantesca cúpula experimental de cristal en Arizona); la primera pasarela pública de Norteamérica, en el Parque Estatal Myakka River, en Florida; el primer puente de cinta (de cemento) del mundo, en Penang Hill, Malasia, y la pasarela más apta para los peques, que incluye una telaraña de cuerdas, en Quechee, Vermont. En el 2020, puse en marcha un nuevo proyecto, llamado Mission Green («misión verde»), con el objetivo de construir pasarelas aéreas en los bosques de biodiversidad más altos del mundo que no cuenten ya con ese acceso. Si lo consigo, este programa proporcionará un ingreso local a los pueblos indígenas gracias al ecoturismo, en sustitución de la tala, y asegurará la conservación de los bosques gracias a la gestión local. (Más adelante ampliaré la información sobre este esfuerzo de conservación.)

Pero la pasarela aérea de Queensland fue la primera. Las cuerdas y los arneses eran perfectos para el trabajo individual, pero no para equipos de investigadores. Una botella de vino y un incidente casual de escalada encendieron la chispa de la innovación, para crear una nueva herramienta del dosel que finalmente impulsara el avance de la conservación forestal. Las pasarelas siguen siendo mi herramienta favorita de investigación, gracias al acceso seguro y a la inclusividad que proporcionan, incluido su uso por parte de los estudiantes con movilidad reducida que usan sillas de ruedas. Estas estructuras también me permitieron abordar un misterio aún más desconcertante que aquellos voraces herbívoros del haya y del palo satinado: ¿Qué criatura demencial tenía la osadía de comer del árbol más tóxico de Australia, el árbol urticante gigante (*Dendrocnide excelsa*)? Estos árboles me tenían fascinada porque parecía que nada pudiera ser capaz de comerse las hojas, que contaban para su defensa con unos pelillos que picaban tanto física como químicamente. Ni siquiera podía escalar esta especie de árbol sin que «me picara». Tenía que escalar un árbol colindante con una rama de apoyo que me diera acceso al dosel del urticante, y me ponía unos guantes de cuero para protegerme mientras cataloga las hojas. Con la llegada de las pasarelas, se hizo posible la inspección cercana de estas desagradables hojas sin peligro de rozar la superficie tóxica. Y los resultados fueron totalmente inesperados: ¡más del cuarenta por ciento de las hojas del árbol urticante son devoradas cada año! Los patrones de alimentación del herbívoro responsable se parecían a los antiguos tapetes de ganchillo que hacía mi tía abuela. ¿Qué diablos estaba pasando? Como todos los daños sufridos por las hojas presentaban un aspecto similar, planteé la hipótesis de que un solo herbívoro había evolucionado para adaptarse y ser capaz de digerir las toxinas, y me lancé a encontrarlo.

El árbol urticante gigante (*Dendrocnide excelsa*) está emparentado con una pequeña ortiga que crecía en el borde de las carreteras del norte del estado de Nueva York en mi infancia. La familia botánica a la que pertenece, *Urticaceae*, está compuesta por 2.625 especies, que habitan, en su mayoría, en los trópicos de Asia. Los bosques pluviales del norte de Queensland albergaban la especie con la toxicidad más alta, llamada yimpi yimpi (*Dendrocnide moroides*), mientras que su primo, el árbol urticante gigante (*D. excelsa*) crecía ligeramente más alejado del ecuador, en los bosques pluviales subtropicales. Estos árboles se plantaban en las trincheras durante la guerra de Vietnam como defensa física contra los ataques. En Australia, en algunos pubs locales circulaban historias acerca del turista ocasional que elegía las preciosas hojas de color esmeralda de este árbol como papel higiénico en el campo. La imagen de alguien restregándose esos pelillos tóxicos en el trasero era recibida con grandes carcajadas, pero al mismo tiempo dejaba a todo el mundo retorciéndose en los taburetes de la barra. Yo siempre les contaba esa historia a mis voluntarios, para que no cometieran el mismo error. Después de meses de búsqueda, encontré al escarabajo del árbol urticante gigante en lo alto de la copa, descansando en las haces de las hojas, una posición en la que era difícil detectarlos mirando desde abajo. Aquel era un escarabajo crisomélido (*Hoplostines viridipennis*) bien camuflado, de color verde brillante, y el diseño de encaje de su patrón de alimentación también servía para camuflar al insecto, porque los agujeros creaban una compleja y mareante profusión de verdes. Realicé varios experimentos alimentarios colocando a los escarabajos en frascos con hojas de diferentes especies, y descubrí que sólo comían hojas del árbol urticante. Si no encontraban hojas de su alimento favorito, los escarabajos morían enseguida, lo cual confirmó que estaban especializados en una especie anfitriona.

Gracias a las observaciones de los voluntarios, así como a mis propios datos de las escaladas, se hizo evidente que los herbívoros preferían las hojas jóvenes. Nos ahorramos mucho tiempo de trabajo de campo al priorizar nuestras búsquedas de herbívoros en la superficie de las hojas jóvenes, porque los insectos apenas se comían las hojas más maduras. También quería calcular cómo cambiaba la dureza de la hoja con la edad, para comprender mejor las preferencias de los insectos. Leí, en una revista científica, que un biólogo de plantas británico llamado Paul Feeny había diseñado un instrumento llamado «penetrómetro» para medir la dureza de las hojas del roble en el Reino Unido. Este artilugio imitaba la mordida de la mandíbula de un insecto a través del tejido foliáceo, y medía la cantidad de presión requerida para perforar la hoja. Entonces acudí de nuevo a Basil, en el taller de la universidad, y juntos construimos el instrumento de Feeny, siguiendo el protocolo exacto. El penetrómetro consistía en un eje biselado que atravesaba la superficie de la hoja cuando se incrementaba la presión, creada por la fuerza ejercida al ir vertiendo agua poco a poco en un recipiente. Las hojas jóvenes se rompían sin apenas presión, pero las hojas maduras del haya eran tan duras que tuve que colocar un ejemplar de *Insectos de Australia* de casi ocho centímetros de grosor sobre la plataforma y luego añadir agua en un cubo. Los científicos ciudadanos de Earthwatch midieron la dureza de docenas de especies, de hojas tanto jóvenes como maduras, lo cual confirmó que las hojas jóvenes eran significativamente más blandas que las maduras. Todo el mundo soltaba risitas al decir que se habían convertido en expertos en el «penetrómetro», pero el instrumento ya se llamaba así antes de que yo llegara, y no era yo quién para cambiar la terminología del doctor Feeny.

Decidí que mi muestreo de insectos debía incluir individuos de diferentes estaciones, cuando las hojas estuvieran (o no) presentes. Pero esto implicaba varios tipos diferentes de métodos de recolección. ¿Cómo hace una arbonauta para encontrar a un pequeño escarabajo en un árbol de sesenta metros de altura, rodeado de lianas y enredaderas retorciéndose por todas partes, escondido entre montones de musgo y líquenes? Primero, hice un pedido de una docena de redes de captura resistentes, con la boca ancha, para cazar a los insectos palo más grandes, y una malla del tamaño perfecto que mantuviera a la mayoría de los bichos en su interior, al tiempo que permitía al recolector ver el contenido. Diseñé un régimen de campo replicable: diez movimientos de vaivén mientras se camina (o balanceos en la cuerda), para tomar muestras de aproximadamente 7,5 metros cúbicos de follaje por muestreo. Cazamos bichos día y noche, bajo la lluvia y bajo el sol, a grandes y pequeñas alturas, al sol y a la sombra, durante los meses de foliación y durante todos los demás. Descubrimos que las redes de captura no eran adecuadas para tomar muestras en la oscuridad y que funcionaban a la perfección para batidas aéreas o para las ramas pequeñas. Recordando mis tiempos en el campamento de naturaleza de mi infancia, recuperé algunos métodos de captura adicionales para los insectos: (a) redes para barrer el follaje y recolectar bichos aéreos como moscas, mariposas, polillas, saltamontes, escarabajos/gorgojos y abejas/avispas; (b) bandeja de golpeo para sacudir las ramas y contar los insectos que cayeran a la red, incluidos escarabajos, gorgojos, orugas, hormigas, insectos palo, arañas (que no son realmente insectos, sino arácnidos) y moscas; (c) aspiradores para succionar pequeñas criaturas tales como hormigas o ácaros e introducirlos en un vial empleando una pequeña manguera de goma (a falta de joyas que adornaran mi uniforme de campo, estos versátiles aparatos de succión de terrible nombre[1] se convirtieron, asimismo, en mi collar favorito); (d) barrera de insectos para embadurnar las superficies de las hojas, para que el pringue pegajoso capturara los insectos al posarse, como si metieran las patas en arenas movedizas, y (e) trampas de luz para atraer a los insectos noctámbulos, como las polillas, los escarabajos, las moscas, los escorpiones e incluso serpientes que se acercaran a comerse los insectos atraídos a la luz.

Todos estos métodos eran ideales para que los científicos ciudadanos contaran polillas, fotografiaran gorgojos, sacudieran los insectos del follaje, que caían en las bandejas de golpeo, y realizaran batidas a ras del suelo forestal o en lo alto de las pasarelas. Mis científicos ciudadanos estaban especialmente entusiasmados,

---

1. En inglés, el instrumento en cuestión se llama *pooter*, que literalmente se traduciría como un instrumento para producir ventosidades. *(N. de la T.)*

sabiendo que estaban contribuyendo a aportar nueva información a la ciencia. Eran pocos los estudios ecológicos que se habían realizado en los bosques pluviales de Australia, y ciertamente ninguno en el dosel arbóreo, de modo que este esfuerzo en los años ochenta fue una primicia mundial. El ecólogo pionero Dan Janzen, de la Universidad de Pensilvania, estudió la biodiversidad de los insectos en los bosques pluviales, pero su trabajo estaba restringido a Costa Rica y, en su mayor parte, a ras del suelo. De manera similar, el innovador trabajo, en el Instituto Smithsonian, de Terry Erwin, el científico que declaró que millones de insectos vivían sobre nuestras cabezas, sólo atomizó una especie de árbol en Panamá, lo cual limitaba su aplicación al caso de Australia. Mis equipos de Earthwatch fueron los primeros –no sólo de Australia, sino del mundo– en realizar estudios de biodiversidad de insectos de un bosque entero.

Aunque las hojas eran el principal objeto de estudio de mi investigación para la tesis, estaba muy entusiasmada viendo a los insectos reptar, masticar y revolotear por las ramas superiores, maravillada ante la cantidad de follaje que consumían. Para poder percibir un pequeño atisbo de su variación espacial y temporal, elegí dos métodos de captura para comparar los insectos entre estaciones y bosques: redes de captura durante el día y trampas de luz por la noche. Empleamos cien redes de captura y diez horas de trampas de luz como unidades replicables de muestreo. Desgraciadamente, no existe un método único para comparar muestras tanto durante el día como por la noche, porque las trampas de luz no eran efectivas durante el día, y las redes de captura no eran seguras en la oscuridad.

Mediante el uso de trampas de luz colocadas en las ramas superiores, nuestras capturas nocturnas ascendían a una media de más de doscientas recolecciones por noche. Nunca olvidaré una captura que hicimos en una masa forestal de hayas antárticas, cuando la caja que sostenía la fuente de luz se desbordó por los miles de polillas bogong, unas polillas regordotas y marrones, de lo más anodinas, que se distinguían muy fácilmente de otras polillas más coloridas, ¡pero eran demasiadas para contarlas! Todo este trabajo de campo permitía ver un atisbo del enorme despliegue de diversidad de colores, tamaños, formas, antenas, alas, texturas, pelos y clasificaciones de los artrópodos. Apareció una tendencia: en estos bosques pluviales de hoja perenne, las poblaciones de insectos estaban relacionadas con la cadencia de las nuevas hojas. El bosque de clima templado frío tenía un rápido episodio principal de foliación del haya antártica, con un brote paralelo de insectos. El bosque subtropical tenía múltiples picos de aparición de insectos, que seguían el patrón de sus fenologías de foliación durante todo el año.

La captura de insectos era básicamente un juego de cifras, y producía muchísimos datos. Era imposible identificar todo en el campo, pero los científicos ciudadanos por lo general aprendían a reconocer algunos órdenes concretos de herbívoros: los coleópteros (escarabajos y gorgojos), los lepidópteros (larvas de mariposas y de polillas), ortópteros (saltamontes) y fásmidos (insectos palo), así como algunos «bichos raros» como varias larvas de dípteros y unos pocos himenópteros (por ejemplo, las avispas de las agallas). Mediante una sencilla clasificación de campo, unas guías taxonómicas y varios microscopios, calculamos unos datos básicos de referencia en cuanto a la abundancia de insectos y la proporción de herbívoros. Los resultados finalmente demostraron que la cantidad de insectos era mayor en los bosques de mayor diversidad y en el dosel superior, no en el sotobosque. Pero la abundancia de herbívoros era mayor en los bosques pluviales de clima templado frío, probablemente porque esta composición del dosel con una sola especie aseguraba el bufé libre de un tipo de hoja.

Entonces, ¿qué implicaciones tiene todo este consumo para la salud del árbol? En general, la pérdida de área de superficie foliácea puede derivar en una reducción de la producción de madera, de la actividad fotosintética y de la capacidad reproductiva. Sin embargo, en algunos casos, los fisiólogos vegetales han demostrado que una herbivoría moderada puede estimular la fotosíntesis de la planta, de la misma manera que cortar el césped puede potenciar el crecimiento de la hierba. Al comer, algunos saltamontes secretan en el interior de las briznas de hierba sustancias que promueven el crecimiento, para, de esta manera, asegurarse una futura fuente de alimento. Tal vez otros defoliadores desplieguen acciones similares para fomentar la supervivencia de las plantas que ingieren. Por desgracia para nosotros, los científicos forestales, la mayor parte de la investigación acerca de las interacciones entre las plantas y los insectos se ha llevado a cabo en plantas anuales dentro de laboratorios, lo cual dificulta la extrapolación de los resultados a los longevos árboles del bosque. Después de indagar acerca de la diversidad insectil y la dureza de las hojas, empecé a darle vueltas a la eficacia alimentaria como un concepto del ecosistema. Algunos insectos comían trozos de hoja, provocando que el resto se volviera marrón y muriera, mientras que otros se alimentaban de un modo muy eficiente, de manera que ninguna parte del tejido se volviera marrón y terminara desaprovechado. Me recordaban a los humanos: algunos dejan comida en el plato, que luego se tira, y otros no. Me preguntaba si el modo en que se alimentaban los insectos –agujeros enteros en oposición a mordiscos parcheados que hacían que el tejido muriera y se perdiera– tenía un impacto sobre la planta. De modo que diseñé un pequeño experimento para responder a dos preguntas: ¿Afecta el modo en que el insecto consume la hoja a la capacidad de la planta para recuperarse? Y: ¿Estimula la defoliación moderada el crecimiento, tal y como se ha documentado en el caso de algunas plantas anuales, como la hierba? Como no podía hacer un experimento de este tipo en árboles adultos, por la imposibilidad de pesar la biomasa de la planta entera, empleé plántulas en un laboratorio.

Trasplanté ciento treinta plántulas de palo satinado del suelo forestal a un gabinete en la parte trasera del laboratorio de botánica, con un entorno controlado. Todas las plántulas tenían seis meses de vida, y habían germinado en un claro soleado por la caída de un árbol. Cada plántula estaba plantada en una maceta con una tierra similar, con idénticos tratamientos de nutrientes, de regímenes de agua y luz, y todas crecieron durante cuatro meses dentro de aquella cámara. Cinco fueron recolectadas para calcular el tamaño medio de la plántula al inicio del experimento. Las otras ciento veinticinco fueron divididas en cinco grupos: (1) controles, (2) retirada una de cada cuatro hojas, (3) retirado un veinticinco por ciento de cada hoja, (4) retirada una de cada dos hojas, y (5) retirado el cincuenta por ciento de cada hoja. En este caso, yo quería averiguar si una cantidad diferente de herbivoría (nada, el veinticinco o el cincuenta por ciento) y de estrategia de alimentación (consumo de la hoja completo o parcial) afectaba al crecimiento de la planta.

Pasadas ocho semanas, el veinticinco por ciento de los tratamientos de defoliación mostraban el grado de crecimiento más alto, lo cual indicaba que el consumo moderado parecía estar impulsando el crecimiento de las plántulas de palo satinado. En cambio, la retirada de la mitad del área de la hoja (el cincuenta por ciento) era excesiva para que la planta se recuperara, y la mayoría de esas plántulas morían. La retirada de una hoja entera (de cada cuatro) provocaba que las plántulas redujeran su grado de regeneración, mientras que el corte del veinticinco por ciento de cada hoja estimulaba el crecimiento, como cuando se corta el césped. Descubrí que una cantidad moderada de defoliación, hasta el veinticinco por ciento, estimulaba el crecimiento en las plántulas, pero no tengo pruebas que demuestren que un árbol adulto se comporta de la misma manera que una plántula.

Las pasarelas tienen el efecto mágico de hacer que la investigadora se vuelva invisible para la biodiversidad circundante, probablemente porque la vida salvaje se siente relativamente a salvo en el dosel, a gran altura del suelo forestal. Es un sentimiento especial. En una ocasión, mi equipo estaba colocando trampas de luz en un bosque pluvial de Queensland cuando una bandada de talégalos de Latham aterrizó en las ramas superiores, su dormidero al atardecer. Como ocurre a menudo cuando las aves se posan en un lugar para pasar la noche, nos defecaron a todos encima, además de la lluvia de insectos que estaban en esas ramas superiores y que, expulsados de allí, también nos cayeron encima. Este episodio humorístico me despertó la curiosidad por el comportamiento de los insectos no voladores en los árboles de gran altura. ¿Se muere de hambre un herbívoro que no puede volar si se cae al suelo, o son capaces de orientarse y regresar a su sección aérea de ensalada? Los bosques pluviales eran demasiado altos y complejos para retirar las orugas del follaje en un experimento para observar su respuesta, de manera que mis colegas marinos me sugirieron un sistema más sencillo para abordar la acotación de las orugas: la vegetación baja en los cayos de coral. El heliotropo arbóreo (*Argusia argentea*) es un arbusto muy común en One Tree Island, la estación de investigación de la Universidad de Sídney en la Gran Barrera de Coral, frente a la costa de Gladstone, en Queensland. A cambio de ayudar como buceadora acompañante de seguridad, pasé un mes en la isla y realicé un experimento con orugas. Las larvas de la polilla *Utetheisa pulchelloides* (lepidóptero de la familia *Arctiidae*) estaban especializadas en un anfitrión, y sólo comían del heliotropo arbóreo que era abundante en las islas situadas a lo largo de la Gran Barrera de Coral. (Técnicamente, sólo las mariposas y las polillas reciben el nombre de «orugas» antes de la metamorfosis; «larva» es un término más general, que incluye a los escarabajos.) Yo conocía One Tree Island de una visita anterior y calculaba que las larvas comerían aproximadamente tres centímetros cuadrados de follaje al día, lo cual suponía entre un dos y un cinco por ciento del total de la foliación del arbusto. Colocadas en jaulas con otras opciones de alimento, las larvas morían si no encontraban hojas de heliotropo arbóreo, lo cual confirmaba su especialización. Para observar si las orugas podían orientarse y regresar a su planta anfitriona al ser desplazadas por el viento o por la actividad de los pájaros, coloqué veinte orugas en una bolsa negra para bloquear su sentido de orientación mediante la luz, y luego las distribuí al norte, al sur, al este y al oeste de los arbustos. Mostraban una mayor capacidad para encontrar la planta anfitriona cuando eran desplazadas hacia el lado oeste de los arbustos, pero tardaban treinta minutos en cubrir una distancia de 2,7 metros hasta ella. Evidentemente, esa lentitud las dejaba a merced de las aves hambrientas y, por tanto, era probable que no estuvieran orientándose sino que simplemente se tropezaban con el arbusto por pura casualidad. Tal y como ocurría al tratar de extrapolar los datos del experimento de las plántulas en la cámara de crecimiento a un ecosistema forestal, también es imposible vincular los resultados con arbustos a los árboles del bosque, más altos y complejos. Los biólogos de campo a menudo planteamos preguntas a pequeña escala, y luego seguimos limitados a la mera especulación cuando aplicamos los resultados a un contexto más amplio. Como estudiante de posgrado, muchas de las preguntas que planteaba eran una forma de aprender más acerca del diseño experimental, pero no siempre servían para llegar a conclusiones significativas.

Durante mi estancia en One Tree Island, dediqué muchas horas a debatir animadamente, comparando los herbívoros del dosel arbóreo con los peces que se alimentan de algas en los arrecifes de coral. Mis colegas marinos habían observado que ciertos grupos de peces del arrecife, denominados colectivamente cardúmenes alimentarios, ocupaban la misma altura en la columna de agua, o se alimentaban de tipos de algas similares. De forma paralela, ciertos gorgojos y escarabajos se alimentaban a la misma altura y de un tejido foliáceo de una madurez determinada. A medida que la ciencia descubre más cosas acerca de los bosques pluviales y los arrecifes de coral, encuentra conceptos comunes: una diversidad de especies extremadamente alta, una complejidad extraordinaria dentro de una red tridimensional, bancos de especies y la coexistencia de organismos que se alimentan tanto de manera especializada como generalista. Con la irrupción de fenómenos climáticos extremos a causa de la acción humana, las interacciones en ambos sistemas se enfrentan a un peligro creciente. ¿Pueden estas especies adaptarse lo suficientemente rápido para seguir el ritmo de los cambios de temperatura o de los patrones de precipitación en los bosques y/o del calentamiento y la alteración de los índices del pH en los océanos? ¿Pueden los organismos sobrevivir a la veloz degradación a la que hoy están sometidos muchos hábitats? La ciencia trabaja de forma infatigable, con la esperanza de encontrar soluciones a las alteraciones producidas por el ser humano, que amenazan con provocar el colapso de los sistemas naturales.

Mi investigación documentó el daño estacional del dosel arbóreo producido por los insectos, que diezmaban las hojas nuevas, y también confirmó la resiliencia de los árboles a unos niveles de herbivoría más altos que los estimados previamente a ras del suelo. A pesar de que calculé la cantidad exacta de defoliación causada por los insectos, ningún biólogo de campo ha desarrollado todavía técnicas fiables para calibrar con exactitud el total de organismos insectiles culpables que se dedican a masticar toda esa vegetación. No pierdo la esperanza de que, algún día, un avispado ingeniero invente un detector para contar cada artrópodo viviente en un metro cúbico de follaje, pero aún no ha habido suerte. A escala global, los estudios basados en el suelo forestal indican una disminución en espiral de las poblaciones de insectos, y predicen que más del cuarenta por ciento desaparecerá en las próximas décadas. En un estudio que se realizó a lo largo de veintisiete años, para el que se emplearon trampas Malaise (con este tipo de trampa, los insectos vuelan ingenuamente al interior de un gran espacio cúbico rodeado de tela y quedan cautivos), se demostró que, en Alemania, el número de insectos voladores había disminuido en un setenta y seis por ciento, con una pérdida similar en los bosques de Puerto Rico. Las poblaciones de polinizadores también están sufriendo un rápido declive, a pesar de que aproximadamente el ochenta y cinco por ciento de las plantas con flor en todo el mundo dependen de ellos para sobrevivir. Según la Organización de las Naciones Unidas para la Agricultura y la Alimentación (ONUAA), tres de cada cuatro plantas de cultivo para el consumo humano dependen por completo o en parte de los polinizadores. Un crudo ejemplo del descenso de la población lo encontramos en Norteamérica, donde, sólo en el año 2017, se perdió un tercio de las colonias de abejas melíferas. Un nuevo y más urgente «insectagedón» amenaza a poblaciones enteras de artrópodos, en el que la acción humana –incendios, agricultura, pesticidas y cambio climático– está llevando a muchas especies a la extinción. La ciencia no ha registrado la ecología de los insectos tan bien como la de otros animales de mayor tamaño, y por eso no sabemos realmente el alcance de esta disminución. Y, dado que los insectos no son tan populares como los delfines o los primates, hay muy pocas protestas por parte del público. Esto nos impulsa con aún más fuerza a mejorar nuestros instrumentos para estudiar, cuanto antes mejor, a los insectos y su barra libre de ensalada en el octavo continente.

❧ EL ÁRBOL URTICANTE GIGANTE ❧
(*Dendrocnide excelsa*)

Mi primera exposición a esta hermosa hoja peluda de aspecto suave ocurrió durante una exploración en solitario de las selvas subtropicales australianas. Cuando toqué por primera vez su follaje de un
brillante color esmeralda, tuve la misma sensación que si hubiera
agarrado una brasa ardiente o si me hubieran picado treinta avispas a la vez. Los pelillos tóxicos se me quedaron alojados bajo la
piel y el dolor duró días. Me sorprendió todavía más experimentar
la misma quemazón insoportable cuando cogí una hoja muerta del
suelo forestal. ¡Poca broma! Incluso un espécimen centenario
del herbario puede provocar esta nociva picadura a un inocente
botanista que la manipule sin guantes. Un compañero, también estudiante, afirmaba que tocar la yimpi yimpi de Queensland, todavía más tóxica, era «como quemarte con ácido hirviente y recibir
una descarga eléctrica al mismo tiempo».

No existe mucha información acerca de la ecología de estos no-
civos gigantes, probablemente por la sencilla razón de que ahuyen-
tan a los seres humanos (así como a la mayoría de los animales),
que evitan acercarse demasiado a ellos. En Australia la familia
Urticaceae cuenta con un género y siete especies. Muchas de estas
especies, originarias de los trópicos de Asia, donde la familia *Urticaceae* engloba 2.625 especies divididas entre 53 géneros, presentan hojas y tallos tóxicos. Un antiguo químico australiano llamado
J. M. Petrie analizó la composición química de las *Urticaceae*
en 1906, y confirmó que los árboles urticantes eran treinta y nueve
veces más tóxicos que las ortigas arbustivas, de menor tamaño, que
crecían en los prados de clima templado, en Europa y Norteamérica. Los bordes y las superficies de los peciolos están recubiertos de
numerosos pelillos que pican química y físicamente, lo cual sugiere
una evolución de las defensas morfológicas de la planta contra los
depredadores mamíferos. Con la ayuda de un microscopio electrónico de barrido (SEM), calculé la densidad capilar en follajes de
distinta madurez, y descubrí una densidad mayor en las hojas jóvenes, antes de su expansión. Así que tomé precauciones extraordinarias para evitar tocar las hojas jóvenes. La familia *Urticaceae* habita
predominantemente los trópicos de Asia, de modo que es posible
que los pelillos tóxicos evolucionaran para proteger a los árboles de
los monos y de otros depredadores mamíferos, aunque no suponen
una defensa tan aguerrida contra unos cuantos insectos resilientes.

El urticante gigante de Australia, *D. excelsa*, con su condición
de árbol emergente, mostraba una foliación durante once meses al
año, y el sesenta por ciento de las hojas nuevas se expandían durante el verano (de enero a marzo). Esto proporcionaba un festín seguro para un insecto especializado en esta especie anfitriona, llamado
escarabajo del árbol urticante (*Hoplostines viridipennis*), que desarrolló una habilidad única para digerir las toxinas y recorrer la superficie espinosa. Como esa superficie tóxica también lo protegía de
las aves depredadoras, el escarabajo se alimentaba, sin ningún pudor, en las hojas superiores, a plena luz del día. ¡Sin miedo! Los urticantes crecen rápido y alcanzan grandes alturas, como buenos

oportunistas, en los claros soleados, y por consiguiente tienen una vida relativamente corta y una madera blanda, lo cual refleja una mínima inversión de los recursos en longevidad o dureza, y una estrategia de crecimiento rápido para competir por un lugar en el dosel. De mis cinco especies investigadas, los urticantes tenían el ciclo de vida más corto, sólo siete meses, y cada rama presentaba un generoso brote de 8,3 hojas por año. Durante esa corta vida, los escarabajos comían aproximadamente un treinta y dos por ciento del follaje; en un marco temporal de doce meses, esto suponía un total del cuarenta y dos por ciento anual de pérdida de follaje en la copa. ¡Madre mía! La caída de la hoja tenía lugar a lo largo de todo el año y las hojas tardaban cuatro meses en descomponerse, el lapso más rápido de todas las especies que examiné. Comprobé que la estrategia subyacente del urticante gigante era crecer rápido, barato y apresurarse a volver a empezar. Cuando se abría un claro en el suelo forestal, después de la caída de un árbol, sus semillas, que eran muy abundantes en el terreno, germinaban rápidamente, dando continuidad a su estrategia de conseguir un sitio prominente, aunque breve, en lo alto del dosel. De esta manera, crecían veloces, aunque finalmente salían perdiendo en comparación con especies de crecimiento más lento, cuya madera era más fuerte y duradera.

Además del resiliente escarabajo especializado en este anfitrión, los árboles urticantes gigantes albergaban tropecientos mil áfidos chupasavias (*Sensoriaphis furcifera*). A veces, un grupo de hasta cien áfidos por hoja generaba un fenómeno de succión colectiva por toda la superficie, tras lo cual el resto del tejido se secaba y moría. En alguna rara ocasión, se vio masticando también las hojas al fásmido de alas violetas (*Didymuria violescens*), un insecto palo relativamente grande cuyo sistema digestivo era lo bastante duro como para tolerar las toxinas. Los zorros voladores a veces se posaban en las ramas, pero apenas lo hacía ninguna otra biodiversidad. Algunos animales conseguían comer los frutos de forma puntual. Entre ellos, alguna zarigüeya, un ave, un caracol, una rana o un lagarto.

Dos parientes notables del gigante urticante son el árbol urticante de hoja brillante (*D. photinophylla*) y el arbusto yimpi yimpi (*D.*

moroides). El nombre de este último procede de los mineros que trabajaron en el siglo xix en la región de Gympie, en Queensland. Su grado de toxicidad es incluso mayor que el del *D. excelsa* y contaba con el reluciente escarabajo verdinegro (*Prasyptera mastersi*), que se alimentaba exclusivamente de esta especie y dejaba en la superficie un patrón de encaje similar al que dejaba el escarabajo del árbol urticante gigante. El pademelón de patas rojas (*Thylogale stigmatica*) también se alimentaba de ese follaje ardiente, y a veces devoraba arbustos enteros, lo cual escapa a cualquier lógica. De algún modo, este pariente cercano del canguro y del ualabí digería la vegetación tóxica, y no había ningún otro animal que compitiera por esa dieta. De los miles de plantas del bosque pluvial, parecía extraordinario que fueran tan pocas las especies que habían evolucionado para desarrollar capilares urticantes, lo cual sugiere que existen otros factores, distintos de la defensa física, que son más importantes en el competitivo mundo arbóreo.

5

Decaimiento en el remoto interior

❦

Cómo conciliar el matrimonio con una investigación
sobre la muerte del gomero en territorio ovino

En los años que dediqué a mi investigación de doctorado sobre los bosques pluviales, pasé mucho tiempo (diría que unas mil quinientas horas) conduciendo por viejas carreteras forestales y parando cada ciento cincuenta metros, más o menos, para tomar muestras de hojas. Este era un modo fantástico de hacer inspecciones sorpresa de posibles brotes de insectos o para observar anomalías inusuales en el follaje. El muestreo ocasional a lo largo del borde de la carretera era una manera de evitar tener que escalar los árboles de gran altura. Estas hojas de las lindes recibían un baño de luz solar, eran fisiológicamente similares a las hojas de sol que había en lo alto, pero podía recolectarlas simplemente bajándome del vehículo con una bolsa de plástico y cogiendo treinta especímenes de forma aleatoria. A menudo viajaba con mi fiel amigo Hugh, que conducía nuestra ranchera Holden, que nos prestaba la Universidad de Sídney, para que yo pudiera bajar y subir con comodidad. Ambos éramos estudiantes de posgrado con trabajos de investigación que implicaban peligros —las costas intermareales y las copas de los árboles—, de modo que Hugh y yo nos acompañábamos mutuamente como compañeros de seguridad en gran parte de nuestros respectivos trabajos de campo. En la biología de campo, esto es básico. Yo arriesgaba mi vida contando percebes entre las olas rompientes cuando subía la marea en los litorales rocosos para ayudar a Hugh, que estudiaba las dinámicas de población de esta especie. A cambio, él me ayudaba sujetando la cuerda, un pinche de escalada llamado *dirt* (porque se quedaba de pie sobre el barro para supervisar la seguridad), algo especialmente importante en las escaladas nocturnas.

La flota de vehículos de la Universidad de Sídney se componía casi en su totalidad de rancheras Holden, que eran lo suficientemente grandes para transportar toda nuestra equipación de campo. A finales del siglo XX en Australia, había dos productos que simbolizaban el éxito económico: un tendedero de ropa llamado Hills Hoist (un armatoste francamente feo de metal, que se instalaba en los jardines traseros para tender la ropa) y una ranchera Holden (un robusto rectángulo de sólido metal que podía transportar a innumerables críos y montones de comida y *tinnies*, es decir, latas de cerveza). Estos recios vehículos eran el transporte ideal para cubrir largas distancias por carreteras polvorientas, donde con frecuencia los parabrisas se cascaban y donde había que vigilar atentamente que no se cruzara un canguro. Mientras avanzaba entre todos esos peligros al volante, me quedaba deslumbrada al contemplar las grandes extensiones de verde grisáceo de los doseles gomeros, imponentes montañas azules, interminables playas desiertas, el destello carmesí de los árboles de fuego en flor y, de vez en cuando, la ocasional escultura de carretera. Los australianos tienen un gran sentido del humor y sus carreteras están salpicadas de unos enormes monumentos, llamados colectivamente «Cosas Grandes», dedicados a diversos elementos populares. Hugh y yo llevábamos una lista en nuestros largos viajes en coche hasta los lugares de investigación y de regreso, con la esperanza de ver las trescientas cincuenta Cosas Grandes desperdigadas por todo el país: un plátano grande, una lata de cerveza grande, una oveja merina enorme, una gamba tremenda, una fresa gordísima, un perro inmenso, una piña gigante, una langosta colosal. Hubo una ciudad en Queensland que intentó erigir un busto descomunal del muy odiado sapo de caña, con la esperanza de que los turistas se animaran a ir para fotografiar a la infame criatura. No es de extrañar que el Ayuntamiento local votara en contra.

Un fatídico día, mientras conducíamos tranquilos por una pista rural, otro vehículo apareció a toda velocidad al doblar una curva, chocó contra la calandra de nuestra ranchera y yo me estrellé contra el salpicadero. Al ver que sangraba de la nariz y tenía la cara desfigurada, tres ingenieros del distrito saltaron de su elegante SUV gubernamental que había embestido nuestra ranchera universitaria. Rápidamente, me llevaron a un hospital regional en Armidale, en Nueva Gales del Sur, donde, tras ponerme muchos puntos y vendajes faciales, me dieron el alta. ¿Adónde podía ir a recuperarme hasta que el hospital pudiera quitarme los puntos? En esta zona rural, conocía de oídas el nombre de un biólogo, un reputado profesor de la universidad local. El profesor Hal Heatwole era famoso por sus estudios acerca de las hormigas, las serpientes de agua y los ecosistemas australianos. A pesar de que no nos conocíamos, yo seguía sus publicaciones con atención porque era de esa clase de científicos poco habituales que abordaban múltiples disciplinas. Busqué su nombre en la guía telefónica local y lo llamé, sin preámbulos. Poco después, estaba rodeada de cojines en el sofá de la sala de estar de Hal. Nos hicimos amigos enseguida, y durante mi convalecencia, tramamos un nuevo plan de investigación. Hal estaba entusiasmado con mi perspectiva de estudiar el árbol en su totalidad y quería aplicarla a la incidencia del decaimiento del eucalipto a escala regional. En la Nueva Gales del Sur rural, el paisaje del remoto interior sufría un prolongado declive de la salud y el vigor de muchos gomeros. Las consecuencias eran severas: el ganado y las ovejas se apiñaban bajo los esqueletos de antiguos árboles que habían perdido las hojas y apenas daban sombra. Hasta entonces, la mayor parte de los investigadores habían tomado muestras del suelo en busca de ataques fúngicos o medían los niveles de salinidad del nivel freático, pero nadie había revisado las copas en busca de alguna señal. Yo aportaba una nueva perspectiva a la salud forestal y ambos acordamos hacer buen uso de nuestro conocimiento experto conjunto para ayudar a los granjeros a resolver su difícil batalla final arbórea.

Yo acababa de presentar mi tesis de doctorado, orgullosa de haber podido demostrarle al director del departamento de Ciencias que se equivocaba cuando, sólo tres años antes, había sugerido que me limitara a casarme y tener hijos. No tenía que volver a Sídney hasta seis meses después, para recoger mi tesis encuadernada y asistir a la ceremonia de graduación. Pero mi mente estaba ya concentrada en lo siguiente, y el decaimiento del árbol gomero planteaba un problema ecológico importante al que yo podía aplicar mi destreza para acceder al dosel. El autobús tardaba un día entero en llegar a la Universidad de Nueva Inglaterra, en Armidale, Nueva Gales del Sur: la única institución de educación superior en Australia situada en un área rural, la universidad donde Hal enseñaba. Durante el viaje, contemplé, por la ventanilla del autobús, kilómetros de prados secos salpicados de miles de ovejas y esqueletos de árboles muertos. Los árboles que producen goma son una característica distintiva del paisaje rural. Los granjeros necesitaban estos árboles en los terrenos de pasto para dar sombra a sus ganados y para prevenir la erosión del suelo. La industria maderera también dependía del eucalipto para que las cosechas sostenibles les proporcionaran un sustento. Incluso el Gobierno australiano les tenía aprecio a estos árboles: eran especies icónicas y creaban paisajes que impulsaban el turismo, un sector en crecimiento dentro de la economía rural. Las aves y los insectos locales necesitaban el hogar que les brindaban las copas. Y otro icónico habitante de Australia, el koala, sobrevivía a base de comerse las hojas de los árboles gomeros, hasta el punto de que algunos lugareños pensaban que los koalas estaban matando a los árboles al comerse todo el follaje. Este espantoso rumor llegó incluso a provocar que algunos ganaderos empezaran a disparar en cuanto veían a un koala. No eran sólo los conservacionistas y los granjeros quienes tenían razones apremiantes para solucionar el decaimiento de los árboles: ¡los koalas también!

Esta misma región de Australia había sufrido una muerte de árboles a gran escala en 1886, un episodio que aparecía registrado en unos pocos diarios rurales de los granjeros de la época. Como consecuencia de ese fenómeno único, la cadencia del decaimiento de los árboles se calculaba en intervalos de cien años, a pesar de que no existía ningún ecólogo en el lugar para hacer una evaluación de los árboles a finales del siglo XIX. Cuando el fenómeno resurgió, a principios de la década de los años ochenta, los ecólogos de Australia (así como del resto del mundo) tomaron buena nota de su desaparición, pero no aplicaron el concepto del cambio climático, que ahora ya se reconoce como la causa principal de la emergencia de síndromes mortales de muchos bosques, incluidos los gomeros australianos. Unas décadas después, los científicos hemos comprendido que algunos países sometidos a anomalías climáticas en la Costa del Pacífico, como Australia, funcionan como sistemas de alerta temprana del cambio climático global, a medida que se acelera la frecuencia y la intensidad de los fenómenos producidos por este.

En el remoto interior de Australia, los patrones de precipitación siempre habían sido el factor determinante para la vida en el territorio. Al igual que los científicos, los ganaderos no hablaban de «cambio climático» en los años ochenta, a pesar de que el sector rural era dolorosamente consciente del incremento de las sequías y de los episodios de altas temperaturas, así como de la lacra asociada a estos fenómenos: el incremento de la frecuencia de los incendios y la escasez de pasto para el ganado. Durante estos episodios acelerados de sequía, las poblaciones de insectos se disparaban y, en consecuencia, consumían enormes cantidades de hojas, necesarias para que los árboles pudieran desarrollarse. A veces se daba una recuperación temporal de árboles individuales moribundos, y unas pequeñas ramas (llamadas «brotes epicórmicos») echaban hojas a lo largo de los troncos como un último esfuerzo ahogado en forma de pequeños brotes, o de diminutas varetas que intentaban volver a crecer en la base de lo que en realidad eran árboles esqueletados. El trabajo de campo acerca del decaimiento arbóreo en el remoto interior durante los años ochenta abordó un episodio precursor del cambio climático extremo, que adquirió protagonismo en Australia unos treinta años más tarde.

«Gomero» es el nombre común para designar a muchas especies del género *Eucalyptus*, originario de Australia. Este género engloba aproximadamente 555 especies, pero esta cifra cambia en función de si el taxonomista decide agrupar o dividir las especies por los análisis de ADN o por sus férreas opiniones acerca de las características físicas de las especies. La batalla entre agrupadores y divisores continúa asolando el mundo de la taxonomía. No todas las especies de *Eucalyptus* sufrieron este repentino síndrome mortal, y se identificaron diferentes causas en diferentes regiones. En Australia Occidental, la muerte del jarrah (*Eucalyptus marginata*) estaba claramente relacionada con un hongo raigal introducido de manera accidental desde Indonesia. El incremento del grado de salinidad del suelo fue uno de los principales factores en varios episodios que tuvieron lugar en Australia Meridional, en los que murieron varias especies de gomeros. Pero en Nueva Gales del Sur no se había observado ningún factor evidente. Más bien, daba la impresión de que era una muerte traicionera, en la que confluían muchas posibles causas: enfermedad fúngica; defoliación debida a los insectos; los koalas, que se alimentaban sólo de hojas de gomero; la sequía; un desequilibrio de nutrientes en los suelos; el uso de fertilizantes (especialmente, los superfosfatos que los granjeros pulverizaban de forma aérea para estimular el crecimiento del pasto); el agotamiento del nivel freático; el incremento del grado de salinidad; la tala rasa; la reducción de la cubierta del dosel, y una actividad de ganadería excesiva, en la que los animales se comían las plántulas y dañaban los troncos al retirar la corteza en círculos. Como suele ocurrir con las enfermedades, el conjunto de posibles causas hace que sea difícil separar un factor del resto.

Los eucaliptos tienen muchas características extraordinarias, pero su supervivencia es una auténtica lotería. En un buen año, un árbol maduro tal vez produzca cinco millones de semillas. Estas semillas son ligeras y se dispersan por efecto del viento, y muchas requieren del fuego como método natural para que se abran sus envolturas leñosas, llamadas «nueces de goma». Si tienen suerte, las semillas serán transportadas volando a un lugar con humedad, tierra y acceso a la luz del sol, y germinarán. Pero estas afortunadas no llegan al uno por ciento del total. Después de eso, una infinidad de peligros amenaza la infancia de la plántula: la sequía, ser pisoteadas por pezuñas, vientos extremos, la luz solar excesiva, el fuego, ser consumida por los insectos o el ganado, inundaciones y la práctica humana de la tala rasa. Si una semilla germina en una ubicación favorable, crece hasta convertirse, unos años después, en un retoño. Algunas especies adquieren una resistencia a los incendios mediante la producción de capas de peladuras de corteza, y otras desarrollan una raíz primaria única llamada «lignotubérculo», capaz de acceder al agua del subsuelo a gran profundidad, y de rebrotar después de un incendio. Con la aparición del decaimiento a escala continental en los años ochenta, se veían muy pocos gomeros (casi ninguno) que estuvieran creciendo, ya fuera como adultos a partir de la germinación de una semilla o como brotes alrededor de los troncos muertos. En resumidas cuentas, el paisaje se estaba convirtiendo, cada vez más, en un territorio yermo.

Cuando ya estuve instalada en el laboratorio de Hal en la Universidad de Nueva Inglaterra, escribí para solicitar una beca para recibir financiación como investigadora posdoctoral, que es una manera elegante de designar el siguiente peldaño después del doctorado. Alquilé un pequeño apartamento cerca de la universidad y busqué una compañera de piso para compartir los gastos. Judy y yo nos conocimos en un cursillo de masaje, con el que ambas obtuvimos el diploma de masajistas, para poder trabajar y pagar las facturas. A los tres meses, conseguí una beca que incluía un sueldo mensual durante tres años y equipación de campo para escalar eucaliptos, así que mi carrera como masajista duró poco, aunque hice un círculo de buenas amigas. Siguiendo la eficaz metodología que había empleado en los bosques pluviales para estudiar el árbol en su totalidad, planteé la hipótesis de que los insectos defoliadores representaban la gota que colma el vaso en los doseles del bosque abierto, tras el daño previo de la degradación medioambiental debida a otros factores. Los granjeros afirmaban que las temperaturas habían sido más altas y el aire más seco durante los años ochenta, y que habían tenido que emplear cada vez más cantidad de fertilizante en los pastos, de modo que tal vez los insectos hubieran atacado unos árboles que ya sufrían un estrés medioambiental. Debía seleccionar varios árboles de estudio para probar mi hipótesis. ¿Cómo haría para convencer a unos cuantos ganaderos de que me permitieran a mí, una auténtica científica, dedicarme a escalar en su propiedad? La manera más fácil de conseguirlo, según Hal, era ir a los pubs del lugar con un tirachinas y contar unas cuantas anécdotas de la escalada arbórea. De mis tiempos en las regiones del bosque pluvial, yo sabía que cuando se encienden las luces del bar, los granjeros de la zona van allí en manada como polillas a la luz. Muchos de estos abrevaderos rurales todavía tenían secciones separadas para las mujeres, así que tuve que alistar a un par de colegas hombres para que me acompañaran al lado masculino. Hal y algunos de sus estudiantes se apuntaron de buena gana. Mira por dónde, la estrategia del pub funcionó. En un visto y no visto, contaba con varias estaciones (como llaman en Australia a un rancho o hacienda) en las que podía escalar y estudiar los doseles.

El dueño de una de las propiedades era un ganadero joven llamado Andrew. Mis amigas de la zona rural bromeaban diciendo que probablemente era ¡el único soltero disponible en miles de kilómetros a la redonda! Andrew era un granjero guapo, divertido y creativo que amaba la naturaleza. Decía que la cerveza era la culpable de que no hubiera continuado con una carrera académica, pero, en realidad, para salir adelante la mayor parte de los granjeros con ovejas y ganado dependen de la red de contactos que se hace en el pub, y no de un polvoriento título universitario colgado de la pared en el redil. Nuestro cortejo consistió la mayoría de las veces en ayudarlo a abrir las verjas cuando Andrew llevaba las ovejas de un lado a otro de su terreno de más de dos mil hectáreas, llevarle la comida al redil durante el esquileo y alguna salida puntual a cenar en el pub. Pero hablábamos durante horas sobre las ovejas, los paisajes, los árboles y la vida en el campo. Yo tenía treinta años y llevaba doce dedicada principalmente a la investigación de campo, pero siempre había querido formar una familia. Oía el tic del reloj biológico entre los sonidos de las mandíbulas de los insectos masticando mis queridas hojas. Y la primera vez que fuimos a visitar a sus padres, ¡nos dejaron caer que nos estábamos haciendo demasiado mayores para darles nietos! Andrew y yo creíamos que podíamos convertir su granja familiar en una propiedad modelo, con mis conocimientos para restaurar el arbolado autóctono y su idea de que un paisaje saludable finalmente produciría un ganado más saludable. Nos enamoramos y nos prometimos, así que Andrew llamó a mis padres, que seguían al norte del estado de Nueva York, para contarles la noticia. Pero, ¡ay!, se le olvidó la diferencia horaria y eran las cuatro de la mañana cuando llamó... ¡empezamos con mal pie! Mi madre se echó a llorar. Mi padre, siempre un caballero, fue amable. Nos casamos en Australia y lo celebramos con una fiesta en el redil. No asistió nadie de mi familia. Mi madre lloró otra vez y me sentí desconsolada por vivir a dieciséis mil kilómetros de distancia. Pero parecía un mundo ideal: amor, matrimonio, tendríamos niños y miles de árboles moribundos.

A la madura edad de treinta y uno, inmersa en mi primer encargo profesional, me mudé a la estación familiar de ovejas y ganado de Andrew, a una hora de la universidad y a una enorme distancia de cualquier familia biológica. La ciudad más cercana, Walcha, un término aborigen que significa «abrevadero», presumía de tener doscientas veces más cabezas de ganado que de personas. A la entrada de la ciudad había una valla publicitaria en la que ponía: «WALCHA – OVEJAS: 760.000; GANADO: 120.000; PERSONAS: 4.000». Esta región era, asimismo, el epicentro del decaimiento. La valla probablemente tendría que haber anunciado: «ÁRBOLES MUERTOS: 500.000». En la calle principal había cuatro pubs, una pequeña tienda de comestibles, una oficina de Correos, una farmacia, tres bancos y tres tiendas de todo tipo de productos para granjeros. Los bancos eran importantes para pedir préstamos ante las sequías y las fluctuaciones de los mercados agrícolas, y los pubs eran cruciales para ahogar las penas y para celebrar bodas y bautizos. Los ganaderos australianos eran gente estoica, orgullosos descendientes de convictos enviados por barco desde el Reino Unido, y acostumbrados a mezclar la sangre con la tierra. A menudo dedicaban jornadas de dieciocho horas al ganado, las vallas, los abrevaderos y los prados. En su escaso tiempo libre, a los granjeros les encantaba conducir por el distrito local como auténticos cotillas profesionales, espiando por encima de las verjas para ver si había algo que el vecino hiciera mejor que él. Cuando un ganadero hacía el *smoko*, su descanso de media mañana, sus mujeres estaban listas, esperándolos en la cocina. Las «Sheilas» se quedaban en casa para cocinar chuletas de cordero, matar tábanos en la cocina, vigilar a los niños para que no les picara una serpiente venenosa y ocuparse en general del frente doméstico. No era una vida fácil y en la cultura rural no estaba bien visto que una mujer se creyera una intelectual. Mis suegros no tardaron demasiado tiempo en etiquetarme como una «media azul», ese término despectivo para referirse a cualquier chica que tuviera inquietudes académicas.

Pero mi marido granjero se casó conmigo muy orgulloso, a pesar del amor que su mujer profesaba a los árboles (y tal vez también por eso). Sin duda yo era la única arbonauta cualificada en toda Australia, y nuestro paisaje rural sufría una enfermedad botánica de una enorme magnitud económica, ecológica y emocional. Estaba decidida a averiguar qué ocurría. Los esqueletos grises fantasmagóricos de cientos de gomeros moribundos, visibles desde la ventana de nuestra cocina, me atormentaban a diario. Los granjeros australianos necesitaban árboles para dar sombra a sus ganados, conservar el suelo, acoger a aves e insectos autóctonos y mantener el bullicio de los sistemas naturales. Pero nadie sabía cuál era la causa de estas muertes o cómo hacer para revertir la grave degradación de sus propiedades. Estas cuestiones me atenazaban como científica y también como la flamante nueva esposa de un granjero.

Mientras que muchos de mis compañeros de universidad al casarse se emparentaron con familias ricas y tenían casas en la playa o grandes yates, yo me emparenté con dos mil hectáreas de eucaliptos moribundos y me sentía afortunada por tener este increíble tesoro. Yo lo llamaba nuestra «dote arbórea», porque al casarme recibí miles de árboles. A cambio, mi marido recibió mi conocimiento acerca de los árboles. Nuestra estación de ovejas de dos mil hectáreas, salpicada de árboles desperdigados, podía mantener hasta quince mil ovejas de fina lana merina, pero sólo si llovía y la hierba crecía. Como para la mayor parte de los ganaderos en el remoto interior de Australia, el ganado y el vallado eran más importantes que la casa. Así que siempre comprábamos una nueva verja o un techo para el cobertizo antes que un lavavajillas o un sofá. Nuestro hogar de recién casados en realidad era una casita de campo destartalada en un extremo de la estación familiar, que llevaba una década deshabitada. Con una brocha blanca conseguí amansar la cocina, que era de un naranja luminiscente, pero nunca logré que las mosquiteras estuvieran bien cerradas como para evitar que entraran los cientos de tábanos de las ovejas, que invadían la estancia siempre que cocinaba cordero. Unos años después, descubrí, con horror, unas larvas de tábano reptando durante su siesta por encima de nuestro hijo recién nacido; las mantas de lana de la cuna estaban infestadas de ellas. Lo único que pude hacer fue retirarlas, entre lágrimas.

Nuestra casita de campo era básicamente una cabaña aislada, grande, de madera, diseñada para mimetizarse con cierta belleza salvaje. Los suelos de madera crujían, unas cortinas hechas con tiras de plástico ondeaban desde el dintel de las puertas, en un intento vano por que no entraran las moscas, y había unos antiguos retratos espeluznantes en lo que los niños llamaban cariñosamente, nuestro «salón de los horrores». En aquellos años, las esposas de los ganaderos presumían de los suelos vinílicos brillantes de sus cocinas, de las sillas de plástico, de unos sofás con la tapicería deshilachada y del café instantáneo. Sin embargo, a pesar de la humilde decoración, una calidez extraordinaria unía a todos los hogares rurales a lo largo de grandes distancias de miles de hectáreas batidas por el viento. Mi nuevo marido formaba parte de un acervo único, que le había legado una capacidad asombrosa para interpretar el paisaje. Me maravillaba la manera en la que tanto él como su padre domesticaban el campo, abrían y cerraban miles de verjas

para mover el ganado entre los prados, ingerían su buena ración de
polvo y de tábanos, reparaban incontables kilómetros de vallas,
mantenían en buen estado nuestros más de veinticinco kilómetros
de cable telefónico, entrenaban a un pequeño ejército de perros pastores y soportaban el circo de los mercados de lana y ganado. Pese
a mi amor quijotesco hacia los árboles y pese a mi condición de
«media azul» intelectualoide, muy pronto tuve un grupo de amigas
maravillosas, todas ellas, esposas en estaciones vecinas. Nos veíamos con frecuencia para tomar café, nos juntábamos cuando na-
cían nuestros bebés, y no nos importaba conducir sesenta u ochenta
kilómetros para visitarnos mutuamente un par de horas, para compartir penas y alegrías. Ellas admiraban mi experiencia y mi intelecto y a mí me encantaba su sentido del humor sobre el mundo rural
y las soluciones prácticas que encontraban para las tareas de la casa
en el remoto interior. Treinta años después, sigo en contacto con mi
hermandad de amigas australianas, que en su mayoría todavía viven en las mismas propiedades de ganadería ovina. Como estudiante de posgrado en la Universidad de Sídney, había enseñado en la
escuela nocturna a obreros durante tres años, hasta que conseguí
dejar de ponerme nerviosa a la hora de dar clase. Gracias a esa escuela nocturna, aprendí a armarme de valor para hablar delante de
otras personas. A lo largo de mi carrera, la habilidad para comunicarme con los lugareños y generar confianza se convirtió en un recurso mucho más útil que una enorme pila de artículos técnicos
publicados. Hablar en un lenguaje llano fue la clave para entablar
una relación con los granjeros cuyos árboles estaban en peligro.

En la granja, la vida era dura, pero me encantaba levantarme al
amanecer con el grito endiablado de la cucaburra, el canto lírico
del verdugo flautista y el balido de varios miles de ovejas. Trabajaba sin descanso para preparar comidas estupendas, hacía la compra durante la hora de la comida los días en los que iba a la universidad y a menudo salía a toda prisa del despacho para volver a
casa, saltándome el límite de velocidad, para asegurarme de que
mi marido granjero tuviera la cena caliente en el plato al terminar
la jornada. Tuve mucha suerte de no atropellar a ningún canguro

en aquellas carreteras rurales de tierra, con las prisas por cambiar de marcha entre la Meg académica y la Meg esposa. Quería ser la esposa perfecta hasta el mínimo detalle, pero mis suegros eran extremadamente críticos con el comportamiento de «media azul» de su nuera. Corría el chiste entre las vecinas de que mi suegra estaba encantada de hacer de niñera si yo tenía cita en la peluquería, pero no si tenía que ir a la biblioteca de la universidad. Así que yo trataba de llevar mi investigación de campo de la manera más discreta posible. En mi fuero interno, pienso que ella estaba tratando de convertirme en una buena esposa granjera, pero era imposible hacer desaparecer una vida de amor a los árboles. Además, yo había emprendido la investigación sobre los eucaliptos mucho antes de casarme, de modo que estaba decidida a seguir adelante y resolver aquella epidemia.

A partir de las observaciones iniciales del eucalipto rural, los brotes de insectos parecían representar la batalla final para el árbol, después de múltiples peleas con la sequía, las altas temperaturas y el estrés producido por el ser humano. Yo sabía, por mi investigación previa, que unos niveles moderados de herbivoría –alrededor del veinticinco por ciento anual– no mataban a los árboles del bosque pluvial. Si los insectos estaban contribuyendo de manera significativa a la mortalidad de los doseles de gomeros, entonces los árboles de los terrenos de pasto tenían que estar sufriendo una defoliación mucho mayor. Mis métodos de investigación con estos árboles serían similares a los que había utilizado en el bosque pluvial: determinar diferentes especies para el estudio, encontrar ramas a intervalos verticales en copas similares y etiquetar las hojas para monitorizar la herbivoría y la mortalidad a lo largo del tiempo. Pero escalar a los árboles del bosque abierto era completamente diferente de escalar en bosques húmedos. Para empezar, el paisaje estaba más descubierto y era más inhóspito, con el azote de los fuertes vientos y bajo una luz solar implacable durante todo el día. Era mejor escalar al amanecer o al atardecer, para evitar las quemaduras y los tropecientos mil tábanos que se me arremolinaban alrededor de la cara, cubierta de sudor durante las sofocantes horas del

día. En comparación con los bosques pluviales, el ramaje del eucalipto, de crecimiento rápido y expuesto al sol, era extremadamente
quebradizo, y elegir una rama segura para sostener la cuerda de
escalada era una tarea delicada. Mi regla de oro era elegir una rama
que tuviera una circunferencia mayor que el muslo de la escaladora.
Esta dimensión era probablemente dos o tres veces más grande de
lo necesario, pero así me quedaba tranquila. En algunas dehesas
había toros bravos, así que debía tener cuidado con el ganado, además de con las ramas. De vez en cuando, me llevaba la inesperada
alegría de encontrarme con un koala (*Phascolarctos cinereus*) alimentándose en alguno de los doseles que estudiaba. Estos marsupiales arbóreos se alimentan exclusivamente del follaje del eucalipto, pero sólo de un puñado de especies. En mis muchos años de
escalada, me producía una enorme emoción compartir, a veces, la
corona del árbol con los lentos koalas, después de que hubieran
consumido una gran dosis de hojas de gomero, tóxicas para la mayor parte de los animales debido a su esencia de aceites volátiles de
eucalipto, pero no para los koalas, que habían evolucionado para
digerir esta ensalada química. No podían salir volando, ni tampoco
se escabullían ni saltaban ni bajaban rápidamente por el tronco. En
lugar de eso, generalmente se quedaban mirándome como si fuera
una extraterrestre. Pero podían hacer verdaderos esprints sobre el
suelo cuando cambiaban de árbol, y en alguna ocasión los vi correr
más rápido que nuestros perros pastores.

Después de cuatro años escalando árboles en el bosque pluvial,
preparé los eucaliptos para la escalada de forma rápida y experta.
Escogí cinco especies autóctonas del noroeste de Nueva Gales del
Sur: la menta de Nueva Inglaterra (*Eucalyptus nova-anglica*), el
eucalipto rojo de Blakely (*E. blakelyi*), el eucalipto corteza fibrosa
de Nueva Inglaterra (*E. caliginosa*), el eucalipto negro (*E. stellulata*) y el eucalipto de montaña (*E. dalrympleana*). Todas estas especies habían sido señaladas por los granjeros como víctimas del
síndrome de decaimiento y quedaban algunos ejemplares aislados
en las granjas, donde sus copas eran un importante hábitat para la
biodiversidad y cruciales para aportar lugares de sombra para el

ganado. En resumidas cuentas, los granjeros estaban muy preocupados por ellas y por lo que les pudiera ocurrir. Para mí, tenía todo el sentido trabajar en estrecha colaboración con los ganaderos y crear soluciones que fueran relevantes para la salud y la ecología de su paisaje. Ellos me respetaban porque compartía su amor por el territorio, y eso tenía un valor incalculable a la hora de generar confianza. A lo largo de mi carrera como ecóloga, he visto a colegas que se mantenían distantes con la población local y por consiguiente nunca establecían vínculos con las comunidades en las que trabajaban. Esto puede producir conflictos y, sin duda, genera en el público una desconfianza hacia la ciencia. Yo tuve que superar los prejuicios que los granjeros tenían, con razón, hacia los científicos, y también demostrar que no pasa nada por que una mujer se suba a los árboles.

Después de casarme con Andrew, continué mi trabajo en el dosel de los bosques pluviales, pero solo a tiempo parcial. Como no existía más de un puñado de científicos arbóreos en Australia, era importante que de vez en cuando me uniera a alguna expedición al húmedo trópico. Durante la primavera de 1984, estuve en el norte de Queensland, estudiando la biodiversidad de un bosque tropical, y, como era de esperar, era la única mujer de la expedición. Al tercer día, sufrí un fuerte mareo después de escalar una de las torres del bosque para recoger frutos, algo muy inusual después de tantos años en el dosel. Sentía el cuerpo diferente. Después de la jornada de trabajo, fui a la tienda local que había junto a nuestro alejado motel y encontré un libro de la colección Penguin titulado: *Acerca del embarazo*. Volví discretamente al motel con el libro y leí durante casi toda la noche. Los síntomas descritos en el libro coincidían con los míos. Estaba secretamente muy emocionada pero no tenía un móvil para hablar con Andrew. Cuando volví a la granja, diez días después, pedí cita con nuestro médico rural, que me dio un test de embarazo, y dio positivo.

Como científica embarazada tratando de conciliar el trabajo con la vida en la granja, el mayor obstáculo resultaron ser mis suegros. En su opinión, tener hijos era la labor principal de una esposa. Cuando me quedé embarazada, fue una gran alegría para ellos, como también lo fue para Andrew y para mí. Pinté la habitación del bebé, hice cojines y colchas, y todo lo que una buena esposa debería hacer, incluso mientras silenciosamente continuaba midiendo árboles, colocando trampas para recoger hojas y el *frass* de los insectos, revisando la literatura científica y cumpliendo con mis tareas posdoctorales en la Universidad de Nueva Inglaterra. Deseaba fervientemente mantener mi carrera profesional, no sólo porque me hubiera esforzado mucho por convertirme en doctora en Botánica, sino también porque mi empleo me proporcionaba un pequeño sueldo personal para cosas como comprar un billete de avión para ir a ver a mi familia o asistir a un congreso científico. La granja funcionaba bien económicamente, pero la mayor parte de las ganancias se invertían en el vallado y las vacunas para el ganado, y no, ciertamente, para la investigación de la nuera ni para sus viajes personales.

A medida que la tripa iba creciendo, se volvió incómodo –y más tarde imposible (y extremadamente peligroso)– escalar con cuerdas y un arnés. Necesitaba una solución creativa distinta de mi simplista técnica original de un arnés y una única cuerda colocada con un tirachinas para realizar el trabajo de campo en el dosel durante la mayoría de los nueve meses. Así que pedí prestada una parte de la equipación del departamento de agricultura, una plataforma elevadora, que me permitía ascender con facilidad a las copas de los eucaliptos. En comparación con los bosques pluviales, estas masas de bosque abierto eran, más o menos, la mitad de altas, y los árboles estaban más dispersos, lo cual hacía que el acceso fuera más fácil. Para usar esta práctica máquina no hacía falta disparar una y otra vez con el tirachinas, apenas se sudaba y sólo había que aprender a manejar un par de cambios para subir y bajar en la canastilla. ¡Era muy divertido! Nunca habría funcionado en el húmedo bosque pluvial, sin una superficie de tierra firme y un terreno abierto para conducir el tráiler hasta cada árbol. Durante aquellos nueve meses, dediqué muchas horas del día a completar el tercer año de mediciones del follaje, con un total de 5.623 hojas (de las cuales 2.543 se habían perdido después del primer año). De media, mis cinco especies habían sufrido entre el veintitrés y el sesenta y uno por ciento de consumo anual de hojas. Pero algunas de las hojas marcadas habían sido enteramente devoradas por un escarabajo (*Anoplognathus hirsuta*), llamado a veces escarabajo de Navidad porque eran muy abundantes durante el verano australiano, en el mes de diciembre. Este voraz herbívoro no sólo consumía copas enteras de mentas de Nueva Inglaterra, sino que, durante una sola temporada, comía tres foliaciones consecutivas: técnicamente, ¡el trescientos por ciento del área de superficie foliácea por año! Este ataque repetido y esta herbivoría extraordinariamente alta llegó a matar finalmente a las mentas, así como a varias especies locales más durante el tercer año de muestreo, lo cual demostró que los insectos eran el último factor de estrés que conducía a la muerte del árbol.

Como estaba obsesionada con el impacto de los insectos en el bufé de ensalada aérea de la copa, casi olvidé mirar lo que le podrían estar haciendo al resto del árbol, especialmente al sistema raigal, hasta que advertí que los escarabajos de Navidad vivían en el suelo durante su fase larval. Era importante documentar su actividad subterránea; regresar, básicamente, a ese dedo gordo del pie de los árboles, y determinar qué estaba pasando ahí abajo. Pero ¿cómo mide un biólogo de campo el daño producido a la raíz? Resultó que sólo había un método efectivo: tirar el árbol abajo y examinar sus raíces. Para esta tarea, como había hecho anteriormente con la investigación del dosel, recluté a voluntarios a través de Earthwatch, cuya vista y cuyo oído hicieron que el trabajo fuera más exhaustivo. Los voluntarios se alojaron en nuestras rústicas cabañas de esquiladores y ayudaron a cartografiar el daño que los insectos les habían producido a los gomeros, tanto sobre el suelo como bajo tierra. Nuestras máquinas para la granja eran perfectas para la investigación de las raíces porque el tractor podía excavar la tierra sin esfuerzo para exponer las raíces y las larvas de los escarabajos. Primero, con la plataforma elevadora, el equipo revisó y recolectó cuidadosamente las partes de una menta de Nueva Inglaterra sana situadas por encima de la superficie del terreno, y las de un ejemplar moribundo de idéntico tamaño, que crecía a unos treinta metros de distancia. Cada metro cúbico de follaje, ramas y troncos fue cartografiado, cortado y embolsado o etiquetado para ser analizado en nuestro laboratorio en el redil. Después usamos el tractor de la granja para extraer las raíces. Mi marido granjero cavó con cuidado unas trincheras en y alrededor de dos árboles para que los científicos ciudadanos pudieran usar tamices para extraer de forma manual todas las raíces. Durante varios días, estuvimos literalmente jugando en el barro. ¡Los resultados nos dejaron de piedra! Gracias a John Deere y a un equipo de científicos ciudadanos, calculamos la magnitud tanto de la herbivoría del dosel como el daño producido en las raíces por el escarabajo de Navidad. Pesamos las rodelas (las secciones cortadas del tronco); contamos, una a una, todas las hojas, y medimos la defoliación de cada árbol. Una menta de Nueva Inglaterra sana tenía un área total de dosel de 123 metros cúbicos, e incluía algo más de 150.000 hojas. En cambio, el ejemplar con síndrome de decaimiento tenía un tercio de materia foliácea, distribuida por unos setenta metros cúbicos de dosel, y un total de sólo 60.000 hojas. Los taladradores atacaban también las ramas, y devoraban un diecinueve por ciento de ellas en el árbol enfermo, en comparación con un moderado cinco por ciento en el ejemplar sano. El daño a las raíces producido por las larvas del escarabajo era aún más gráfico: al árbol moribundo le quedaba solo el veinte por ciento de materia raigal, a diferencia del sano. En resumen, el escarabajo de Navidad y sus larvas estaban consumiendo las mentas de Nueva Inglaterra desde ambos extremos del árbol. Era un doble revés: las larvas se alimentaban bajo tierra y luego emergían como adultos para comerse las hojas.

Esta investigación consistente en la medición del daño causado por el insecto a las raíces y al dosel pudo completarse solo gracias a la ayuda heroica de mi madre. A mitad del embarazo, sufrí de unos vértigos horribles y tuve que renunciar a todo trabajo físico, incluida la actividad con la plataforma elevadora. Mi intrépida madre llegó desde el lejano estado de Nueva York, concretamente, con la misión de cocinar para los equipos de Earthwatch. En aquellos tiempos, había que tomar al menos cinco vuelos para ir desde Elmira hasta Walcha, con escalas en Pittsburgh, Los Ángeles, Hawái y Sídney, tanto para repostar como para cambiar de avión. Nos reíamos porque se negó en redondo a sustituirme sobre la plataforma elevadora, y desde luego no estaba contenta con la invasión de tábanos de la cocina, ni con las serpientes venenosas del jardín. Pero, gracias a su esfuerzo, los voluntarios estuvieron bien alimentados mientras medían cada centímetro de aquellos eucaliptos.

Durante mi embarazo, subí veintidós kilos. En el remoto interior, que las vacas y las ovejas preñadas ganaran mucho peso se consideraba señal de que estaban sanas, así que supongo que las mismas reglas se aplicaban a las humanas. Diez días después de salir de cuentas, no sólo estaba enorme sino también muy nerviosa. Durante varias tardes seguidas, anduve dando traspiés por los surcos y las rodadas en el prado de detrás de nuestra casa en la granja. Mi suegra insistía en que este tipo de paseo rústico provocaría el parto. Era el año 1985 y los granjeros se quejaban de que los fenómenos climáticos extremos estaban sembrando el caos en las industrias agrícola y ganadera. Nuestras ovejas no podrían sobrevivir otra temporada con tal escasez de hierba autóctona, así que esperábamos poder contrarrestar la amenaza de hambruna con el cultivo de la avena, altamente nutritiva, pero incluso esa opción era una lotería, porque tenía que llover al menos un par de veces para que la avena creciera. Me tropecé y caí dando vueltas por los terrones de tierra seca, dura como una piedra, tirados sobre el paisaje ondulante por el arado, unos bloques tan grandes que podía romperme una pierna si no tenía cuidado. En el remoto interior, el hospital regional de veintitrés camas no contaba con medios artificiales para provocar el parto. A pesar de la ausencia de tecnología, yo tenía una confianza absoluta en nuestro médico rural. Su práctica sencilla no incluía aparatos de ultrasonido, no había posibilidad de elegir entre un parto con epidural o una cesárea, pero contaba con muchos años de experiencia. Si había complicaciones, el Servicio Médico Aéreo me llevaría hasta Sídney.

Eddie nació después de un parto de treinta y seis horas. Sin anestesia, sin ecografías, sin aparatos modernos. Ni siquiera la mayoría de nuestro ganado se veía sometido a una experiencia tan inhumana, como decían mis amigas entre murmullos. Después de las primeras doce horas de parto, cuando quedó claro que el proceso no iba cada vez más rápido, nuestro fiel médico general decidió sabiamente irse a dormir. Fue un consuelo que al menos uno de los dos pudiera descansar un poco. A las cuatro de la mañana, la mesa de partos del hospital se desplomó cuando una enfermera se tropezó accidentalmente con ella, y caí al suelo. Mi mañoso marido sacó la caja de las herramientas de la camioneta, arregló las juntas de la mesa y me subió encima. Unas veinte horas después, tras unas contracciones insoportables y sin analgésicos, el doctor MacKinnon me dijo que me daba permiso para soltar improperios. Yo estaba tan agotada que mi cerebro no era capaz de procesar nada, pero tenía que reunir un último arranque de fuerza para dar a luz al bebé, así que, con un hilo de voz, solté: «¡Jolines!». Después de aquello, la comunidad entera se pasó meses riéndose de la supuesta palabrota. Tras una abrumadora cantidad de horas dedicadas a respirar, empujar y reunir las fuerzas más recónditas, Eddie nació de nalgas, con cuatro kilos de peso, un bebé sano y feliz. Hizo falta mucho remiendo, como lo llamó el doctor, a causa del rasgado excesivo durante el parto. En el remoto interior, más vale tener buena salud y buena suerte porque los lujos tecnológicos de la medicina moderna quedan a muchos cientos de kilómetros de distancia. Me quedé en el hospital rural una semana, incapaz casi de andar, por la cantidad de puntos de sutura. Visto por el lado positivo, no tenía prisa por irme y no había posibilidad de que sustituyeran al bebé, como alguna vez ocurre en las grandes instalaciones urbanas. De hecho, no nació ningún otro bebé en nuestro hospital rural en todo ese mes, de manera que Eddie era el niño mimado de todas las enfermeras. Cuando volví a casa, unos amigos norteamericanos de mi infancia que estaban dando la vuelta al mundo pararon en la gasolinera local, mientras iban de Sídney a Brisbane, con la idea de hacerme una visita. La empleada de la gasolinera les sonrió y les dijo que si no contestaba nunca al teléfono entre las diez y las once de la mañana era porque estaba dando de mamar al bebé. Ese era el grado de cercanía e intimidad que se compartía en las comunidades rurales: todo el mundo sabía todo, o al menos, eso parecía. Y me encantaba ese sentimiento de conexión.

Después del nacimiento de nuestro primer hijo, el padre de Eddie estaba orgulloso y mis suegros estaban rebosantes de alegría, al igual que lo estaba el bisabuelo australiano de Eddie. Yo tenía una relación muy estrecha con él, compartíamos el amor por los pájaros, y todas las tardes conducía el kilómetro y medio de pista de tierra desde su casa a la nuestra para tomar el té conmigo y observar a los pájaros desde la ventana de la cocina. Murió varios meses después de que Eddie naciera y por dentro yo creo que simplemente estaba esperando a la llegada de su biznieto antes de dejar este mundo. Incluso a finales del siglo XX, un hijo varón era el principal seguro para que una granja en funcionamiento pasara con éxito a la siguiente generación. Edward Arthur fue bautizado con los nombres de ambos abuelos, lo cual era una herencia de peso. Mientras trataba de seguir adelante con un recién nacido, tuve que enfrentarme a determinadas actitudes culturales que me llegaban de todas partes, especialmente de mis suegros, que me dejaron claro que el lugar de una nuera era en casa, con el bebé. Y punto. No había guarderías en ciento cincuenta kilómetros a la redonda, y ningún pariente cercano que se ofreciera a ayudar. Así que me vi prácticamente confinada en casa como «mamá» a tiempo completo. Varios colegas de la universidad notaron mi ausencia: básicamente, aquellos investigadores que estudiaban las poblaciones de aves y que hacían pruebas de plantado de árboles, que constituían casi todo nuestro equipo de investigación del decaimiento. Cuando le pregunté a mi director si podría alguna vez continuar con la investigación de campo después de ser madre, sencillamente sugirió que volviera después de tomarme una semana libre. ¡Qué fácil! (Luego reconoció que, en su generación, la mujer se ocupaba de los niños y de la casa.) Por suerte, tenía un montón de datos acumulados que podía analizar en casa.

Llevar la casa en una granja rural en activo ya era, en gran medida, un trabajo a tiempo completo, que se convirtió en el doble de tarea con la llegada del bebé. Como no tenía secadora, colgaba los pañales de felpa en un tendedero Hills Hoist detrás de la casa. Preparaba cordero de mil maneras distintas y comíamos de nuestra propia ganadería casi a diario. Había que cocinar, colar y pasar por el pasapurés la comida del bebé: en la tienda no había de esos potitos tan monos. Los hombres necesitaban el almuerzo y la merienda durante el descanso de la mañana y de la tarde, cuando volvían corriendo del campo, y como yo hacía café de verdad (aunque mi suegra prefiriera el instantáneo), nuestra cocina era la parada favorita. En casa luchábamos constantemente contra los tábanos, la escasez de agua, el polvo y las serpientes venenosas. Una vez encontramos a una familia de serpientes negras de vientre rojo viviendo en nuestra letrina exterior, junto a la cocina; a mí no me hizo ninguna gracia, pero todos los hombres se echaron a reír. Otra vez encontramos una oveja muerta en el tanque de agua, y hubo otros hallazgos de biodiversidad más pequeña (es decir, residuos) que habitaban las tuberías del techo que desaguaban en el tanque subterráneo. Visto en retrospectiva, probablemente ingiriéramos unos microbios asombrosos que habitaban el remoto interior, y que tal vez hoy nos otorguen inmunidad ante alguna pandemia desconocida. Pero también había peligros inmediatos, como cuando Eddie casi agarra a una serpiente marrón por el cuello mientras me ayudaba a encender la manguera en el jardín. Tanto el grifo como la serpiente eran marrones y estaban erguidos, uno junto a la otra, y una serpiente marrón podía matar a una persona tan pequeña. Agarré a Eddie justo a tiempo, corrí aprisa adentro y casi vuelvo a salir con la escopeta familiar. Andrew me había enseñado a disparar a las serpientes, aunque yo nunca tuviera la intención de hacerlo realmente. Pero este encuentro hizo que me hirviera la sangre. Una serpiente venenosa amenazando a un niño pequeño en su propio jardín. ¡El instinto materno es poderoso! La serpiente tuvo suerte de desaparecer antes de que pudiera apuntarla con el arma. En condiciones normales, me gustan las serpientes y, de hecho, he dedicado parte de mi investigación a estas importantes criaturas. Pero como madre joven no podía aceptar que las serpientes venenosas se arrastraran por el mismo espacio que un niño pequeño.

Cuando nació James, dieciséis meses después, la enfermera se disculpó guiñándome el ojo cuando «por error» hizo que rompiera aguas con la uña. Se acordaba del interminable parto con Eddie, y no soportaba la idea de verme pasar otra vez por el mismo largo episodio. En esta ocasión, tras sólo diez horas de parto nació James, que inmediatamente empezó a llorar de hambre. Era grande y fuerte y parecía estar listo para devorar un buen filete. Dar a luz un segundo hijo varón me catapultó a lo más alto a ojos de mis suegros. A pesar de mi letra escarlata «C», de «ciencia»,[1] me convertí brevemente en una fuente de orgullo y felicidad. Tener dos varones era algo parecido a ganar un Óscar, al asegurar la sucesión de la granja. Nuestra propiedad ovina estaba entrando en la sexta generación, todas ellas a través de una línea de sangre masculina. Andrew era el único nieto varón, así que su vida estaba predeterminada en muchos sentidos. Ese siglo largo de sucesión familiar había vivido su cuota de sequías, enfermedades, plantas invasivas, conejos, picaduras de serpientes, muertes y dificultades económicas. La vida en el campo está completamente ligada al clima, que convierte la supervivencia y el éxito en una lotería. Siempre que Andrew y yo íbamos a un pub, los ganaderos hablaban del clima, del ganado y de poco más; las mujeres casi siempre intercambiaban recetas y anécdotas sobre los hijos. Varios pubs de nuestra zona excluían completamente a las mujeres, y sólo ofrecían una salita aparte, exclusiva para nosotras. En las pocas ocasiones en las que entraba con mi marido al pub, los hombres lo miraban a él aunque me estuvieran hablando a mí.

1. Referencia a la novela *La letra escarlata* (1850), de Nathaniel Hawthorne, sobre una mujer condenada por su conducta en una comunidad puritana y obligada a llevar la letra «A» de «adúltera» prendida en el pecho. *(N. de la T.)*

Este comportamiento reforzaba la noción sobreentendida entre los hombres de que las mujeres eran seres inferiores. Un fin de semana, acudí a una fiesta que organizaba un amigo de Andrew. Cuando estábamos de pie alrededor de la barbacoa en el jardín trasero, el anfitrión me agarró de un sitio muy personal. Salí corriendo inmediatamente para ir adentro. Por desgracia, alguien había cerrado la puerta corredera que estaba abierta al salir, me golpeé contra el cristal y me caí al suelo, con la cara sangrando. Acabé en el hospital, donde me dieron varios puntos. Cuando le susurré a Andrew lo que había pasado, pensó que no sería buena idea contar la verdad del incidente del tocamiento. En lugar de eso, todo el mundo atribuyó mi accidente a que las mujeres no aguantamos el alcohol. A pesar de que estuve tentada de dar rienda suelta a la rabia, tuve que cargar con ello por mi condición de mujer y por la cultura en la que había crecido mi marido.

Como era de esperar, dos críos pusieron mi vida patas arriba, especialmente ante la ausencia de pañales desechables, guarderías o productos para la alimentación infantil. Al igual que su madre, los chicos aprendieron un montón de cosas de los árboles en su infancia. No teníamos vecinos cerca, ni aceras ni parques infantiles, así que pasábamos mucho tiempo jugando a observar la naturaleza alrededor de la estación ovina. Les enseñé a oler el aroma de las hojas jóvenes de la menta de Nueva Inglaterra; a esconderse detrás del eucalipto de corteza fibrosa, con sus tiras de cortezas colgando, cuando se acercaban los canguros; a divisar a los koalas que se alimentaban en las copas de los eucaliptos y a observar cómo el pergolero recolectaba frutos azules para su alcoba de cortejo, cariñosamente erigida bajo uno de nuestros olmos, en el jardín. Era un consuelo para mí que el abuelo de mi marido hubiera plantado olmos ingleses a lo largo del camino hasta la casa. Ahora, sus gigantescos doseles verdes proporcionaban una profunda sombra en un paisaje por lo demás seco, y me recordaban al olmo que crecía en la cabaña del lago de mi infancia. Los chicos aprendieron a contar usando nueces de goma, olían las fragancias de los aceites del eucalipto y afinaban sus oídos imitando el canto del verdugo pío y la cucaburra residentes, que anunciaban el amanecer en nuestros eucaliptos negros.

Un paralelismo entre los eucaliptos y mi condición de joven madre era el fenómeno del «árbol madre». En la literatura científica, algunas especies de clima templado reciben el cariñoso nombre de «árboles madre» porque los adultos comparten los recursos bajo tierra con los jóvenes. Un individuo maduro con una micorriza abundante (asociaciones fúngicas que absorben de forma beneficiosa el agua y los nutrientes del suelo) puede compartir los recursos con árboles jóvenes cercanos. Sin embargo, en los trópicos, crecer cerca de un árbol parental suele aumentar las probabilidades de ser atacado por los depredadores, porque, de este modo, los jóvenes son más fáciles de encontrar. Las plántulas generalmente tienen más éxito si germinan lejos de sus conespecíficos. En consecuencia, es menos habitual que los árboles jóvenes de los bosques pluviales crezcan cerca de un árbol parental, y esto reduce la probabilidad de que se dé el fenómeno del árbol madre. Trabajé brevemente sobre la micorriza de los árboles tropicales cuando terminé mi doctorado, y publiqué un artículo junto con mi director, Joe Connell, con la teoría de que esta red subterránea brindaba a ciertas especies que establecían asociaciones micorrizales un beneficio competitivo con respecto al agua y los nutrientes. Formulamos esta idea porque algunas especies de árbol crecían de forma dominante en algunas áreas de los trópicos y nuestra hipótesis planteaba que superaban a otras especies a través del uso compartido de los recursos de manera subterránea. Los bosques pluviales, no obstante, son famosos por la existencia de masas de una enorme diversidad, lo cual significa que los árboles parentales y los vástagos de la misma especie no suelen vivir cerca ni se ayudan entre ellos mediante redes subterráneas. Los científicos ahora reconocen que los árboles «se comunican» al menos de dos maneras: a través de la conectividad subterránea y a través de la emisión de los aceites volátiles de las hojas por encima de la superficie, que son transportados por el aire para advertir a los árboles cercanos de los ataques de los defoliadores.

Otro aspecto de árbol madre que observé en los árboles tropicales, así como en los eucaliptos, es el esfuerzo masivo por reproducirse después de sufrir un ataque de insectos o una enfermedad. Cuando los adultos sufrían estrés y estaban cerca de la muerte, a menudo florecían, con una gran profusión de frutos, como un último intento parental desesperado de propagar sus genes a la siguiente generación. Por lo general, podía predecir cuáles estaban cerca de la muerte porque florecían como locos, como si lanzaran un mensaje para confirmar su dedicación a la supervivencia de la especie. Después de este enorme esfuerzo por florecer, casi siempre morían en la siguiente temporada. Esta marca de árbol madre en el paisaje permitía realizar predicciones exactas sobre la mortalidad. Yo tenía un sentimiento maternal hacia mis gomeros, y siempre me producía una sensación agridulce ver que un árbol particularmente hermoso desplegaba un episodio de floración grandioso, señal del inminente final de su vida.

A pesar de las distracciones de la vida diaria, trabajaba en paralelo con los datos del dosel, que claramente confirmaron que los episodios de defoliación masiva causados por el escarabajo de Navidad, las larvas de la avispa de sierra y algunos otros herbívoros llevaban, finalmente, a una mortalidad masiva. Los ataques de los insectos eran la gota que colmaba el vaso en una cadena de estresores medioambientales. Durante aquella década, los científicos climáticos anunciaron que Australia se había vuelto más cálida y más seca, y en el remoto interior fuimos testigos de cómo esos fenómenos medioambientales extremos culminaban en brotes de insectos. Los suelos no habían cambiado, la contaminación no era parte de la ecuación y tampoco se había dado una tala rasa significativa en las granjas locales desde hacía décadas. No había nada tan claramente obvio, sólo un doble revés de calor y sequía, que estimulaba importantes brotes de insectos. Con unos niveles de defoliación de hasta el trescientos por ciento de pérdida de área de superficie foliácea al año (es decir, tres foliaciones enteras devoradas por insectos al año), los pobres árboles no tenían ninguna posibilidad. El escarabajo de Navidad, principal culpable, prosperaba en las condiciones que encontraba en los prados rurales y destruía tanto las raíces como las hojas, un escenario dantesco, como salido de la película *La casa de Jack*. Cuando los granjeros raleaban los árboles de sus campos, quedaban menos hojas para los escarabajos. Con menos lugares para anidar, desaparecían los pájaros que, de otro modo, se habrían comido a los escarabajos. Cuando quedaban menos gomeros y los escarabajos adultos se comían las hojas de esa cantidad aún menor de árboles, comían más en proporción, de modo que esos árboles individuales morían y el ganado se arremolinaba bajo la sombra de un dosel cada vez más escuálido. Al resguardarse todos los animales en el mismo sitio, las ovejas y el ganado saturaban, a su vez, el suelo de nitrógeno a través de los residuos que dejaban, lo cual creaba las condiciones ideales para la siguiente generación de larvas de escarabajo. Un mayor número de larvas eclosionaba para consumir un suministro de raíces y hojas que se iba agotando. Al final, las abultadas poblaciones de escarabajo (tanto las larvas como los adultos) provocaban la muerte de los pocos árboles que quedaban.

Me alegré de que nuestros hallazgos señalaran la causa subyacente del decaimiento, que apuntaba a los insectos y no a ese popular marsupial del dosel. ¡Qué gran día para los koalas, exonerados de toda culpa! Estos peludos herbívoros no causaban la muerte de los árboles, tal y como rumoreaban algunos ganaderos. Tras haber tenido el privilegio de encontrarme con varios koalas a lo largo de mis actividades arbóreas, sentía un vínculo especial con estos vegetarianos. Su amor por las hojas era parecido al mío o incluso mayor, porque ellos no sólo vivían y respiraban en las copas de los árboles, sino que, además, se alimentaban exclusivamente del follaje de los gomeros, con un consumo diario aproximado de cuatrocientos gramos de hojas. En algunas ocasiones, llegué de hecho a darle una palmadita en el trasero a alguno, porque era muy perezoso después de darse un festín en el bufé de ensalada, y no se sentía amenazado por mi presencia. En la actualidad, los koalas han sido declarados como especie vulnerable por la Unión Internacional para la Conservación de la Naturaleza (IUCN). Los incendios del 2020 no sólo diezmaron sus poblaciones; también destruyeron su hábitat del dosel arbóreo. Tendrán que pasar décadas para que los eucaliptos lleguen a ser suficientemente maduros para restaurar el hábitat de los koalas, y una adecuada recuperación del paisaje requerirá de las especies concretas que consumen los koalas, incluidos los *Eucalyptus microcorys, E. camaldulensis* y *E. tereticornis*. Los koalas son grandes escaladores y yo tuve el honor de compartir las copas de los árboles con este animal, el más grande de los marsupiales arbóreos.

Hal y yo publicamos los resultados de esta compleja interacción entre los humanos, la sequía, las olas de calor, el paisaje, el comportamiento del ganado, el ciclo vital del escarabajo y, finalmente, la muerte de los árboles. Otros científicos locales contribuyeron con otras piezas del puzle, que incluían estudios sobre el pH del suelo y la monitorización de la disminución poblacional de las aves, pero la defoliación por causa de los insectos suponía el tiro de gracia en la muerte del árbol. Comprender los eucaliptos era tan importante para la ecología y la economía que nuestros resultados aparecieron en la televisión nacional. Además, Hal y yo escribimos un libro juntos, que dedicamos a todos los granjeros que nos habían ayudado en nuestra investigación y que se beneficiaron de nuestros hallazgos. Cuando les conté a mis suegros que publicaría un libro sobre el decaimiento de los árboles, ni se inmutaron, a pesar de que los invitamos a un gran asado de cordero con una tarta de manzana casera para celebrarlo. Ni siquiera mi marido consiguió convencerlos de que aquello era importante. En aquellos días, la investigación ecológica no solía estar ligada a la economía, pero los resultados del decaimiento eran diferentes, y llevaron a buscar soluciones para restaurar la cubierta arbórea y recuperar las poblaciones de aves en la Nueva Gales del Sur rural. Al año siguiente, Andrew y yo ayudamos a crear un programa de restauración llamado «Un millón de árboles para el año 2000», y muchos ganaderos establecieron sus propios viveros empleando nueces de goma locales, las más aptas para el paisaje de la región.

A lo largo del tiempo, las granjas colindantes plantaron cortinas rompevientos y construyeron viveros para las plántulas con sistemas de irrigación y vallas anticonejos. Otros botanistas siguieron trabajando en la restauración de los terrenos de cultivo, pero nuestra estación fue pionera a través de actividades de plantación activas. La esposa-árbol de Andrew hizo buen uso de su dote arbórea, y mi marido ganadero me brindó un apoyo increíble.

Sin embargo, a medida que pasaban los meses, Andrew veía claramente que su esposa era un pájaro enjaulado, principalmente a causa de la presión de sus padres. Se había casado con una bióloga y respetaba mi pasión por los bosques como parte de nuestra vida juntos, pero para él era difícil defenderme frente a las expectativas de su madre. En una ocasión, un atribulado Andrew llegó a casa del trabajo y dijo que iba a dejar la granja porque no aguantaba las críticas de su padre a todo lo que hacía, ni la negatividad con la que su madre veía todo lo que hacía su esposa. Salté de alegría. Cuidaríamos de nuestra querida familia sin los suegros como vecinos. Nuestra euforia duró poco cuando, al día siguiente, Andrew me dijo que no era capaz de dar la espalda a sus padres después de cinco generaciones de la granja familiar, así que teníamos que pensar cómo sobrevivir bajo su férreo control. Yo lloré, pero decidí mantenerme leal. Para bien y para mal, me había casado con este hombre al que amaba y había prometido que viviría en medio de estas quince mil ovejas, rodeada de una multitud de doseles moribundos.

Mi suegra continuó criticando cualquier investigación de campo que tuviera entre manos, a pesar de que el esfuerzo por compaginar el cuidado de los niños y las tareas de la casa dejaba una cantidad muy limitada de tiempo para dedicarme a la ciencia. Tuvimos una fuerte discusión cuando llevé a los niños a Estados Unidos a ver a sus otros abuelos, y al volver me encontré con que mi suegro había podado (yo lo llamé «descuartizado») las dos hileras de gigantescos olmos a la entrada de nuestra casa. Él afirmaba que lo había hecho por seguridad, pero para mí aquello era una guerra arbórea y él había vencido. Lloré durante días. En pleno duelo, caminé, abatida, por nuestros campos desolados para observar unos pocos árboles que resistían. Aquellas valientes mentas de Nueva Inglaterra, que trataban de rebrotar y echar hojas de nuevo tras varios ciclos de ser atacadas repetidamente por los insectos y la sequía, me recordaron que no debía darme por vencida. Si sus doseles pueden ser así de resilientes, entonces sin duda yo podría sobrevivir a una pareja de suegros que no respetaban a su nuera bióloga de campo. Tal vez tenía que hallar otra estrategia para compaginar la práctica de la ciencia. Aquello se convirtió en un juego. Escondí un número de la revista *Ecology* en medio de la revista semanal *Woman's Weekly*, para que pareciera que estaba leyendo recetas. Con frecuencia me llevaba a los niños a la universidad y les daba muchos juguetes en una «cueva maravillosa» (es decir, debajo de la mesa de mi despacho). Mientras James pasaba la mayor parte del tiempo durmiendo en su capazo, Eddie muy pronto se convirtió en un pequeño naturalista por méritos propios, y llegó a aprenderse todos los cantos de las aves australianas con las cintas de radiocasete que poníamos durante los trayectos en coche. La gente se sorprendía cuando esta personita interrumpía una conversación adulta para decir, entusiasmado: «Mami, ¿oyes a ese verdugo pío?» o «¡Creo que es un oruguero carinegro!». Gracias, en parte, a la investigación de su madre, desde una edad temprana ambos desarrollaron una profunda cercanía con la biodiversidad y el amor por la naturaleza. Además de la vida salvaje, en la granja teníamos once perros, pero estos animales no se criaban para tener una relación de afecto con los humanos. En una estación ovina, los perros son, principalmente, un animal de trabajo, entrenado para seguir las instrucciones de su amo. Cuando los perros reunían trescientas ovejas preñadas en un prado, aquello era como contemplar un hermoso baile coordinado. Pero si un perro se metía en la casa o se volvía demasiado cariñoso con la gente, por lo general le pegaban un tiro. No era su función ser una mascota o jugar amorosamente con los niños. A Eddie y a James les extrañó mucho, cuando viajamos a Estados Unidos, ver a la gente prodigar atenciones (y gastar dinero) en estos animales cuadrúpedos que ni siquiera trabajaban para ganarse el sustento. Ahora ya, como adultos jóvenes, ambos tienen perros como mascotas, ¡supongo que superaron el choque cultural!

Otro asunto difícil entre suegra y nuera era el temprano interés que los chicos mostraron por los libros. A los tres años, Eddie me acompañó en un viaje en autobús a Queensland, como parte del equipo de investigación para crear un censo de los árboles del bosque pluvial. Me acompañaba en la mayoría de las expediciones porque no había nadie para cuidarlo en casa. Mi madre estaba de visita y se quedó amablemente a cuidar de James, así que aquella sería una jornada especial, un viaje los dos solos, madre e hijo mayor. En medio de aquel trayecto de seis horas, de repente Eddie empezó a leer *Huevos verdes con jamón*, de Dr. Seuss. ¡Me quedé de piedra! ¿Se lo habría aprendido de memoria? Cuando llegamos al alojamiento del bosque pluvial, le di la carta del restaurante donde íbamos a cenar, y también la leyó. Durante un largo viaje en autobús, gracias a *Barrio Sésamo* y a los numerosos cuentos que le leía su madre en alto, Eddie había descubierto cómo pronunciar las letras y unirlas para construir palabras. ¡Qué emoción! Pero cuando volvimos a la granja, mi suegra me echó la bronca. Le parecía horrible que Eddie supiera leer, porque ahora se aburriría en preescolar. Y James no se quedaba atrás con respecto a su hermano en cuanto a su deseo de aprender. Ambos preferían el Lego y las excursiones al bosque pluvial que ir a buscar ovejas cubiertas de larvas de moscas, la eterna tarea de los ganaderos, que debían identificar y tratar inmediatamente a cualquier oveja con infecciones o larvas de mosca en el trasero. Aun así, un día Eddie me anunció que las chicas no podían ser médicos y me di cuenta de que, pese a todos mis esfuerzos, estaba interiorizando las actitudes machistas que permeaban la cultura rural. ¿Cómo podía revertir ese prejuicio emergente en el cableado de su tierno cerebro?

Cuando se terminó el plazo de mi puesto de investigación en la universidad, monté un hostal, con el fin de ganar suficiente dinero al año para ir con los chicos a visitar a su familia en Estados

Unidos. Este B&B se convirtió en uno de los primeros alojamientos en una granja auténtica en Australia, y recibió mucha atención de los medios. Me encantaba preparar comidas de tres platos (tras haber visto a mi madre cocinar platos saludables y creativos con un presupuesto muy modesto a lo largo de mi infancia) y reuní una enorme pila de recetas de cordero de producción propia. (Tal vez aquellas fichas blancas con las recetas eran, simplemente, otra colección más, como la colección de flores silvestres de mi niñez...) Decoré la *suite* de los huéspedes con curiosas artesanías australianas y objetos de madera, y me convertí en una experta guía turística de naturaleza: llevaba a la gente a vivir aventuras en un todoterreno a través de los campos para observar a las aves, los canguros y las ovejas. Construí un sendero a través de nuestros árboles moribundos, con un panfleto para que los visitantes pudieran explorar la flora y la ecología locales. Tenía la vida increíblemente compartimentada y llevaba un ritmo frenético, entre las tareas del hogar, el cuidado de los niños, la atención a los huéspedes y el trabajo científico paralelo con los datos del dosel.

Además del enriquecimiento social que suponía recibir a huéspedes en nuestro hostal, mantenía un contacto cercano con mis amigas de la región, todas ellas atadas a sus granjas como esposas y madres. Nos reuníamos todas las semanas para que los críos jugaran, a pesar de los largos kilómetros que separaban nuestras propiedades. Y nos autocompadecíamos, porque no había esperanza de que surgiera un trabajo creativo, dado nuestro aislamiento. En nuestra región, las estaciones ovinas eran grandes y eran un negocio estable y sólido, pero muchas mujeres querían desarrollar una profesión fuera de sus hogares. Una amiga mía abrió una tienda de bordados en nuestra pequeña ciudad, y otra, una galería de arte. Sus proyectos apenas avanzaban renqueando en aquel entorno rural rodeado de paisajes sin árboles que ahuyentaban a los turistas. El Gobierno de Australia, de hecho, había pagado mis estudios de posgrado y yo aún albergaba la esperanza de hacer buen uso de toda esa formación. Después de que nacieran mis hijos, solicité una plaza de profesora ayudante en una universidad local. Teniendo en cuenta el éxito de la investigación para esclarecer el decaimiento, era la candidata más cualificada, con mucho, a ojos de la mayoría de mis colegas. Pero en la primera entrevista fui informada de que era imposible que la esposa de un granjero, especialmente si era una joven madre, se hiciera cargo de un puesto de profesora. Me descartaron y me quedé muy disgustada. Mis amigas me dieron todo su apoyo y me animaron, recordándome que en Australia no existía la igualdad de oportunidades. Ellas me ayudaron en aquel momento de decepción. Casi todas ellas estaban acostumbradas a ser tratadas de forma no igualitaria, pero yo todavía me negaba a aceptar el concepto de las «Sheilas». Fueron una hermandad y un apoyo, algo que llevo conmigo como uno de los mayores tesoros de mi vida.

Teníamos una línea de teléfono compartida, así que cualquier conversación telefónica era escuchada por alrededor de una docena de cotillas, y algunas de ellas parecían pasarse el día al aparato, para enterarse de los chismes. Por eso, a mi madre le contaba cualquier pensamiento privado enviándole cartas por correo aéreo, que tardaban casi un mes en llegar. Una mañana, estaba haciendo una tarta de manzana y tropezándome con las piezas de Lego en la cocina cuando sonó el teléfono. La llamada era de la Universidad Estatal de Pensilvania. Era Jack Schultz, el científico que había propuesto el concepto de la comunicación entre los árboles por medio de sustancias químicas transportadas por el aire para advertir a otras masas arbóreas de la presencia de insectos defoliadores: un auténtico referente para mí. Él me había enseñado acerca de la química de las hojas en el bosque pluvial y me había rastreado a través de los artículos que yo había publicado. En aquellos tiempos, antes de internet, solíamos enviar copias de nuestros más recientes artículos científicos por correo aéreo a nuestros colegas, y él había seguido mi trayectoria desde la distancia, al igual que yo había seguido la suya. Incluso como ama de casa, mi lista de publicaciones era prolífica, porque contaba con una enorme cantidad de datos de la investigación de los doseles, tanto en el bosque pluvial como en el seco. Jack había notado una interrupción y me llamó de la nada para preguntarme si estaba bien.

–¿Qué diablos estás haciendo? –gritó al teléfono.

–Estoy haciendo una tarta de manzana y recogiendo piezas de Lego –le contesté.

–Sal de ahí y vuelve a las copas de los árboles. Eres demasiado valiosa para la comunidad científica como para tirarlo todo por la borda.

Colgué y me eché a llorar. No tenía cómo responder a eso y mi destino estaba sellado. O eso pensaba yo.

Una semana después, el teléfono volvió a sonar. Llamaban de Williams College para ofrecerme un puesto de profesora visitante por un semestre. Aquello me pilló completamente por sorpresa y me sentí como si acabara de ganar la lotería. Con gran inquietud, se lo conté a mi marido. No se mostró entusiasmado, pero se encogió de hombros y simplemente me dijo: «Ve, sácate esa espina y vuelve a la granja». La respuesta de mis suegros fue mucho menos comprensiva, y pensé que llegaríamos a las manos. Ellos creían que una esposa no podía compaginar ser madre con tener un trabajo. Yo me sentía intimidada pero estaba decidida a llevarlo adelante. Los preparativos fueron un momento abrumador: preparar los juguetes de los niños y otros enseres básicos, dejar la cocina en orden, convencer a mi suegra de que su hijo no moriría de hambre, arreglar el jardín de manera que las plantas no se marchitaran y murieran, crear los contenidos de las clases para enseñar biología en la universidad, rebuscar entre la ropa del armario para encontrar algo que me diera un aspecto profesional, además de alquilar un apartamento en la otra punta del mundo mucho antes de que existieran las aplicaciones de móvil (es más, ¡antes de que existieran los móviles!). Lo preparé todo durante tres largos meses con una enorme ansiedad, y aún me quedo corta. Si los niños hubieran tenido que quedarse allí, no podría haberme ido tranquila de la granja. En esa fase de sus cortas vidas, su padre se levantaba al amanecer y volvía después del anochecer, de manera que ya vivían un día a día monoparental. Pero, al pasar tanto tiempo juntos, nosotros tres estábamos muy unidos, especialmente en un entorno sin televisión ni tecnología. A pesar de que perdí unos valiosos años sin avanzar en mi carrera, a diferencia de muchos otros colegas norteamericanos, compartir el tiempo sola en casa en exclusiva con mis dos hijos fue algo que hice de todo corazón y resultó transformador en muchos sentidos no tan evidentes. Juntos, no sólo aprendimos a evitar las serpientes venenosas, sino que viajamos a los arrecifes y a los bosques pluviales australianos, así como a la otra punta del mundo, para visitar a sus abuelos norteamericanos. Al ser viajes tan largos, en el aeropuerto solía pedir una silla de ruedas para Eddie, porque yo sola no podía, literalmente, llevar a dos críos, más el equipaje de mano, de puerta en puerta para los embarques. No era ninguna broma sufrir retrasos en los vuelos internacionales y perder, una y otra vez, el último enlace cuando ya estábamos agotados, ¡al borde del colapso!

La víspera de irme para pasar una temporada de seis meses como profesora visitante, Andrew desapareció, se fue a su «abrevadero» local, el Walcha Road Pub, y no volvió a casa. Tal vez era su manera secreta de darme alas para volar libre. Como nuestro matrimonio terminó en un punto muerto, en el que la cultura del remoto interior veía con malos ojos que yo continuara con mi profesión como científica y la historia de la granja familiar dictaba el futuro de Andrew dentro de los límites de una cultura rural, en mi fuero interno creo que él estaba liberando a regañadientes a su esposa, su pájaro enjaulado, para que pudiera perseguir sus sueños. A las cuatro de la mañana, cuando vi que no tenía quien nos llevara al aeropuerto, llamé a una buena amiga, Nena Fay. Vivía a unos veinticinco kilómetros, una de nuestras vecinas más cercanas. Ella inmediatamente se levantó de la cama y condujo una hora para llevarnos al aeropuerto local para tomar el avión de hélices que nos llevaría a Sídney. Andrew no se despidió; quizá fue mejor así para todos. Respiré con alivio y alguna lágrima cuando el avión del vuelo internacional despegó, sobrevolando el puerto de Sídney. A pesar de que los chicos apenas tenían tres y cuatro años, les encantó la vista y estaban entusiasmados con los auriculares del avión, parloteaban emocionados sin parar. Yo estaba emocionalmente agotada de sentirme culpable por aceptar este «asilo intelectual». ¿Qué tenía por delante? ¿Sobreviviríamos en una nueva cultura? ¿Sería capaz de elevar mi intelecto desde los Legos hasta la sucesión forestal, de lidiar con algunos de los estudiantes universitarios más brillantes del mundo? ¿Cuánto tardarían los niños en adaptarse a calles con aceras y a ciudades con librerías? Era un gran riesgo apostar no sólo por que sobreviviríamos, sino por que triunfaríamos. Nos dirigíamos a Estados Unidos.

🌿 LA MENTA DE NUEVA INGLATERRA 🌿
(*Eucalyptus nova-anglica*)

Si hubiera un premio Emmy para la categoría de Mejor Actuación Arbórea, por su supervivencia contra viento, marea y tantos enemigos de seis patas, la menta de Nueva Inglaterra se lo llevaría. Es el único árbol en todo el mundo donde he visto a los insectos defoliar completamente el dosel no una sino tres veces durante una temporada, y algunos individuos conseguían incluso volver a echar hojas una cuarta vez. Su resiliencia excede la de cualquier otro dosel que yo haya visto, pero su número está descendiendo de manera significativa. La menta de Nueva Inglaterra sufrió la mayor defoliación de cualquier especie durante la investigación de campo: ¡una pérdida del sesenta por ciento anual de superficie foliácea por hoja! Esta extraordinaria herbivoría se disparó a más del trescientos por ciento de defoliación (cuando los insectos herbívoros devoraban todo el dosel tres veces) en los años ochenta, un episodio que redujo paisajes enteros a unos cuantos esqueletos blancos. Los ganaderos de finales del siglo XIX habían observado el mismo fenómeno, cuando se produjo otra serie de sequías que habían llevado a brotes de insectos en los gomeros. Afortunadamente, en algunos prados aislados, varios árboles individuales sobrevivieron a la voracidad del escarabajo de Navidad y del áfido succionador durante el decaimiento de los años ochenta, y esos árboles restantes darán nuevas semillas para las futuras mentas de la región. Después del decaimiento que tuvo lugar a finales del siglo XX, los granjeros también crearon viveros y grupos de cuidado del territorio para plantar especies de plantas autóctonas, especialmente mentas.

La historia de la menta de Nueva Inglaterra abarca la historia de la agricultura de Australia. El nombre de la menta de Nueva Inglaterra, *Eucalyptus nova-anglica*, deriva del latín: *nova* significa «nueva» y *anglicus* significa «Inglaterra», en referencia a su presencia en la región de Nueva Inglaterra, en Nueva Gales del Sur, una meseta de entre 915 y 1.370 metros de altitud. La región fue bautizada así porque algunos de los antiguos colonos plantaron masas de árboles de hoja caduca que cambian de color en el otoño, parecidos a los del paisaje del nordeste norteamericano. Como mandan los cánones botánicos, casi toda la descripción científica de la menta de Nueva Inglaterra requiere de un diccionario de latín para descifrarla: hojas juveniles opuestas, orbiculares, cordadas, glaucas; hojas adultas alternas, concoloras, falciformes, lanceoladas; inflorescencia simple, axilar, umbela regular de siete flores, con pedúnculos teretes o cuadrangulares, con frutos cónicos o hemisféricos pediculados, tri o tetralocular con disco elevado, valvas arqueadas y paráfisis dimorfa, lineal o cuboide. En lenguaje llano, las hojas jóvenes son redondeadas y de un verde plata, mientras que las adultas son de un verde azulado y tienen una forma larga y estrecha. A pesar de que la jerga es muy técnica como para que la descifre un lego en la materia, ese nivel de detalle permite que los botanistas la distingan entre las otras 555 especies que pertenecen al género *Eucalyptus*.

Un estudio publicado en la revista *Science* en el 2018 alegó que la causa de la pérdida del veintisiete por ciento de bosque a escala global es la agricultura. En Australia, el clareo de los bosques abiertos para pastos destinados a la ganadería ha creado un paisaje en el que apenas quedan unos pocos árboles aislados, que a veces sufren un estrés al borde de la supervivencia debido a su ubicación tan expuesta, después de perder la masa arbórea colindante. En el 2020, queda menos del diez por ciento de las llamadas tierras forestales de pasto de la menta de Nueva Inglaterra, debido a la agricultura y a otras actividades humanas asociadas a ella, tras el episodio de decaimiento en los años ochenta. Hoy, los fragmentos de bosque que aún existen están protegidos por la Ley 1999 australiana de Protección del Medio Ambiente y Conservación de la Biodiversidad (Ley EPBC), como una comunidad ecológica en peligro crítico de extinción. Otros árboles que crecen en estos terrenos fragmentados incluyen el eucalipto de las nieves (*E. pauciflora*), el eucalipto negro (*E. stellulata*), el eucalipto de montaña (*E. dalrympleana* subsp. *heptantha*), el eucalipto rojo de Blakely (*E. blakelyi*) y el eucalipto llamado «caja velluda» (*E. conica*). Estas masas arbóreas albergan una asombrosa diversidad de especies autóctonas de Australia: marsupiales planeadores como la zarigüeya pigmea acróbata y el petauro del azúcar, los canguros grises y rojos, las zarigüeyas comunes de cola de cepillo y de cola anillada, animales recolectores como el ratón marsupial de cola esbelta, el ualabí carabonita o el antequino pardo; animales carnívoros como el dingo y el zorro rojo; varios micromurciélagos, incluidos el murciélago barbudo de Gould, el llamado «murciélago barbudo de chocolate» (*Chalinolobus morio*), el murciélago de orejas largas y el murciélago de los bosques del sur; muchas aves y una multitud de insectos (muchos de ellos, herbívoros).

El episodio de Nueva Inglaterra fue una compleja catástrofe forestal que no tuvo únicamente una causa. Los impactos respondían a una sinergia entre los brotes del escarabajo de Navidad, las larvas de la avispa de sierra y otros insectos más, como estresores últimos en la lucha de los árboles gomeros por sobrevivir. La menta de

Nueva Inglaterra se convirtió en un icono, la cara visible de este apocalipsis arbóreo. Afortunadamente, con su esfuerzo conjunto, los científicos, ganaderos, granjeros, economistas, arboricultores, gestores del territorio y políticos compartieron la responsabilidad de restaurar los árboles. Surgieron grupos rurales de cuidado del territorio por toda la región, que recolectaron y plantaron semillas autóctonas, y nuestro grupo, al que habíamos llamado «Un millón de árboles para el año 2000», consiguió cumplir su objetivo una década después de lo previsto. La menta era una de una decena o más de especies prioritarias en el proceso de restauración de los altiplanos de Nueva Inglaterra. Con el incremento de fenómenos climáticos extremos, es probable que Australia sufra más sequías, peores olas de calor y otros desafíos para la supervivencia de los bosques. Los incendios se han extendido aún más, como ocurrió entre el 2019 y el 2020, cuando grandes extensiones de la región de Nueva Inglaterra fueron pasto de las llamas. Además, el nivel freático se ha deteriorado y presenta un aumento de la salinidad. ¿Son los gomeros lo suficientemente resilientes para soportar el rápido avance del cambio climático? ¿Es la variedad genética de los bancos de semillas lo suficientemente diversa como para asegurar su adaptación? El tiempo lo dirá. Como arbonauta, sigo alzando la voz por los árboles, incluidas las mentas, mientras ellos, cada vez más, caen víctimas de la masacre humana.

6

El dosel de cristal

~⧽⧽· ·⧼⧼~

*Lo que la higuera estranguladora y las amapolas altas
me enseñaron sobre cómo sobrevivir siendo
mujer en el mundo de la ciencia*

Tengo dos perlas de sabiduría para compartir con todas las chicas jóvenes:

1. Nunca dudes a la hora de mostrar tu inteligencia y tu fuerza.
2. Cuida y apoya siempre a otras mujeres.

Yo formé parte de una generación emergente de mujeres que buscaba la igualdad, pero que tenían miedo de decir que teníamos que salir del trabajo para ir al pediatra con nuestro hijo, y nunca nos atrevíamos a decir que no cuando nos pedían que hiciéramos el café en una reunión del claustro de profesores. Solía pensar que tener éxito consistía en volver a casa a todo correr de las clases para poner lavadoras, preparar la cena y ayudar con los deberes, y sin embargo, muchos de mis colegas hombres se quedaban hasta tarde en el despacho sin ningún sentimiento de culpa, se iban al pub con su círculo de colegas, o jugaban al golf para obtener un ascenso. Puede que mis colegas mujeres y yo fuéramos pioneras en el campo de la biología, pero nos dábamos con el techo de cristal cada vez que íbamos más allá de lo que se esperaba de nosotras, hasta tal punto que yo llegué a anticipar –peor aún, a tolerar– las heridas. Como me recordaban mis compañeras de profesión, el término «heridas» probablemente era demasiado suave: el techo de cristal, en realidad, nos producía importantes cortes. A pesar de que era un avance y un logro que algunas de nosotras, en el mundo de la ciencia, rompiéramos ese «dosel de cristal», esos tajos con los cristales rotos nos hicieron sangre, y nuestro sexo estaba entrenado para quitarle importancia al dolor. Todavía es doloroso desenterrar esos malos recuerdos de cuando era una mujer solitaria avanzando de puntillas por un camino profesional dominado por los hombres, pero deseo compartirlos, con la esperanza de que mis contratiempos ayuden a quien lea esto, lectores de ambos sexos, a estar mejor informados que yo en aquella época y a evitar futuras injusticias en el lugar de trabajo.

Yo nunca fui de esas chicas que saltaban en un charco y se reían si salpicaban a alguien; yo era la que se escondía detrás del tronco de un árbol cuando un grupo de chicos pasaba caminando hacia casa desde el instituto. En quinto de primaria, un día el director me llamó por el sistema de megafonía con un tono estridente y muy alto. Yo todavía era extremadamente vergonzosa, y levanté la mano tímidamente para que me viera el profesor. Tanto el docente como el director se mostraron muy aliviados al ver que estaba sentada en clase, terminando, muy aplicada, los ejercicios de matemáticas. Un hombre trastornado había llamado a mi madre y le había dicho que me tenía atada de pies y manos en el asiento trasero de su coche. Ella había llamado inmediatamente al colegio, llorando, y allí estaba yo, haciendo divisiones y multiplicaciones en silencio. Hacía poco, había aparecido en el periódico local porque había compuesto una sinfonía bautizada con el nombre del colegio, *Hoffman Air*, e interpretada por su orquesta. Además de ser una amante de la naturaleza, la música era otra de mis pasiones. A partir de mis clases semanales de piano, de algún modo me inventé una melodía en la cabeza y conseguí trasladarla a la partitura para la orquesta escolar. Aunque mi timidez me impedía tocar el piano en un recital, aprendí a escribir música, algo que me recordaba al canto de los pájaros. Fue un logro emocionante para la amante de la naturaleza de la clase, pero, como es obvio, la publicidad tenía sus inconvenientes. Mi madre vino al colegio y me abrazó, como loca de contenta de que nadie me hubiera secuestrado. La Policía local me dijo que llevara un cuaderno conmigo durante las semanas siguientes y que apuntara cualquier cosa sospechosa. Así resolvían los crímenes en los años sesenta: sin móvil, sin mensajes, sin fotos en Facebook ni listas públicas de pedófilos fácilmente disponibles; sólo un pequeño cuaderno y un lápiz en la mochila escolar de una niña.

Afortunadamente, la amenaza jamás se materializó. Pero sin duda le provocó mucha ansiedad a mi madre, y para mí fue algo absolutamente escalofriante. Tenía miedo hasta de mi sombra y me retiraba a la seguridad de mi cuarto-laboratorio, donde me dedicaba a mirar flores secas. Con esa agudeza de la gente sencilla, mi madre decía que lo mejor era que el nombre de una apareciera en las noticias al nacer y al morir, pero no entre medias. Durante mi niñez, las ideas sobre el pudor y los valores de una ciudad pequeña se mezclaban imperceptiblemente con el viejo sesgo machista, de manera que a las mujeres se nos recordaba que no debíamos alardear de nuestros logros, ni exclamar, ni gritarlos a los cuatro vientos. Mi madre sencillamente me daba el único consejo que conocía, y en varias ocasiones eso volvería para atormentarme de adulta. En cambio, como dijo de manera brillante Laurel Thatcher Ulrich, «Las mujeres que se portan bien rara vez hacen historia».

Todavía recuerdo a veces aquel episodio del secuestro de mi infancia, pero no podía quedarme para siempre rodeada de la inocencia de mi colección de flores secas y huevos de ave. Al mirar atrás, desearía haber aprendido a ser astuta a una edad más temprana. Más adelante, mientras realizaba el trabajo de campo en las selvas australianas, aprendí a admirar las higueras, que dominaban muchos de los doseles en los bosques tropicales y dispersaban sus voluptuosos frutos por todo el bosque. El género *Ficus*, que engloba a más de ochocientas especies, pertenece a la familia de las moráceas, y constituye la base de muchas cadenas tróficas tropicales. Además de proporcionar alimento y refugio a miles (tal vez millones) de especies, las higueras son un santuario espiritual para varios miles de millones de personas en la India, en África y en Asia. Uno de los ejemplos más claros es la higuera de las pagodas (*Ficus religiosa*), originaria de la India y del Sudeste Asiático, bajo cuya copa se dice que Buda alcanzó la iluminación. Si alguna vez me reencarno en una planta, quiero ser una higuera, porque no sólo tienen estrategia y éxito, sino que además son altruistas: con sus frutos dan alimento a todo un ecosistema. De esas ochocientas especies de higuera, no obstante, unas cuantas muestran de adultas un comportamiento que resulta menos benevolente. En Australia, una de esas especies de higuera más traicioneras, que yo escalaba con frecuencia, era la higuera Watkins (*Ficus watkinsiana*), perteneciente al subgénero *Urostigma*, que incluye higueras estranguladoras y banianos. Esta higuera ha evolucionado para desarrollar la estrategia de supervivencia más extraordinaria de todos los árboles tropicales, sin excepción.

Las estranguladoras comienzan su vida en lo alto y, a continuación, crecen hacia abajo, con un patrón parecido a la estructura de una enredadera, pero que luego prospera y se endurece como árbol, tras asegurarse un lugar en las alturas soleadas. Las aves del género *Sphecotheres*, llamadas «aves de la higuera» en Australia, se alimentan de los frutos de las estranguladoras, y luego excretan las semillas sobre una rama, generalmente en la parte alta del dosel. Al tener buen acceso a abundante luz y agua en esas alturas, las semillas germinan rápidamente, más rápido que cualquier otra plántula del tenebroso suelo forestal, que debe luchar por crecer hacia arriba, más allá del sotobosque. Los cotiledones de la estranguladora reciben abundante sol, de modo que la plántula de crecimiento rápido enseguida extiende las raíces aéreas hacia abajo, hasta el suelo. En ese punto, la higuera ya está activamente haciendo la fotosíntesis gracias a la estratégica posición soleada de su follaje, y esto le proporciona una gran fuente de energía, que a su vez permite que las raíces absorban un generoso aporte de agua y nutrientes, fomentando su rápido crecimiento. En este desarrollo único de arriba abajo, las estranguladoras rodean al anfitrión y, a menudo (no siempre), lo ahogan. Esa parte de su ciclo vital es menos encomiable, y jamás aconsejaría a las mujeres que estrangulen a sus competidores, pero la estrategia inicial de asegurarse un lugar bajo el sol antes de arraigar las raíces en el suelo ilustra una admirable historia de éxito. Es más, incluso el abrazo letal de la estranguladora tiene su lado positivo. Los estudios demuestran que las plantas estranguladoras mantienen a su anfitrión erguido durante las tormentas, reduciendo, así, la mortalidad del árbol por caída. Las higueras pueden enseñarnos importantes lecciones a las mujeres que tratamos de superar obstáculos en el lugar de trabajo: una puede adoptar la estrategia de la higuera para innovar, alimentar a los demás, aprovechar sabiamente los recursos y elevarse sobre el resto.

Mi propio crecimiento personal se parece al ciclo de vida de una plántula convencional, que germina en el suelo forestal. Nunca pensé en la importancia de tener una estrategia a la hora de conseguir las necesidades básicas (luz y agua, en el caso de las plantas) para darle un primer empujón a mi carrera. No pensaba en la ausencia de mentoras mujeres. A lo largo de los años de instituto y de universidad, yo era una auténtica flor de tapia y apenas alzaba mi voz. Durante los once años que pasé en Australia, sufrí más insinuaciones sexuales por parte de colegas hombres durante el trabajo de campo de los que puedo contar con ambas manos (o, al menos, eso es todo lo que estoy dispuesta a admitir). Aquello sencillamente parecía formar parte del paisaje, al no haber mujeres de mayor edad para orientar a estudiantes jóvenes como yo, años antes de que apareciera la estructura de denuncia del #MeToo. Por fortuna, me hice sorprendentemente buena a la hora de esquivar aquellas peligrosas proposiciones. Hoy en día, una chocante mayoría de las científicas mujeres denuncian el acoso sexual que sufren en el trabajo de campo. De las seiscientas científicas encuestadas, la antropóloga Kate Clancy, de la Universidad de Illinois, señala que más del setenta por ciento fue víctima de este tipo de acoso, que a veces ocurre a miles de kilómetros de los campus universitarios que presumen de contar con unas robustas políticas antiacoso. En mi carrera como bióloga de campo, me he enfrentado a varios detractores que quizá se merecían una respuesta al estilo de la higuera estranguladora por parte de sus colegas mujeres; en concreto, varios jefes hombres cuyo abuso de poder parecía ser parte esencial de su naturaleza. Como una rana metida en un cazo de agua que va calentándose poco a poco, yo toleraba aquellas conductas como si formaran parte del trabajo. Realmente, estaba muy lejos de la eficacia de la higuera estranguladora a la hora de sacar provecho de los recursos disponibles y de desarrollar una estrategia para alcanzar el éxito.

A mi regreso a Norteamérica como profesora visitante, me sentía muy insegura. Me veía como la esposa de un granjero, con dos hijos revoltosos, e ingenuamente acepté el sueldo que me ofrecieron sin rechistar. Ni se me pasó por la cabeza la posibilidad de negociar y, tal y como supe más adelante, las mujeres tienden a ser menos eficaces que los hombres en la negociación salarial. Los estudios actuales demuestran que las mujeres terminan con una pensión de jubilación un veintinueve por ciento más baja de media que los hombres. Con mi sueldo inicial, los chicos tenían derecho a una comida gratis en el colegio, una lección de humildad que era, también, humillante. No los anoté en el programa, por miedo a que los señalaran; después de todo, la mayoría de sus compañeros de clase venían de prestigiosas familias con pedigrí académico, no de un linaje rural en el remoto interior. Así que les hacía una saludable comida casera todos los días sin falta, y a menudo esa comida volvía intacta a casa. Cuando les pregunté por qué no se la comían, confesaron que el resto de los críos los hacían hablar sin parar durante la hora de la comida, para reírse de su acento, que les parecía rarísimo. Pero muy pronto perdieron su acento australiano y se integraron bien, salvo tal vez por el duro golpe de vivir por primera vez la fría nieve. Dada la crudeza de los inviernos en la zona oeste de Massachusetts, nuestro helado piso de alquiler nos enseñó a empatizar con familias más humildes que tenían menos suerte. Yo tuve la gran fortuna de heredar unas cuantas monedas de oro de un tío abuelo, que sirvieron para pagar las facturas de la calefacción durante el primer año. No contábamos con muchos muebles, pero sí teníamos una infame pieza de mobiliario bajo la escalera, a la que llamábamos «la silla de tiempo muerto». Cuando alguien se portaba mal, él (o ella) quedaba relegado a esa silla. A los chicos les encantó aquella vez (¡sólo una!) que solté una palabrota y me enviaron a la silla de tiempo muerto durante treinta minutos.

Como profesora visitante, logré muchas cosas: ayudas, buenas evaluaciones por parte de los alumnos, descubrimientos pioneros en el dosel de los bosques templados con mis estudiantes de grado, lo cual tuvo como resultado que todos ellos recibieran lucrativas becas de posgrado y una fantástica publicidad para la universidad. Sin embargo, aquellos once años previos en Australia me habían inoculado la noción de que las mujeres éramos ciudadanas de segunda, y esto socavaba toda la valía personal que había acumulado a lo largo de los años. ¿Y si los niños se ponían enfermos y no podía dar una clase de laboratorio? ¿Podría compaginar la preparación de las clases con las tareas del hogar? ¿Se adaptarían bien mis hijos al cambio de un escenario campestre con serpientes venenosas e incendios forestales a un entorno urbano, donde las amenazas eran otras? Decidí que ambos tenían que espabilar cuanto antes, y para ello empecé a llevarlos al parque público, con sus sofisticados columpios de túneles, balancines y toboganes. James se metió en un laberinto de madera y se echó a llorar porque nunca había experimentado un contexto como aquel. Sin embargo, muy pronto ambos se ganaron el respeto de sus compañeros gracias a sus conocimientos de historia natural. En el primer curso de primaria, Eddie tuvo una fiesta de cumpleaños inolvidable en el bosque de la universidad, donde mis estudiantes de biología se subieron a las copas de los árboles y, como por arte de magia, empezaron a llover caramelos del cielo. James iba a la clase de preescolar de la universidad y se convirtió en un héroe local cuando alertó a su profesor de que el hijo del decano había ingerido bayas de belladona en el parque durante el recreo. Recibí una llamada del director de la guardería, preguntando si el niño sabía identificar correctamente las plantas. Yo le contesté: «Absolutamente, sí», de manera que se llevaron a toda prisa al niño para que le hicieran un lavado de estómago. La belladona fue inmediatamente retirada del parque de juegos de los niños.

Durante los fines de semana, solíamos pasar mucho tiempo disfrutando de las actividades gratuitas que se ofrecían en plena naturaleza: observación de aves, recuento de salivazos o construcción de fuertes entre los matorrales de detrás de las casas. Menudo cambio: no había árboles gomeros ni serpientes marrones ni tábanos, pero sí una gran cantidad de vida silvestre nueva, como el abedul y el roble, los pájaros cantores, las ardillas y las flores silvestres de las cunetas de mi infancia. Verdaderamente, los bosques de Nueva Inglaterra eran un paraíso ideal para los niños, que podían corretear por él.

A pesar de las maravillas de la maternidad, que incluían compartir mucho tiempo de juegos con mis jóvenes exploradores, me sentía vulnerable como madre divorciada, sin un contrato fijo ni ninguna seguridad. Fue duro pero estaba contenta de estar de vuelta en la escena científica, poniendo en práctica todo el conocimiento que había adquirido durante mi investigación en la otra punta del mundo, y aliviada al ver que los niños ahora estaban en un lugar en el que ambos sexos parecían respetarse por igual. Saltaba de la cama todos los días, entusiasmada ante desafíos que requerían neuronas, no sólo economía doméstica, como era el caso para la esposa de un granjero. Después del primer semestre, tanto las evaluaciones de los estudiantes como las de mis publicaciones eran excelentes, y la universidad me renovó el contrato como profesora visitante. Conseguí reunir una gran dosis de valentía y tímidamente me dirigí al decano de la facultad. Le expliqué que estaría encantada de continuar allí, pero que no podía sobrevivir con el sueldo que tenía asignado. Se mostró escandalizado, reconoció que había estado muy mal pagada e inmediatamente me dobló el sueldo. ¡Qué alegría! ¡Ahora podíamos pagar la calefacción y nuestro presupuesto doméstico había sobrepasado el requisito de ingresos máximos para recibir una comida gratis para los niños!

La transición cultural de Australia a Estados Unidos fue probablemente más difícil para mí que para los niños. Después de sufrir el cruel rechazo de aquella primera entrevista de trabajo en

Mi interés temprano por las flores silvestres me llevó a obtener el segundo premio en la Feria de Ciencia del estado de Nueva York en 1964, a la edad de once años. (Foto: Alice Lowman, 1964)

En 1970, descubrí la colección de huevos de ave de mi bisabuelo, que incluía un huevo de gallina de un siglo de antigüedad. Al compararlo con un huevo moderno, pude determinar el impacto de los pesticidas en el grosor de la cáscara y en la supervivencia de la especie. Texto de la imagen: «El DDT pone en peligro a muchas aves porque impide que se desarrolle el calcio en las cáscaras. El huevo de la izquierda, de 1860, tiene un grosor de 0,019 pulgadas [0,048 centímetros] y el de la derecha, de 1970, tiene un grosor de 0,011 pulgadas [0,028 centímetros]. A este ritmo de disminución del grosor, en cien años las cáscaras serán más delgadas que una hoja de papel y no eclosionarán». (Foto: Meg Lowman, 2020)

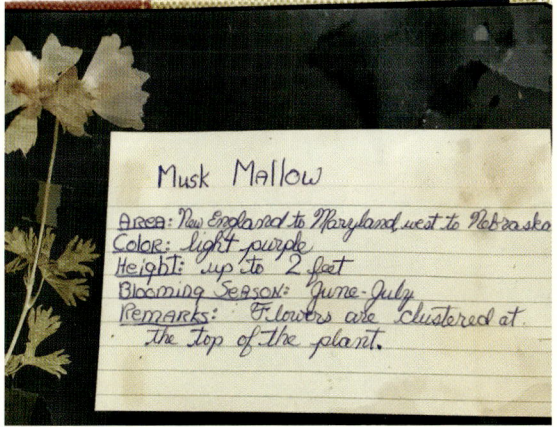

Esta planta prensada proviene de la colección de flores silvestres de mi infancia, recogidas en las cunetas. Texto de la imagen: «Malva moschata. Área: Nueva Inglaterra a Maryland, hacia el oeste hasta Nebraska. Color: morado claro. Altura: hasta 60 centímetros. Floración: junio-julio. Notas: Las flores se agrupan en la parte superior de la planta».

Mi familia alentó siempre mi interés por la naturaleza y a menudo hacíamos pícnic cerca de nuestra casa, en Elmira, Nueva York. (Foto: Alice Lowman, 1962)

Cuando era adolescente, fui campista y después instructora en el campamento Burgundy Wildlife Camp, en West Virginia. En la imagen, a los dieciséis años, rodeada de helechos caminantes, un raro habitante del suelo forestal. (Foto: Bob Klutz, 1969)

Los abedules que crecían a mayor altitud, a lo largo de las pendientes elevadas en las Tierras Altas de Escocia, eran más bajos y flacuchos que los árboles que crecían en la base de las laderas. (Foto: Meg Lowman, 1978)

Este duro y nudoso abedul crecía en lo más alto de Ben Tee, en las Tierras Altas de Escocia.

Como ocurre con muchos descubrimientos científicos, me di cuenta casi por accidente de que muchos insectos herbívoros se alimentan de noche, no durante el día. Para estudiar la herbivoría, al parecer, los arbonautas debemos escalar a lo alto del dosel durante la noche. En la foto, la doctora Lily Leahy, arbonauta de la siguiente generación, en plena escalada nocturna en Queensland. (Foto: Steve Pearce, The Tree Projects, 2019)

Entre 1977 y 1978, estudié los abedules en las Tierras Altas de Escocia, en la Universidad de Aberdeen. Solía acampar para acceder a pie con facilidad a mis arboledas y medir la fenología del abedul.

En 1979, debuté como arbonauta, al escalar un palo satinado (*Ceratopetalum apetalum*) en el Royal National Park, al lado de Sídney, Australia. (Foto: Hugh Caffey, 1979)

Antes de emplear por primera vez mi equipación en el bosque pluvial, probé el arnés en un árbol del jardín del departamento de botánica, en la Universidad de Sídney. (Foto: Hugh Caffey, 1979)

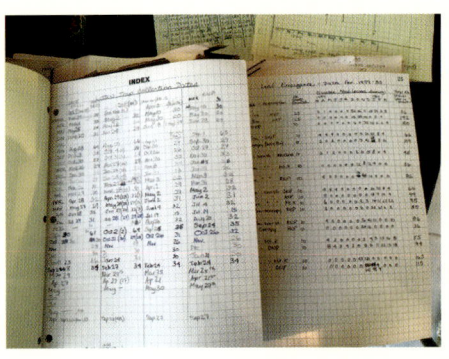

Al principio, anotaba mis datos de campo con un lápiz en papel impermeable, y más tarde los introducía en una base de datos para su análisis estadístico, con una de las primeras computadoras «de mano» de Hewlett-Packard. ¡Superprimitivo! (Foto: Meg Lowman, 2020)

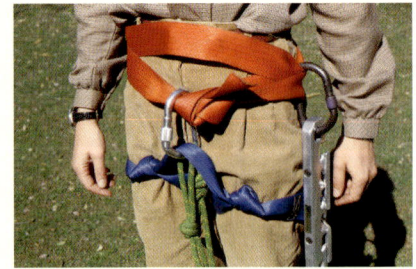

Cosí mi primer arnés de escalada en 1978: empleé cincha para cinturones de seguridad y pedí prestada la equipación del club de espeleología de la Universidad de Sídney.

Numeraba las hojas con un sencillo rotulador resistente al agua con punta de fibra y hacía observaciones mensuales de su desarrollo. Estas hojas estaban situadas a más de treinta metros de altura, en el dosel. Durante los primeros dieciocho meses de investigación, numeré 4.183 hojas. Cuando terminé mi trabajo de campo, el total ascendía a más del doble de esa cantidad. (Foto: Meg Lowman, 1979)

Estas hojas de árbol urticante australiano acaban de brotar, y por lo tanto aún no muestran el daño producido por el voraz escarabajo del árbol urticante. (Foto: Meg Lowman, 1979)

Sólo unas pocas semanas después de comenzar su ciclo vital, las hojas del árbol urticante gigante muestran los patrones de alimentación, como de encaje, del escarabajo del árbol urticante. (Foto: Meg Lowman, 1979)

Estudié los hábitos alimenticios de los insectos entre la vegetación simple de la estación One Tree Island, en la Gran Barrera de Coral: una experiencia muy distinta de la investigación en los bosques pluviales, densos, oscuros y húmedos, pero, a la vez, el sitio perfecto para observar a las orugas alimentándose del arbusto *Argusia*. (Foto: Meg Lowman, 1981)

Cuando terminé mi doctorado en los bosques pluviales australianos, me mudé al remoto interior para resolver un grave episodio de decaimiento del gomero. (Foto: Meg Lowman, 1984)

Para una medición mensual segura de las hojas del gomero durante mi embarazo, conté con una plataforma elevadora. ¡Una suave escalada de lujo!

Los insectos palo son, por lo general, solitarios, pero un solo individuo es capaz de devorar una gran porción del follaje del dosel tropical en el transcurso de una noche. Son artistas del camuflaje, con sus siluetas de palito. (Foto: Meg Lowman, 1979)

Después de seis años observando los gomeros y midiendo el descenso de sus poblaciones, encontré la causa de su decaimiento en este por lo demás corriente escarabajo crisomélido. (Foto: Meg Lowman, 1985)

Uno de los sospechosos iniciales en el decaimiento del eucalipto era el querido koala, que depende de las hojas del gomero para su alimentación. (Foto: Meg Lowman, 1984)

Cuando nació Eddie, me lo llevaba a mis observaciones de las hojas. En la foto, una de las arboledas sanas que quedan cerca de nuestra casa, que se eleva hasta una altura de más de quince metros. (Foto: Hal Heatwole, 1983)

Ahora recorro el mundo en busca de banianos (higueras). Su patrón de crecimiento, de arriba abajo, es una fuente de inspiración y de innovación. (Foto: Meg Lowman, 1984)

En 1994, en la expedición *Radeau des Cimes*, en Camerún, en el África occidental, realizamos estudios para medir la herbivoría y la biodiversidad. Este dirigible remolca una balsa de dieciocho metros de diámetro que puede transportar a dieciocho científicos. Atada en la copa del árbol, proporcionaba un acceso sencillo al dosel para recoger una gran cantidad de muestras. (Foto: Meg Lowman, 1997)

Nuestro equipo de investigación en Camerún usaba esta balsa hinchable como «campo base» en el dosel. Resultaba muy útil para encontrar insectos noctámbulos: la noche es el momento favorito de muchos artrópodos, que visitan a esa hora su bufé de ensalada aéreo. (Foto: Meg Lowman, 1997)

Como científica de campo y madre divorciada, me llevaba a mis hijos al trabajo. Durante una expedición de ciencia ciudadana en el Amazonas, Eddie y James me ayudaron a medir un filodendro: sus hojas tienen un tamaño medio de 1,85 metros cuadrados, la más grande que yo haya visto. (Foto: DC Randle, 1995)

Construido en el Amazonas peruano en 1994, la pasarela del Centro Amazónico de Estudios Tropicales (ACTS) recibe a decenas de grupos de ciudadanos científicos cada año, a casi cuarenta metros de altura, en el dosel.

Esta sencilla escalera arbórea sirve para escalar el tronco de una cullenia (*Cullenia exarillata*) en la Reserva de Tigres Kalakad Mundanthurai (KMTR), en las montañas Ghats occidentales de la India. Soubadra Devy y T Ganesh la empleaban al inicio de su investigación. (Foto: Meg Lowman, 2006)

La plantaciones de té fomentan la tala de árboles nativos, eliminando unos doseles imprescindibles para la supervivencia del tigre, el elefante y otros animales (¡incluidos innumerables aves e insectos! (Foto: Meg Lowman, 2006)

Los granjeros contratan a guardias para proteger sus campos de cultivo de los elefantes. Los guardias vigilan los campos desde cabañas construidas en los árboles, como esta, en el límite del Parque Nacional de Nagarahole, en las Ghats occidentales de la India.

Formé parte del equipo que contrataron la familia Cockrell y la fundación Habitat para diseñar este impresionante puente de cinta en el bosque pluvial tropical primario de Penang, en Malasia. (Foto: Alan Tan, foto tomada con un dron, 2018)

Esta pasarela del dosel, llamada Vía Langur, mide más de 225 metros de largo. En el año 2017, celebramos un *bioblitz* de todo el bosque en este lugar, y los 117 participantes disfrutaron del dosel forestal de dipterocárpeas y de sus habitantes, a vista de pájaro. El parque recibe a unos dos millones de turistas al año. (Foto: Meg Lowman, 2017)

Mi amigo Tim Kover y yo escalamos este meranti rojo oscuro para dar los buenos
días a la niebla del amanecer y comprobar el sitio para el taller de escalada dirigido
a los estudiantes universitarios malayos y los investigadores. Ahora, este árbol forma
parte de Habitat Penang Hill, donde se entrena la siguiente generación de arbonautas.
(Foto: Alan Tan, 2017)

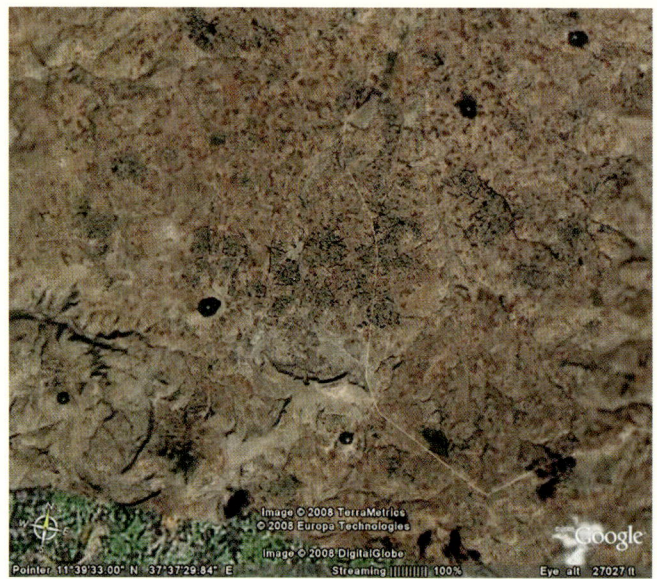

Esta imagen de Google Earth muestra que más del noventa y cinco por ciento de los bosques primarios del norte de Etiopía han sido talados: las últimas masas forestales, bajo la gestión de la Iglesia ortodoxa tewahedo etíope, reciben el nombre de «bosques iglesia». (Foto: Google Earth, 2008)

Los muros de piedra en seco protegen el bosque iglesia de Zhara, para proteger toda la biodiversidad nativa y ofrecer un santuario espiritual. (Foto: Meg Lowman, 2016)

Un primer plano del bosque iglesia etíope en Bitsawit Mariam, tomada con un dron. El ganado, que se alimenta del sotobosque, y la recolección de leña amenazan la integridad de este fragmento forestal, pero los curas tienen la misión de salvarlo. (Foto: Kieran Dodds, 2018)

La Fundación Nacional de Ciencias (NSF) financió un programa de investigación dirigido a estudiantes universitarios, para entrenarse como arbonautas. En la imagen, Snousha Glaude y Rebecca Tripp practican sus habilidades y Rebecca se eleva desde la silla de ruedas al dosel de un roble en los bosques templados de Kansas. (Foto: Meg Lowman, 2017)

Demasiado pequeño para verlo sin un microscopio, el tardígrado u oso de agua tal vez sea el habitante más numeroso de los doseles arbóreos. Los estudiantes arbonautas recogieron más de cuarenta mil especímenes de osos de agua a lo largo de cinco proyectos de campo de verano. (Foto: Randy Miller, 2018)

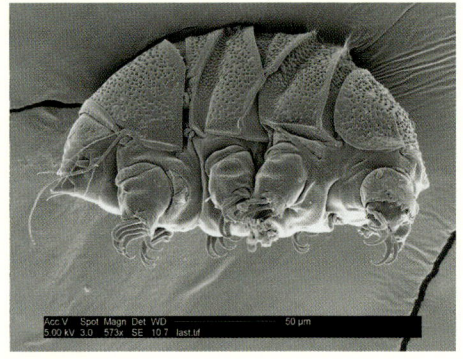

Tal vez uno de los mayores placeres de la enseñanza: ver cómo los estudiantes te superan. En la foto, Wendy Baxter demuestra su dominio de las técnicas de la arbonáutica en una secuoya gigante, en California, hasta llegar a alturas decenas de metros más altas que las alcanzadas por su mentora. (Foto: Anthony Ambrose, 2018)

Australia, cuando el comité de selección afirmó que una mujer casada con un granjero y madre de dos niños no podía de ninguna manera postularse para el puesto de profesora universitaria, me sentía agradecida de que alguien me tirara una migaja. En mi empleo anterior a tiempo parcial para la Agencia de Protección Medioambiental (EPA) durante mi año de posgrado en Duke, no me importaba hacerles el café a todos los ingenieros hombres. En la mayor parte de las expediciones de campo, siempre era yo la que organizaba la comida y la logística, un papel similar al que había cumplido en la granja, a pesar de que nunca me permitieron extender un cheque. Me hice sorprendentemente buena a la hora de sonreír, asentir y comportarme de manera elegante en mi rol de segundona de la comunidad masculina. A medida que mi carrera avanzaba, la escuela de la vida me dejó magullada, pero yo iba poco a poco haciéndome más sabia, más atrevida y más estratégica. No obstante, el éxito profesional iba acompañado de otro peligro traicionero al que muchas mujeres se enfrentaban cuando ascendían en la escala laboral a finales del siglo XX en el lugar de trabajo: el síndrome de la «amapola alta». En la jerga australiana, una «amapola alta» era una expresión desdeñosa que en su origen se empleaba para hablar de gente famosa, empresarios de éxito y la élite rica, para menospreciar sus logros, pero que luego pasó a usarse en el mundo del trabajo. Esta expresión *Aussie* reflejaba una tendencia a fomentar la mediocridad, reduciendo la altura de la gente que había alcanzado algún logro, para hacerla más pequeña. En la época en la que yo estaba empezando a desarrollar mi carrera, los hombres en el mundo laboral se sentían cada vez más amenazados por mujeres fuertes que buscaban la igualdad. Había unos pocos ejemplos magníficos de colegas mujeres que, gracias a su constancia y su trabajo, llegaron a lo más alto, pero por lo general contaban con una pareja que las apoyaba o esa especie extraordinariamente infrecuente: un jefe empático hombre que las alentaba y las promocionaba. Yo admiraba enormemente los éxitos de estas mujeres. Pero muchas de nosotras simplemente nos íbamos tropezando con las trabas de la desigualdad de género. La biología de campo siguió siendo una profesión predominantemente masculina a lo largo de gran parte de mi tumultuosa carrera. Intentaba ignorar todos los índices del desequilibrio y publicaba artículos frenéticamente, mientras al mismo tiempo cuidaba de los niños y me ocupaba de la cocina. No me atrevía a hablar nunca de las desigualdades laborales, como tampoco se atrevía la mayoría de mis colegas mujeres. Nos considerábamos afortunadas de tener un despacho y nos aterrorizaba perderlo.

Cuando empecé como profesora visitante en Massachusetts, me dirigí a alguien a quien admiraba profundamente: le envié una carta de admiración a Jill Ker Conway, rectora de la universidad femenina Smith College, dándole las gracias por haber escrito el superventas *The Road from Coorain*. Mamá me lo había enviado por correo cuando vivía en Australia. Jill había crecido en una granja ovina cercana a la nuestra y sus recuerdos de cuando era una chica tratando de competir en un mundo académico dominado por los hombres me resultaban demasiado familiares. Después de leer los dos primeros capítulos, Andrew se burló del libro, pero a mis amigas del remoto interior les encantó. Le expliqué brevemente a Jill cómo mis oportunidades profesionales habían quedado relegadas durante siete años, como esposa de un granjero australiano, y que estaba encantada como profesora visitante durante un semestre en Estados Unidos. Para mi enorme sorpresa, Jill me respondió, con unos consejos llenos de sinceridad. Me instaba a no regresar nunca a Australia y, en cambio, a buscar asilo intelectual en Estados Unidos, y a continuación me enviaba los datos de su abogada, sugiriendo que pidiera el divorcio. Esta mujer distinguida se tomó la molestia de asesorar a una colega mujer, y yo le agradeceré siempre que me diera su consejo personal.

Era de esperar que las llamadas entre Australia y Massachusetts no fueran amistosas desde el principio. Supongo que el padre de los niños esperaba que volviéramos antes de que terminara el primer semestre, tal y como habían predicho sus padres. Mis leales amigas rurales me informaron de que mi suegra estaba peinando todo el campo en busca de una sustituta adecuada para la esposa científica

poco convencional de su hijo. No la podía culpar, yo no representaba el ideal de nuera que ella había deseado. Consulté con la abogada de Jill Ker Conway, que me explicó que debía buscar representación legal en Australia. Me produjo una sensación agridulce cuando
uno de nuestros vecinos en la Australia rural llamó de la nada y se
ofreció a representarme en la declaración de divorcio porque tanto
él como toda la comunidad del interior creían que nuestra situación
marital se estaba recrudeciendo a causa de la interferencia de mi
suegra. En cierto sentido, Andrew y yo fuimos víctimas de una cultura. Como esposa de un ganadero, yo tenía derecho a pedir la mitad de la granja en el proceso de divorcio, lo cual representaba millones de dólares en valor del suelo, algo que me habría permitido
vivir cómodamente toda mi vida. Desde el punto de vista ético, yo
no quería hacer eso, porque una granja en funcionamiento necesita
mantenerse entera, sin divisiones causadas por contiendas familiares. Aquella fue una época conflictiva, en la que tuve que compaginar tanto el trabajo y los niños como las explosiones de ira a través
de llamadas telefónicas a larga distancia. Estábamos en un callejón
sin salida: Andrew no estaba dispuesto a venir a Estados Unidos, y
yo no quería romper el contrato de profesora. Nuestro mutuo amor
había sufrido la erosión de una cultura. A pesar de la felicidad de
enseñar, echaba de menos el canto de la cucaburra al amanecer y la
vista desde la ventana de la cocina de las ovejas pastando en un
paisaje de eucaliptos. Pero estaba decidida a probar suerte con la
ciencia después de toda una vida formándome, y más resuelta aún
a proporcionar a los niños una educación estadounidense, en la
que hombres y mujeres eran respetados de forma más igualitaria,
incluso aunque eso implicara tener que hacer frente a la inseguridad
de ser una familia monoparental. Supuse que pasar unos cuantos
años educándose en la escuela pública estadounidense les serviría a
mis hijos para regresar algún día y llevar la granja empleando nuevas tecnologías. Sin una buena educación, sus vidas se verían siempre reducidas a ovejas y más ovejas.

Me encantaba enseñar y logré rozar cierta fama nacional cuando construí la primera pasarela del dosel de Norteamérica en el

bosque de la universidad dedicado a la investigación, basándome en la pasarela aérea previa de Queensland. Gracias a mi reputación en relación con el dosel arbóreo, me había integrado rápidamente en la comunidad arbolista de Massachusetts. Dos de sus integrantes me animaron a escribir para pedir una ayuda, que nos permitió construir entre los tres una pasarela que alcanzaba varios robles rojos americanos, con dos plataformas y un puente sencillo, basado en aquel paseo aéreo original australiano. Ahora, el dosel del bosque templado estaba abierto a la exploración. Mientras realizaba observaciones a veintitrés metros de altura, un estudiante arbonauta descubrió que la ardilla voladora sureña (*Glaucomys volans*) actuaba como un control de plagas natural, porque se alimentaba de un famoso defoliador del roble de Nueva Inglaterra, la polilla gitana (*Lymantria dispar dispar*). El Departamento de Agricultura de Estados Unidos había gastado millones de dólares en la investigación de los brotes de polilla gitana, pero la mayor parte del trabajo de campo se había limitado al suelo forestal. Como había hecho yo en los bosques pluviales de Australia, en su investigación los estudiantes hicieron descubrimientos originales al estudiar el árbol entero y no sólo «el dedo gordo del pie».

El divorcio se formalizó por vía telefónica. El abogado australiano se encargó del papeleo con rapidez y tanto Andrew como yo sentimos cierto alivio. Su madre sin duda estaría bailando la giga. Fue una experiencia agridulce porque yo realmente lo amaba, pero nuestra incapacidad para integrar las ovejas y los árboles en una vida en común resultó insalvable. La universidad renovó mi contrato para otro año más, y durante el trimestre de enero, acompañada de mis hijos, me llevaba a los estudiantes a Florida para estudiar los ecosistemas subtropicales. A los ocho años, Eddie era un gran monitor de ornitología, y era algo bueno que el alumnado fuera testigo de cómo una profesora universitaria compaginaba la maternidad con una carrera profesional. A pesar de que aquellas expediciones de campo con mis hijos y mis estudiantes eran agotadoras, yo era consciente de que existían muy pocos modelos de mujeres en las carreras CTIM[1] a principios de los años noventa, y eso me daba fuerzas para seguir. Casi todo el resto del profesorado de biología estaba casado con una ama de casa. Yo tenía también la suerte de tener a mis padres a sólo cinco horas de distancia en coche, y solían venir con frecuencia a pasar fines de semana largos para que yo pudiera corregir trabajos o preparar las clases. En alguna ocasión, se quedaron en casa con los niños durante expediciones de campo más largas, ofreciendo su increíble apoyo, aunque siempre angustiados por los remotos destinos de su hija.

Mi primera y muy estimulante exposición a una tercera e innovadora técnica de acceso al dosel tuvo lugar durante una expedición global de investigación en África. Se trataba, esta vez, de unos hinchables llamados *Radeau des Cimes* («balsa de las cimas» del mundo), diseñados por un equipo de botanistas franceses. Me llamó la atención un pequeño anuncio en el número semanal de la revista *Science*: «SE BUSCA: científico de campo para expedición en globo en Camerún, África». Intrigada, me apunté. Pensando en mi pasado en Australia, donde o bien me excluían o bien los hombres superaban ampliamente en número a las mujeres en las expediciones, mi sexto sentido me advirtió de que debía solicitar el puesto como «M. Lowman». Fui aceptada como su especialista de campo en interacciones insecto-planta; nadie me preguntó si era hombre o mujer. Técnicamente, esta expedición empleaba un dirigible ligeramente diferente de un globo aerostático, porque volaba con un gas almacenado en el interior de la estructura que hacía que el aparato fuera más ligero que el aire. (Un globo aerostático, por el contrario, vuela calentando el aire que contiene su envoltura.) Cuando estaba en el aire, el dirigible era capaz de remolcar una balsa hinchable que podía ser desplazada de una copa a otra de los árboles, a modo de campo base aéreo. La ligereza de la balsa hinchable permitía que fuera atada a las ramas más altas sin dañarlas y podía remolcarse fácilmente a una nueva ubicación cada pocos días. Además, el

[1]. Carreras de ciencia, tecnología, ingeniería y matemáticas.

dirigible izaba una especie de trineo, una sección con forma de pastel triangular, desde la balsa redonda todas las mañanas (antes de que se levantaran los vientos predominantes) para tomar muestras de un montón de árboles colindantes de una sola vez. Todos estos aparatos hinchables –el dirigible, la balsa y el trineo– ofrecían un acceso único al dosel superior y, además, admitámoslo, ¡eran realmente divertidos!

Esta nueva aventura en las junglas de África estaba más allá de toda comprensión. ¿Cómo podía ser que una extensión de terreno tan gigantesca, conocida como la selva tropical de la cuenca del Congo, hubiera permanecido tan inexplorada y ajena a los descubrimientos científicos a finales del siglo xx? Encontré un pequeño punto en el mapa, la Réserve de Campo,[2] que era nuestro destino, en el sudoeste de Camerún, considerada una de las regiones de bosque ecuatorial más diversas. Estaba deseando comparar los doseles australianos con los africanos.

Francis Hallé, botanista francés y experto en arquitectura arbórea, es el cerebro genial que creó este ingenioso globo que se elevaba sobre el bosque, además de su balsa hinchable supletoria, que se anclaba a los doseles superiores. La nación francesa estaba extremadamente orgullosa de los científicos franceses que habían diseñado un conjunto de herramientas innovadoras para acceder a las copas de los árboles, llamado, colectivamente, Opération Canopée («operación dosel»), y tuvo, por ello, una amplia difusión en la televisión nacional. Cuando volé a París, los funcionarios de aduanas celebraron mi llegada con efusividad cuando vieron las pegatinas de *Radeau des Cimes* («balsa de las cimas») que decoraban mis maletas. Después de muchos vuelos, aterricé en Duala, la capital económica de Camerún, que estaba bajo el control de un régimen militar. Seis de nosotros habíamos aterrizado en el país como el contingente norteamericano y nos apretujamos en un todoterreno, en el que ocupé el asiento del copiloto a modo de distracción femenina, con la idea de desarmar los

---

2. Actual Parque Nacional de Campo-Ma'an, en Camerún.

controles militares. Condujimos durante muchas horas por pistas estrechas y llegamos por la noche. Me sentí aliviada al entrar en el campamento a hurtadillas bajo el manto de oscuridad, anticipando ya cierta decepción por parte de mis colegas al ver que la nueva participante, M. Lowman, no era un Mark o un Michael. Digamos que el equipo del globo se mostró de todo menos contento al verme bajar del vehículo. Más tarde me di cuenta de que era la única mujer en un equipo de cincuenta personas para una expedición que duraría todo el mes. En retrospectiva, fue algo ingenuo por mi parte pasear por las selvas de África con cuarenta y nueve hombres a los que apenas conocía. Pero, a lo largo de la expedición, aquellos científicos acabaron respetándome, probablemente porque vieron que era una escaladora competente. Sin embargo, pasé por muchos momentos de duda debido a mi condición de mujer: no estaba segura de poder alcanzar el éxito en el mundo tan masculino de la biología de campo, a pesar de ser una de las principales pioneras contemporáneas de esta disciplina.

Quizá como una prueba inicial de resistencia femenina, me asignaron la hamaca situada en último lugar, que resultó estar colgada justo encima de la madriguera de una víbora de Gabón (*Bitis gabonica*), una serpiente de veneno letal. Este reptil no era sólo grande y feo, sino que además no había antídoto conocido para su picadura. Peor aún, pronto supe que esos colegas hombres habían estado tirando repetidamente de aquella bestia resbaladiza con una soga para que saliera de su guarida subterránea y poder hacerle unas fotos, lo cual probablemente la había puesto de bastante mal humor. Yo rodeaba con cautela el agujero en mis frecuentes visitas a la letrina, mientras veía con envidia que el resto de mis compañeros se aliviaban directamente desde la tarima. Los recién llegados colgamos las hamacas en medio de la oscuridad, chocándonos los traseros por lo abarrotado que estaba el dormitorio. El campamento base era, por lo demás, ingenioso, compuesto por cuatro estructuras efímeras abiertas, con techos de paja y suelos elevados de madera, suspendidos sobre unos postes a casi un metro de altura. La cabaña de las hamacas ocupaba una larga estructura; otra estructura albergaba el laboratorio, con tres ordenadores de última generación que funcionaban gracias a un generador; la tercera era el comedor, y, más alejada, la cabaña para lavarse, con cinco cubículos con duchas que funcionaban por gravedad, con agua que caía de un barreño en el techo, y cuatro letrinas de hoyo. La primera noche fue dura: calurosa y húmeda, aparte del ronquido en estéreo de los cuarenta y nueve científicos. Pero, al término de la segunda semana, éramos todos ya buenos amigos y no sólo conocía sus ronquidos sino también sus vidas, a menudo relatadas después de varias rondas de whisky. Francis Hallé, nuestro intrépido líder, había importado *baguettes* de pan francés, así como una caja de su Scotch favorito, para compartir al final de cada día de agotadora escalada. Como participante empleada en esta expedición, se me había permitido traer a dos ayudantes y yo había seleccionado a dos buenos amigos y colegas, ambos hombres porque realmente no había equivalente femenino. Bruce Rinker era un educador entusiasta que planeaba escribir textos acerca de la expedición para niños desde preescolar hasta los doce años, y Mark Moffett era entomólogo y un fotógrafo experto que podía documentar la biodiversidad, especialmente los más diminutos residentes de seis patas. Nosotros tres formábamos el equipo de la interacción entre las plantas y los insectos.

Los sonidos nocturnos de la selva africana eran mejores que cualquier banda sonora de Hollywood: chotacabras, ranas, cigarras y el canto del cálao antes del amanecer, intercalado con las animadas voces francesas que se oían cuando el equipo se preparaba para el hinchado y el despegue. El dirigible despegaba siempre al amanecer para que pudiéramos aprovechar al menos cuatro o cinco horas de actividad aérea, dado que los vientos predominantes amenazaban la seguridad del vuelo después de las diez de la mañana. Aunque habíamos llegado muy tarde, Mark saltó de la hamaca antes del amanecer, entusiasmado ante la perspectiva de fotografiar el despegue del globo. Entonces pegó un grito y yo miré hacia abajo: le salía sangre de una marca con dos agujeritos en el pie. Nos miramos, horrorizados: ¿le habría mordido la víbora de Gabón? Mark se limpió la sangre con la mano y agarró la cámara, dispuesto a no perder esa oportunidad fotográfica. Los científicos son una raza amenazada que arriesgaría su vida y un brazo por un punto de datos, una fotografía o una colección. Mark no era una excepción y, fiel a su costumbre, valoraba las fotos del despegue de amanecida por encima de la necesidad de ponerse un vendaje en una picadura de serpiente venenosa, ¡qué sorpresa...! Cuando ya habían pasado varias horas, a plena luz del día, advertimos su calibrador de insectos encajado entre los tablones de la cabaña, con las puntas afiladas hacia arriba, que le habían apuñalado el pie en la oscuridad. Se puso como loco de contento al saber que su muerte por picadura de serpiente no era inminente.

Había que desplegar e hinchar el dirigible cada día. Si se dejaba expuesto a la intemperie, los pájaros, atraídos por los colores como si se tratara de una flor gigante, podrían picotear el estampado de rayas. A las cuatro de la mañana se encendía la llama que calentaba el aire del interior. ¡Despegamos! La barquilla situada bajo el dirigible transportaba a seis científicos para la observación aérea diaria, y de vez en cuando el aparato remolcaba también el trineo, que podía llevar a tres científicos por múltiples copas. Cada cinco días, la balsa se movía a una nueva ubicación aérea, para poder tomar muestras en las copas de árboles diferentes. Había una feroz competición por conseguir un sitio a bordo del dirigible o en el trineo. Nuestro equipo de la interacción entre planta e insecto no tenía programadas las horas de trineo hasta el último día, así que, a lo largo de la semana, escalamos una gran cantidad de árboles altos, empleando las tradicionales cuerdas y arneses. Día y noche, llegábamos a subir hasta doce investigadores a la balsa más grande, y los tres integrantes de mi equipo recogíamos herbívoros noctámbulos que salían a darse un banquete, refugiados en la oscuridad. El trabajo sobre la balsa incluyó varias sesiones de muestreo extremadamente húmedas, debido a las repentinas lluvias torrenciales. A menudo terminábamos tan absolutamente empapados que una noche llevamos con nosotros una botella de champán y, calados hasta los huesos, brindamos por el dosel arbóreo. Durante la semana,

mirábamos qué tiempo hacía, esperando ansiosamente que los
vientos o una tormenta no cancelaran el muestreo con el trineo,
programado para el último día. Nos levantamos sobre las tres de la
mañana, eufóricos ante esta increíble excursión. Cogí las redes,
unas bolsas de plástico, las tijeras de podar, el cuaderno y unos bo-
lígrafos, tomé un trago moderado de agua (no demasiada, para que
mi vejiga aguantara la mañana en lo alto) y fui literalmente corriendo por el camino al sonido del diminuto generador que hinchaba el
dirigible. El proceso de hinchado era parecido a una ceremonia especial dirigida por los jefes tribales, con todos los ingenieros franceses y el equipo de diseño rodeando el plástico en expansión y masa-
jeándolo amorosamente para que se llenara al máximo. Una vez
hinchado, el piloto del dirigible, Dany, saltaba al asiento del conductor y encendía la sencilla llama que calentaba el interior del globo. A medida que se calentaba, el aparato entero se elevaba unos
centímetros del suelo, después un metro y de pronto estaba en el
aire, arrastrando el trineo por debajo. Saltamos los tres rápidamente sobre el artilugio triangular y salimos de allí volando. Este primer
viaje sobrevolando el dosel en un trineo hinchable transformó mi
percepción de los bosques tropicales para siempre. La selva africana parecía un enorme campo de brócolis gigantes, con sus superficies nudosas de follaje a muchas alturas y tonalidades de verde diferentes. Cuando estábamos al menos a cuarenta y cinco metros de
altura, nos acercamos a lo alto de un calabó (*Pycnanthus angolensis*), hasta colocarnos a menos de treinta centímetros de su característico follaje dañado por los insectos, que acribillaban todas sus
hojas. Dany maniobró el dirigible hasta colocar el trineo delicada-
mente sobre la copa, y nosotros pasamos a la acción: barrimos los
insectos con las redes y podamos las hojas con las tijeras (con mucho cuidado de no cortar una cuerda o, peor aún, rebanar el hinchable). Tras un rápido y frenético muestreo de unos diez minutos,
nos fuimos flotando a una segunda especie llamada pau veludo o
mfang (*Dialium pachyphyllum*), para repetir el proceso de recolección. Tras casi dos horas, habíamos tomado muestras de un número récord de quince árboles, planeado por encima de sus copas y

podado algunas de las ramas más altas, así como recogido los insectos de las hojas con las redes. Con el método de las cuerdas, esa tarea de muestreo nos habría llevado buena parte de la semana. Durante todo el vuelo, el piloto tenía el control total de nuestra seguridad y, en definitiva, de nuestras vidas; chocar con el tronco de un árbol o con un nido grande de hormigas habría desencadenado un desastre mortal.

De regreso en tierra firme, me pasé toda la tarde catalogando hojas y midiendo la herbivoría en un ordenador de altas prestaciones. Pierre, un técnico francés, tenía un programa de escaneo en la cabaña del ordenador, así que estuve midiendo las áreas de las hojas en el África profunda con un ordenador de sesenta megabytes y lo que en aquella época era un *software* digital de última generación. Este trabajo era más avanzado que cualquier otro trabajo de campo previo que yo hubiera realizado a lo largo de los quince años anteriores por Australia, Nueva Zelanda, Indonesia, Escocia y los bosques de clima templado de Estados Unidos. El equipo francés no era el único grupo que había llevado hasta allí una equipación sofisticada. El grupo del Instituto Max Planck, de Alemania, había llevado mil trescientos kilos de equipo de alta tecnología para medir la respiración del follaje, pero el suyo había sido retenido por el Ejército en Duala. Yo me alegraba de poder confiar en la sencillez de unas tijeras de podar, unas bolsas de plástico, rotuladores resistentes al agua y una cinta de medir como equipo imprescindible para el muestreo.

Ser la única mujer científica en el campamento tenía varios inconvenientes. En primer lugar, constantemente me desaparecía la ropa interior, hasta el punto de que al final de la expedición sólo me quedaban unas bragas. Más tarde, varios de los científicos vieron a los lugareños llevándoselas silenciosamente de la cuerda de tender cada vez que ponía a escurrir la ropa, y me informaron de que la lencería femenina estaba muy valorada en el pueblo pigmeo cercano. Un segundo incidente ocurría con la ducha: cada vez que entraba en el cubículo, varios trabajadores nativos saltaban al techo indefectiblemente para trastear con el tanque de agua, desde donde tenían una perfecta vista de mi anatomía. ¡La vida en el campamento base no estaba exenta de humor! Otro pequeño caos se desató cuando, sin darme cuenta, me traje conmigo un par de restos de maternidad entre la equipación de campo. No me acordaba de que en mi banco local me habían dado dos piruletas para los niños antes de irme, hasta que vi un enjambre de hormigas invadiendo mi mochila. Frustrada, arranqué un montón de bolsillos cerrados con cremalleras y al final encontré los restos azucarados del frenesí alimentario de las hormigas. Incluso sellado dentro de su envoltorio, el caramelo fue detectado y devorado por estos agresivos artrópodos.

Radeau des Cimes, la balsa de las cimas, se lleva la nota más alta, por mi parte, como la mejor herramienta que existía en aquella época para el estudio del dosel. Este tercer método aprovecha verdaderamente el potencial colaborativo de la investigación científica, porque todo el mundo comparte la emoción del descubrimiento en equipo. Desgraciadamente, el coste de emplear estos aparatos hinchables con un equipo científico y técnico completo durante un mes en un país como Camerún asciende a cerca de un millón de dólares, una cantidad excesiva en el poco financiado mundo de la biología de campo tropical. En consecuencia, toda la equipación pasa más tiempo en el cajón que en las copas de los árboles. Pero la expedición de Camerún fue un enorme éxito para el equipo de herbivoría y nuestros datos pasaron a formar parte de un volumen exhaustivo acerca de los bosques pluviales africanos, editado por Francis Hallé. Mis estudios globales de la herbivoría se ampliaron gracias a este nuevo punto de datos en África, mientras yo seguía calculando qué grado de daño causado por insectos pueden tolerar los diferentes tipos de bosque. Hicimos una prueba piloto de una nueva técnica de muestreo de insectos llamada «barrido en trineo», con la que recolectamos en una horquilla de entre dos y treinta y dos insectos por barrido de la red en el dosel superior, una región hasta entonces inexplorada. Las hojas del dosel africano, muestreadas por primera vez, presentaban entre el cero y el sesenta y cuatro por ciento de área de superficie devorada en el caso del *Dialium pachyphyllum*, y entre el cero y el dieciséis por ciento en el del *Pycnanthus angolensis*, pero apenas había daño de insectos en absoluto en la mayor parte de las hojas (no todas) del *Alstonia boonei*. (Me he propuesto la misión personal de encontrar al menos una especie de árbol que no presente absolutamente ningún ataque de insecto. Esa especie quizá contendría un increíble elixir medicinal, teniendo en cuenta la supuesta resiliencia de sus toxinas.) Nuestros resultados, que daban una media de entre el quince y el treinta por ciento de pérdida de follaje por herbívoros en África, eran parecidos a los de Australia, lo cual sugería que los árboles tropicales de al menos dos continentes toleraban un grado de daño por parte de los insectos mayor que el calculado anteriormente por los científicos que restringían sus estudios al suelo forestal. Como ocurre con toda la biología de campo, es necesario realizar mediciones durante más años en África para confirmar estas conclusiones preliminares.

Fui la única integrante del grupo que regresó a Camerún y colaboró con el único botanista local de nuestra expedición. El difunto Bernard Nkongmeneck estaba deseando colaborar con científicos internacionales después de acogerlos como anfitrión, de manera que él y yo solicitamos una beca a National Geographic para estudiar las epífitas autóctonas y para enseñar a la población local a cultivarlas para los mercados europeos. Bernard veía que, lamentablemente cada vez más, muchos bosques tropicales estaban siendo talados por empresas extranjeras, que se llevaban la madera y se limitaban a quemar los restos del dosel. Ambos éramos conscientes del valor potencial de aquellas epífitas, de manera que hicimos un programa piloto mediante el cultivo de orquídeas y helechos, para proporcionar a las poblaciones locales una fuente de ingresos a partir de las plantas aéreas que resultara más sostenible que la explotación maderera. Publicamos una lista de las epífitas de Camerún en la literatura científica y dirigimos un proyecto de cultivo en el dosel empleando poleas para izar a las copas de los árboles unas esterillas tejidas a mano con epífitas para cultivarlas y conseguir plantas para su puesta a la venta.

Además, dimos clases de identificación de epífitas en una aldea local, después de que Bernard tuviera la astucia de llevar unas cervezas a las clases, para convencer a la gente de que asistiera. ¡Y asistieron! Desgraciadamente, Bernard falleció inesperadamente antes de que pudiéramos consolidar el cultivo de epífitas en Camerún. La idea está ahí, lista para ser implementada, pero, como ocurre con muchos proyectos internacionales de conservación, ganarse la confianza de la población local es crucial para obtener resultados.

A pesar de las condiciones agrestes de una expedición en África sin baño, sin una cama de verdad, sin almohada, ni grifo de agua potable ni una ducha caliente, volví de una pieza, para gran alivio de mi familia. Pero, de vuelta en el despacho del campus, una desafortunada cadena de acontecimientos empezaba a formarse y a traer problemas. Antes de irme, habían contratado a un nuevo director de estudios medioambientales, y poco después varias estudiantes y miembros del personal se habían quejado de su comportamiento en sus interacciones con él. Al cabo de poco tiempo, varias mujeres del departamento fueron despedidas por este director, a pesar de su excelente historial académico. Yo había tenido un semestre especialmente bueno, pero, como madre divorciada, me sentía muy vulnerable ante un jefe que no parecía promover la excelencia entre los miembros de su equipo. Un día, este nuevo jefe llamó a la puerta de mi despacho, algo ya de por sí raro, y anunció que sufriría una reducción salarial al año siguiente. Me dio una velada explicación mencionando un déficit de presupuesto. Para mí aquello no tenía sentido, sobre todo porque había cumplido con cada una de mis responsabilidades con creces. Ese año, la universidad había recibido un reconocimiento a escala nacional gracias a mi pasarela del dosel para el bosque universitario, la primera estructura de ese tipo en toda Norteamérica, además de las ayudas que había recibido y las becas que habían conseguido mis estudiantes, de manera que yo esperaba no una reducción del sueldo sino un aumento. Aquello parecía un clásico ejemplo del viejo síndrome australiano de la amapola alta, con su objetivo encubierto: dejar de recompensar la excelencia y fomentar, en cambio, la mediocridad. Dos colegas de la universidad donde había trabajado anteriormente contaron discretamente que las mujeres que habían trabajado con este hombre en ese campus habían sufrido problemas parecidos. Más tarde, oí decir que un colega suyo en la Universidad de Stanford se había sentido degradado sin ningún fundamento por este individuo, después de cambiar de trabajo a una organización en California.

Como responsable única de dos niños pequeños, me generaba mucha ansiedad trabajar bajo unas condiciones tan inestables, sobre todo porque era imposible recibir una manutención adecuada para los hijos desde la otra punta del mundo. El síndrome de la amapola alta fue una auténtica humillación; duele mucho, realmente, recibir un castigo por hacer bien las cosas. Incluso en Estados Unidos, el sesgo machista todavía minaba de muchas formas el avance, y cuando era un sesgo tan taimado, era especialmente difícil de detectar entre las intrigas de la política de pasillos. Para mí, reforzaba una inseguridad persistente: ¿Era lo suficientemente buena para competir en un mundo de hombres? ¿Sería lo suficientemente buena alguna vez?

Afortunadamente, recibí una oferta externa para entrar a formar parte de un jardín botánico en Florida, especializado en plantas del dosel tropical, particularmente, en las epífitas. Investigué de inmediato los colegios de Sarasota. No me trasladaría allí si no podía inscribir a los niños en un colegio público excelente, algo que, desde el principio, había sido prioritario al mudarnos a Estados Unidos. A escala nacional, Florida tenía mala reputación en cuanto a la educación comprendida entre preescolar y los doce años, pero Sarasota contaba con una escuela pública especializada en matemática y ciencias, y Eddie tenía edad suficiente para entrar. El resto es historia. Llenamos una camioneta con nuestras cosas, compramos algún mueble más en los mercadillos rurales del norte del estado de Nueva York y nos dirigimos hacia el sur, lejos de la amenaza que suponía tener que gestionar a un jefe difícil, algo especialmente duro en el diminuto y abarrotado entorno de un campus universitario pequeño. Entretanto, el acuerdo de divorcio se aprobó y nos proporcionó una cantidad suficiente para pagar el depósito de una vivienda modesta en Sarasota. (Un acuerdo de divorcio convencional en Australia ascendía a once mil dólares anuales por las responsabilidades domésticas... ¡por debajo del sueldo mínimo!)

En el Jardín Botánico Marie Selby yo era la única científica mujer –de hecho, era la única empleada mujer, a excepción de la secretaria– en la división de investigación. También era la jefa. No fue fácil ganarme a todos aquellos «tipos epífitos», como los llamaba yo en secreto, pero era algo necesario. Cuando entré, el personal estaba enteramente compuesto por taxonomistas, y yo tenía la sensación de que, en el fondo, consideraban mi profesión como ecóloga –que incluía el estudio y la conservación del hábitat de las epífitas– menos valiosa que la labor taxonómica de clasificarlas. Así que decidí arrancar con varios programas globales para ganarme su respeto: continuar por un lado con la investigación en Australia, pero también poner en marcha nuevos proyectos en los trópicos de África y Sudamérica. A pesar de que el Jardín Botánico tenía la noble misión de estudiar e identificar plantas tropicales, la gestión fiscal era deficiente y había mucho trabajo de mantenimiento atrasado. Logré reactivar de inmediato su reputación internacional mediante la celebración de dos congresos mundiales sobre el dosel. Los congresos fueron un éxito y a ellos acudieron científicos de veinticinco y treinta y cinco países, respectivamente. La ciudad de Sarasota, históricamente vinculada a las artes y la cultura, estaba exultante ante el renacimiento de un «jardín científico», y los términos «epífitas» y «dosel» se convirtieron en palabras de uso común a lo largo del sudoeste de Florida. Poco después del segundo congreso internacional, el comité me ascendió al puesto de directora. Pasé de ser su Indiana Jones de las alturas arbóreas a sentarme en una silla acolchada, y fue emocionante construir un apoyo comunitario para la conservación de las plantas y el bosque. También sentía una gran responsabilidad por servir de modelo para las niñas; en esa época, había muy pocas mujeres en puestos de liderazgo en el mundo de la ciencia, y agradecí la oportunidad de abrir una grieta en aquel «dosel de cristal». Para entonces, yo ya había sangrado bastante tratando de romper techos de cristal, siempre con la esperanza de que todos aquellos cortes le evitaran la sangría a la siguiente generación de colegas mujeres. Florecí, como una planta bajo la lluvia, en aquel puesto, y aprendí acerca de la gestión del personal y los presupuestos gracias a un curso de gestión ejecutiva en la Escuela de Negocios Tuck, de la Universidad de Dartmouth. Me encantaba poder acercar las plantas al público y disfrutaba ayudando al personal a alcanzar sus metas, ya se tratara de la construcción de un precioso recinto para celebrar bodas, del diseño de un jardín para niños o de la actualización de las herramientas de desarrollo del *software* para buscar nuevos mecenas.

Pasados tres años de éxitos, de recaudación de fondos, construcción, becas y expansión de la huella del jardín tanto en el ámbito local como en el global, me volví a encontrar con el síndrome de la amapola alta. Un nuevo presidente de la Junta entró en escena, con pedigrí en el mundo del cultivo de las orquídeas. Teniendo en cuenta que el cargo es voluntario, es comprensible que los miembros de la Junta vean con buenos ojos a cualquiera con experiencia que parezca compartir la misión del jardín. Cuando llegó una impresionante orquídea morada, importada desde Perú, para entrar a formar parte del jardín como nueva especie, este presidente se mostró entusiasmado con el descubrimiento. Al principio yo también compartía en parte el entusiasmo del personal responsable de las orquídeas, hasta que resultó que la orquídea se había importado de manera ilegal.

Durante la semana en que la orquídea llegó al jardín, yo estaba en Ohio, en una regata en grupo en mi otra ocupación, la de madre de mis hijos. Esto no ayudaba en nada a mi liderazgo profesional, porque todavía sufría el escrutinio, como CEO mujer, en un contexto en el que se consideraba que mis tareas como madre me restaban profesionalidad.

Los taxonomistas especializados en orquídeas tenían tantas ganas de adquirir y describir la nueva especie que, por lo visto, no se habían dado cuenta de la ausencia de documentación legal (¿o sí se dieron cuenta?), y más tarde declararon que en ningún momento vieron licencia alguna, a pesar de que, en mi opinión, esa responsabilidad era parte integral de sus tareas. Uno de los científicos especializados en orquídeas estaba tan fascinado con esta especie que, como supe mucho más adelante, se llevó un trozo en secreto a su casa de Vermont, para ver si allí podía cultivarla. Y todavía más increíble, se rumoreaba que, poco después de que llegara la nueva orquídea de Perú al Jardín Botánico, el dueño de un vivero peruano apareció en la feria de orquídeas de Miami, supuestamente vendiendo la misma especie a un precio astronómico. La Convención sobre el Comercio Internacional de Especies Amenazadas de Fauna y Flora Silvestres (CITES) protege las plantas y los animales en peligro de ser exportadas de sus países de origen. Básicamente, al aceptar una orquídea peruana en la colección sin una licencia, el personal de la sección de orquídeas había violado la ley. A petición mía, el Jardín Botánico contrató a un experto legal en Washington D. C., para revisar el embrollo de los cargos por haber aceptado una orquídea sin licencia en el Centro de Identificación de Orquídeas, y los costes aumentaron. Los empleados de la sección de orquídeas entonces empezaron a acusarse unos a otros y, al final, el dedo del presidente de la Junta me señaló a mí, a pesar de que cuando el incidente tuvo lugar yo estaba a miles de kilómetros de distancia, en una regata de grupo, y nunca había visto siquiera el espécimen (aún hoy, sigo sin haberlo visto). Si el objetivo del presidente de la Junta era mantener al personal de las orquídeas fuera del foco de atención, supongo que la única mujer en el comité era un buen chivo expiatorio. Mientras el presidente de la Junta criticaba mi gestión y otros se quejaban de los costes legales del bufete que yo había solicitado, traté de defender mi posición ante este acoso. Varios líderes en la comunidad de Sarasota se pusieron de mi parte, e incluso recaudaron fondos para pagar parte de mis gastos legales personales. Yo me negaba a luchar en una batalla por algo que no había hecho, de modo que, al final, dimití. Uno de los científicos de la sección de orquídeas, así como el jardín mismo, acabaron declarándose culpables y, más tarde, también lo hizo el hombre que había importado la orquídea de manera ilegal.

Fue un episodio tumultuoso y un ejemplo extremo de cómo la conservación puede sufrir varapalos por parte de los propios científicos que trabajan en primera línea para salvar a las especies. En el caso de estos orquidófilos, su pasión excedía los límites de la ley. Pero también ocurre con otros tipos de biodiversidad. Un incidente similar se dio en el 2019, cuando varios especímenes de tarántula de Malasia fueron enviados al Reino Unido y descritas en un artículo para su clasificación científica por varios afiliados a la Universidad de Oxford. Codiciada por los taxonomistas de arañas, se trataba de una bella tarántula de color azul cobalto. Una de las aracnólogas afirmaba que tanto a ella como al coautor del artículo les habían asegurado que los ejemplares habían sido recogidos de forma legal y que existían todos los documentos necesarios, pero resultó que no existía tal documentación. Como en el caso de la orquídea peruana, los ejemplares de tarántula habían sido importados de forma ilegal y, técnicamente, pertenecían a su país de origen.

La experiencia de la orquídea me hizo más dura ante el mundo de las dinámicas de comités, de los abusones institucionales y de los cuentos y mentiras. Era difícil de creer que una hermosa orquídea pudiera provocar tal cantidad de acusaciones mutuas entre los miembros de un grupo de, por lo demás, entregados botanistas. Al mirar a mi alrededor en la sala de juntas en busca de una figura femenina ejemplar que me brindara comprensión, no encontré ninguna, y esa sensación de aislamiento reforzó mi resolución de apoyar siempre a otras mujeres en el entorno laboral cuando se enfrentan a dificultades. Con esto no estoy diciendo que no haya habido figuras masculinas ejemplares maravillosas a lo largo de mi carrera, por las que me siento increíblemente agradecida. (Gracias a Peter Raven, John Replogle, Bob Ballard, Greg Farrington, E. O. Wilson, Hal Heatwole, Tom Lovejoy y Brian Rosborough, ¡por citar sólo a unos pocos!) Por el lado más positivo, mi experiencia como CEO de un jardín botánico a través de

una crisis me abrió las puertas de varias posiciones de liderazgo en
otros museos, y además reforzó mi decisión de trabajar insistente-
mente para lograr la igualdad en el mundo de la ciencia.

Durante ocho felices años, trabajé como profesora titular de
estudios medioambientales en New College, una institución universitaria de Florida para estudiantes de grado con expediente
alto. Pero, gracias a mi experiencia previa en la difusión científica
dirigida al público, fui contratada para ser la primera directora de
una nueva ala de un museo en Carolina del Norte, así que dejé mi
puesto de profesora titular y regresé al mundo museístico. También fue una alegría tener mi primera jefa mujer. Betsy era una gran
fuente de energía positiva, y ambas dedicamos, probablemente,
muchas semanas de cien horas a financiar, construir y dotar de
personal una nueva e innovadora ala del museo. Teníamos un
apretado plazo de dos años antes de la ceremonia inaugural y tuve
que correr, literalmente, por todo el paisaje de Carolina del Norte
para seguirle el ritmo. Uno de los mayores logros fue crear colaboraciones con diferentes universidades estatales para cada uno de
los directores recién contratados de los laboratorios científicos. Estas singulares cooperaciones fomentaban una dinámica actividad
estudiantil en el museo, así como un estatus académico relevante
para los nuevos curadores. Para cumplir el ajustado plazo, organicé un proceso de contratación grupal; publicamos las ofertas e hicimos entrevistas para varias posiciones de curaduría de una sola
vez. Con el objetivo de reunir al mejor equipo posible, escribí una
animada y atractiva descripción de los puestos, para indicar que
este no sería un equipo museístico convencional. El resultado fue
que recibimos cientos de solicitudes. De las diez nuevas contrata-
ciones de ciencias que obtuvieron el puesto, más de la mitad eran
mujeres, una proporción casi inaudita en el entorno museístico,
donde los curadores veteranos aún eran, en su mayoría, hombres.
A pesar de que no di prioridad a ninguna candidatura por género,
creo que solicitaron los puestos más mujeres cualificadas que hombres porque, como yo, realmente querían trabajar para una jefa
mujer. Otro logro innovador fue la construcción y programación

de cinco laboratorios con paredes acristaladas, para que el público pudiera observar directamente a los científicos y sus procesos de descubrimiento. Asimismo, de manera frecuente, todos los científicos del museo hacían presentaciones dirigidas al público sobre temas científicos en un nuevo y vanguardista teatro llamado el Daily Planet; un edificio con la forma del planeta Tierra y conectado virtualmente con las escuelas públicas de todo el estado. (Un año más tarde, mi colega de Harvard E. O. Wilson y yo celebramos una conversación en directo con todos los colegios de secundaria de Carolina del Norte desde el Daily Planet.) Con un liderazgo positivo, no sólo finalizamos la construcción y la financiación del museo, sino que además contratamos a un equipo dinámico justo a tiempo para una gala inaugural de veinticuatro horas en la que el gobernador del estado ejerció de anfitrión, y que incluyó una delegación internacional de dignatarios, así como un desfile por las calles principales de Raleigh.

Justo después de que la nueva ala del museo se inaugurara, nuestra querida directora decidió jubilarse, después de cumplir el sueño de su vida y de dejarlo en buenas manos (o eso creía ella). Yo estaba triste por perder a la que había sido mi primera jefa mujer y cruzaba los dedos para que el comité de selección encontrara a alguien que estuviera a la altura. Por desgracia, una agencia llevó a cabo una búsqueda secreta sin hacer ninguna consulta al equipo, al menos hasta donde yo sé. Poco después de la llegada del nuevo director, tuve que soportar otro doloroso episodio del síndrome de la amapola alta. Viendo el enorme impulso y el éxito que habíamos obtenido, tanto con los mecenas como con los científicos, el nuevo director por lo visto me consideraba una amenaza y me hizo saber, a puerta cerrada, que sólo había espacio para uno de nosotros, y él era el jefe. Al día siguiente, sin contemplaciones, anunció por sorpresa mi relegación al nuevo equipo. Les dijo que, a partir de entonces, yo ya no supervisaría a ningún empleado ni ningún presupuesto, a pesar de mi extraordinaria labor en ambas tareas, y que me convertiría en una «embajadora» del museo, sin ninguna responsabilidad oficial. (Como todos sabemos en el mundo de los negocios, la gente que ocupa un cargo sin nombre ni tareas es la primera en ser despedida ante una reducción del presupuesto.) Cuando uno de los curadores recientemente contratados se levantó en esta reunión y explicó respetuosamente que todos ellos habían aceptado esos trabajos en parte por la oportunidad de trabajar para mí, el nuevo director cínicamente respondió: «Bueno, podéis presumir ante vuestros amigos de que ahora, en cambio, trabajáis para mí». Entre los miembros del personal hubo gente que lloró y otros se enfadaron. Durante esta misma reunión, varias personas más expresaron su desacuerdo, pero él hizo oídos sordos. Fue una época difícil para un equipo recién formado en un museo estatal ejemplar que acababa de lograr el gran reconocimiento de ser el lugar más visitado de Carolina del Norte, además de recibir una medalla presidencial. Era abrumadoramente evidente que, a base de trabajar, me había ganado el respeto del público de Carolina del Norte, así como de la comunidad académica, desde la organización TEDx Talks hasta una subvención colaborativa de primer orden de la Fundación Nacional de Ciencias. Si hubiera contado con una fuerte red femenina de mujeres ejecutivas cercanas a quienes acudir, ¿podría haber rectificado estratégicamente la desconsideración laboral de este nuevo director? Nunca lo sabré. Mi respuesta fue pasiva: simplemente, busqué empleo en otro lugar, convencida de que actuaba por el interés de una institución que yo amaba. Un detalle económico: me faltaban solo seis meses para poder solicitar la pensión estatal. Al revisar los archivos, encontré una crónica en una publicación en internet llamada *World of Geology and Earth Science*, escrita en el 2013 por la profesora Anne Jefferson, de la Universidad Estatal de Kent, a quien no tengo el gusto de conocer, pero quien ha tenido la bondad de darme permiso para reproducir el texto.

> Mientras mi hija juega a ser paleontóloga en la habitación de al lado, yo estoy pensando en tres historias de estos últimos meses. Son historias que ilustran por qué, a pesar del avance protagonizado por las mujeres y las minorías en las últimas décadas, todavía tenemos

mucho camino por delante para acercarnos siquiera a una verdadera paridad de género en el entorno de la ciencia y del liderazgo. Son historias que muestran hasta qué extremos llegan algunos para silenciar las voces de las mujeres y las minorías, y que esos silenciadores ocupan posiciones de poder o son aupados y cómplices de quienes están en el poder.

En junio, la científica Meg Lowman, estrella del dosel arbóreo, fue privada, sin explicación pública alguna, de su posición de directora del Centro de Investigación de la Naturaleza (NRC), en el Museo de Ciencias Naturales de Carolina del Norte. Como directora del NRC, Lowman, una científica con una increíble reputación por méritos propios, supervisaba a un equipo de científicos que trabajaban de un modo innovador, directamente con el público. La misión del NRC es «acercar a los científicos y su trabajo de investigación al público, ayudar a desentrañar lo que puede parecer un campo de estudio intimidante, mejorar la preparación de los educadores y de los estudiantes de ciencias e inspirar a una nueva generación de científicos jóvenes». ¿Quién mejor para ayudar al centro a lograr esa misión que su carismática directora, la doctora Lowman? Pero, muy al contrario, el líder del museo la ha rebajado al puesto de científica sénior, le ha quitado sus responsabilidades como supervisora directa y ha dedicado un montón de tinta a destacar que ella seguirá siendo una «líder femenina» y un «modelo a seguir para las niñas y las mujeres en el mundo de la ciencia». Personalmente, como mujer en el mundo de la ciencia y madre de una niña en el mundo de la ciencia, pensaba que la doctora Lowman era mucho más apta para ser una líder y un ejemplo a seguir como directora del centro de investigación que simplemente como otro científico sénior más. Pero está claro que quienes ostentan el poder no querían que su voz o su autoridad fueran demasiado altas. Les parece muy bien que la doctora Lowman hable de la «cuestión de las mujeres» pero no que aspire a ir mucho más allá.

En misión de rescate, una de las nuevas curadoras mujeres me nominó para un cargo sénior en otro museo, con la ferviente esperanza de que yo pudiera permanecer en una posición y ejercer

cierta influencia sobre la diversidad en la ciencia y el liderazgo creativo. Me mudé a California. Al igual que había hecho en Carolina
del Norte, acepté esta nueva posición, en parte, por trabajar con
otro jefe carismático y visionario, pero, de nuevo, el desenlace fue
decepcionante. Cuando terminó de formar el perfecto equipo líder, conmigo como la última contratación sénior, este director de
museo anunció su jubilación poco después de mi llegada. Una vez
más, el comité de selección encargado de buscar al candidato para
el cargo trabajó en secreto y nadie supo a quién habían elegido
hasta que apareció por la puerta. (¿Os suena?) El nuevo director
no sólo era un novato en el mundo de los museos, las colecciones
y la recaudación de fondos, sino que sus credenciales eran un reflejo de las mías, como ecólogo y difusor de la ciencia, con un
tarjetero de colegas prácticamente idéntico al mío. Pero él no era
de los científicos que se manchan las botas de barro, como eran
los curadores de los museos. De pronto me vi convertida en una
evidente amapola alta en este nuevo mundo; peor aún, tenía, de
hecho, más experiencia en administración de museos y colecciones. Su estilo como líder era temperamental y jerárquico. Menos-
preció públicamente a la directora financiera del museo, de modo
que ella se fue. Hubo otros episodios similares con varios colegas.
Entonces se fijó en mí, y yo podía sentir la fría venganza. En menos de dos años, fui relegada y sustituida por un neófito joven sin
apenas experiencia en puestos de liderazgo ni los años de experiencia científica y contactos necesarios para impulsar una marca
institucional. Fue peor todavía: me dieron tres cargos diferentes y
tres reducciones de salario en una rápida sucesión que eliminaba
estratégicamente cualquier esperanza de éxito. Sufría vómitos
después del trabajo y ataques de pánico en mitad de la noche.
A pesar de los recortes del sueldo y de los cambios de puesto (algunos tan apresurados que el departamento de Recursos Humanos
ni siquiera había tenido tiempo de describir las tareas del nuevo
cargo), mantuve un alto índice de productividad en cuanto a las
publicaciones, la financiación y las colaboraciones globales. Mis
colegas en otros museos estaban horrorizados y me animaban en

privado, especialmente las mujeres que había contratado recientemente, que ahora se quedaban sin una mentora sénior.

Cuando un liderazgo tóxico infecta una institución, a menudo
contamina el aire durante mucho tiempo. Puede llevar años recuperarse de los perjuicios causados, tales como la ansiedad del personal, la degradación de algunos miembros, una deficiente recaudación de fondos o una moral por los suelos. Y, peor aún, este tipo
de entorno laboral tóxico a veces persiste debido a un puñado de
empleados que aprenden a gestionar o incluso a manipular esta
toxicidad. En el punto álgido de la confusión tumultuosa por el
liderazgo del museo, me vi atacada no sólo por el director sino
también por su joven protegida. Yo había sido su supervisora, y la
había apoyado generosamente tanto en la cuestión de su remune-
ración como con la contratación de su marido, para garantizar
que tuviera una situación familiar alentadora. El trato que ella me
dispensó a mí, en cambio, me sentó peor que si me hubiera atacado con un machete. Fue demoledor para las nuevas empleadas ver
a una mujer negándose a apoyar a otra mujer, y fue realmente difícil ser el chivo expiatorio. Cuando me hizo entrega de una lista
de quejas mezquinas, decidí no entrar a cada detalle para corregir
las falsas acusaciones. A puerta cerrada, me dijo que mi investigación, centrada en la conservación y la sostenibilidad, ya no formaba parte de sus objetivos institucionales. Por mi parte, simplemente no podía renunciar a un enorme trabajo de investigación
basado en mis dos puntos fuertes, así que tomé la difícil decisión
de dimitir. Como nota irónica y agridulce, seis meses después el
informe anual del museo se centraba en uno de mis principales
proyectos de conservación, la financiación de un equipo de curadores del museo para estudiar la biodiversidad de un bosque pluvial tropical malayo, que culminó con su nominación para ser
declarado Patrimonio de la Humanidad por la Unesco.

Después de cincuenta y dos años construyendo una carrera a
partir de unas cuantas flores silvestres en quinto de primaria hasta
conseguir el reconocimiento internacional, fue desolador verme
podada como una amapola alta. En el 2018, el *New York Times*

publicó un artículo sobre las políticas contra el acoso de la Fundación Nacional de Ciencias, recién anunciadas por su directora,
France Córdova, donde el acoso por motivo de género se definía
como «comportamientos verbales y no verbales que transmiten
hostilidad, cosificación, exclusión o relegación a un estatus inferior», y el artículo explicaba que, en el entorno de las ciencias,
esta forma de acoso es mucho más habitual que el acoso sexual.
Según un estudio realizado en el 2020 por la fundación Wellcome
Trust, de 4.200 científicos, el sesenta por ciento sufrían acoso por
parte de sus supervisores y más del cuarenta por ciento, de sus
colegas. Después de haber sufrido este tipo de conducta en carne
propia, sólo esperaba haber desarrollado las características de
una planta estranguladora, y no sólo las de la benevolente higuera. Al no haber hecho frente a los abusones, había permitido que
se comportaran de ese modo y me había convertido a mí misma
en una víctima. El movimiento #MeToo supuso un bienvenido
avance para las mujeres en todas las profesiones, pero llegó demasiado tarde para algunas de nosotras. La nula representación femenina en los espacios de toma de decisiones en el ámbito del
conservacionismo ha sido igualmente señalada como un obstáculo para la resolución de problemas a escala global y es probable
que ese déficit sea un reflejo de la escasez de mujeres en los puestos
de liderazgo. La revista *Nature* publicó un artículo en el 2016,
firmado por Heather Tallis y otras 167 personas, yo incluida, en el
que se hablaba de la falta de representación femenina en la primera línea del conservacionismo. El artículo plantea que una proporción inclusiva garantizará un progreso mayor para alcanzar una
conservación efectiva, pero el progreso es lento. El Foro Económico Mundial, en su *Informe mundial sobre la brecha de género* del
2016, calculaba que, al ritmo actual, harán falta ciento setenta
años para alcanzar la igualdad salarial a escala global. (Yo colgué
este artículo en la pared, detrás de la fotocopiadora del museo, y
alguien lo quitó, no una sino dos veces.) El mismo informe señala-
ba que, durante la segunda década del siglo XXI, Estados Unidos
no estaba entre los primeros veinticinco países en cuanto a

mejoramiento de la brecha salarial: ocupaba el puesto cuarenta y cinco.[3] Y, para demostrar que la industrialización no equivale automáticamente a una equidad de género en cuanto al salario, Ruanda estaba entre los diez primeros en cuanto al avance hacia una igualdad económica para las mujeres, un país que además cuenta con el sesenta y cuatro por ciento de parlamentarias mujeres (el porcentaje más alto del mundo).[4]

Con una callada dignidad, envainé la espada, las montañas de datos, una amplia agenda de contactos de científicos internacionales y regresé a Florida para continuar con el conservacionismo global como exploradora y autora autónoma. Los mangles, la luz solar durante todo el año y las aves costeras fueron un bálsamo para todas las heridas producidas por un puñado de doseles de cristal. Como buena defensora de que el vaso siempre está medio lleno, no medio vacío, estaba convencida de que, con el cambio, sin duda, llegarían nuevas oportunidades. Uno de esos milagros fue poder estar cerca de mis padres, ya mayores, que se habían mudado a Florida, pasar buenos ratos con ellos durante el último año de vida de mi padre y corresponder al firme apoyo que mi madre me había brindado, con tanta generosidad, a lo largo de toda mi vida. He bautizado este nuevo capítulo «5.000 días», basándome en el cálculo aproximado de lo que me queda de vida profesional productiva. Quiero hacer que cada día cuente y no caer en el miasma político o en el constante papeleo inútil. Como bien dijo Booker T. Washington, «El éxito no debe medirse por la posición que uno ha alcanzado en la vida sino por los obstáculos superados». El mundo necesita un liderazgo audaz para encauzar el

3. En el 2025, casi una década después, el Foro Económico Mundial calcula que, al ritmo actual, harán falta 162 años para eliminar la brecha salarial, y Estados Unidos ocupa ahora el puesto cuarenta y dos. (https://reports.wefo rum.org/docs/WEF_GGGR_2025.pdf). *(N. de la T.)*

4. En 2025, Ruanda sigue ocupando el primer puesto en cuanto al porcentaje de mujeres en el parlamento, con un 63,8 por ciento (https://data.ipu. org/women-ranking/?date_month=1&date_year=2025). *(N. de la T.)*

rumbo del planeta, para nuestros hijos y nietos. He reanudado una labor voluntaria de dirección en una fundación conservacionista donde cada dólar se invierte en salvar los bosques, no en bienes inmuebles corporativos ni en gastos estructurales. Y este libro es un punto central de esos cinco mil días; quiero compartir la historia de una vida dedicada a la investigación, el descubrimiento y la exploración de las maravillas de árboles como la higuera. Mediante sus increíbles frutos y sus copas en expansión, las higueras nutren a todo su ecosistema. Las mujeres (y los hombres) debemos seguir su ejemplo, hacer buen uso de los recursos, involucrarnos en resultados e interacciones productivas y nutrir a nuestras comunidades.

⊰𝕏⊱ LA HIGUERA ⊰𝕏⊱
(Ficus spp.)

Una de mis pasarelas favoritas en el mundo atraviesa una hermosa higuera en el municipio de Falealupo, en la isla de Savai'i, en Samoa, antigua Samoa Occidental. Mi colega, el etnobotanista Paul Cox, me invitó a visitar esta isla en 1994, un punto de inflexión crítico en su historia. Los jefes de las dieciséis tribus se hallaban ante un dilema. El Gobierno de Samoa Occidental obligaba a las poblaciones a construir escuelas de cemento, porque las construcciones con techos de palma no soportaban los frecuentes monzones. Pero el gasto por escuela ascendía a más de cincuenta mil dólares, y la isla de Savai'i no tenía una economía monetaria. Los samoanos se vuelcan con sus hijos y quieren la mejor educación posible para ellos, pero su sustento dependía de la pesca en el mar y de los frutos de la selva. Una empresa maderera asiática se había ofrecido a proporcionar los fondos suficientes para construir una nueva escuela a cambio de poder extraer la madera de la isla. Los jefes estaban inquietos porque toda su existencia durante muchas generaciones había dependido del bosque, e incluso sus propios ancestros eran parte de este ecosistema, al volver a la tierra como zorros voladores en el dosel arbóreo. Así que viajé a Samoa con dos ingenieros para plantear la idea de construir una pasarela. Tuve el honor de asistir a una ceremonia con los dieciséis jefes tribales, en la que cantaron, bebieron la sagrada kava y debatieron las opciones –la tala frente al ecoturismo– en aquella disyuntiva sobre el destino de su isla arbolada. Después de más de cinco horas, decidieron de manera unánime pedir un crédito y construir esta modernez llamada pasarela del dosel. Nunca hasta entonces habían oído hablar del ecoturismo pero escogieron confiar en el concepto que había propuesto nuestro equipo: los visitantes pagarían por explorar el octavo continente de su isla. A día de hoy, una plataforma rodea la higuera más grande de la isla y conecta con un puente que se extiende hasta la escuela local. En dos años, pudieron pagar el préstamo que habían pedido para la construcción de la nueva escuela, gracias al ecoturismo, sin recurrir a la industria maderera. En agradecimiento, el jefe de más edad me nombró «Mati», que significa «higuera», y me hizo entrega de una vara sagrada de kava, mi más preciado tesoro. Siempre he admirado y amado las higueras, pero en este caso, una higuera emergente samoana salvó a todos los árboles de la isla.

Teofrasto, un antiguo filósofo griego que estudió las plantas (circa 300 antes de Cristo), es considerado el fundador de la botánica, y también la primera persona que describió la especie de la higuera. Se centró en el *Ficus carica*, una importante higuera comestible, sin saber que existían cientos de otras higueras, cada una con su propia historia. Sí llegó a oír hablar de un baniano (*Ficus benghalensis*) especialmente importante, a partir de las historias de uno de sus contemporáneos, el conquistador Alejandro Magno, que afirmó que diez mil soldados se habían refugiado bajo una higuera, y que, como columnas, todas sus raíces formaban un enorme paraguas cubierto de hojas. Mucho más tarde, a principios del siglo xx, el botanista británico E. J. H. Corner se especializó en el género *Ficus*, y describió cientos de especies. Uno de los legados singulares de Corner fue que enseñó a cuatro monos a recoger los frutos del dosel de la higuera, para poder describir las nuevas especies sin tener que escalar el árbol él mismo. En cierto sentido, estos monos constituían la equipación de un arbonauta temprano, y él se refería a ellos cariñosamente como sus «monos botanistas». En un periodo de seis meses, recogieron los frutos de trescientas cincuenta especies, muchos más de lo que podría alcanzar un escalador humano.

Miembro de la diversa familia de las moráceas, el género latino *Ficus* incluye aproximadamente ochocientas especies de árboles de hoja caduca o perenne, algunas de las cuales son caulíferas (es decir, que tanto la flor como el fruto nacen a lo largo del tronco principal, en lugar de en el extremo de las ramas), además de algunos arbustos y enredaderas. Se calcula que ciento cincuenta especies de higueras habitan el Nuevo Mundo (todo el continente americano) y más de seiscientas especies, las zonas tropicales del Viejo Mundo (India, Asia y Australia). En su mayoría son comestibles y germinan de la manera convencional: comienzan su ciclo como plántulas y crecen hacia arriba. Toda higuera que comienza su vida como epífita recibe el nombre de «baniano», que, técnicamente, pertenece al subgénero *Urostigma*, e incluye a la famosa higuera estranguladora. En mis andanzas globales como botanista de campo, llegué a la conclusión de que las estranguladoras despliegan el estilo de vida más extraordinario de todos los árboles del planeta, ¡sin excepción! Ya sólo el nombre evoca las excentricidades de James Bond o alguna novela policíaca de Sherlock Holmes, pero la vida real de esta especie provoca extrañeza y asombro. Durante su exploración, Alfred Russell Wallace se refirió a las estranguladoras como «los árboles más extraordinarios del bosque».

Mi primer contacto con las increíbles higueras estranguladoras se remonta a cuando las escalé en Australia: sobre todo, la icónica higuera emergente *Ficus watkisiana*, bautizada en honor a George Watkins, antiguo presidente de la Sociedad Farmacéutica de Queensland y coleccionista de plantas. Watkins era un inglés que llegó a Queensland en la primera década del siglo XIX y se formó como farmacéutico. En su tiempo libre se dedicó a la historia natural y participó en numerosas expediciones. En 1891, F. M. Bailey bautizó una especie de higuera con su nombre. La llamó higuera Watkins, higuera pezón (por la forma del fruto) o higuera de Bahía Moretón. Sus frutos son redondeados, de un negro púrpura y tienen una característica forma de «pezón», aunque la palabra «fruto» es engañosa porque, anatómicamente, los higos en realidad no son frutos sino un conjunto de cientos de flores envueltas en una suave piel. Como ocurre con otras especies de higuera, los árboles tienen flores masculinas y femeninas en una sola planta, denominada «monoica», que viene del griego y significa «una casa». Las hojas de la *F. watkinsiana* son duras, cerosas y enteras, aunque las de algunas especies son lobuladas. Otro famoso baniano australiano es una higuera cortina que crece en las afueras de Atherton, en Queensland, cuyas raíces aéreas ocupan cerca de media hectárea de terreno, aunque no es, ni de lejos, tan extensa como el histórico árbol de Alejandro Magno.

A diferencia de la mayoría de las semillas de árbol, que germinan en el suelo forestal, relativamente oscuro e inhóspito para una plántula delicada, las estranguladoras comienzan su vida en la cima, donde hay mucha luz solar. Cuando un ave de la higuera come el fruto, defeca las semillas sobre una rama alta. Este comienzo singular implica que las estranguladoras nacen literalmente como epífitas, con la luz necesaria, y que finalmente envían las raíces hacia abajo para absorber el agua y los nutrientes del suelo. El factor limitante para una semilla de estranguladora suele ser la humedad, así que la germinación tiene un mayor índice de éxito sobre las partes de la rama que están podridas o en descomposición. Tim Laman, mi colega arbonauta de National Geographic, estudió la germinación de una higuera estranguladora (*Ficus stupenda*) en Asia. Colocó sus frutos en el dosel, para determinar las condiciones ideales para el crecimiento hacia abajo, y descubrió que crecen mejor en ramas húmedas en descomposición o en grietas mojadas de la corteza. Tim también registró la gran cantidad de animales que dispersan las semillas de la higuera, incluidos el cálao, el gibón, el orangután y el zorro volador.

Una vez la estranguladora está asentada en la copa, un entramado de tallos va creciendo hacia abajo y se va haciendo más espeso con el tiempo, a menudo hasta rodear al anfitrión, creando a veces un vacío central si el anfitrión es de madera blanda y se pudre en el interior de la celosía. Si el anfitrión es de una especie con la madera fuerte, en algunos casos sobrevive y puede vivir en tándem con la estranguladora, con ambos árboles entrelazados como un gigantesco dúo. A pesar de que, a menudo, las estranguladoras y los banianos constriñen a su anfitrión, también dan sustento a otros miles de criaturas en el ecosistema. Es sorprendente que ninguna otra especie haya desarrollado esta forma de adaptación para competir por la luz, el espacio y el agua mediante la germinación en lo alto. Las plántulas que germinan sobre el suelo forestal deben esperar pacientemente, a veces durante décadas, a que la caída de un árbol cree un claro de luz, aparte de tener la buena fortuna de no ser pisoteadas, devoradas o enterradas durante su precaria fase juvenil. Algunas higueras, con el tiempo, echan raíces tabulares, que son raíces sobre el nivel del suelo que apuntalan el árbol y estabilizan su estructura de raíces poco profundas; sin ellas, el árbol sería propenso a la caída durante los monzones.

Los *Ficus* maduros (incluidos los banianos) producen miles de frutos, una importante fuente de alimento en las cadenas tróficas tropicales. Los higos fértiles, como los que comemos habitualmente, se distinguen por su receptáculo hueco y carnoso único, cuya superficie interior está cubierta de pequeñas flores o aquenios. Todas las especies tienen unas minúsculas flores masculinas y femeninas que se desarrollan en el interior de la pared del sicono, que más adelante se convierte en el fruto. Una diminuta avispa hembra de la familia de los agaónidos entra por el ostiolo –un agujero en la punta del sicono– y pasa a través de un túnel flanqueado por unas escamas descendentes que permiten el paso en dirección única. Allí dentro, la avispa encuentra dos tipos de flores femeninas: flores brevistilas (de estilo corto) con tallo y flores longistilas (de estilo largo) sin tallo. Mientras poliniza las flores, la avispa pone los huevos y luego muere. Después de varias semanas, su progenie eclosiona y los machos, que no tienen alas, se aparean con las aladas hembras y a continuación mastican la pared y abren un túnel de salida para que las hembras vuelen hacia otro higo para repetir el proceso. Al principio, algunos botanistas pensaban que las ochocientas especies de higuera requerían de una avispa polinizadora concreta, pero los análisis moleculares más recientes han revelado que 119 especies de higuera comparten múltiples especies de avispa polinizadora. Cuando una avispa muere dentro del higo después de su polinización, una enzima (llamada ficina) descompone el cadáver; de modo que cuando uno come un higo, está consumiendo biomasa de avispa. Un equipo científico de la Universidad Nacional de Singapur llevó a cabo un experimento y observaron que, cuando exponían a las avispas de la higuera a temperaturas más altas, su ciclo vital se acortaba de manera significativa. Esto apunta a que el cambio climático podría poner en peligro la correcta polinización del *Ficus*, si las avispas no cuentan con tiempo suficiente para encontrar los frutos adecuados. Como siempre, es difícil extrapolar los resultados de un laboratorio a la realidad del bosque.

Al igual que ocurre en la mayoría de las interacciones complejas, en la interacción entre el higo y la avispa intervienen otros agentes, como las avispas parasíticas, algunas de las cuales también ponen sus huevos en el interior de los higos, impidiendo así que las avispas polinizadoras beneficiosas puedan entrar. Peor aún, algunas avispas parasíticas inyectan sus huevos a través de la superficie del higo sin ni siquiera perforar un camino en el interior, y su progenie se alimenta de las larvas de la avispa polinizadora. Cientos de avispas diferentes actúan como polinizadoras y se sabe que cada especie del género *Ficus* puede albergar hasta treinta y cinco especies de avispas no polinizadoras, lo cual convierte sus copas en un punto caliente de biodiversidad. Aparte de las avispas, se han registrado más de mil doscientas especies de aves, insectos, murciélagos y mamíferos –incluidos los humanos– que se alimentan de sus frutos. Esto convierte al género *Ficus* en una auténtica piedra angular de la biodiversidad de los bosques tropicales. El ornitólogo John Terborgh escribió que, en la Amazonia, si las higueras desaparecieran, el ecosistema entero se derrumbaría. El biólogo Dan Kissling relacionó el número de especies de higuera en el África subsahariana con la abundancia de especies de aves frugívoras, y concluyó que las higueras eran un recurso fundamental.

Las higueras tienen muchos usos no sólo para los insectos, las aves y los animales, sino también para los humanos. Su látex lechoso tiene propiedades medicinales y los pueblos de la Amazonia administran a los niños una cucharadita para eliminar los parásitos estomacales. Según la medicina tradicional indígena de los pueblos de la Guayana Francesa, de Colombia y de Brasil, ese mismo látex pegajoso puede curar heridas, fracturas y abscesos. En Nepal, las hojas, la corteza y las raíces del *Ficus benghalensis* se emplean para tratar más de veinte dolencias; este útil baniano también se usa en la India para tratar una amplia variedad de trastornos, desde las caries hasta las hemorroides, la diabetes y el estreñimiento. Hubo un tiempo en el que las higueras se cultivaban en la India y algunas partes de África para producir caucho. Probablemente, la higuera más famosa de todas sea el *F. religiosa*, la higuera de las pagodas, originaria de la India y del Sudeste Asiático, bajo cuya copa se dice que Buda alcanzó la iluminación. Se trata de una de la gran variedad de especies de higuera que, en la India y en toda Asia, dominan el centro de muchas poblaciones rurales, como un importante punto de reunión espiritual.

Ahora que me he embarcado en mi nuevo papel de abuela durante esta década, he decidido usar mi apodo samoano de Mati en lugar de «abuela»; les hablaré a mis nietos acerca de las asombrosas higueras que he conocido. Tal vez algún día me los lleve a la isla de Savai'i, en Samoa, para que vean una pasarela increíblemente especial alrededor de una higuera emergente, o a escalar algunas de mis estranguladoras favoritas en Australia.

7

Arbonautas por una semana

~§§· ·§§~

*Los científicos ciudadanos exploran
la selva amazónica*

Estaba oscuro. Completamente oscuro. Nuestra pequeña barca, llamada pequepeque por los lugareños, transportaba a doce personas, a pesar de su diminuto motor, y traqueteaba bruscamente a través del agua turbia de barro, virando entre restos de ramas y troncos flotantes mientras mi equipo de científicos ciudadanos ponía los cinco sentidos en asimilar todos los elementos de este bosque. Muchos de ellos no habían experimentado la oscuridad absoluta antes; no había ninguna luz a varios kilómetros de distancia, a excepción de algún que otro hongo bioluminiscente titilando como una constelación invertida sobre el suelo de la jungla. No se oía ningún ruido urbano de sirenas o de tráfico, sólo una sinfonía en estéreo de ranas, saltamontes hoja, grillos y la penetrante nota aguda ocasional del tinamú, un ave nocturna huidiza. No había olores tóxicos de contaminación humana, sólo el denso aroma terroso de un humus rico como pasta de chocolate y el perfume embriagante de miles de árboles floreciendo a la vez. Atravesábamos la Reserva Nacional Pacaya Samiria, un santuario de más de dos millones de hectáreas, al norte de Iquitos, en Perú. Mientras nos deslizábamos lentamente por un afluente del majestuoso río Amazonas, de vez en cuando hacíamos una pausa y encendíamos nuestras luces frontales para buscar caimanes. Con una longitud que puede llegar a los cuatro metros y medio, este pariente del aligátor nada por la noche, y sus ojos rojos, que brillan en la oscuridad, se asoman justo por encima de la superficie del agua. También brillaban a la luz de nuestras linternas frontales los ojos de varias arañas, mientras esos depredadores peludos de ocho patas se balanceaban sobre el agua, aguardando a que la cena se lanzara a sus enormes telas orbiculares. Le pregunté despreocupadamente a Guillermo, nuestro guía local y viejo amigo mío, si avistaríamos alguna anaconda durante el viaje. Él hizo una pausa, miró a lo lejos, hacia las riberas, envueltas en la oscuridad, y de repente se zambulló en el agua. Tras chapotear unos instantes, salió a la superficie y se subió de vuelta a la barca ¡con una anaconda joven que había agarrado con sus propias manos! Nos quedamos sin respiración, observando con mucho cuidado a esta jovencita de cuatro metros y medio. Nuestro guía había visto las burbujas que delataban la presencia de una anaconda sumergida y, saltando justo encima de ella, la había agarrado rápidamente de la cabeza y la cola, incluso en medio de la oscuridad. Nos quedamos impresionados no sólo ante esta magnífica criatura sino también por el profundo conocimiento de Guillermo de la vida salvaje local, el tipo de conocimiento que no se adquiere en los libros de texto ni en el aula de una universidad. Después de la ronda de fotos, la anaconda fue suavemente devuelta a su turbio hogar acuático. Me siento muy agradecida por tener amigos que crecieron a la orilla del río más imponente del mundo. En el Amazonas, la vida depende de que uno sepa cazar y encontrar recursos naturales esenciales, unos conocimientos que ahora están transformando el conservacionismo a través de su aplicación a la ciencia ciudadana y a la educación.

Este viaje me hizo recordar una de las principales razones por las que me convertí en científica. Parte de la felicidad del descubrimiento científico consiste en compartirlo con otros. Y vincular a la gente con la naturaleza es una de las herramientas más importantes a la hora de abordar los desafíos del conservacionismo. Emplear múltiples pares de ojos y orejas en la biología de campo da como resultado una mayor cantidad de puntos de datos y una mayor amplitud de la información, pero además hace que los participantes se involucren e inviertan personalmente en la labor científica y se conviertan, así, en los mejores embajadores de la Tierra. Uno de mis lugares favoritos para implicar al público es el dosel arbóreo más grande del mundo, la selva amazónica peruana, un entorno en el que aún puede encontrarse una enorme biodiversidad. En orden descendente de abundancia relativa, casi como en el villancico acumulativo de los doce días de Navidad: al menos cinco billones de hojas, cien mil millones de hormigas, un millón de escarabajos, mil orquídeas, trescientos murciélagos, cien monos araña, sesenta y tres deliciosas pirañas, treinta y un exploradores entusiasmados, diez tarántulas de patas rosadas, dos anacondas y una catalpa emergente verde con su propia plataforma aérea.

Las expediciones de científicos ciudadanos en la Amazonia se centran, cada vez más, en una de las pasarelas aéreas más largas del mundo, llamada Pasarela de Dosel del Centro Amazónico de Estudios Tropicales (ACTS). Se extiende a lo largo de casi quinientos metros y cuenta con doce puentes y trece plataformas, que alcanzan una altura de treinta y cinco metros. Llamada la octava maravilla arquitectónica del mundo por los científicos arbóreos, este sendero por las copas de los árboles ofrece la posibilidad de contemplar las vidas de millones de especies que, de otro modo, permanecerían invisibles. Como muchas otras pasarelas aéreas construidas después, nuestra pasarela allá en Australia empleaba postes para sostener los puentes, que se alzaban desde una pendiente hasta una altura de quince metros. Pero en la Amazonia no había postes lo suficientemente altos, de manera que había que emplear una de dos técnicas para suspender los puentes: (1) mediante unos pernos instalados a través del tronco, como un *piercing*, para fijar unos cables de acero inoxidable, sin dañar el árbol; o bien, (2) mediante un collar de cable colocado alrededor del tronco, con unas almohadillas de goma para amortiguar la presión y reducir el daño en la corteza. El perno a través del tronco es más seguro para la salud del árbol, porque la mayor parte del tronco es madera muerta y no se ve afectada por el dispositivo. Las únicas células vivas del tronco de un árbol son la delgada capa del haz vascular que se encuentra justo por debajo de la corteza, así que un cable circular puede dañar fácilmente esas células vitales si estrangula el tronco. Teniendo en cuenta el enorme tamaño de los árboles y la distancia tan remota a la que se encuentra la estación de campo en la Amazonia peruana, no era posible transportar grandes generadores a estos lugares y tampoco pudimos encontrar pernos lo suficientemente largos. Por todo ello, los rollos de cable se fijaron cuidadosamente alrededor de doce troncos fuertes, colocados sin que entraran en contacto con el haz vascular del árbol mediante unas arandelas de goma, para minimizar el efecto de estrangulado. Se tardó seis meses en construir la primera plataforma, porque los operarios autóctonos sólo tenían taladros manuales. Pero cuando llevaron hasta allí un sencillo taladro con batería, las siguientes diez plataformas se completaron en sólo tres meses. Estos plazos son muy distintos de otras construcciones similares en bosques que se encuentran más cerca de ciudades grandes, donde el proceso de construcción de una estructura aérea sólo dura unas semanas, aunque puede llevar un año entero conseguir la licencia, debido a los seguros y la burocracia. Ilar Muul, un ingeniero muy creativo de Maryland, diseñó la pasarela de la Amazonia empleando la técnica del collar. Esta estructura requiere de un constante y cuidadoso mantenimiento para comprobar que no haya termitas u hongos debajo de cada arandela de goma que rodea los troncos. Afortunadamente, la gente de las poblaciones autóctonas, orgullosa de su iniciativa de ecoturismo, inspeccionan la estructura casi a diario como parte de su trabajo de guías.

En la selva amazónica, esta extraordinaria pasarela permite a los equipos de científicos ciudadanos experimentar el bosque en su totalidad. Los viajeros incluyen estudiantes, educadores, líderes comunitarios, CEOs, familias y científicos con edades comprendidas entre los siete y los noventa años. En el octavo continente ¡todo el mundo es un explorador! Cuando era una joven bióloga de campo en Australia, tuve la gran fortuna de aprender y formarme para la ciencia ciudadana a través de Earthwatch, y después de eso involucré al público en muchos proyectos científicos como responsable de un museo. Tal vez mi programa de ciencia ciudadana favorito fuera el proyecto JASON, con la participación de niños de secundaria. Después de encontrar los restos del *Titanic* en el fondo del océano Atlántico, el oceanógrafo Bob Ballard recibió miles de cartas de niños en edad escolar solicitando una plaza en su siguiente expedición en el submarino *Alvin* (¡que solo tiene capacidad para dos personas!). Como no podía transportar directamente a miles de jóvenes hasta el fondo del mar para la investigación marina, Bob fundó el proyecto JASON, que recibe el nombre de su héroe marino favorito, Jasón, famoso por su vellocino de oro. Bob empleó la comunicación vía satélite para conectar sus lejanas expediciones de campo con las escuelas y los museos. Cuando necesitó a un científico terrestre para equilibrar sus conocimientos marinos, Bob me llamó para cumplir esa misión. Fueron Bob y los millones de niños que participaron en el proyecto JASON quienes me bautizaron con el apodo de «Meg, estrella del dosel». A Bob y a mí nos maravillaban nuestros respectivos mundos, tan diferentes: mi amor por los doseles arbóreos, a pesar de los insectos, el sudor, la humedad y las criaturas venenosas, y su pasión por el mundo submarino, a pesar de la claustrofobia de ir en el submarino, y de los desafíos de la oscuridad y la compresión. Bob fue un fantástico modelo de comunicación científica entusiasta, aunque de vez en cuando aplastara algunos de los insectos que yo estaba tratando de medir. Muy pronto, además, ambos nos dimos cuenta de que este proyecto era un estupendo entrenamiento, también para nosotros: si eres capaz de hablar con claridad a chavales de primero de secundaria, entonces también puedes comunicarte de manera eficaz con los políticos, que a menudo tienen el mismo nivel de conocimiento científico. Emitimos expediciones de forma virtual desde los bosques tropicales de Panamá y Belice. Para ese programa, supervisé la construcción de una nueva pasarela y nuestro equipo siguió, en sentido figurado, el recorrido de una gota de lluvia desde el dosel al suelo forestal y luego por el mar, hasta un arrecife de coral. En Panamá, colaboré con un edafólogo, un científico del suelo, que bautizó nuestros programas, con cariño, como «la crónica fecal», porque medíamos a los insectos que comían las hojas y luego seguíamos el recorrido del *frass* hasta que llegaba al suelo, como parte del ciclo de los nutrientes. Aquellas primeras expediciones del proyecto JASON tuvieron un coste de millones de dólares: teníamos que trasladar una antena parabólica en un buque transatlántico, transportar cientos de kilos de equipos de grabación, videocámaras y cable electrónico para extenderlo a través del bosque, y emplear a más de veinte técnicos para trabajar en el estudio de producción. (Hoy día, retransmitimos en remoto a un coste que no llega a la décima parte, gracias a un solo ordenador portátil con conexión a internet y dos o tres técnicos.) El proyecto JASON retransmitió los programas de la temporada de 1999 desde la pasarela del Amazonas. Después de emitir cincuenta y tres programas de una hora de duración a más de tres millones de estudiantes desde una plataforma a treinta y ocho metros de altura, no sólo estaba quemada por el sol y llena de picaduras de bichos, sino que me había transformado en una estrella de las carreras CTIM para gran parte del profesorado de ciencias de la red de escuelas de secundaria. Después de los programas, varios profesores me escribieron para preguntar si podían ayudarme de alguna forma en mi investigación. Las expediciones de ciencia ciudadana por el Amazonas muy pronto se convirtieron en un evento anual. Durante más de veinticinco años, profesores, estudiantes, familias y CEOs me han acompañado al Amazonas para realizar investigación de campo a largo plazo. Todos esos voluntarios han calculado la herbivoría, descubierto insectos, medido hojas de diferentes especies y a distintas alturas, y han estimado el grado de biodiversidad. En estas expediciones de ciencia ciudadana, todos contribuimos al conocimiento colectivo de las selvas tropicales, lo cual se traduce, de diversas maneras reales, en la conservación de la naturaleza.

La pasarela por sí misma enseña lecciones de botánica acerca de los espléndidos árboles que sostienen sus doce plataformas. Cada especie, junto con todos sus habitantes, cuenta una historia y tiene una función en este complejo dosel del bosque tropical. Por

ejemplo, los robustos troncos del shimbillo o machetón (*Inga* sp.)
sostienen varias plataformas aéreas y proporcionan madera a la
población local, para la construcción de cabañas o canoas. Sus hojas compuestas presentan una glándula con forma de copa entre
cada par de foliolos, cuya función se desconoce, una característica
que nunca he visto en ninguna otra planta. Cuenta la leyenda que
las mariposas liban de estos diminutos receptáculos, y mis estudiantes fantaseaban con la idea de que tal vez las hadas también los
usaran como taza para saciar su sed. Existen más de trescientas
cincuenta especies del género *Inga* a lo largo de la Amazonia, y aun
así la ciencia todavía sabe relativamente poco acerca de su ecología, pero los científicos ciudadanos calcularon cuidadosamente que
su follaje les resulta delicioso a los herbívoros, con más de un treinta por ciento de área de la superficie consumida. Los árboles del
género *Inga* crecen mejor en bosques húmedos a baja altitud, pero
con el avance del cambio climático y el calentamiento de la Amazonia, los equipos científicos han observado que están muriendo más
rápido que otras especies que soportan mejor la sequía. Otro árbol
común entre los que sostienen las plataformas es el peine de mico
(*Apeiba membranacea*), también llamado burío o pachiote. Los
frutos del peine de mico recuerdan a un erizo de mar y son muy
apreciados para su uso en la artesanía local. Su corteza tiene un pH
propicio para que las bromelias y las orquídeas habiten sus ramas,
creando guirnaldas de coloridas flores verdes y rosas.

Una tercera especie que guarda su propio misterio es el tornillo o achapo (*Cedrelinga cateniformis*), que puede alcanzar una
altura de hasta cuarenta y cinco metros. A esta especie le puse el
apodo cariñoso de árbol «habichuela», para que los estudiantes
recordaran que es un pariente cercano de esa verdura tan común
y que forma parte de la familia de las leguminosas, que abarca
desde plantas de pequeño tamaño, de quince centímetros de altura, a enormes gigantes que alcanzan los sesenta metros. Este ejemplar emergente sujeta la plataforma más alta de la pasarela, a
treinta y ocho metros de altura sobre el suelo forestal, que sirvió
de campo base aéreo para el proyecto JASON. A diario durante

dos semanas, un equipo de filmación me grabó mientras medía la herbivoría (y ahuyentaba a los halíctidos que se me posaban por toda la cara). La investigación era retransmitida en directo a estudiantes de secundaria de todo el mundo mientras Bob, el presentador, permanecía en el suelo forestal y me hacía preguntas sin parar, que eran transmitidas a través de un micrófono. Una familia de lagartijas tropicales de cola espinosa (*Tropidurus flaviceps*) vivía en una rama contigua a mi destartalada mesa de investigación, y llegué a conocer a ambos progenitores y a las cinco crías en su territorio aéreo, donde se daban banquetes de insectos que habían venido a darse el banquete a mi costa. (Veinticinco años después, los descendientes de esa misma familia de lagartijas siguen ahí.) Una de las preguntas que más me hacían los alumnos de las escuelas durante las retransmisiones de JASON era: ¿Cómo haces para ir al baño en el dosel arbóreo? Respuesta: Me pego una caminata a buen paso, cruzando seis puentes y cinco plataformas, para descender por las escaleras hasta el suelo del bosque. Para las chicas no había atajos, pero cada miembro del equipo de filmación (todos hombres) tenía una jarrita que usaba discretamente *in situ*. Aliviarse desde esa altura sencillamente no es muy amable, especialmente cuando lo que hay por debajo es un sendero muy transitado.

Otra cualidad única del proyecto JASON era que, mientras millones de estudiantes de secundaria participaban de manera virtual, varias decenas ayudaban a los científicos durante la retransmisión, procedentes de las escuelas locales y de otras internacionales. En este nidal emergente, recibí a una estudiante de quinto grado de Iquitos, Perú, que nunca hasta entonces había visitado su selva tropical local. Pamela se convirtió en una experta en medir hojas y ahuyentar halíctidos a la vez. Quince años después, consiguió una beca para estudiar educación medioambiental y ecoturismo en la Universidad de Florida, alentada por su experiencia con el proyecto JASON. Otra estudiante se hizo famosa al ganar nuestra competición *online* para bautizar a una nueva especie de escarabajo descubierta durante la retransmisión del programa. Un panel de científicos votó entre las mil propuestas enviadas y escogieron la suya –«escarabajo nuez moscada»–, a partir del árbol anfitrión (de la familia de las *Myristicaceae*), del color del escarabajo (el de la nuez moscada) y de su descubridora (Meg), todo ello en un solo nombre.[1]

Como árbol emergente, el árbol «habichuela» –como llamaba yo al tornillo– servía como mirador para contemplar el resto del bosque. Desde nuestra plataforma se divisaba una enorme variedad de flora tropical, especies con nombres fascinantes y usos medicinales asombrosos. La espintana (*Oxandra xylopioides*) presenta una florescencia caulífera y atrae a polinizadores del dosel medio; las palmeras irapay (*Lepidocaryum tessmannii*) y las del género *Astrocaryum* sp., difíciles de pronunciar, son plantas importantes para la rebotica medicinal del chamán de la selva. Los árboles del género *Virola* sp. constituyen el hogar de las hormigas del género *Azteca*, que te infligen una tremenda picadura cuando tratas de arrancar una hoja; el elegante machare (*Symphonia globulifera*), con sus frutos similares a las cerezas, es tan colorido y singular durante la temporada de floración que se podría emplear un dron para contabilizar la población local de coronas rojas.

Después de mi primer verano impartiendo talleres para profesores en la pasarela del Amazonas, diseñé varias unidades de ciencia ciudadana para que los voluntarios pudieran contribuir a la investigación tropical de una manera significativa. Es algo peliagudo de organizar. De nada sirve pedirles a unos voluntarios *amateurs* que lleven a cabo tareas complicadas como escribir clasificaciones técnicas de insectos o encontrar bichos que sólo detecta el ojo entrenado. Más bien, las actividades tienen que ser lo suficientemente sencillas como para que los científicos ciudadanos no aporten datos erróneos a la investigación general, pero que resulten lo bastante interesantes y significativos como para dar una

---

1. El nombre de la descubridora, Meg, aparece en el nombre del escarabajo en inglés (*nutmeg beetle*), ya que «nuez moscada» en inglés es *nutmeg*. *(N. de la T.)*

sensación de recompensa a los participantes. En este caso, invité a los voluntarios al dosel para encontrar, fotografiar y recoger algunas muestras de insectos herbívoros. Cuarenta ojos podían ver mucho más allá en el complejo follaje que mis escasos dos ojos. Divididos en varios grupos, los científicos ciudadanos recogieron hojas y aprendieron cómo medir la herbivoría con un sencillo procedimiento mediante el cual se perfila la hoja, incluidos los agujeros, sobre un papel cuadriculado y, contando los cuadritos, se calcula la proporción de área foliácea que le falta al total. De regreso en la estación de campo, realizaban meticulosamente esta tarea en un lugar sin electricidad; la metodología casi primitiva del recuento se convirtió en una especie de culto. Cada grupo adoptaba un árbol, recogía treinta hojas y calculaba su defoliación. Yo lo llamaba el Club de los Amantes de las Hojas, que ahora cuenta con cientos de miembros internacionales. Los datos se introducían en una hoja de cálculo en mi ordenador portátil, y la comparación entre las distintas especies proporcionaba información acerca de cuáles de ellas son más resistentes al ataque de los insectos. El chamán local y yo disfrutábamos comentando estos resultados; ambos agradecíamos que las plantas produjeran sustancias químicas para repeler a los insectos. Las especies sin herbivoría o con muy poca suelen ser las más tóxicas, lo cual se traduce, por lo general, en que son importantes plantas medicinales.

Nuestros primeros veranos incluyeron talleres exclusivamente para profesores, pero desde entonces he abierto mis viajes de ciencia ciudadana por el Amazonas a un público diverso. Con la ayuda de estudiantes y voluntarios, he publicado artículos acerca de las epífitas y la herbivoría del Amazonas, calculado el daño producido al dosel por los minadores de hojas por primera vez en los anales de la ciencia, y he evaluado la rentabilidad local de la pasarela a la hora de crear empleo sostenible para los pueblos indígenas a partir del ecoturismo en lugar de la tala. Todas las expediciones parten de Lima y se dirigen, por vía aérea, con una aerolínea local, hasta Iquitos, una ciudad ribereña en el norte de Perú, a unos tres mil quinientos kilómetros de la desembocadura del Amazonas y sin carreteras que conecten con el mundo exterior. El Amazonas es conocido como la autopista fluvial, porque conecta todo y a todos en la zona septentrional de Perú, desde los mercados y las medicinas hasta los matrimonios. Desde Iquitos, navegamos durante alrededor de cinco horas río abajo y a continuación seguimos río arriba por un afluente llamado Napo (cerca de la frontera con Ecuador), tratando de ver al delfín rosado en cada confluencia de ríos. Nuestro destino, el Centro Amazónico de Estudios Tropicales (ACTS), es una estación de campo internacional, situada en los límites de una reserva de bosque pluvial tropical primario que ocupa más de dos millones de hectáreas en el norte de Perú. En el ACTS, los botanistas han registrado más de setecientas cincuenta especies en una hectárea, casi un récord mundial. La estación de investigación tiene capacidad para cuarenta visitantes. Se trata de un campamento sin electricidad ni agua corriente, que cuenta con la mejor sinfonía de vida salvaje del mundo y, posiblemente, el aire más fresco del planeta. El ACTS tiene como socia a una organización local sin ánimo de lucro, llamada Conservación de la Naturaleza Amazónica del Perú, A. C. (CONAPAC), para llevar a cabo actividades como la construcción de torres comunitarias de filtración de agua en distintas poblaciones, la educación medioambiental en las escuelas y el fomento de una economía sostenible para la población local a través del ecoturismo.

Ubicada a tres grados de latitud sur, esta sección del Amazonas registra más de cinco mil milímetros de lluvia al año, y las temperaturas oscilan entre los veinticinco y los treinta grados Celsius, con una humedad media de entre el ochenta y el noventa por ciento. Según los estudios, la biodiversidad en los bosques amazónicos sobrepasa la de cualquier otro lugar del planeta y esta cantidad será aún mayor cuando se calcule el total de habitantes del dosel. Estados Unidos cuenta con aproximadamente veinte mil especies de plantas, mientras que en la Amazonia hay más de ochenta mil, así como más de dos millones de especies de insectos, dos mil quinientas especies de peces y mil quinientas especies de aves. ¿Cómo es posible tal abundancia biológica en el trópico? Las hipótesis van desde el clima templado y la complejidad de los nichos tridimensionales en los bosques tropicales de gran altura, a los largos periodos de evolución que han permitido la radiación adaptativa de una gran cantidad de especies en entornos bastante estables. Las gentes que viven a la orilla del río, los pueblos ribereños, cultivan la tierra, cosechan alimentos y se trasladan cuando el río se inunda o altera su curso, como han hecho durante muchas generaciones. Cerca de la estación de campo vive una tribu amerindia llamada «yagua», que comparte sus conocimientos con mis equipos. Dos de las plantas más importantes para los yaguas son la palmera chambira (*Astrocaryum* sp.), que se emplea para tejer bolsas, hamacas y adornos, y la irapay (*Lepidocaryum tessmannii*), que crece en el sotobosque y se cosecha de manera sostenible para construir los techos de palma. Los trabajadores locales utilizaron aproximadamente quinientas mil frondas de palma para construir el tejado de nuestro comedor, que resiste increíblemente los aguaceros.

La definición de ciencia ciudadana es cualquier acción en la que unas personas que no son científicos ayudan a un equipo científico a realizar una investigación. Estas personas voluntarias han sudado, han pasado mucho calor, han perdido horas de sueño y han comido insectos, todo ello a cambio de involucrarse en la exploración y el descubrimiento. Allí nadie se aburre, ni siquiera en los ratos de descanso: desde encontrarte una tarántula en la ducha hasta contemplar una anaconda por la noche o pescar pirañas en el río. En este ecosistema diverso, abundan las preguntas más que las respuestas. ¿Cómo pueden vivir tantos millones de especies en un solo lugar? ¿Por qué no devoran los animales todas las hojas, dado que los árboles no pueden huir de los hambrientos escarabajos, hormigas y perezosos? ¿Cómo consiguen los euglosinos, las diminutas abejas de las orquídeas, orientarse en un océano verde y encontrar una flor concreta? ¿Quién avisa al chamán para que descubra las mejores plantas medicinales? En la selva amazónica, la supervivencia del más fuerte no es un concepto abstracto. Tanto las plantas como los animales desarrollan conductas estratégicas y mecanismos de defensa para evitar ser devorados, sombreados, pisoteados, estrangulados, secados, superados o infectados. Como ocurre en los viajes a los lugares más remotos, el descubrimiento se esconde detrás de cada tronco. A la hora de sobrevivir en un bosque pluvial tropical, el camuflaje es el quid de la cuestión.

Un aspecto muy notable de la investigación de campo en la Amazonia es: ¡el calor! El dosel superior es extremadamente cálido y seco, con chaparrones ocasionales que bombardean y a veces rompen las hojas secas, pero las gotitas enseguida se filtran a través del follaje hasta llegar al suelo forestal. La copa del árbol es como un desierto aéreo; los aguaceros se convierten rápidamente en una lluvia que atraviesa el follaje, y entonces la capa más alta permanece caliente, seca y expuesta al viento. Hay un grupo de epífitas tropicales, que incluye varios cactus, que se han adaptado a la vida bajo un sol abrasador y a la escasez de agua, unas condiciones que se encuentran tanto en el desierto como en el dosel del bosque pluvial tropical. A veces hay tanto bochorno y humedad que tenemos que escurrir la ropa, empapada por el sudor. De vez en cuando fantaseo con la idea de convertirme en una bióloga ártica, para no tener siempre la ropa llena de moho. Los lugareños se bañan en el río varias veces al día y no temen a las pirañas, muchas de las cuales son herbívoras y prácticamente inofensivas, a pesar de su fama hollywoodiense como depredadoras sedientas de sangre. Las duchas en la estación de campo son de agua fría muy refrescante, y emplean agua del río bombeada a través de una tubería sencilla sin filtro, y sin pirañas ni anacondas. (Pero debes tener cuidado de no abrir la boca en la ducha, para no arriesgarte a enfermar debido a los microbios tropicales, para los que nuestros cuerpos no están adaptados.)

Las hojas, esos billones de diminutas máquinas verdes que constituyen la base de toda la vida en la Tierra, inundan nuestros cinco sentidos en todas direcciones en la Amazonia. Vemos el verdor, olemos la descomposición, tocamos los pelillos de las hojas, ingerimos, a veces, plantas medicinales. La misión de ciencia ciudadana de mis expediciones por el Amazonas, no obstante, consiste en medir el daño producido por los insectos, como factor para determinar la salud del bosque. Después de veinticinco años de trabajo de campo, mis voluntarios han confirmado que los herbívoros consumen, al año, más de un cuarto de los doseles del bosque pluvial amazónico, un dato similar a los resultados obtenidos en los bosques pluviales australianos. Teniendo en cuenta la presencia de millones de insectos en las copas, supongo que esto no es muy sorprendente, y cualquiera que ascienda a lo alto de los árboles desciende con un inmenso sentimiento de veneración hacia las hojas agujereadas. Si se realiza una inspección de cerca, es difícil encontrar una sola hoja que no esté mordida o succionada o tunelada. De media, sólo veintiuna de cada mil hojas permanecen intactas (es decir, sin un solo bocado). Recientemente, el follaje amazónico ha recibido el apodo de «pistola humeante» en el contexto del misterio de cómo la humedad y las lluvias afectan a los bosques. Durante mucho tiempo, la ciencia no podía explicar por qué la temporada de lluvias comenzaba varios meses después de que las corrientes oceánicas trajeran consigo el aire húmedo desde los océanos. El periodo de defoliación en la mayoría de los bosques tropicales aporta una cantidad significativa de vapor de agua a la atmósfera, como resultado de la gran actividad fotosintética. En el proceso de transpiración, las hojas desprenden humedad por unos pequeños poros llamados estomas, la suficiente para crear nubes bajas, detectables sobre el bosque por los satélites de la NASA. Estos nimbos producidos por las hojas provocan lluvias que, a su vez, calientan el aire, desencadenando patrones de viento que traen aún más humedad desde los océanos y vinculan el ciclo hidrológico a los patrones de foliación de los árboles tropicales. ¡Un aplauso para las hojas!

Al igual que ocurría en los bosques pluviales australianos, la mayor parte de las hojas de sol en el Amazonas son pequeñas, duras y con un ciclo de vida corto, mientras que, en el sotobosque, las hojas de sombra son más oscuras, más grandes y viven más tiempo. Al margen de su tamaño, forma o edad, todo el follaje transpira hasta cierto punto y, por tanto, aporta humedad a la atmósfera. Pero el follaje nuevo bajo un sol directo realiza la mayor contribución al ciclo de la humedad. Existe una planta un poco extravagante que se salta la norma convencional que dicta que el tamaño de la hoja decrece a medida que se asciende del sotobosque al dosel: el filodendro (*Philodendron* spp.), esa planta que suele decorar las salas de espera de los dentistas. Su hoja de sol es grande como una toalla de ducha, mientras que el follaje del sotobosque es más pequeño y de un tamaño más parecido a una toallita para la cara. Las hojas de menor tamaño están fisiológicamente mejor adaptadas para sobrevivir a los rigores de las copas muy calientes, secas y ventosas. Por lo tanto, ¿cómo pueden esas enormes hojas como orejas de elefante evitar secarse y transpirar en exceso? (¡He aquí una pregunta de investigación de doctorado para el intrépido estudiante de botánica!) El filodendro es, también, una hemiepífita: pasa la primera mitad de su vida como epífita y la segunda parte, con las raíces fijadas al suelo. Según los datos de nuestra investigación, su hoja de sol tenía un sorprendente tamaño medio de 0,6 metros cuadrados, con solo un 1,8 por ciento de herbivoría. Al parecer, su ubicación alta y soleada la protege: el tejido, por lo general, se mantiene relativamente intacto y, gracias a una fisiología única, consigue no marchitarse ni secarse completamente.

Si determinamos, con una estimación aproximada, que billones de hojas viven en el bosque tropical, tal vez resida también un número parecido de hormigas, una constante fuente de payasadas y entretenimiento.[2] Las hormigas también pueden ser exasperantes, especialmente si llevas un par de barritas de muesli en la mochila. Aunque las lleves metidas en la bolsa con el cierre de cremallera más infalible, las hormigas del Amazonas las encontrarán y transportarán las migajas hasta su comunidad. Encuentran todo lo que sea comestible, en cualquier lugar y a cualquier hora. Las hormigas,

2. En el original, *antics*, un juego de palabras entre el término *ant*, que significa «hormiga», y *antics*, que significa «payasadas». *(N. de la T.)*

una de nuestras vecinas más sofisticadas en todo el planeta, construyen enormes viviendas y asignan distintas tareas a los diversos
miembros de la colonia. La división del trabajo y la cooperación
son una característica propia de las comunidades de hormigas y se
calcula que constituyen el veinticinco por ciento de la biomasa del
bosque pluvial: es decir, hay tropecientos millones de hormigas. Viven en cualquier sitio –bajo el suelo, en la corteza, en ramas emergentes, en enjambres de agresivas cazadoras sobre el suelo forestal–
y a veces se amontonan en una gran bola de hormigas para flotar
río abajo. Una hormiga que no se encuentra en Australia pero que
es abundante en la Amazonia, la hormiga cortadora de hojas (*Atta*
spp.), crea autopistas por los troncos de los árboles para morder
trocitos de hojas con forma de oblea y transportarlas a sus cámaras
subterráneas. Son sofisticadas agricultoras y no se comen el follaje,
como uno pensaría, sino que crean jardines subterráneos de hongos
especiales. Los hongos descomponen las hojas frescas y las hormigas se comen la sustancia resultante. ¿Quién lo hubiera imaginado?
La entomología tardó mucho tiempo en descubrir estas sofisticadas
granjas subterráneas, un proceso en el que se consume el veinticinco por ciento de la copa del árbol anfitrión. Los científicos ciudadanos a menudo tienen que hacer pasitos de baile por el sendero para
evitar las largas hileras de hormigas cortadoras de hojas, en plena
travesía de las ramas altas a los jardines subterráneos, que acarrean
pedacitos verdes hasta diez veces más grandes y pesados que sus
propios cuerpos.

Además de las cortadoras de hojas, otras especies de hormigas
también han evolucionado para vivir en simbiosis con ciertas plantas. La cecropia (*Cecropia* spp.) es un árbol pionero con un ciclo de
vida breve, que brota a lo largo de las riberas cuando las crecidas
arrasan la vegetación existente. Algunas especies de cecropia son un
importante hogar para los perezosos, que se alimentan de su follaje,
y otras dan cobijo a las hormigas que viven en los entrenudos vacíos de sus tallos. Esta relación simbiótica proporciona refugio y
sustento a las hormigas (que se alimentan de los órganos que contienen glucógeno, en la base de los peciolos) y, a su vez, el árbol

obtiene protección porque las hormigas expulsan a los herbívoros y sueltan a mordiscos las enredaderas que rodean al anfitrión. Siempre ofrezco un premio al primer científico ciudadano que divise un perezoso en una cecropia mientras navegamos río abajo hacia la estación de campo. Otro conocido grupo de plantas con hormigas son los arbustos de la familia *Melastomaceae,* con cámaras hinchadas en cada peciolo que proporcionan refugio a las hormigas, a cambio de que estas actúen como guardaespaldas de la planta. Rozar una planta con hormigas es un auténtico desastre porque las residentes salen inmediatamente a atacar como fieras. Esta compleja red de interacciones que tiene lugar en el bosque pluvial tropical nunca se puede llegar a restaurar completamente cuando se tala un bosque maduro o primario.

Aunque las hormigas probablemente sean las criaturas más abundantes de la Amazonia, los escarabajos (coleópteros) constituyen, sin duda, el orden de insectos más grande, cuyas especies se cuentan por millones. Algunos científicos calculan que se ha clasificado menos del cinco por ciento de la biodiversidad del planeta, y que una gran proporción del noventa y cinco por ciento restante son escarabajos. Verde metalizado, con lunares azules, rosa fosforescente, rojo sangre, marrón o verde de camuflaje, ¡su coloración se parece al mayor surtido de pinturas para colorear del mundo! A lo largo de mi vida colgada de una cuerda, encontrar escarabajos comiendo un follaje concreto se ha convertido en una obsesión detectivesca para mí. Como bien aprendí en Australia, los herbívoros a menudo se alimentan durante la noche, de manera que las pasarelas proporcionan una plataforma estable para detectar escarabajos noctámbulos. Después de cenar, nuestros equipos de ciencia ciudadana se ponen sus luces frontales y escalan hasta las cimas de los gigantes del bosque. Después de veinticinco años, sólo en una ocasión ocurrió que alguien pisara una serpiente venenosa en medio de la oscuridad. Era una *fer-de-lance* o jergón, que estaba enrollada en la mitad del camino. Unas diez personas pasaron por encima sin darse cuenta hasta que DC Randle, mi ayudante de investigación, la aplastó de forma accidental con una de sus grandes botas. DC pegó un bote que pareció elevarlo unos seis metros en el aire, y nuestro guía alumbró con la linterna al infeliz reptil mientras se escabullía, deslizándose asustado.

En otro incidente nocturno se vio envuelto mi hijo James. Cuando tenía once años, estuvimos casi dos semanas buscando un escarabajo crisomélido concreto que se alimentaba de una bromelia muy dura a lo largo de la pasarela. Yo sabía que tenía que ser un escarabajo, por el característico daño infligido a la hoja, y había deducido, además, que estaba especializado en ese anfitrión, porque casi todas las bromelias de una especie en particular presentaban las mismas marcas de mordida en zigzag. Yo quería saber qué diablos se estaba comiendo un follaje tan asombrosamente duro. Provistos de sus luces frontales, James y mi colega del Amazonas, famoso aplastador de serpientes, DC, estaban monitorizando un frondoso grupo de bromelias cerca de la séptima plataforma de la pasarela. De repente, oí que James gritaba: «¡¡Guau!!», y a continuación: «¡¡Oh, no!!». Había detectado al escarabajo alimentándose, alargó el brazo para agarrarlo y lo tiró sin querer, en una caída de unos veintinueve metros hasta el sotobosque. Aquel incidente nos dejó tristes, pero al mismo tiempo, nos alegrábamos de que la búsqueda hubiera merecido la pena: sí, existía un escarabajo que se alimentaba de bromelias. Sólo una semana después, ¡James y DC encontraron otro! La epífita anfitriona (*Aechmea nallyi*), una bromelia común en la región, era extremadamente rara en todo el resto de la Amazonia. Tanto el escarabajo como la planta son especies en claro peligro de extinción, porque sólo habitan, que se sepa, un área concreta del bosque en todo el mundo, aunque es difícil obtener datos de población adecuados en los doseles tropicales. Calculamos un sorprendente 10,4 por ciento de daño producido por el insecto en cada bráctea: no tanto como las copas de los árboles, que presentaban de media el veinticinco por ciento de herbivoría, pero seguía siendo una enorme cantidad para ser una bromelia, que tiene hojas extremadamente duras. ¡Una hazaña extraordinaria para las piezas bucales de un escarabajo relativamente pequeño! Un experto en bromelias una vez escribió que las epífitas, debido a su dureza, no servían de alimento para los herbívoros. ¡No digas «de esa agua no beberé»! Ese tipo no había escalado a las copas de los árboles, donde ocurre la mayor parte de la acción en el mundo de «las-plantas-se-defienden-de-los-insectos-pero-los-insectos-se-las-comen-igualmente». La tendencia de la biología a basar sus descubrimientos en el nivel del suelo y pasar por alto el octavo continente sigue generando equívocos.

En el mundo de la herbivoría, predominan dos tipos de organismos según su alimentación: generalistas, que comen muchas especies de plantas diferentes, y especialistas, que se alimentan de una sola especie. Ambas modalidades tienen ventajas y desventajas. Como ser humano, si sólo comieras una cosa, supondría un problema alejarte del único frigorífico que almacena tu sustento. Para los insectos especializados en un solo anfitrión en el dosel tropical, donde coexisten cientos de especies diferentes, puede ser un riesgo mortal ser arrastrado lejos de tu rama, pero si te mantienes cerca de tu anfitrión, es una existencia cómoda. Si eres generalista y comes varios tipos de follaje, entonces tienes una mayor probabilidad de sobrevivir en un bufé de ensalada con tantos tipos de vegetación. La cosa se complica rápidamente porque en un bosque tropical hay miles de tonos de verde y cada uno tiene una textura y digestibilidad diferentes, ¡algo especialmente crucial si eres un escarabajo herbívoro!

En un bosque tropical denso, el dosel a veces se extiende hacia arriba muchos metros. El escenario cambia de manera dramática entre la parte baja y la copa, y la mayoría de las especies reside en el segundo tercio del árbol. Un poco como en el cuento de los tres osos, esa ubicación intermedia es justo la correcta: ni demasiado caliente ni demasiado fría, ni demasiado oscura o clara, con un viento moderado y una humedad ideal. Esta altura recibe motas de luz solar que son perfectas para la foliación y la floración, y atrae a una enorme biodiversidad, incluida la familia de las orquídeas, *Orchidaceae*. Las orquídeas, el grupo de plantas con flor más grande del mundo, cuenta con más de veinte mil especies, en su mayoría epífitas. No todas las especies de orquídeas florecen cada año, y algunas sólo florecen una vez cada diez años. Durante la fase de reposo, se esconden de la vista, confundiéndose en un mar verde: una gran lección de camuflaje. Pero las astutas abejas de las orquídeas –cada una especializada en una única especie de orquídea– consiguen guiarse hasta sus plantas anfitrionas entre el verdor. La palabra griega *órchis* significa «testículo», y las orquídeas históricamente se han asociado al amor. Abundan los relatos de personas que han sacrificado su vida por orquídeas inusuales, y por ellas se pagan precios desorbitados. Desgraciadamente, el tráfico ilegal de orquídeas todavía ocurre demasiado a menudo, y me gustaría que se dedicara más atención a salvar los hábitats de las orquídeas que a encerrar a las plantas en jaulas de cristal. La mayoría de las orquídeas a lo largo de nuestra pasarela amazónica han sido robadas por furtivos que las venden de manera ilegal a orquidófilos, amenazando la conservación de este importante grupo de plantas.

Otros organismos de las copas de los árboles, en cambio, no son tan queridos por la mayor parte de mis científicos ciudadanos. Los murciélagos provocan más miedo que cariño, y cruzan el bosque en zigzag al anochecer y en la oscuridad, como silenciosos jets privados volando a baja altitud. Su consumo de mosquitos es muy apreciado por los biólogos de campo. En nuestra estación de campo, los murciélagos atacan en picado las letrinas exteriores, sin duda para zamparse a los insectos que se sienten atraídos por el aroma. No es raro sentir la brisa de un murciélago rasante en el trasero, y solemos bromear con que nos salvan de recibir picaduras de mosquitos en ciertas partes sensibles. Los murciélagos son, también, importantes polinizadores forestales que recorren el dosel medio orientándose mediante la ecolocalización, y polinizan las flores que se encuentran hacia la mitad de los troncos de los árboles. Llamadas caulíferas porque se parecen a la coliflor, estas flores son propias de algunas especies, entre las que se incluye el árbol del cacao (*Theobroma cacao*), que depende de la polinización nocturna del murciélago o de la polilla. El cacao es originario de Centroamérica y de Sudamérica, pero la mayor producción procede de Costa de Marfil, Ghana e Indonesia. En todo el mundo, el noventa por ciento del cacao proviene de pequeñas granjas familiares de entre dos y cinco hectáreas, lo cual lo convierte en un cultivo de particular importancia como sustento de los pueblos indígenas.

Además de los murciélagos, muchas poblaciones de vida salvaje proliferan alrededor de nuestra estación de campo, probablemente porque su estatus como reserva protegida la ha convertido en un refugio libre de furtivos. Recientemente, los guías locales han observado un incremento de avistamientos de mamíferos, presumiblemente gracias a la reducción de la presión de la caza en esta región protegida. ¡Abundan los monos! A lo largo del tiempo, he aprendido a reconocer distintas llamadas de monos: el chillido agudo del mono tití, los rugidos retumbantes del mono aullador y una amplia gama de decibelios, que incluyen el mono lanudo, el mono ardilla y el mono nocturno, el huapo, el huapo negro, el capuchino martín y el carablanca, el tamarino de manto marrón y el de manto negro, y el tití pigmeo. Algunos de los tonos más agudos emitidos por los monos o las aves son imperceptibles para los visitantes urbanos, que tienen el sentido del oído insensibilizado por el ruido ensordecedor de las ciudades. A pesar de los esfuerzos conservacionistas en el alto Amazonas, todavía se cazan monos para el mercado de carne salvaje, especialmente entre los equipos de madereros. La caza furtiva de mamíferos lleva a una infame degradación de los bosques tropicales porque es difícil medir la disminución de la población animal en relación con la medición de la tala. Los drones y la medición aérea detectan fácilmente las zonas deforestadas, pero no pueden visualizar la muerte de los animales. Los estudios científicos calculan que harán falta muchos cientos de años para que se recuperen algunas especies de mamíferos tropicales amenazados por la caza excesiva. A veces, los científicos ciudadanos se encuentran con crías de mono que han quedado huérfanas después de que sus madres hayan muerto a manos de los madereros o los cazadores furtivos que trafican en el mercado ilegal de especies salvajes. Cerca de Iquitos, un proyecto de conservación cría a estos monos huérfanos, un esfuerzo que ayuda a la diversidad genética de las poblaciones locales cuando son devueltos a la selva. Los perezosos corren una suerte parecida: cuando los árboles son talados y los madereros matan a sus madres para comer la carne, las crías quedan indefensas. Gracias, en parte, a nuestra pasarela, la conservación se está afianzando con fuerza en esta región. Muchos científicos ciudadanos apoyan los esfuerzos de conservación cuando regresan a sus casas, pero quizá la razón más importante para llevar a grupos de científicos ciudadanos al Amazonas sea porque el ecoturismo se ha convertido en un motor económico para los pueblos indígenas, y recibir a los visitantes les proporciona un medio de vida sostenible y alternativo a la explotación maderera. Sólo en la pasarela del ACTS, más de cien familias se ganan la vida como conductores de barcas, cocineros, limpiadores, guías, chamanes, artesanos, fabricantes de techos de palma y constructores de senderos aéreos. A menudo les digo a los voluntarios que, incluso si se dedican a dormir en la hamaca durante toda la semana, aun así están ayudando a salvar el bosque pluvial, al proporcionar un empleo sostenible a la población local, de manera que no tengan que dedicarse a comerciar con la madera de los árboles. Si además participan en la investigación del dosel, entonces están, de hecho, redoblando su contribución conservacionista.

En mis veinticinco años de investigación en este lugar tan especial, casi no he tenido ninguna experiencia del dosel en solitario. Los voluntarios siempre están deseosos de acompañarme, sin importar el calor que haga o lo oscuro o lluvioso que esté. No quieren perderse ni un minuto de la acción. Sólo tengo un recuerdo de una visita a la pasarela en soledad, en la que me jugué la vida inconscientemente. Me escabullí un mediodía, cuando hacía más calor que en el infierno, sobre todo para estar un rato tranquila después de una mañana en la que me habían bombardeado a preguntas. A veces, estar a solas en medio de la naturaleza es un bálsamo. Subí cruzando seis puentes y cinco plataformas, rodeada de la humedad tropical producida por la transpiración de todo aquel follaje, y me limpié el sudor que me caía por la nariz, mientras las gafas se me empañaban sin remedio. Eran las horas centrales de un día de calor sofocante e incluso los mosquitos habían buscado refugio. Había estado sentada en la plataforma número seis durante dos semanas seguidas para los cincuenta y tres programas emitidos durante el proyecto JASON, de manera que esa vista se había convertido en mi segundo hogar, donde los problemas desaparecen. Sabía exactamente cuándo empezarían a cantar las ranas arbóreas, qué bromelias albergaban una tarántula y qué ramas del horizonte eran el escenario de los encuentros matutinos de los tucanes. De pie en lo alto del mundo, en los brazos superiores de aquel tornillo emergente, mi árbol «habichuela», mis problemas, efectivamente, desaparecían. Estar ahí siempre me provocaba un sentimiento espiritual, e inhalar el aire fresco completamente sola era un bálsamo increíblemente especial. A lo lejos oí gritar a un guardabosques chillón, tal vez para anunciar que había descubierto una serpiente o un lagarto resguardado en su escondite. Contemplé, embelesada, una bandada de guacamayos escarlatas volando por encima de las copas, probablemente en una misión para encontrar higos. Entonces vi una amenazadora nube negra que acechaba desde el oeste. Tal vez aquellas aves buscaran ponerse a cubierto. En un milisegundo, un rayo cayó sobre un árbol cercano con un chasquido endemoniado. Por un milagro, no cayó sobre mi gigante emergente. Tenemos una norma en el dosel arbóreo: bajar inmediatamente al suelo si hay rayos y truenos. Pero estaba paralizada y me quedé allí quieta en aquel estrado aéreo. En menos de dos minutos, el cielo pasó de un sol sofocante a estar cubierto de oscuras nubes de tormenta y rachas de fuertes torbellinos. Un diluvio estalló a mi alrededor; una lluvia veloz y furiosa. Tras unos segundos de terror, me sentí exultante de experimentar mi lugar favorito durante una poderosa tormenta. Sobre el fondo de las copas de los árboles iluminadas por los rayos, me sentía eufórica al estar completamente empapada, como las hojas a mi alrededor, contemplando las ramas bailando salvajemente al viento. Después de la potencia brutal de la tormenta, me sentí purificada y lista para regresar al constante asalto a preguntas al que me sometían los fervientes científicos ciudadanos. De vez en cuando, sienta bien quedarse quieta y absorber la fiereza de la Madre Naturaleza.

Excepto durante las tormentas más salvajes, las pasarelas ofrecen un acceso seguro para los arbonautas. Durante las expediciones, los voluntarios visitan el dosel a cualquier hora del día, en distintas estaciones y haga el tiempo que haga, durante largos periodos de tiempo, para medir la herbivoría de decenas de árboles, enredaderas, epífitas y hemiepífitas. En mis años de investigación en este lugar, la herbivoría oscilaba entre un porcentaje tan bajo como el 1,8 por ciento de área de superficie foliácea devorada en el filodendro, el 10,4 por ciento en el caso de la bromelia *Aechmea* y hasta aproximadamente el treinta por ciento, en el caso del shimbillo (*Inga* sp.). Pero la ciencia apunta a que el cambio climático pone en peligro el futuro de los doseles arbóreos de los bosques, con el consiguiente aumento de las temperaturas y de la frecuencia de los episodios de sequía, dos condiciones que son propicias para la aparición de plagas de insectos. Esto significa que se espera que el daño producido por los insectos aumente en los bosques tropicales. ¿Qué suponen unos «altos niveles de herbivoría», aparte de ser una valoración humana acerca de unos agujeros en las hojas de los árboles? ¿Cómo podemos saber si el *frass* de los insectos que se desliza con la lluvia desde el aire, producido por los herbívoros, puede tal vez compensar los aspectos negativos de perder un poco de tejido verde en este bufé aéreo de ensalada? El ciclo de los nutrientes –de la luz solar a las hojas, a los excrementos de los insectos, al suelo, a las raíces y de regreso hasta el crecimiento de la copa– sigue siendo un misterio. Con la amenaza del cambio climático, la suerte de los doseles arbóreos en el bosque todavía es una incógnita, a pesar de su importancia crítica para la salud del planeta. El alto grado de humedad y la falta de electricidad, además de la ausencia de un laboratorio controlado, disuaden a la mayoría de los científicos de realizar una investigación de campo en lugares como Perú, Etiopía o Camerún. De resultas de ello, el conocimiento ecológico global no está uniformemente distribuido entre regiones geográficas, y predomina la investigación de los bosques tropicales llevada a cabo en México, Panamá, Costa Rica y Brasil, en parte debido al poder de atracción que ejercen unos laboratorios de investigación bien equipados y con una buena financiación. Hasta que logremos un mayor equilibrio en la distribución de las herramientas científicas y del capital intelectual en el conjunto de los ecosistemas, para que los biólogos puedan trabajar en todos los hábitats importantes y no sólo en los más convenientes, tal vez nunca lleguemos a desvelar realmente las complejidades de muchas copas de árboles desatendidas por la investigación.

Para los científicos ciudadanos, el encuentro con la vida salvaje en una selva remota es un recordatorio de que estamos a años luz de los grandes almacenes Walmart y de la comida rápida. La palabra «Amazon» adquiere un nuevo significado cuando la vida pasa a depender del río que le da nombre, y no de una tienda en internet. A los voluntarios se les invita a probar a vivir de la tierra, mediante la pesca de la piraña, empleando palos locales como cañas. Durante un viaje en barca, capturamos treinta y un peces, aunque eran todos tan pequeños que sólo sirvieron de aperitivo. En otra ocasión, el equipo no pescó ni un solo pez y nos habríamos quedado con hambre de no ser por la amabilidad de los lugareños, que compartieron su captura. Una vez, la universitaria más torpe e insegura del grupo pescó una piraña enorme. Fue un momento genial para ella. Me recordó a la feria de ciencias, en quinto de primaria, cuando me concedieron aquel trofeo de plástico del segundo premio por mi colección de flores silvestres, y supe que ese pez había supuesto para ella un momento de gloria parecido.

Durante la mayor parte del año, los árboles tropicales se parecen entre sí, con hojas enteras elípticas y una corteza marrón lisa. Pero el chamán local conoce cada especie y, a lo largo de muchas generaciones, ha adquirido una gran sabiduría acerca de las plantas más importantes. En cambio, los botanistas profesionales a menudo se forman durante toda una vida, esperando concienzudamente durante años a que las plantas tropicales florezcan y den fruto, porque a veces esos son los únicos rasgos que diferencian a una especie de otra. No se consigue ser experto en identificar especies en una rápida expedición. Cuando acompaño a grupos de personas al dosel arbóreo, les pido que lo comparen con una visita a una galería de arte. Si reconoces a uno o dos pintores, enseguida te sientes «como en casa». Lo mismo ocurre en el bosque pluvial. Si identificas las tacitas de las hadas del shimbillo o los frutos como erizos de mar del peine de mico, entonces de repente estás rodeado de amigos en lo que, por lo demás, es un bufé de ensalada aparentemente homogéneo. Pero es imposible aprenderlo todo de un gran número de árboles de una sola vez, porque, a ojos de un *amateur*, se parecen mucho: hojas verdes, ovaladas, sin dientes.

En el alto Amazonas, los ribereños hacen un uso práctico de la vegetación tropical para la construcción de cerbatanas, las armas silenciosas que emplean estas familias indígenas habitantes del río para la caza sostenible. Primero, se corta la vara del árbol cumala, al que los indígenas yaguas llaman «pucuna caspi». Con un machete, hacen un corte transversal en una sección larga de madera, y a continuación vacían un canal en el centro de cada mitad. Cuando las dos secciones opuestas están talladas, las alinean y aplican una resina vegetal parecida a la brea para pegarlas y que queden de nuevo unidas, con el túnel hueco en el centro. Luego aplanan unas raíces aéreas de filodendro y envuelven con ellas las dos mitades para sellar la cerbatana, y con la madera ligera de una morera local tallan una boquilla. Los dardos, fabricados a partir de palmas, tienen una sustancia tóxica llamada «curare», que se unta en las puntas de las flechas, para matar a la presa. El curare, que se extrae de la corteza de una liana (*Curarea toxicofera*) y de un árbol arbustivo llamado estricno (*Strychnos panurensis*), reduce la actividad neuromuscular de la presa y le produce parálisis y, finalmente, la muerte por fallo respiratorio. Las semillas de la ceiba son propulsadas gracias a un material algodonoso parecido a la seda. Esta sustancia se cosecha para envolver el dardo y dotarlo de la forma aerodinámica necesaria para lanzarlo a través de la cámara de la cerbatana, que mide casi dos metros. Estos dardos son silenciosos, rápidos y letales para un mono o una capibara; a lo largo de muchas generaciones, las tribus indígenas han cazado de forma sostenible, sin poner en peligro a las poblaciones de vida salvaje del lugar.

Cuando Eddie y James tenían sólo once y diez años, respectivamente, me acompañaron al Amazonas en las vacaciones de Navidad. Nunca había un plan alternativo cuando yo viajaba porque, en un hogar monoparental, los chicos no podían quedarse solos en casa y yo trataba de no gastar todos los comodines de sus abuelos. James se autocompadecía porque se había perdido su primera invitación a un cotillón de fin de año. Pero entonces, el chamán del poblado se lo llevó aparte y se ofreció a enseñarle cómo usar la cerbatana. No sólo resultó que tenía una puntería increíble, sino que además los yaguas le hicieron su propio instrumento. Cuando regresamos a casa, no se acordó ni una vez de esa fiesta a la que no había ido, y llevó la cerbatana con orgullo a la escuela (sin dardos) para explicar las partes botánicas que la componían en la clase de ciencias.

Me encanta acompañar a familias enteras al bosque pluvial, porque a menudo los niños afinan sus cinco sentidos mucho más rápido que sus padres, y se convierten en los mejores científicos ciudadanos. En Belice, mis hijos encontraron una nueva especie de araña tirachinas que estaba muy atareada cazando para comer, disparando un hilo de seda y lanzándose ella misma con el hilo hacia delante a la velocidad del rayo para atrapar a su presa. Más tarde, los aracnólogos calcularon que el hilo de seda de la araña tirachinas alcanza una aceleración de casi mil cien metros por segundo al cuadrado (en comparación con el guepardo, que persigue a su presa con una aceleración de apenas doce metros por segundo al cuadrado). Tanto James como Eddie tenían una vista de lince no sólo para detectar arañas colgando por debajo de las ramas o diminutos escarabajos alimentándose de las hojas, sino también para localizar a las tarántulas de patas rosadas que se camuflaban para cazar a sus presas en los bordes del cáliz de las bromelias. De pequeños, tuvieron una tarántula como mascota, más fácil de cuidar que un perro o un gato, teniendo en cuenta nuestra agenda de viajeros frecuentes. Al principio la llamábamos Harry, debido a su característico exoesqueleto peludo, pero luego se hizo enorme y los chicos se dieron cuenta de que era una hembra, así que la rebautizamos como Harriet. En el mundo de las arañas, las hembras pueden ser hasta cien veces más grandes que sus congéneres machos. Cada dos semanas, soltábamos un grillo en el terrario de cristal de Harriet, y ella lo acosaba, lo aterrorizaba y, finalmente, se abalanzaba sobre su presa. Al resto de los niños del vecindario les encantaba ver aquella proeza alimenticia. Si pestañeabas, podías perderte aquella veloz destreza cazadora. Era la mascota ideal: sólo necesitaba un grillo cada dos semanas. Las tarántulas de patas rosadas son relativamente comunes en la Amazonia, donde viven cerca de las bromelias, en las que capturan a los insectos que se acercan a beber agua o a poner sus huevos. Pero también instalan un servicio de limpieza doméstica en las vigas por encima de nuestras camas, y allí cazan a los insectos que, indefectiblemente, se ven atraídos por los humanos. Un año, llegó una familia de científicos ciudadanos con cuatro hijas adolescentes, y se oyó un tremendo alarido cuando vieron la tarántula en su habitación con literas. Yo sabía que aquel era un momento crucial del viaje que podía convertirse en un éxito o una pesadilla, de modo que automáticamente felicité a las adolescentes por tener la mejor habitación de la estación de campo, y por haber hecho la primera observación de esta impresionante especie. Ellas se miraron con los ojos como platos, pero, al poco, estaban presumiendo ante el resto de los niños de tener una increíble compañera de habitación de ocho patas. Después disfrutaron de una expedición que les cambiaría la vida, con unos recuerdos de familia y una exposición a la ciencia que no podrían encontrar en ninguna escuela. Esta misma familia sostuvo una boa constrictor varios días después. ¡Sin duda, una foto inolvidable de las vacaciones familiares!

A pesar de la investigación a largo plazo llevada a cabo por muchos comprometidos científicos, la Amazonia está en grave peligro. Es el bosque pluvial más grande que queda y su futuro es incierto: el clareo, la quema, la tala y la construcción de carreteras van en aumento. El bosque pluvial primario, que se calcula que ocupaba aproximadamente dieciséis millones de kilómetros cuadrados (unos mil seiscientos millones de hectáreas), ha sido reducido a menos de nueve millones de kilómetros cuadrados (unos novecientos millones de hectáreas), según datos del 2020. La mayor parte de esa deforestación ha ocurrido durante mi vida, principalmente por el hambre de Norteamérica de carne, soja, aceite de palma y otros productos agrícolas. Y la construcción de carreteras ha inaugurado una fiebre por las minas de oro y las perforaciones petroleras, que destruyen los bosques y producen una contaminación altamente tóxica. Durante un año, desde mediados del 2017 hasta mediados del 2018, la deforestación de la Amazonia se incrementó en un 13,7 por ciento. Peor aún, a lo largo del 2018 se estima que la Amazonia brasileña sufrió un incremento de la deforestación del doscientos por ciento en relación con el año anterior, de acuerdo con los datos del biólogo Antonio Donato Nobre (*Climate News Network*, 16 de marzo del 2020). Además, desde el 2018, las leyes que regulan la conservación del bosque pluvial se han vuelto aún más laxas bajo el Gobierno del presidente de Brasil Jair Bolsonaro, incluso en cuanto a la quema masiva. Según Nobre, los acaparadores de tierras organizaron un «día de los incendios» durante el mes de agosto del 2019 en honor a Bolsonaro y a su desconsideración hacia el valor del bosque pluvial amazónico. Esta importante pérdida de bosque en la Amazonia oriental en Brasil ha incrementado el valor de los bosques pluviales occidentales, menos degradados, en Perú. Los bosques pluviales tropicales ocupan menos del diez por ciento de la superficie terrestre, pero albergan aproximadamente dos tercios de la biodiversidad mundial terrestre, y una mayoría significativa de esas especies habitan el dosel arbóreo. El bosque pluvial amazónico tardó cincuenta y ocho millones de años en desarrollarse, y los científicos predicen que, en los próximos cincuenta años, podría superar el punto de no retorno y colapsar, convertido en una árida sabana, porque el exceso de pérdida de follaje impedirá los patrones normales de lluvia. Nobre y su colega, Tom Lovejoy, de la Universidad George Mason, pronostican que si la deforestación de la Amazonia supera el veinte por ciento, el ciclo hidrológico dejará de proporcionar lluvia suficiente como para sostener los bosques (así como a los humanos). Además de su importancia para la circulación de la humedad a escala global, los bosques pluviales absorben dióxido de carbono (que los humanos producimos en forma de contaminación) y aproximadamente la mitad del peso en seco de cada enorme tronco maduro constituye un almacén de carbono. Cuando un bosque se incendia, ese fuego libera el carbono de nuevo a la atmósfera. Y cuando el bosque amazónico se clarea, las lluvias disminuyen significativamente debido a la ausencia del dosel cubierto de follaje que opera como un agente de reciclaje de la humedad.

La conservación de los bosques pluviales necesita de un público informado y participativo. Sin duda alguna, la ciencia ciudadana ha logrado fomentar con éxito la participación y el compromiso públicos, no sólo en los museos sino también entre las ONG, los gobiernos estatales, los legisladores locales y la educación científica en las escuelas. Esto es un hito en el actual clima político, en el que una gran parte del público alberga cada vez más dudas acerca de la ciencia debido a la desinformación. Aplicar el conocimiento del medio ambiente es vital en el siglo XXI para que nuestra población global en expansión comprenda los límites de los recursos naturales. Nos acercamos rápidamente a puntos de no retorno en los que numerosos ecosistemas, incluida la Amazonia, habrán sufrido un daño irreversible. Y sin embargo, nunca hasta ahora hemos tenido una tecnología tan poderosa para desarrollar soluciones innovadoras, incluida la capacidad de colaborar desde prácticamente cualquier sitio del mundo, extraer ideas de múltiples disciplinas, analizar innumerables puntos de datos y crear equipos de herramientas novedosas para las disciplinas CTIM. Los científicos planetarios deben tratar de hallar un equilibrio entre la biología celular y la organísmica, entre los modelos virtuales y los datos a tiempo real, y en la interacción entre la ciencia y las políticas. Los futuros administradores necesitan tener aptitudes para valorar, predecir, gestionar y comunicar los cambios ecológicos y sociales que surjan como consecuencia de un paisaje global

dramáticamente alterado. Sin embargo, uno de los mayores esco-
llos a la hora de formar a la siguiente generación de profesionales
es cómo integrar de manera efectiva la tecnología virtual con el
trabajo de campo *in situ*. Mientras la mayoría de los ecólogos más
veteranos encontraron la inspiración originalmente en el juego al
aire libre, los científicos jóvenes interactúan con los ecosistemas a
través de los juegos virtuales, las redes sociales y los modelos computacionales, que a veces acaban por producir un «trastorno por
déficit de naturaleza» que afecta a los menores que permanecen
en espacios cerrados. El autor Richard Louv, en su libro superventas *Los últimos niños en el bosque*, cuenta que un joven exclamó:
«Me gusta más jugar dentro porque ahí es donde están todos los
enchufes». Así que, ¿cómo pueden los profesionales del medio
ambiente enlazar el trabajo de campo práctico con la tecnología
virtual? Este problema es objeto de un debate abierto, y la ciencia
ciudadana es una de las soluciones creativas.

Cualquier país que desee mantener un grado de competitividad
global necesita fomentar la innovación y la educación de las disciplinas CTIM. La inversión en investigación en China, Singapur
y Corea del Sur hace que esos países lideren los *rankings* en cuanto
a conocimientos científicos de sus estudiantes y científicos ciudadanos. Estados Unidos va cada vez más rezagado y, según la Academia Nacional de Ciencias (NAS), el gasto nacional en patatas fritas
supera el presupuesto que el Gobierno Federal destina a la investigación y el desarrollo energético. La NAS también señala que sólo el
cuatro por ciento de los estadounidenses trabaja en empleos relacionados con la ciencia y la ingeniería, pero este grupo crea empleo
para el noventa y seis por ciento restante. Cuando un equipo científico desarrolla una nueva herramienta de diagnóstico para el cáncer
o un equipo de ingeniería patenta una tecnología de energía limpia,
estas innovaciones se traducen en empleos en la fabricación, el *marketing*, el transporte, las ventas y el mantenimiento, así como en la
educación y la formación. En la historia reciente, las innovaciones
derivadas de las CTIM han transformado radicalmente el modo en
que vivimos. Por ejemplo, el iPod sustituyó al radiocasete, el GPS a

los mapas, los móviles al teléfono fijo, la tomografía tridimensional
a la radiografía bidimensional, y las hojas de cálculo y las agendas
se integraron en los ordenadores. Pero existe todavía un enorme
obstáculo: en unas catorce mil escuelas del sistema de educación
pública de Estados Unidos, la competencia de los estudiantes en
matemáticas y ciencias está disminuyendo.

La ciencia ciudadana es parte de una solución más amplia para
revertir estos pobres datos de las CTIM. Hacer que los niños par-
ticipen en el recuento de aves, en la recogida de basura en la costa,
en *bioblitzes* locales para realizar recuentos rápidos de especies, en
la plantación de árboles o en el testeo de la calidad del agua es un
buen punto de partida. Miles de ciudadanos emplean una aplicación de móvil llamada iNaturalist, que recopila fotos de la biodiversidad y mapas de su distribución. Galaxy Zoo es otro sistema
computacional de imágenes con el que los ciudadanos pueden
buscar estrellas, galaxias y otros avistamientos extraterrestres en
fotos auténticas de la NASA. Otros programas emergentes ilustran
la integración de la ciencia ciudadana con la investigación tecno-
científica. La Red Nacional de Observación Ecológica (NEON)
es un proyecto del siglo XXI de la Fundación Nacional de Ciencias
(NSF), que lleva a cabo una monitorización ecológica a escala
continental con unas bases de datos accesibles para estudiantes, científicos ciudadanos y legisladores. Yo fui una de los dieciséis científicos que redactó el informe para la beca de la NSF, que
asciende a más de trescientos millones de dólares, para financiar
la plataforma de NEON. Tras varios años de debates y planificación estratégica, nuestro comité llegó a la conclusión consensuada
de que una iniciativa de tal calibre generaría datos a largo plazo
que ayudarían a comprender el cambio global y las respuestas de
los ecosistemas, y que fomentaría la participación de diversas
audiencias a través de numerosas plataformas. Otras iniciativas
similares están siendo desarrolladas en otros países, para recopilar datos valiosos mediante una monitorización con la ayuda
de los ciudadanos. Singapur ha invertido más de veinte millones de
dólares en una enorme serie de pasarelas a través de los bosques

urbanos, que proporcionan un increíble acceso para la observación de las aves, el estudio de la fenología y el recuento de insectos. En el ámbito museístico, la ciencia ciudadana y la participación pública son una consigna para el éxito. Cuando dirigí el Centro de Investigación de la Naturaleza en Raleigh, en Carolina del Norte, colaboramos con la Universidad Estatal de Carolina del Norte para recoger muestras de los ombligos de varios voluntarios, cultivar las bacterias recogidas en placas de Petri y brindar a los ciudadanos algunos conocimientos sobre la biodiversidad de sus propios cuerpos. Algunas preguntas científicas pueden ser contestadas de una manera más integral gracias al efecto multiplicador de la participación del público.

Pero, por sí solas, las nuevas herramientas y tecnologías no ayudan a conservar los ecosistemas ni a salvar especies. Como parte de un público amplio, los científicos ciudadanos formados pueden realizar casi cualquier tarea: desde encontrar insectos en el bosque pluvial amazónico hasta mapear las bacterias del ombligo humano o contar hojas. Sobre todo después de la pandemia del covid-19, muchos profesores han ampliado las clases a un proceso de educación en aulas sin barreras físicas, en un momento en el que las tecnologías portátiles, como las aplicaciones para los iPhones, son cada vez más accesibles en la educación científica. El gran desafío no es la falta de información, sino articular un contexto relevante, como la aparición de plagas de insectos o la cubierta arbórea urbana, que motive a las generaciones futuras para asumir la gestión ecológica. Vincular los ecosistemas saludables a la economía y a la salud humana es una base fundamental. Pero, entre toda esa tecnología, los estudiantes también necesitan tener curiosidad y una sed de descubrimiento. Esto no requiere de una equipación costosa, sólo tener la oportunidad de despertar los cinco sentidos con el juego al aire libre. Si los estudiantes y los científicos ciudadanos desarrollan la curiosidad por la naturaleza, no sólo por apretar botones en videojuegos, entonces ciertamente tendrán más probabilidades de resolver los grandes desafíos científicos del futuro cercano.

En el 2022, espero guiar a mi vigésimoquinta expedición de ciencia ciudadana por el Amazonas peruano, donde los voluntarios continuarán explorando los bosques tropicales en la pasarela arbórea más larga del mundo. A pesar de ser una inmersión casi total en la naturaleza, en todos estos años a veces hemos visto balsas de troncos taponando los ríos, incluso en zonas tan alejadas río arriba como Iquitos. Ahora hay una refinería de petróleo a sólo unos kilómetros de nuestra estación de campo de la pasarela, con una barcaza anclada que ha llegado hasta allí después de navegar más de tres mil doscientos kilómetros desde la boca del Amazonas, con toda su maquinaria y sus productos químicos tóxicos. Y hacia el otro lado, en Brasil, los enormes incendios quemaron más de seis mil setecientos kilómetros cuadrados de bosque pluvial entre enero y agosto del 2020, liberando 225,8 millones de toneladas métricas (MMT) de emisiones, según un artículo de la revista *Science*. Cuando la Amazonia arde, no sólo libera carbono y destruye un hábitat crítico para millones de especies, sino que también produce una contaminación del aire que perjudica la salud humana. Y esa deforestación sólo refleja la porción claramente visible al mapeo aéreo, no la degradación más sigilosa, producida por las carreteras, la tala selectiva o los efectos de borde, más difíciles si no imposibles de medir sin una comprobación de la verdad fundamental (es decir, una observación humana directa). Con gran tristeza, les recuerdo a mis científicos ciudadanos que son privilegiados al poder experimentar el más hermoso techo tropical del mundo, porque si no hacemos algo drástico como especie para cambiar el rumbo del cambio climático, muy pronto desaparecerá.

⤳⧽⊱ LA CEIBA ⊰⧼⤳
(*Ceiba pentandra*)

Durante los frecuentes viajes en barca por el Amazonas, una ceiba solitaria (*Ceiba pentandra*) destacaba en la ribera, a unos ocho kilómetros de Iquitos, en Perú. Cada mes de julio, cuando llevaba a los científicos ciudadanos a la pasarela, contemplaba desde el barco, impresionada, su elegante silueta. Quería ascender a la copa de ese árbol, y finalmente convencí a un amigo escalador de que me acompañara. En el poblado nos informaron de dónde podíamos encontrar a una chamana que tenía jurisdicción en la zona; no era respetuoso escalarlo sin su permiso. De manera que, algo indecisos, llamamos a la puerta y le preguntamos. Ella fue muy amable y dijo, sin entrar en detalles, que si los espíritus eran favorables, podíamos escalarlo. Así que cargamos las cuerdas más largas que teníamos en el hombro y nos encaminamos hasta la base de este gigante, preguntándonos qué significarían las palabras de la chamana. De cerca era mucho más grande de lo que parecía desde la barca. Como la mayoría de las ceibas, un solo tronco se erigía hasta una altura de al menos treinta metros, y luego ascendía otros treinta más en forma de robustas ramas horizontales que crecían en ángulo perpendicular directamente desde el tronco principal, casi como si fueran unas estanterías aéreas. Había un solo hueco por el que disparar la cuerda sobre la primera rama, entre las guirnaldas de enredaderas y epífitas. Empleamos el tirachinas más grande, al que llamamos Big Boy («chico grande»). Se coloca sobre el suelo y consta de un poste vertical de noventa centímetros que actúa como punto de lanzamiento para propulsar el sedal. Apretamos los dientes, arrugamos el gesto y tiramos hacia atrás de la gigantesca cinta elástica. ¡Chas! La goma saltó con un gran chasquido y nuestro sedal de pesca salió disparado hacia arriba hasta desaparecer. Aguzamos la vista y yo miré con los prismáticos. ¡Un lanzamiento perfecto! Los espíritus del Amazonas querían que escaláramos. Yo fui primero, pero cuando ya estaba cerca de la copa y sentía que estaba casi a medio camino del paraíso celestial, sentí un temblor en la cuerda. ¿Qué estaba pasando? Miré hacia lo alto y vi a un enorme pájaro en la rama, picoteando la cuerda. Era un tapacaré cornudo, y más tarde supimos que suelen posarse sobre estos gigantes emergentes. Obviamente, la cuerda parecía una serpiente y aquel pájaro estaba defendiendo su tribuna aérea. Me apresuré a subir para evitar que rompiera la cuerda salvavidas y ahuyenté suavemente al distinguido cornudo, que accedió a regañadientes a compartir el sitio conmigo. Una vez en lo alto, vi que la copa de la ceiba era un frondoso jardín de bromelias, orquídeas, filodendros, rodeado del zumbido de los insectos y de enredaderas serpenteantes que se extendían en todas direcciones. Recogí muestras de hojas de las plantas más comunes y calculé su herbivoría, pero nunca escalé aquel árbol otra vez, como un homenaje personal a su estatura, casi inalcanzable.

En la mitología maya de Centroamérica, la *Ceiba* es un importante «árbol de la vida» y representa la comunicación universal entre los tres niveles de la tierra (el inframundo, el mundo intermedio y el mundo superior). Sus raíces representan el inframundo, el tronco es el mundo intermedio, habitado por los humanos, y el dosel simboliza el mundo superior. Los troncos de la ceiba tienen espinas durante su fase juvenil, y a menudo aparecen representadas en la cerámica maya como símbolos de veneración. Los árboles adultos desarrollan raíces tabulares o gambas en lugar de las espinas, y estas torres emergentes son visibles en el horizonte a varias decenas de kilómetros. Por desgracia, su altura también revela su ubicación a los madereros. La mayoría de las ceibas han sido taladas y el *skyline* de la Amazonia confirma que apenas quedan ejemplares, excepto por uno o dos especímenes, protegidos por un chamán local por motivos espirituales o medicinales.

La ceiba es una auténtica farmacia aérea. Sus hojas se usan para tratar la sarna, la diarrea, la fatiga y el lumbago, también como laxante y para combatir las enfermedades del corazón. La savia se toma para tratar enfermedades mentales, la rigidez de las extremidades, la fatiga, el dolor de cabeza, la tos y las heridas oculares, y se administra a los niños para evitar los parásitos estomacales. El tronco se hierve para tratar el dolor de muelas, los trastornos estomacales, las hernias, la gonorrea, los edemas, la fiebre, el asma y el raquitismo, además de para lesiones como heridas, llagas e incluso las máculas leprosas. Los extractos de corteza actúan como un efectivo enema y los brotes tiernos se emplean como anticonceptivo. Finalmente, las raíces también son medicinales; curan la diarrea, la disentería, la lepra y la hipertensión. Supongo que no es sorprendente que tuviéramos que pedirle permiso a la chamana para escalar la ceiba, dado que este árbol básicamente cumple la función de una farmacia en el bosque.

El término *Ceiba* deriva de una palabra caribe que designa un cayuco; y *pentandra* es un término en latín que significa «cinco tallos», y que se refiere a sus hojas compuestas, que cuentan con cinco foliolos. Aunque se piensa que evolucionó en los trópicos americanos, se han documentado ceibas en África que contradicen esa hipótesis. El género abarca quince especies, todas de hoja palmeada compuesta caduca, y pierden el follaje durante varios meses en la estación seca. La floración se produce antes de la foliación, y al anochecer, sus flores cremosas, de color blanco o rojizo, se abren y emiten un olor fuerte y desagradable que atrae a los murciélagos, que liban el néctar. Estos murciélagos transportan el polen que se les adhiere a la piel, y lo transfieren al resto de las flores, facilitando la polinización. Las polillas son otro polinizador noctámbulo, aunque es crucial estar en el lugar exacto en el momento preciso, porque no todos los ejemplares de ceiba florecen cada año.

Las ceibas pertenecen a la familia de las malváceas, antiguamente denominada familia de las bombacáceas, que incluye aproximadamente veinticinco géneros. Estos árboles pueden superar los setenta y cinco metros de altura, los obeliscos más altos del Amazonas. En otros países, las distintas especies de *Ceiba* funcionan como puntos de reunión, espacios de sombra para el cultivo del café, como árbol sagrado junto a los templos (en la India) y como refugio para el ganado. Una pelusa blanca algodonosa (que sirve para darles forma aerodinámica a los dardos de la cerbatana) disemina las semillas de la ceiba y es el origen de uno de sus nombres comunes: árbol de seda. La especie que predomina en el alto Amazonas de Perú, la *Ceiba pentandra*, recibe también los nombres de lupuna, ceibo y ceibote. El algodón de la ceiba se cosecha en Asia y en Indonesia, aunque ha sido sustituido por materiales artificiales en la fabricación del relleno de los chalecos salvavidas y los colchones. Debido a su elegante silueta, muchas especies eran cultivadas e hibridadas por los pueblos indígenas de toda Sudamérica antes de la llegada de los europeos, lo cual dificulta su identificación.

En mi pequeño apartamento, tengo una pared especial dedicada a las cerbatanas, y cada una de ellas me trae el recuerdo de una aventura en el Amazonas durante los últimos veinticinco años de expediciones de campo. A veces, cuando regreso a casa de otra larga expedición, me encuentro la entrada como si hubiera nevado, llena de la seda de la ceiba, que se ha salido de las fundas de las cerbatanas en mi ausencia, un maravilloso recordatorio de la existencia de este extraordinario y útil árbol, que cuenta la historia de las alturas del dosel arbóreo de la Amazonia.

8

Huellas de tigre, leopardos arbóreos
y el fruto de la cullenia

❧ ❧

*Exportar mi kit de herramientas para formar
a arbonautas en la India*

Habíamos conducido más de ocho horas hacia el sur desde Bangalore, en la India, adentrándonos en las remotas Ghats occidentales,
para trabajar en una estación de campo dedicada a la ecología
forestal en los bosques con el mayor índice de biodiversidad de la
India. Aunque estábamos cubiertos de polvo del camino y agotados
del viaje por aquel caos de carreteras, nos pusimos las botas de
senderismo para echar un vistazo rápido a los tres doseles arbóreos
dominantes de cullenia (*Cullenia exarillata*) que había en esta región. Yo había oído hablar de estos árboles, que cumplen una función clave como proveedores de fruto para muchas cadenas tróficas
del bosque, porque dos de mis colegas, T Ganesh y Soubadra Devy,
eran expertos en su historia natural. Mientras me alejaba a pie de la
agreste estación de campo para contemplar por primera vez el dosel
arbóreo del bosque subtropical indio, de repente vi que T Ganesh
pegaba un salto, emocionado, y gritaba: «¡Tigre! ¡Tigre GRAN-
DE!». El corazón se me puso a mil. No se oía ningún ruido, tan solo
el crujido de las ramas de la cullenia, a treinta metros de altura,
como mínimo, sobre nosotros. T Ganesh señaló una enorme huella, una marca fresca recién grabada sobre el terreno arenoso. La
huella era bastante más grande que una mano humana, y mi colega
se había quedado sin respiración porque dedujo que este felino había caminado frente a nosotros y era probable que unos minutos

antes nos hubiera visto escalar un árbol para observar a unos silenos. Cerca de allí encontramos marcas de zarpas sobre un tronco, que indicaban no sólo que esta bestia era muy grande, sino que habíamos entrado sin permiso en su territorio, obligándolo a arañar la corteza para señalar sus dominios. Volvimos prácticamente de puntillas a la estación, asustados y al mismo tiempo ansiosos ante la posibilidad de vislumbrar al «rey de la jungla».

La Reserva de Tigres Kalakad Mundanthurai (KMTR), en las montañas Ghats occidentales, en el sur de la India, es una de las cincuenta reservas de biodiversidad oficiales dedicadas a los mil quinientos grandes felinos que quedan en la India. Además, cuenta con un endemismo floral del 3,3 por ciento, es decir, que las especies de plantas que crecen en esta zona no se encuentran en ningún otro lugar del mundo. La reserva KMTR constituye un refugio no sólo para los tigres y las plantas, sino también para primates, civetas y murciélagos en grave peligro, y para muchas especies de aves, mariposas, anfibios y reptiles que dependen, todos ellos, de la salud del dosel. Sin embargo, esta reserva de novecientos kilómetros cuadrados se enfrentaba a la amenaza de la invasión por las presiones para la explotación del territorio, incluidas plantaciones de té y café, arrozales y el aumento de los incidentes relacionados con la caza furtiva. Varios meses después de aquel primer encuentro en la reserva KMTR, ocho tigres desaparecieron del cercano Parque Nacional Ranthambore, víctimas de los furtivos. A pesar de estar en peligro de extinción, a los tigres se los sigue cazando para vender las pieles y las partes del cuerpo del animal, algunas de las cuales contienen ingredientes que se emplean en la medicina tradicional china como supuesto remedio para aumentar la potencia sexual. El mundo entero es perfectamente consciente de que las poblaciones de tigres están en peligro, pero no tanto de la deforestación generalizada que sufren los propios bosques que habitan estos felinos. Como arbonautas, mis dos colegas indios y yo no estábamos estudiando directamente las poblaciones de los grandes mamíferos, sino determinando la salud de los doseles sobre su territorio. Es de vital importancia salvar especies, pero eso requiere salvar sus hábitats. Esa era la razón que me había llevado hasta allí: fomentar la conservación a través de la colaboración internacional, que se traduce en salvar bosques enteros, desde la base hasta lo más alto, y poner mi kit de herramientas de arbonauta a disposición de mis colegas, para compartirlo con todos.

La biología de campo depende del tiempo y de la financiación. Las oportunidades de realizar una investigación continua, a largo plazo, son las más difíciles de conseguir. En Australia, tuve la buena fortuna de recibir una beca de posgrado de tres años para recoger datos sobre las hojas durante un periodo largo. Mi investigación en el Amazonas estaba basada en arcos breves de recopilación de datos porque las expediciones de ciencia ciudadana duran sólo diez días y dependen de la disponibilidad de los voluntarios. Por esa razón, diseñé unas preguntas de investigación que pudieran ser respondidas mediante estas visitas fugaces, aunque por otro lado yo tuve la suerte de regresar a los mismos árboles durante muchos años. Un tercer tipo de trabajo de campo, que es el más difícil de diseñar para obtener resultados útiles, consiste en un único viaje ocasional al sitio. Yo lo llamo «imagen instantánea de investigación». Para cumplir unos objetivos profesionales en estas condiciones, yo suelo optar por las actividades participativas, que incluyen dar formación científica a las mujeres, realizar estudios rápidos como los *bioblitzes*, dar charlas y presentaciones públicas y dar formación a los estudiantes. Esta clase de actividades dinámicas constituyen una manera novedosa de aplicar la ciencia, distinta de la investigación convencional, que consiste en hacer una única cosa en un lugar durante un periodo larguísimo. Los cambios acelerados del planeta han obligado a la comunidad científica a operar de un modo muy distinto que en el pasado, para conseguir unos objetivos de conservación ambiciosos.

En 1994, organicé y presenté el primer congreso internacional del dosel arbóreo en el Jardín Botánico Marie Selby, en Sarasota, Florida, para abordar los desafíos de la colaboración global tanto en el ámbito de las ciencias forestales como en el del conservacionismo. Revisé la literatura científica reciente para seleccionar a unos cuantos expertos científicos forestales emergentes en la India, con la idea de invitarlos, y conseguí financiación para que cuatro de ellos pudieran participar en el congreso. Dos de esos colegas, T Ganesh y Soubadra Devy, eran un matrimonio muy comprometido que había dedicado su vida a la exploración del octavo continente en la India. Otro experto, Pallaty Sinu, más adelante colaboró conmigo en las arboledas sagradas de la India. En aquel primer congreso, doscientos cincuenta arbonautas de veinticinco países nos quedamos boquiabiertos al darnos cuenta de que la mayoría no habíamos coincidido nunca. Nos habíamos pasado, literalmente, las décadas anteriores colgando de unas cuerdas en lugares remotos, navegando por lo alto de los bosques en globos aerostáticos, construyendo pasarelas aéreas o haciendo frenéticos recuentos de millones de nuevas especies en las alturas. El congreso tuvo un enorme éxito y fomentó el aumento de las colaboraciones globales y el intercambio de métodos de estudio entre colegas. Cuatro años después, organicé un segundo congreso internacional en Sarasota. Esa vez acudieron arbonautas de treinta y cinco países y el congreso incluyó una exposición pública de novedosas herramientas para el estudio del dosel, incluida la balsa hinchable, hamacas especiales para dormir en los árboles, elegantes y novedosos tirachinas y material ligero de escalada. Es curioso pensar que la colaboración entre los investigadores del dosel se inauguró extraoficialmente en Florida, un estado en el que los bosques por lo general se deforestan para construir grandes almacenes y campos de golf. La tercera reunión y la cuarta fueron organizadas por otros científicos del dosel arbóreo en Alemania y en Australia, respectivamente.

Varios años después de conocer a Soubadra y a T Ganesh en aquel congreso inaugural, visité la India con una beca Fulbright para académicos sénior, con la misión de impulsar la investigación del dosel arbóreo y hablar de la posibilidad de construir una pasarela pública junto con arboricultores indios. Estaba radicada en la Fundación Ashoka para la Investigación Ecológica y del Medio Ambiente (ATREE), en Bangalore, una ciudad cuyo «dosel» urbano consistía en una profusión de cables eléctricos en lugar de ramas de árboles. No era de extrañar que, en un país con un aumento poblacional tan acelerado, la naturaleza se contrajera a medida que se extendía la tecnología; los cables y el cemento les comían terreno a los espacios verdes, a pasos agigantados. Todas las carreteras de entrada y salida de Bangalore presentan el típico bullicio de bicicletas, camiones y coches entremezclados con bueyes, vacas y carros tirados por burros. Los deliciosos aromas del curri se mezclaban con el humo del diésel. En mi primer día allí, todos los negocios estaban cerrados por una huelga general, incluidos los restaurantes. Como yo estaba hambrienta con el cambio horario y los largos vuelos, Soubadra consiguió milagrosamente convencer a un amigo que tenía un pequeño local para que nos sirviera algo de comer. Comimos discretamente en el cuarto de atrás, para que nadie nos viera. No tenía mucha comida en el almacén, porque para el dueño de un restaurante en la India, la compra es una actividad que se hace cada día en el mercado. No había vino ni leche ni agua con hielo ni queso ni fruta ni carne ni ensalada, ¡y aun así, preparó un delicioso plato de arroz, especias, verduras y caldo! Cuando terminó la huelga, al día siguiente, las calles recuperaron su caos habitual, y los puestos volvieron a abrir y a vender absolutamente de todo: pollos vivos, contenedores de plástico, comida, leña, pantalones vaqueros, madera, cables, lecturas de manos. Después de regresar muchas veces a lo largo de muchos años, he sido testigo de la metamorfosis que ha sufrido la India, como una oruga que se convierte en mariposa, o tal vez como una plántula proverbial que se transforma en un dosel arbóreo. Mis diarios incluyen vívidas descripciones de noches enteras tumbada en hostales, oyendo peleas de perros en la calle, usando jarras de agua en lugar de papel higiénico para las abluciones, trayectos terroríficos en taxis que avanzan a toda velocidad por carreteras repletas de carros y ganado, y comidas servidas en los puestos de carretera, que desafiaban la paz de mi tracto digestivo occidental. La mayor lección que me llevé conmigo tras haber trabajado para la conservación de los bosques en la India fue aprender a tener paciencia y a adaptarme a marcos temporales más amplios para conseguir hacer las cosas. Un trayecto en taxi de

ocho horas a una estación de campo después de un vuelo largo era
algo corriente, como también lo era un retraso de dos semanas para
conseguir un permiso para entrar en un bosque. Mis colegas arbonautas Soubadra y T Ganesh se mostraban siempre muy azorados
cuando nos veíamos obligados a esperar o cuando los atascos de
tráfico retrasaban la agenda, pero a mí, de hecho, me encantaba
experimentar y conocer todos aquellos lugares durante los retrasos en nuestro camino de la ciudad a destinos remotos. Un día,
íbamos en un taxi y el conductor, en un momento dado, decidió
avanzar por la acera, pitando a las bicicletas y a los bueyes que se
encontraba a su paso. Mientras mis anfitriones se encogían en sus
asientos, yo admiraba con fascinación la habilidad de aquel conductor para conseguir lo imposible: llegar a tiempo.

En la India ha cambiado, incluso, el papel que desempeñan las
mujeres en la ciencia, aunque no tan rápido como debería. Soubadra fue la primera y todavía una de las pocas biólogas del dosel
arbóreo en todo el país, una proporción que va a la zaga de Estados Unidos y Europa, donde las mujeres suponen cerca del diez
por ciento del total de científicos del dosel. Su espíritu pionero es
algo que admiro enormemente, y por eso hace unos años la nomi-
né para el famoso premio Lowell Thomas, del Explorers Club.
Una cosa es estudiar las copas de los árboles en Australia o en
California, y otra muy distinta es el nivel de desafío que una encuentra en la India, donde ni las infraestructuras ni el apoyo a la
investigación están garantizados. Durante mi periodo con la beca
Fulbright en la India, di una conferencia en el Departamento de
Gestión Forestal en Thiruvananthapuram, capital del estado de
Kerala. Asistieron cuarenta y cinco arboricultores, todos hombres, sentados formalmente a unas enormes mesas de caoba, con
un micrófono delante de cada uno, mientras el director, *Shri* N. V.
Trivedi Babu, lideraba el grupo. Tras un breve apagón, durante el
cual nos quedamos todos tranquilamente sentados esperando
a que volviera la electricidad, proyecté mi presentación en una
minúscula pantalla, y todos ellos tuvieron que entrecerrar los
ojos para poder ver las diapositivas. Había hecho caso del sabio

consejo de Soubadra y me había puesto un sari tradicional, para tener al menos un aspecto algo aceptable ante una sala llena de expertos veteranos hombres. A pesar del inconveniente del tamaño de las imágenes en la presentación, aquellos hombres se animaron con mi mensaje acerca de la vital importancia de los doseles arbóreos y se mostraron entusiasmados con la idea de construir una pasarela aérea en la India. T Ganesh me contó más adelante que se habían quedado todos bastante sorprendidos, incluso sin palabras, ante el hecho de que una mujer estuviera dirigiendo aquel debate. En aquella época, la India se enfrentaba a un problema: los bosques se consideraban un recurso gubernamental, gestionado por profesionales que se encargaban de cuidarlos y protegerlos, pero no existía ningún plan para compartir las reservas forestales con el gran público. Así, los árboles se habían convertido en un activo que estaba cerrado a cal y canto, inaccesible para la mayoría. Irónicamente, durante los últimos doscientos años, Estados Unidos ha deforestado la friolera del noventa y siete por ciento de sus bosques primarios, mientras que la India ha mantenido un veintiuno por ciento de los suyos; un increíble tesoro. Así que la mayoría de los árboles en la India permanecían cercados y los gestores forestales del Gobierno estaban lógicamente preocupados ante la posibilidad de que el ecoturismo supusiera un deterioro para los bosques. A pesar de que quería que la gente tuviera acceso a los recursos naturales de su país, yo entendía su punto de vista. El Parque Nacional de Yellowstone, en Estados Unidos, se ve invadido por un exceso de visitantes, en un país con una población de sólo trescientos treinta millones de personas. Dar acceso a los casi mil quinientos millones de indios a estas valiosas reservas forestales sin duda sería algo difícil de gestionar. Los arboricultores planteaban excelentes preguntas sobre la posible construcción de un sendero aéreo en la India: ¿Suponen algún daño estas pasarelas para la vida salvaje? ¿A cuántas personas puede sostener un puente de este tipo? ¿Existen formas de limitar el acceso? ¿Y qué hay de la señalización? Aquel día, cumplimos la misión Fulbright que me había llevado hasta allí: inspirar a

los líderes indios que gestionaban los bosques para que se plantea-
ran seriamente la idea de compartir los árboles con los ciudadanos. Me habría encantado ver la pasarela aprobada y construida
automáticamente, pero he aprendido que el conservacionismo a
menudo avanza a pasos diminutos, especialmente cuando las
ideas se comparten entre culturas distintas. Todavía estamos trabajando para construir una pasarela del dosel en las Ghats occidentales, un proyecto que tal vez muy pronto dé sus frutos.

Después de esta reunión, Soubadra y T Ganesh me llevaron en
coche a un humedal de la zona, para observar a las aves. Los tres
compartíamos un amor, desde siempre, por estas criaturas emplu-
madas. Con gran emoción, pude añadir cinco nuevas aves a mi
lista personal: el avefría india, el cálao cariblanco, el charrán indio, el ibis verrugoso y el picotenaza asiático. Las aves siguen siendo mi pasión, desde aquellas colecciones de huevos de ave de mi
infancia y aquel momento mágico, cuando sostuve a un jilguero
durante la actividad de anillamiento de aves en el campamento de
verano de vida salvaje.

Estábamos seguros de que la colaboración internacional podría impulsar la investigación forestal de Soubadra y de T Ganesh,
así que nos pusimos de acuerdo para soñar a lo grande y recaudar
fondos para organizar de forma conjunta el quinto congreso internacional del dosel arbóreo en Bangalore. Se trataba de un debut
impresionante para un país con sólo unos pocos arbonautas profesionales, pero era también el hogar de unos bosques primarios llenos de especies endémicas, relativamente desconocidas. Sería la
primera vez que nuestra reunión se celebrara en un país económicamente emergente, un cambio saludable para una creciente red de
profesionales interesados en marcar una diferencia en todo el mundo. Parte de la estrategia que adopté en la fase media de mi trayectoria profesional consistió en dar prioridad a trabajar en países que
tuvieran menos capacidad en cuanto a recursos científicos, ya fuera
capital humano o financiero. De la misma manera que intentamos
ampliar la formación en disciplinas CTIM a poblaciones más diversas, como las mujeres o los estudiantes pertenecientes a minorías

poco representadas, la comunidad científica debe igualmente tratar de alcanzar una igualdad en la distribución de la financiación para la investigación y del capital intelectual por todo el mundo. India es uno de los países donde la práctica de las ciencias forestales se ha quedado atrás, en comparación con Norteamérica y Sudamérica. Era la perfecta placa de Petri para plantear soluciones conservacionistas, y podía sacar provecho de una interconexión comprometida de científicos locales e internacionales.

Entre los tres redactamos varias solicitudes de becas para congresos, con el fin de acoger a ponentes reputados, y también contamos con la buena voluntad de muchos colegas que donaron su tiempo, equipación y talento. Nuestro presupuesto no era lo suficientemente amplio como para ofrecer a todos el reembolso de los gastos de viaje o las dietas, pero teníamos la esperanza de que nuestros colegas arbonautas de los países industrializados participaran amablemente. Para los biólogos de campo, los viajes internacionales y los congresos hacen que la gente, literalmente, «se baje del árbol» para compartir diferencias culturales, algo que, con el tiempo, lleva a construir un mayor respeto y confianza mutuos. Los congresos son mecanismos convencionales para compartir información científica, pero a algunos académicos hay que convencerlos con un billete de avión o el compromiso de publicar un volumen para difundir sus descubrimientos. Lo intentamos de todas las maneras: financiamos el viaje de los ponentes más distinguidos (que a su vez atraen a otros participantes), contratamos una editorial que publicara un volumen del congreso y finalmente organizamos una animada agenda para atraer a los estudiantes y a los profesionales más jóvenes. Nos topamos con algunos problemas no exentos de humor, como que había demasiados mosquitos en el hotel o algunas dificultades con el personal, pero lo compensamos con creces con actividades que incluían talleres de escalada de árboles y deliciosos banquetes indios. Sí, hubo alocadas historias a cuenta de los vuelos, las llegadas, los taxis e incluso el hotel, pero todo ello contribuyó a hacer de la reunión una experiencia legendaria.

El quinto congreso internacional en la India, llamado «Doseles forestales: conservación, cambio climático y uso sostenible», sirvió especialmente como llamada de atención para la conservación de los bosques, y hubo cinco temas destacados:

1. Deforestación: A medida que se desarrolla la ciencia del dosel, hemos sido capaces de cartografiar las áreas de tala rasa con una mayor precisión. La aparición de nuevas herramientas, como el sensor LIDAR (acrónimo de *Light Detection and Ranging*, «detección y alcance mediante la luz», una nueva técnica de imagen que proporciona datos forestales detallados, como el contenido de carbono o de agua de un árbol), la tecnología por satélite y otros métodos de exploración aérea nos permitieron registrar, en el 2009, la abrumadora desaparición de más de doce millones de hectáreas de bosque pluvial durante ese año. Los datos presentan un escenario aún más trágico: aproximadamente el ochenta por ciento de la tala de madera en la Amazonia se realizó de manera ilegal y, en general, se transportaba a Norteamérica a través de puertos que no controlan las importaciones de manera fiable.

2. La cuenca del Amazonas: Los modelos de cambio climático que manejan los científicos calculan que el punto de inflexión para alcanzar un daño irreversible en los bosques tropicales de la Amazonia, con su consecuente impacto catastrófico sobre los patrones climáticos de nuestro planeta, se halla en el veinte por ciento de deterioro. Nuestro ponente inaugural, Tom Lovejoy, señaló que los estudios aéreos indican que, en el 2009, ya se había alcanzado un nivel de alrededor del diecisiete por ciento. (Un apunte: por desgracia, durante la década posterior, el deterioro excedió ese veinte por ciento.) Durante esta reunión, se señalaron los doseles forestales –y la relativamente nueva perspectiva de investigación que estudia los bosques en su totalidad, no sólo la base del árbol– como la prioridad clave del conservacionismo para el futuro de la salud planetaria.

3. Almacenamiento de carbono: La reciente investigación de los bosques en su totalidad ha llevado al descubrimiento de que los árboles constituyen un importante sumidero para el almacenamiento de carbono, ya que, en particular, los árboles de gran tamaño absorben una gran cantidad de dióxido de carbono de la atmósfera. Hablamos acerca de las masas forestales primarias o maduras como un nuevo tipo de moneda global. Científicos y economistas han propuesto recientemente que los países industrializados con mayores emisiones de dióxido de carbono paguen a los países tropicales para mantener sus bosques intactos, como una importante medida para reducir el cambio climático, dado que se calcula que el follaje elimina de la atmósfera alrededor de un veinte por ciento de dióxido de carbono.

4. Biodiversidad: La ciencia del dosel arbóreo ha instigado, a principios del siglo XXI, una «fiebre verde» por descubrir nuevas especies, dado que la mayoría viven en las copas de los árboles, y la India es un excelente ejemplo de territorio relativamente inexplorado. Hasta que los arbonautas comenzaron a acceder a las copas de los árboles, con la aparición de las equipaciones con cuerdas y las pasarelas en los años ochenta, esta biodiversidad había permanecido inexplorada. En el congreso, se destacaron algunas de las carismáticas criaturas de la India, entre las que se incluyen la cobra india, el lagarto volador indio, la cotorra malabar, el cálao bicorne, el sileno, el langur de Nilgiri y el tigre de Bengala. En ese momento, se calculaba que más del noventa por ciento de la biodiversidad de la India permanecía sin clasificar en el registro científico. Nuestro congreso dirigió la atención hacia los bosques inexplorados de la India y los medios de comunicación se hicieron eco de nuestras declaraciones, con grandes titulares.

5. Colaboración internacional: El futuro de los árboles del planeta depende de que los equipos de biólogos de campo trabajen de manera conjunta, no por separado. El congreso de la

India supone un punto de inflexión porque este tipo de reuniones de expertos fomenta las colaboraciones futuras. Todos los arbonautas decidieron regresar a sus respectivos países con la misión de impulsar la investigación de campo, ayudar a vincular la economía y la ciencia a través de la comprensión de los servicios que ofrecen los bosques para garantizar la salud humana, y compartir con un público amplio y con el liderazgo apropiado los recientes descubrimientos acerca del dosel arbóreo.

Los cuatro primeros congresos internacionales habían servido de inspiración para impulsar el descubrimiento y los métodos de estudio de los doseles arbóreos. Además de responder a esas prioridades, la quinta reunión en la India dio por primera vez una clara voz de alarma acerca del estado de los bosques globales. Las herramientas de acceso al dosel ya llevaban en funcionamiento casi treinta años y se habían extendido a más de treinta y cinco países, de tal manera que el vínculo esencial entre la salud del bosque y la sostenibilidad del planeta era cada vez más patente a partir de los resultados de un trabajo de campo continuado. En resumen, los bosques valían más si estaban vivos que si estaban muertos: el almacenamiento de carbono, la filtración del agua, la conservación del suelo, la productividad y su condición de hogar para la biodiversidad tenían asignados valores monetarios, y el valor del árbol no se limitaba a la extracción de la madera. Rápidamente, los árboles se estaban convirtiendo en una nueva moneda planetaria. En torno a la época de nuestro congreso, el Instituto Rocky Mountain, en Colorado, calculó que el valor del «capital natural» de los bosques ascendía a 4,7 billones de dólares, e incluso es probable que esta cantidad gigantesca subestime la importancia del servicio que prestan.

El congreso de la India subrayó un sentido de urgencia entre todos los arbonautas para trabajar de manera infatigable al regresar a sus respectivos países. En la India, los medios de comunicación a escala nacional compartieron nuestras conclusiones científicas y aparecimos en los titulares por todo el país. El *Deccan Herald* publicó un amplio reportaje, como también lo hicieron el *Bangalore Mirror*, *The Hindu* y *The Times of India*, que incluyó un pie de foto ingenioso y directo al corazón: «Cumbres marchitas»,[1] que reforzaba la fragilidad y la desaparición de los bosques del país. Gracias a los periodistas indios y a la popularidad de los periódicos, más de veinticinco millones de personas supieron de la importancia de los doseles arbóreos. Sonreí al ver a una docena de hombres indios sentados en cuclillas alrededor de un periódico en la acera, en pleno debate acerca de los temas de actualidad.

En aquella reunión se presentaron dos novedades en los recursos para el estudio del dosel: (a) la vigilancia aérea mediante el sensor LIDAR, los drones y los satélites, y (b) un aumento del número de mujeres que entraban a formar parte de la biología de campo y en los puestos de toma de decisiones relativas al conservacionismo. Los drones y otras técnicas de imagen aérea ahorraban tiempo, energía y sudor. Hacer un recuento de la cantidad de enredaderas en flor o mapear los nidos de los primates con imágenes tomadas mediante drones evita la necesidad de escalar decenas de altas copas durante muchas semanas. A medida que las tecnologías como el LIDAR se hacen más precisas, los científicos pueden analizar las sequías, los brotes de insectos y muchos otros elementos de la vida forestal, porque estas técnicas avanzadas de imagen analizan la humedad del follaje, la salud de las arboledas, o incluso el almacenamiento de carbono. Este tipo de información tiene un valor inestimable para la gestión forestal, especialmente cuando se combina con la verificación sobre el terreno de la verdad fundamental. ¿Por qué es necesario todavía realizar esta comprobación de la verdad sobre el terreno, que requiere que alguien escale y observe las copas de cerca, cuando contamos con una vigilancia aérea que reduce el esfuerzo físico y el sudor? Pues porque

1. En el original, «Withering Heights», una referencia al título de la famosa novela de Emily Brontë, *Wuthering Heights* (1847), publicada en español bajo el título *Cumbres borrascosas*. *(N. de la T.)*

incluso los mapas producidos por el sensor LIDAR más sofisticado no pueden detectar exactamente qué insecto se está comiendo qué tipo de hoja, o qué epífita muestra un amarilleamiento en qué capa del dosel. En resumen, sobrevolar el bosque todavía no puede sustituir los poderes observacionales de un arbonauta experimentado (ni siquiera los de un arbonauta sin experiencia que resulta ser un *crack* de la botánica).

Otro importante resultado de nuestro congreso en la India fue la publicación de un volumen del simposio. La producción de este tipo de trabajos es importante por dos razones: primero, los científicos emergentes tienen la oportunidad de publicar junto a profesionales de regiones con programas científicos más desarrollados, lo cual eleva su reputación nacional y los ayuda a tener mejores opciones de promoción y reconocimiento local; y segundo, estas publicaciones difunden los descubrimientos más recientes. Una científica forestal de Camerún estaba emocionada por publicar en el volumen, y sin duda eso la ayudó a promocionarse en su país. Uno de los primeros capítulos, firmado por dos jóvenes biólogos, Alex Racelis y James Barsimantov, planteaba una cuestión fundamental: ¿Contribuye una mayor inversión en la investigación tropical dentro de una región a una menor deforestación? Para dar respuesta a la pregunta, compararon el número de artículos científicos (una medida de los científicos y de la cantidad invertida en investigación) con la eficacia conservacionista, y concluyeron que una producción de artículos más alta no se relacionaba con una mayor conservación de los bosques. Tal vez nuestro proceso científico actual no esté llevando al éxito en la conservación forestal; los científicos no deberíamos contentarnos con simplemente publicar los resultados en revistas técnicas como un indicador del logro primario. El congreso de la India me recordó la importancia de medir mi propio éxito no sólo por el número de publicaciones revisadas por pares, sino por la cantidad de estudiantes internacionales formados, la participación de la comunidad en países en los que los bosques carecían de una infraestructura de investigación y las hectáreas de dosel arbóreo conservadas.

En la India, la conservación de los bosques se enfrentaba a un dilema. Casi de la noche a la mañana, el país había experimentado una explosión de tecnología y modernización. Mientras los biólogos del dosel nos reuníamos en el congreso, la mayor empresa automovilística de la India, Tata Motors, lanzó su nuevo Nano, una sensación a escala global, un coche pequeño, con un motor de treinta y tres caballos de potencia, que costaba sólo dos mil quinientos dólares. La clase media india estaba en pleno crecimiento, y sus recursos naturales, especialmente los árboles, se estaban quedando cada vez más apretujados. A principios del siglo XXI, los bosques nativos de la India estaban sufriendo una reducción de entre el 1,5 y el 2,7 por ciento anual del terreno, que ahora se dedicaba a las plantaciones de té y a la explotación de maderas exóticas. Los biólogos conservacionistas llamamos a este tipo de deforestación «deforestación críptica», porque es difícil calcular, mediante un estudio aéreo de la cobertura verde, qué extensión de bosques maduros o primarios es sustituida poco a poco por los cultivos, porque los doseles verdes no se diferencian. El modo en que la India (junto con China) impulse el consumo de sus recursos naturales y la decisión de los miles de millones de habitantes de esos dos países de adoptar o no prácticas sostenibles determinará, en gran medida, el destino de nuestro planeta en las próximas décadas. Esto, desde muchos puntos de vista, no es justo. Las naciones occidentales han aplicado su consumismo sin piedad durante las últimas décadas, pero ahora el mundo reconoce que, a este ritmo de consumo, con ocho mil millones de personas, no es posible evitar unas consecuencias desastrosas.

Después del congreso, T Ganesh, Soubadra y yo dimos un taller de escalada para futuros arbonautas en una reserva cercana, llamada Honey Valley («valle de miel»). El calificativo de «cercana» es un decir. Algo que en el mapa parece extremadamente próximo, incluso en cuanto a kilometraje, puede suponer horas de viaje por las condiciones de la carretera, por el ganado, la congestión del tráfico, los camiones, los carros tirados por bueyes o la meteorología. Nuestro destino era uno de los bosques pluviales primarios de hoja perenne más cercanos, situado a 1.250 metros de altitud, con un pico prominente llamado Tadiandamol, que era una zona muy popular de senderismo. Esta región, a poco más de doscientos kilómetros de Bangalore, debe su nombre a que tiene uno de los apiarios de producción de miel más grandes de la India, pero una epidemia de la enfermedad producida por el virus de la cría ensacada tailandesa (TSBV) había diezmado la población de abejas melíferas y eliminado la práctica local de la apicultura. Como alternativa, rápidamente se pasaron al ecoturismo, creando espacios para la observación de las aves y la regeneración, un maravilloso ejemplo de la ágil versatilidad del espíritu indio. Soubadra y T Ganesh habían reservado varias cabañas para los estudiantes y los instructores, una oportunidad única que ofrecían a sus estudiantes de Bangalore para formarse como arbonautas con unos cuantos expertos del congreso internacional. Soubadra y T Ganesh organizaron una sesión de entrenamiento de escalada de árboles con la técnica de cuerda única (SRT), así como varias charlas acerca de la investigación del dosel arbóreo. Dado que los participantes en el congreso ya estaban en la India para el evento, no suponía demasiado esfuerzo añadir tres días más a nuestra agenda de actividades y poner nuestro granito de arena para entrenar a la siguiente generación de científicos del dosel de la India.

Nuestro viaje de un día dio comienzo con el desayuno al amanecer, a una hora de Bangalore, aproximadamente, seguido de cinco horas largas de trayecto en coche hasta este lugar «cercano». Para almorzar, compartimos rápidamente unos platos de comida y unas salsas increíblemente sabrosas. Yo siempre andaba con hambre cuando hacía trabajo de campo en lugares remotos; generalmente, comía con cautela porque mi microbioma occidental a veces rechazaba la variedad de extraordinarias especias que contiene la gastronomía india. Me encantaba todo lo que probaba, especialmente los aromas. Al llegar a Honey Valley, nos quedamos maravillados ante las masas forestales de árboles de gran altura del bosque pluvial, principalmente la cullenia, con sus frutos que son cruciales y que parecen proveer de alimento casi a toda la cadena trófica de los bosques de las Ghats occidentales. Yo tenía asignada una pequeña habitación sencillamente amueblada con una cama individual, una mesilla, una lámpara y una silla; el baño compartido de la cabaña estaba al final del pasillo. Me asomé a la ventana, agradecida de haber sustituido la vista de las caóticas calles de Bangalore por aquel oasis verde de tranquilidad en las montañas. Era genial poder imaginar a un número cada vez mayor de familias indias buscando refugio en la naturaleza a medida que el ecoturismo se abría paso en su país. Era también obvio que muchas hectáreas de Honey Valley se habían deforestado y estaban dedicadas a la explotación agraria; esas zonas ya no servían como ecosistemas de bosque primario, de modo que las masas forestales que aún quedaban tenían un valor aún mayor para la conservación de la naturaleza. Después de instalarnos rápidamente en las cabañas, T Ganesh nos sorprendió a todos con una demostración de vida salvaje. Había invitado a un herpetólogo que no sólo se dedicaba a la investigación sobre serpientes, sino que, además, trabajaba a tiempo parcial como encantador de serpientes, alguien que se encarga de buscar y sacar a estas serpientes venenosas de las granjas. La frecuencia de la aparición de cobras que se refugiaban en las viviendas rurales era muy alta y peligrosa, y creaba una enorme alarma entre los granjeros. ¡Bonita manera de ganarse la vida! Este joven llegó con varios contenedores. Cuando abrió una rendija de una de las tapas, una cobra enorme y agresiva salió de repente de la primera caja. Con un gancho de serpientes, controló hábilmente a la escurridiza bestia. Asustados, contuvimos la respiración y retrocedimos unos pasos. Yo tomé algunas fotos, pero preferí el alivio de ver esta demostración desde la última fila. Tal vez sea un poquito ofidiofóbica, a pesar de mis largos años de encuentros con serpientes…

A continuación: ¡clase de escalada! Nuestro grupo de estudiantes estaba compuesto por ocho mujeres y doce hombres, todos ellos becarios de la fundación ATREE, en Bangalore. Escalar árboles con un vestido tradicional no era fácil y tomé nota mentalmente para pedir que la siguiente vez me dejaran traer una maleta llena de pantalones caquis para las mujeres. Tim Kovar, mi colega arbonauta, era nuestro instructor técnico principal, y yo me encargaba de las explicaciones científicas. Tim, un profesor comprometido, con un historial de seguridad impecable, ha escalado conmigo por todo el mundo. Hemos compartido experiencias increíbles, desde enseñar a escalar a una mujer de ochenta años que toda su vida soñó con escalar una ceiba en la Amazonia hasta pastorear a cien niños y niñas en Carolina del Norte durante un día de escalada de árboles abierto al público, o enseñar a mis estudiantes en sillas de ruedas las técnicas de cuerda única. Ambos estábamos comprometidos con la consigna de «escalada de árboles para todos». Durante nuestra sesión con las cobras, Tim rápidamente preparó un lugar de escalada en el bosque pluvial colindante, y equipó tres árboles con cuerdas que colgaban de las ramas a unos veinticinco metros de altura. Los estudiantes indios fueron paseando hacia los árboles, rodeando con cuidado la densa vegetación después de aquella íntima introducción a las cobras, y se sentaron en un pequeño claro, con una vista perfecta de varios doseles de cullenias provistas de cuerdas de escalada. Al contrario que en Australia, allí no había cientos de sanguijuelas reptándonos por las piernas; y a diferencia de Centroamérica, allí no había ácaros rojos que nos picaran sin parar por los bordes de la ropa interior. De hecho, el bosque pluvial indio era relativamente benévolo en cuanto a bestias peligrosas, a excepción de alguna cobra y un par de criaturas grandes, como los elefantes y los tigres. A pesar de esas diferencias, el bosque pluvial de la India me recordó al de Australia; había muchos géneros de árbol similares, una estructura parecida en cuanto a la densidad de enredaderas y plántulas en el suelo forestal, y niveles también parecidos de follaje y altura del dosel. Estructuralmente, los bosques de la India y de Australia reflejan una herencia común, así como una coincidencia evolutiva en cuanto a las familias de plantas. Pero los bosques indios contienen especies que no se encuentran en ninguna otra parte del mundo. Las Ghats occidentales, reconocidas como un punto caliente global de biodiversidad, contienen 5.640 plantas con flor (de las cuales, más de cien son endémicas), 165 peces de agua dulce, 76 anfibios, 177 reptiles, 454 aves y 187 mamíferos; estas cantidades van aumentando a medida que se descubren nuevas especies.

Al terminar el primer día, habíamos convertido a veinte asustados estudiantes indios de biología (casi la mitad mujeres) en posibles exploradores arbóreos. Formar a la siguiente generación es de vital importancia en una disciplina emergente como la ecología del dosel arbóreo, un importante indicador del éxito científico. Soubadra y T Ganesh supieron capitalizar sabiamente la presencia de los científicos internacionales en el congreso al ofrecer un taller de trabajo de campo, una manera brillante de brindarles a sus estudiantes una oportunidad capaz de cambiarles la vida. Todavía me río cuando me acuerdo de mí misma intentando subir por aquellas raquíticas escaleras a las ramas de las cullenias tres años antes. Al año siguiente, les había traído de regalo unas cuerdas y equipación de escalada. Si conseguíamos integrar la investigación de campo entre los valores y la santidad religiosa de la comunidad india, mis colegas indios y yo habríamos tenido éxito al establecer un conservacionismo local basado en la comunidad, es decir, de abajo arriba. Desde mi prisma como arbonauta, he visto a la India desarrollar la perspectiva de la investigación del bosque entero en la biología de campo, empleando nuevas herramientas como las cámaras trampa para documentar la biodiversidad y las técnicas de cuerda única, aprovechando el valor de los árboles sagrados y determinando la importancia de la cubierta del dosel para animales como los tigres o los leopardos, que habitan el suelo forestal, así como para los primates, en las copas de los árboles. Cuando los arbonautas colaboramos en países como la India, podemos importar las buenas prácticas para impulsar su avance científico y, con suerte, adelantarnos a los peligros que amenazan la integridad de sus ecosistemas. Al adoptar nuevas herramientas y trabajar con científicos internacionales, Soubadra y T Ganesh han conseguido hacer descubrimientos de primer orden en las ramas que se elevan sobre sus cabezas.

T Ganesh fue un pionero en el uso de cámaras trampa en los doseles arbóreos de los bosques de la India, empezando por las

ramas superiores de las especies del género *Cullenia*, donde registró las interacciones entre las plantas y los animales. Entre las
criaturas que visitaban las flores de las *Cullenia* y que fueron cap-
tadas por sus lentes durante un periodo de tres años se incluyen:
el sileno (*Macaca silenus*), el langur de Nilgiri (*Semnopithecus
johnii*), la ardilla malabar (*Ratufa indica*), la ardilla voladora gigante roja (*Petaurista petaurista*), el lirón espinoso malabar (*Pla-
tacanthomys lasiurus*), la ardilla listada de Nilgiri (*Funambulus
sublineatus*) y la civeta palmada marrón (*Paradoxurus jerdoni*),
además de dos tipos de murciélagos (*Cynopterus sphinx* y *C.
brachyotis*), pero sólo en los bordes perturbados del bosque. También registró dieciséis especies de aves, dos tipos de abejas y varias
especies de mariposas, hormigas y polillas. Los silenos también se
alimentaban de las hojas de los árboles, de los botones y de las
flores, así como de sus frutos. En las Ghats occidentales, las especies del género *Cullenia* florecían durante la estación seca, de diciembre a abril: entre trescientas y treinta mil flores tubulares de
un tono marrón amarillento, que brotaban en densas agrupacio-
nes caulíferas. La base carnosa suculenta de las flores está empapada de néctar, de manera que los animales buscan esa parte y
descartan las partes florales restantes al comer. Todavía no se han
llevado a cabo estudios de la herbivoría en el caso de la cullenia,
pero espero regresar algún día y abordar este emocionante trabajo
de campo. Mientras tanto, Soubadra ha registrado la polinización de muchas especies de árboles indios por la acción de los insectos voladores (especialmente las mariposas), aunque reconoce
que existen pocas observaciones de aves o mamíferos arbóreos en
la India, en comparación con la investigación, más extensa, que se
ha realizado en otras regiones tropicales. En las Ghats occidentales, sólo dos de las ochenta y nueve especies de árboles son polinizadas por mamíferos; los árboles de Australia, África y las regiones tropicales de todo el continente americano presentan un
contraste radical, dado que cuentan con importantes animales polinizadores, incluidos los marsupiales, los roedores, las jirafas e incluso los primates. ¿Por qué la India tiene, al parecer, más

polinizadores insectos que polinizadores mamíferos o aves? Nadie lo sabe, pero, pertrechados con su equipación de arbonautas, Soubadra y T Ganesh tal vez resuelvan este misterio.

Uno de los desafíos más duros de mi trayectoria profesional como arbonauta global ha sido la transición entre los rigores del trabajo de campo y el regreso a la vida diaria familiar. Da igual la cantidad de veces que me haya movido entre esos dos ámbitos, nunca es fácil acostumbrarse al vaivén emocional, a los estragos físicos de los viajes por todo el mundo y al hecho de trabajar en lugares desconocidos. Esto fue especialmente patente en la India. Cuando Soubadra, T Ganesh y yo nos dirigíamos al campo a preparar los árboles para la escalada o a estudiar la biodiversidad, a menudo transitábamos varios mundos económicos y culturales diferentes. Esto puede comprobarse en este fragmento de diario, que describe un día en la reserva de tigres cerca de las montañas Ghats occidentales, y la abrumadora reentrada a la «selva urbana»:

6.00. Suena el despertador. Todavía oscuro, un coro del amanecer compuesto por cálaos anuncia la salida del sol en el Parque Nacional de Nagarahole, junto a la remota población de Karapura. Me obligo a salir de mi caparazón de finas mantas, en un catre de madera duro como una piedra, en el alojamiento Kabini River, y busco a tientas mis pantalones caquis. El aire está frío pero resulta tonificante. Hemos venido con una misión: estudiar los grandes felinos y hablar de su conservación en el contexto del hábitat forestal. Las Ghats occidentales del sudoeste indio son uno de los veinticinco espacios considerados puntos calientes globales de biodiversidad, de acuerdo con la definición de la ONG Conservation International.

6.15. Dos camareros indios vestidos con unos amplios pantalones de color blanco, los tradicionales *dhotis*, llaman a la puerta y me traen un té para despertarme por la mañana. Varias hormigas se arremolinan en los escalones de la entrada, disfrutando de las migajas que cayeron anoche, durante la cena. Doy unos pasitos de baile para sacudírmelas de los pies descalzos.

6.30. Aún temblando antes de que amanezca, el equipo de cuatro indios y una norteamericana saltamos a un *jeep* descubierto. Por el camino, vemos a varias mujeres que ya se han levantado y van con unas jarras de plástico a buscar agua al pozo del pueblo y llevarla hasta sus cabañas cubiertas con techos de paja. Las cocinas de leña envían finas espirales de humo fragante hacia el cielo, anunciando el desayuno. Debido al fuego de las cocinas, el aire se va llenando insidiosamente de un hollín negro que provoca problemas de salud a las mujeres que cocinan e inhalan las partículas. Ese mismo polvo aéreo acelera el deshielo de los glaciares en el Himalaya, a más de mil kilómetros de distancia, donde la superficie del hielo oscurecido se derrite a mayor velocidad.

6.50. Nuestro ruidoso vehículo pasa por debajo de un dosel de mangos, donde unos guardias se asoman desde una cabaña destartalada construida en un árbol. Desde su nido aéreo, los vigilantes evitan que los tigres y los elefantes merodeen por sus campos de cultivo.

7.00. En la verja del parque, unos guardabosques armados revisan nuestra documentación. Los permisos de entrada se conceden a muy pocas personas. A pesar de estos esfuerzos, la caza furtiva está descontrolada en la India y amenaza con llevar a la extinción a los grandes felinos.

7.00-8.00. Aún temblando, avanzamos dando tumbos por una pista irregular en nuestro vehículo descubierto, con los cinco sentidos en alerta. Nuestro guía está atento al canto de un ave en particular, que indica peligro y que señala la ubicación del posible depredador (el más probable: un gran felino).

8.13. El conductor para de un frenazo chirriante y susurra: «Escuchad». Una cierva sambar chilla cerca de allí. En las ramas por encima de la pista de tierra hay un leopardo tumbado, dando buena cuenta de un cervato recién cazado. La ley de la jungla es dura y un paso en falso de una madre y sus crías ha terminado en una muerte. Este depredador dominante se retira a las copas de los árboles para comerse el desayuno. Nos ha maravillado la idea de que un depredador que habita el suelo forestal use el dosel como un refugio seguro; esto hace que sea aún más relevante, para la ecología arbórea, estudiar el bosque en su totalidad. Los leopardos, al igual que los tigres, están desapareciendo a gran velocidad en toda la India, y ambos necesitan bosques saludables para sobrevivir.

9.15. Vemos otros dos leopardos, aunque, lamentablemente, no hemos visto ningún tigre, y después salimos del bosque y nos preparamos para la reentrada en el paisaje urbano. Debido a las restricciones de los permisos, el parque no nos permite salir de nuestro todoterreno, así que nos hemos limitado a observar, fotografiar y tomar notas como método de «estudio» de los doseles arbóreos en las reservas de tigres de la India. Esta visita ha sido más bien como un ejercicio rápido de verificación sobre el terreno, no un programa de investigación en toda regla, que tal vez implicaría organizar jornadas similares durante un periodo de varios años. Pero, aun así, Soubadra, T Ganesh y yo fomentamos nuestras colaboraciones internacionales; para nosotros, es importante compartir los detalles de los ecosistemas forestales, que nos llevan a entablar conversaciones que inducen nuevas ideas. Durante todo el trayecto, charlamos animadamente. Para viajar de regreso a casa, después de esta rápida visita, pasaré por una gigantesca transición desde una remota reserva de vida salvaje, a través de cuatro aeropuertos y varias ciudades densamente pobladas, hasta desembarcar, finalmente, en Florida. No hay tiempo para darse una ducha: debo hacer la maleta en dos minutos y comer rápidamente un par de cucharadas del plato vegetariano tradicional.

10.10. De nuevo en la carretera, me dirijo hacia el aeropuerto local, la primera etapa de un largo viaje. A los indios no les parece nada del otro mundo un trayecto en taxi de seis

horas, esquivando a pastores con sus cabras, carros de bueyes, niños a pie de camino a la escuela, bicicletas avanzando
a duras penas bajo enormes fardos, vacas de paseo y los
destartalados autobuses del transporte público. Me raciono
la única botella de agua que llevo, como haría cualquier
explorador. Mi mente trata de adaptarse al abrupto salto de
los carros de bueyes a los aviones *jumbo* en el transcurso
de sólo medio día.

16.45. El vuelo doméstico de Bangalore a Mumbai se retrasa.
Espero impacientemente en una cola interminable para buscar otro vuelo. La maleta no aparece por ningún lado.

20.30. Llegamos tarde a la terminal nacional del aeropuerto de
Mumbai, y me quedan dos horas escasas para no perder mi
conexión en la terminal internacional, que se encuentra a
unos veinte kilómetros de allí. Milagrosamente, mi maleta
aparece en la cinta transportadora. Espero una hora para tomar un taxi. A riesgo de arrepentirme, a las *21.15* me subo,
apretujada, al autobús lanzadera entre las terminales; queda
poco más de una hora para el despegue del vuelo a Nueva
York.

21.35. En la terminal internacional, los pasajeros salen en es-
tampida por una puerta estrecha, agitando frenéticamente
sus pasaportes y tarjetas de embarque. Las maletas vuelan. El
aire se llena de palabrotas. Reina el caos.

21.45. En la ventanilla de United Airlines para el *check-in*, una
azafata de tierra me hace pasar rápidamente. ¿Llegaré a
tiempo? Sudo a mares, debo de parecer enferma, así que un
oficial de sanidad me retiene para tomarme la temperatura
por si tengo la gripe porcina. No, le contesto, es sólo sudor
debido a las conexiones de los vuelos. Llego corriendo y soy
la última en embarcar. Me hundo en un lujoso asiento en un
puro éxtasis. Este vuelo de dieciséis horas con la comida
servida en bandejas, asientos blandos, papel higiénico y
auriculares me parece un auténtico lujo en lugar de una maldición. Como arbonauta que sufre a menudo la transición

del árbol al cemento, le doy vueltas a la definición que le da el mundo al término «civilización». Ahora que algo más de la mitad de la población humana vive en las ciudades y disfruta de las comodidades culturales y físicas de la vida urbana, aún queda una minoría, los biólogos de campo, que preferirían enfrentarse a los leopardos en la selva verde que al tráfico en la jungla de asfalto. La India es un país emergente y bullicioso, y sus árboles afrontan el deterioro con la llegada del «progreso». Espero que nuestros esfuerzos con la investigación de los doseles generen entusiasmo por la investigación forestal y el conservacionismo en la India.

Me suelo sentir abrumada no sólo durante los viajes por todo el mundo, sino también cuando escalo, especialmente en lugares remotos, lejos de mis hijos. A pesar de que el ascenso a las copas de los árboles es una experiencia dichosa, está también cargada de ansiedad, cautela y una saludable dosis de miedo. La escalada de árboles requiere de una gran confianza: en la resistencia de la rama, en la cooperación de la Madre Naturaleza y en el agarre o *dirt* (la persona que se queda de pie en el suelo para controlar la seguridad). En países como la India, Etiopía y Perú, donde he realizado mi investigación durante muchos años, a veces me ha embargado un sentimiento de soledad. No siempre era fácil comunicarse desde las ramas más altas con la gente que estaba de pie abajo, debido a la barrera lingüística. Y era prácticamente imposible comunicarme con mi familia, que estaba en la otra punta del mundo, por la falta de conexión. A menudo me perdía las vacaciones, incluidos cumpleaños, y no era fácil explicarle a mi familia la ubicación tan remota de muchas estaciones de campo. Las exigencias del trabajo de campo a escala internacional hacen que sea complicado tener energía para los amigos y la familia cuando vuelves a casa después de una dura expedición. Aunque siempre volvía con mi mejor intención de compartir las historias arbóreas con mis dos hijos al llegar a casa, por lo general sufría con el desfase horario y lo que quería era lavarme los dientes en un lavabo

de verdad y desplomarme sobre una cama blanda. Todos los trabajos tienen sus pros y sus contras, pero la vida de una arbonauta
internacional ciertamente tiene sus altibajos, ¡en un sentido figurado y también literal!

Uno de los pros es el hecho de que, cuando estoy colgada del
extremo de una cuerda, la vida salvaje generalmente me acepta
como una habitante más de la copa del árbol. He pasado muchas
horas en solitario, en los bosques templados de Massachusetts,
observando a un chupasavia comiendo orugas, compartiendo las
ramas de los eucaliptos con los koalas en el remoto interior de
Australia o admirando a las hormigas que transportan trocitos
de follaje mucho más grandes que ellas en el Amazonas. La India
no fue una excepción. En la reserva KMTR, mientras trabajaba
con Soubadra y T Ganesh para implementar el kit de herramientas del dosel en el estudio de la biodiversidad de la India, tuve algunos encuentros cercanos con nuestros parientes, los primates.
En uno de los proyectos principales, teníamos que establecer unas
parcelas permanentes y monitorizar la estacionalidad de los frutos
en la especie dominante del dosel, la cullenia. Con gran inquietud,
escalamos unas frágiles escaleras hechas de ramas, fijadas a varias
ramas altas, para tener un acceso permanente, y nos sentamos en
medio de una tropa de nuestros parientes lejanos, que estaban
disfrutando de un banquete de fruta. Como ocurre con los tigres,
los silenos dependen de las cullenias, que constituyen todo su hábitat: estos primates se alimentan de sus frutos y viven y juegan en
las ramas de esta especie, mientras que los tigres se ciñen al suelo
forestal. Soubadra arriesgaba su vida y sus extremidades para estudiar esas enormes copas, empleando con valentía sus precarias
escaleras de fabricación casera (que me recordaban a mi enclenque andamio en las Tierras Altas de Escocia). El encuentro con los
silenos fue emocionante, y las aves del bosque en la India ampliaron enormemente mi vocabulario, con nombres asombrosos
como el minivet escarlata, la fulveta cariparda, el picaflores sencillo y el arañero chico. En su mayoría eran aves insectívoras, y a
pesar de su gusto por los bichos, dependían de la cullenia para

sobrevivir. Los insectos se ven atraídos por los frutos del árbol; las aves y los reptiles, a su vez, se alimentan de esos insectos, y los monos se unen al reparto y comen insectos, hojas y frutos. Los ecosistemas son cadenas complejas donde unos se comen a otros, y los bosques tropicales de la India no son una excepción. La salud del dosel arbóreo en este país, a su vez, contribuye a mantener una vida salvaje icónica, como los tigres y los leopardos, lo cual refuerza la interconexión de los ecosistemas, de arriba abajo.

La *Cullenia exarillata* es un ejemplo de lo que los ecólogos denominan «especie clave»; es decir, que tiene un gran impacto sobre la salud de todo el ecosistema. Otro ejemplo sería la estrella de mar a lo largo de la costa del Noroeste del Pacífico, pues sus hábitos depredadores previenen la aparición de especies dominantes únicas que superen a las demás en las pozas intermareales. De manera similar, el caimán americano es una especie clave en Florida, como lo es el cocodrilo en África; estos reptiles cavan profundas pozas en el agua, que forman oasis para otra vida salvaje durante las sequías. En la India, el elefante está considerado como una especie clave, porque actúa como un ingeniero del ecosistema: a veces arranca árboles de raíz, lo cual a su vez tiene un efecto cascada en otros herbívoros, porque destruye el suministro de follaje, reduce la cobertura del dosel y permite que otras especies de árboles crezcan en el claro que se forma. Los bosques tropicales no han sido estudiados tan exhaustivamente como muchos ecosistemas templados, y por esa razón se han identificado menos especies clave en ellos. Los biólogos de campo todavía ni siquiera sabemos realmente quién vive en los bosques tropicales. La noción de una especie que desempeña un papel clave sigue siendo polémica entre los ecólogos porque no es sencillo desenredar las complejas relaciones que se dan en un ecosistema. Pero si una especie recibe la etiqueta de especie clave, por lo general se convierte en un elemento prioritario de la conservación, porque se considera que, si su presencia disminuye, el paisaje sufrirá alteraciones o se degradará.

A pesar de que la tecnología nos permite transmitir información por todo el mundo en cuestión de segundos y fotografiar el espacio exterior, muchos misterios que tenemos más cerca continúan siendo un enigma. Los científicos todavía no han logrado describir la ecología de la lluvia de semillas de la cullenia, su germinación y sus estrategias de polinización, ni tampoco ninguna de las complejas interacciones de la biodiversidad de la India dentro del dosel de esta especie clave de árbol. Un menguante número de tigres y silenos seguramente espera que lo hagamos mejor. Su supervivencia no sólo depende de que este árbol siga dando frutos, sino también de que alcancemos una mayor comprensión de cómo funciona el bosque en su totalidad. Un titular reciente del *Bangalore Mirror* anunciaba: «Detectan a un tigre en la reserva Sahyadri». El avistamiento de un tigre alcanza los titulares de la prensa nacional. En este caso, los biólogos no habían visto al animal, sino que habían analizado genéticamente sus excrementos en un sendero de la reserva. Continuar con la investigación del dosel bajo el que vive ese tigre y aprender a mantenerlo sano es igual de importante, aunque menos llamativo. ¿Estaría contenta la Universidad de Princeton con una mascota extinta? ¿Podrían los circos sobrevivir sin tigres o elefantes en sus carpas? El mundo nunca volvería a ser el mismo si algunos de los animales salvajes más queridos de la India se extinguieran, y los próximos años probablemente determinarán la suerte de estas nobles criaturas.

Otro animal indio de gran tamaño y popularidad está igualmente en peligro: el rinoceronte indio (*Rhinoceros unicornis*). Durante otra visita para hacer trabajo de campo, tuve el honor de ir en elefante a contar rinocerontes en el Parque Nacional Kaziranga, con Soubadra y T Ganesh. Estos animales increíbles sólo llegaban a los 2.093 individuos en todo el mundo en aquel momento, una población mermada por la caza furtiva para el mercado ilegal de la medicina tradicional china. Descubrí para qué se empleaba antes incluso de empezar el recuento, durante la cena en un hotel, mientras escuchaba a un biólogo norteamericano alardeando de haber visto a unos rinocerontes copulando durante veinticinco minutos, lo cual, decía él, era un récord mundial (entre los rinocerontes, se entiende). Cuando esta fortaleza se transmite a los cuatro vientos, sea verdad o no, la gente asocia a los rinocerontes, particularmente sus cuernos, con la potencia sexual. El día que hicimos el recuento, nos levantamos cuando aún estaba oscuro para llegar a la verja de entrada al parque antes del amanecer, donde debíamos encontrarnos con los elefantes que habíamos alquilado como transporte. De camino, nos detuvimos en un puesto en la carretera, donde un señor con un hornillo de keroseno vendía las tazas de té más diminutas que yo haya visto, probablemente de medio trago, mezclado con leche y azúcar. Tonificados, nos adentramos en una niebla oscura, pero enseguida llegamos al punto de encuentro, donde nos esperaban unos elefantes, equipados con monturas, que se paseaban junto a una plataforma con una escalera, colocada allí para que pudiéramos escalar y montar sobre aquellas criaturas. Soubadra y yo fuimos montadas sobre Rakumana (el nombre provenía de la mitología india). El Parque Nacional Kaziranga presumía de contar con la mayor población de rinocerontes que queda en el mundo, así como otro posible récord mundial: noventa tigres. Al viajar a lomos de aquellos elefantes asiáticos nativos (domesticados), los rinocerontes no nos reconocían como humanos ¡y pudimos estar a sólo seis metros de ellos! Fue increíble contemplar a una madre y su cría buscando alimento en la hierba alta, envueltas en la niebla matinal. Miré más allá del trasero de nuestro elefante y por un segundo vi una mancha naranja y negra, cruzando rápidamente entre la maleza. No puedo probar que fuera un tigre, pero el comportamiento nervioso de unos ciervos porcinos que estaban por allí apunta a que sí lo era, de manera que me reafirmo en mi versión. Para cuando amaneció, me sentía espiritualmente conectada a este lugar tan especial, después de haber contemplado a algunas de las especies más singulares y amenazadas del planeta desde la atalaya privilegiada del lomo de un elefante. De regreso, supimos que los guardabosques locales estaban en huelga. Se enfrentaban a un problema de conservación. Un estudio reciente había declarado que este parque contaba con una alta densidad de tigres, y varias ONG internacionales querían convertirlo en una reserva dedicada a los felinos. Pero si esto sucedía, el parque también tendría que reducir el número de visitantes y, en consecuencia, mucha gente de la zona se quedaría sin empleo y algunos se verían obligados a aceptar un traslado. Los guardabosques locales querían mantener la designación que el parque tenía en ese momento como reserva de rinocerontes, y no tener nada que ver con los tigres de ninguna manera oficial. Si la gente de la zona perdía su empleo, algunos recurrirían a la caza furtiva. Era fácil entender por qué las comunidades nativas terminan enfrentadas a los grupos conservacionistas internacionales, que viven en la otra punta del mundo y no siempre comprenden los asuntos locales. Debido a este conflicto, mis colegas me escondieron en el asiento de atrás del *jeep* en el trayecto de vuelta, para que los guardabosques no sospecharan que yo era una defensora de los tigres. Este es un ejemplo de la clásica interferencia de los agentes globales bienintencionados desde el punto de vista de las poblaciones locales, que tratan de conciliar la conservación con la necesidad de tener un sustento.

Hoy en día, una clara mayoría de los ciudadanos indios vive en entornos urbanos. El hecho de que la India haya logrado conservar el veintiuno por ciento de sus bosques primarios dice mucho del respeto del país por sus árboles, pero esto se debe, también, a la migración masiva hacia las ciudades. A medida que la economía y la población india han ido creciendo, también ha aumentado la presión sobre sus recursos naturales. Esto ha generado que se consideren opciones poco convencionales para fomentar la conservación. En su polémico libro *Medio planeta*, el biólogo E. O. Wilson aboga por conservar la mitad del planeta para una especie (los humanos) y la otra mitad para el restante 99,9 por ciento de las especies. Su lista de algunos de los «mejores lugares para salvar» incluye las Ghats occidentales, en la India, y la investigación inicial de su dosel confirma la singularidad de la biodiversidad de esa región. Las Ghats occidentales son un ejemplo del fuerte sentido indio de la espiritualidad con respecto a los árboles. La población local practica predominantemente el hinduismo, en el que la Bhagavad Gītā predica la importante obligación moral de venerar la naturaleza. La

India alberga la mayor concentración de árboles sagrados en el mundo, con un total de aproximadamente entre cien mil y ciento cincuenta mil arboledas. Históricamente, los indios han venerado iconos naturales, e incluso hoy día las familias hinduistas encienden una lámpara bajo los árboles sagrados como gesto espiritual. En la mayoría de los templos y pueblos hay, como mínimo, una gran higuera (*Ficus religiosa*), también llamada pipal o higuera de las pagodas. *F. religiosa* es la especie religiosa adoptada por la divinidad Krishna, según la Bhagavad Gītā. Es posible que esta noción de la sacralidad de los árboles evitara que los gobernadores británicos talaran los bosques primarios de la India, debido al gran respeto que tenían por las creencias religiosas locales. De manera similar, la cobra real (*Ophiophagus hannah*) era una divinidad que se asociaba con muchos bosques en las comunidades de casta más baja, y esto hacía que la población no las matara. Esta clase de interacción entre la religión y la naturaleza ilustra el modo en que las creencias sagradas ayudan directamente a la conservación de las especies amenazadas.

Los recursos naturales de la India están indisolublemente unidos a la religión, todo un logro. Actualmente, muchos bosques sagrados son gestionados por grupos unidos de familias hindúes o por fundaciones vinculadas a los templos, y, sólo en el estado indio de Kerala, existen más de cinco mil fragmentos. La integración de los bosques sagrados en áreas públicas protegidas se ha convertido en una solución viable, para garantizar una protección continuada en el siglo xx. Por ejemplo, el gobierno de Kerala ofreció apoyo financiero para vallar y proteger más de cinco mil de estas arboledas sagradas en su territorio. Muchos árboles en la India siguen hoy protegidos gracias a esta santidad religiosa singular, a diferencia de lo que ocurre en muchos países occidentales, donde sólo se considera el valor de la madera. Este continúa siendo el desafío para los científicos forestales, que buscan formas más creativas de calcular el valor de los bosques en el Sudeste Asiático, en el contexto de la religión, como un mantra conservacionista que pueda abarcar un territorio más amplio. Tal vez la suma de las oraciones practicadas en un bosque sagrado podría, de alguna forma, traducirse en dólares y centavos...

Mientras el resto del mundo aprende a asignarles a los árboles otros valores, aparte del valor monetario de la madera, la India ha impulsado sus actividades de restauración de los bosques para compensar sus emisiones de dióxido de carbono. Durante el 2019, el estado indio de Uttar Pradesh organizó un *bioblitz* para plantar árboles durante veinticuatro horas. Los ciudadanos que participaron plantaron más de doscientos veinte millones de plántulas (al menos una por persona en esta región, muy poblada) en un día, prácticamente un récord mundial en cuanto a la cantidad por tiempo. Gracias, en parte, a los datos precisos recopilados durante la investigación del dosel acerca de la absorción del dióxido de carbono y, finalmente, del almacenamiento de carbono por parte del árbol entero, ahora se reconoce la importancia de los bosques como arma contra el cambio climático. Se calcula que mil millones de árboles pueden eliminar el veinticinco por ciento de nuestras emisiones de dióxido de carbono actuales, y la India llegó a plantar un cuarto de ese total en un solo día. Aunque los bosques maduros son las unidades de almacenaje de carbono más efectivas, porque sus largos troncos y copas almacenan más cantidad de carbono, algún día esas plántulas que se plantaron en Uttar Pradesh se convertirán en árboles adultos. Este enfoque añadido de plantar árboles es una sabia inversión para el futuro de la India, esencial para un país con una población de más de mil millones de personas.

❧ CULLENIA ☙
(*Cullenia exarillata*)

Un botanista escocés llamado Robert Wight definió el género *Cullenia* a partir de una muestra recogida cerca de la ciudad india de Coimbatore, en Madrás,[2] y lo diferenció del género *Durio*, su pariente cercano, al observar que los lóbulos del filamento estaminal eran mucho más largos. Estas especies son miembros de la familia de las bombacáceas, unos árboles tropicales que se distribuyen por todo el mundo, entre los que se incluyen el palo borracho, la ceiba y el árbol de algodón de seda. En botánica, el primer individuo descrito de una nueva especie se denomina «espécimen tipo». Este espécimen establece el estándar para su identificación, y estos

2. Coimbatore pertenecía a la provincia de Madrás en la India colonial británica de la época de Robert Wight. Actualmente, Coimbatore pertenece al estado de Tamil Nadu. *(N. de la T.)*

individuos se salvaguardan en los herbarios de los museos. En una reciente publicación, la descripción del género *Cullenia* fue revisada para reflejar observaciones actualizadas de su clasificación, tras un cuidadoso análisis de la variación morfológica. Como ejemplo de la jerga técnica y prácticamente indescifrable de estas descripciones taxonómicas, he aquí el texto botánico revisado:

Árboles, altos, perennifolios, ramas secundarias lepidotas. *Hojas* alternas, pecioladas, con estípulas fugaces, limbo simple, entero, superficie glabra en el haz, superficie cubierta con numerosas escamas peltadas hialino-escariosas superpuestas en el envés. *Flores* ramifloras, densamente fasciculadas en protuberancias de la madera madura, pediceladas, con pedicelos articulados hacia la mitad, densamente lepidoto; epicáliz valvar, lobulado irregular de 3-4 en el ápice, separados hasta la base por un lado, y caducos y densamente lepidotos en el exterior; cáliz valvar, con dentado apical de 5 más o menos irregular, carnoso, caduco, densamente lepidoto en el exterior, escamas peltadas, hialino-escariosas y superpuestas; corola ausente; filamento estaminal con 5 lóbulos dentado a pentalobulado, con entre 7 y 11 estambres en cada lóbulo por los márgenes; estambres con filamentos cortos, tejidos conectivos irregularmente esféricos o con forma de bastón, cubiertos con numerosas tecas estipitadas uniloculares, estas últimas más o menos globulares, densamente recubiertas con diminutos procesos mamilíferos, dehiscentes mediante una hendidura media transversal anular (circuncísil).

André Robyns, «Revisión del género *Cullenia*
Wight (*Bombacaceae-Durioneae*)»,
Bulletin du Jardin botanique National de Belgique 40,
núm. 3 (1970): 241-54.[3]

---

3. Artículo original en inglés: https://doi.org/10.2307/3667646 *(N. de la T.)*

Cuando empecé a estudiar botánica, no podía sobrevivir sin un diccionario técnico, para traducir cada palabra al lenguaje común. Pero con la práctica, todos esos ovarios, pistilos y estambres adquirieron un significado extremadamente preciso, gracias a muchos siglos de botanistas que formularon la nomenclatura taxonómica. Para los biólogos de campo, es un enorme desafío encontrar especies en la naturaleza, pero no lo es menos la abrumadora tarea de clasificar todos esos descubrimientos. Puede llevar toda una vida aprender a explorar los ecosistemas y a encontrar especies, pero hace falta otra vida más para aprender su clasificación. La taxonomía de las plantas, como la de cualquier otra biodiversidad, en realidad, es un objeto de estudio en movimiento. A medida que tenemos acceso a microscopios más potentes y a mejores análisis de ADN, el árbol evolutivo de los organismos se revisa, se actualiza y, a veces, se descubre que era completamente erróneo. El género *Cullenia* parece haberse estabilizado con tres especies, y entre ellas, la *C. exarillata* desempeña un papel clave en los bosques de la India.

A pesar de que la taxonomía de la cullenia es conocida, su ecología y su ciclo vital siguen siendo un misterio. Esta especie icónica no sólo es una especie clave, sino que además parece presentar relaciones simbióticas de vital importancia con sus polinizadores, entre los que se incluyen varios murciélagos, aves y mamíferos. Una vez más, no existe suficiente investigación acerca de los doseles indios para comprender en su totalidad las complejas interacciones de sus ecosistemas forestales. Además de proporcionarles un hogar a muchos animales, los árboles del género *Cullenia* acogen alrededor del cuarenta por ciento de las epífitas registradas de todo el país, de manera que sus copas son un foco principal de biodiversidad floral.

Los sépalos carnosos de sus frutos, que son comestibles, proporcionan alimento a algunos de los polinizadores más grandes, incluidos el oso perezoso y la civeta. También comen sus frutos otras criaturas arbóreas, como el langur de Nilgiri, el sileno, el langur hanumán, la ardilla malabar, la ardilla de la palma de tres rayas y los roedores terrestres. Algunos frutos caen al suelo o a los arroyos, donde acechan otros depredadores: insectos, moluscos, cangrejos, peces, roedores, ardillas y algunas aves terrestres. Existen otras especies icónicas cuyo hábitat, en el sotobosque, depende de las copas de la cullenia, entre las que se incluyen el tigre, el leopardo y el elefante indio. Hay un escenario llamado «bosques vacíos», que se da cuando la tala y la fragmentación crean arboledas aisladas, desprovistas de biodiversidad, porque los insectos y las aves no pueden repoblarlas fácilmente, dado que es necesario un proceso de recuperación a muy largo plazo. Para seguir desempeñando el rol de arca de Noé de la India y dar refugio a tantas especies, la cullenia necesita mantenerse como el árbol principal en unas masas forestales sanas. T Ganesh y Soubadra, el dúo prodigioso que realiza una importante investigación de campo en los árboles de la India, representan la versión humana de un «espécimen tipo», una nueva estirpe de conservacionistas que operan sin grandes presupuestos, sin una financiación gubernamental relevante ni las garantías de una ONG. Estos equipos pequeños, que trabajan de manera infatigable en países donde la inversión para la investigación forestal es todavía escasa, son la savia del actual conservacionismo global. Existen personas así en Sri Lanka, Camerún, Etiopía, Bután y muchos otros puntos calientes de la biodiversidad. Son los héroes invisibles de nuestro planeta, y estoy decidida a intentar ayudarlos a llevar adelante todos sus esfuerzos, proporcionando herramientas, ideas, apoyo y la colaboración internacional.

9

Un *bioblitz* en la copa del árbol

❧ ❧

*Contar 1.659 especies en diez días
en los bosques pluviales de Malasia*

La ladera estaba envuelta en una densa bola de niebla algodonosa, que rodeaba de misticismo todos los árboles. Aguzando la vista para divisar alguna rama en lo alto, Tim Kovar, aparejador de árboles, a quien yo llevaba años arrastrando por todo el globo como compañero arbonauta, apuntó con el tirachinas Big Boy y disparó. El sedal subió y subió hasta pasar por encima de la robusta rama de un meranti rojo oscuro (*Shorea curtisii*). ¡Ya teníamos equipado nuestro primer dosel de las dipterocarpáceas, la famosa familia del Sudeste Asiático! El primer ascenso resultó una experiencia casi espiritual mientras nos adentrábamos en el manto blanco que envolvía la colina de Penang Hill. Una patrulla de macacos parloteaba bajo nuestros pies, tal vez porque habíamos invadido su hogar. Otro día, una pequeña pandilla de langures oscuros honró nuestra escalada con su presencia mientras un huidizo colugo nos observaba, silencioso, desde una rama cercana. El bosque malayo, con sus copas que se alzan hacia los cielos (en su mayoría plantas dipterocárpeas), está lleno de vida, y aun así sus secretos más elevados siguen siendo desconocidos, como parte del octavo continente inexplorado.

¿Y cómo es que viajé al Sudeste Asiático para trabajar en la conservación de las plantas dipterocárpeas? Si se introduce «biología del dosel» en Google, mi nombre aparece en los primeros resultados de la lista. Al menos así es como me localizó una empresa canadiense de construcción en el dosel. La empresa estaba en apuros: un cliente había pedido que un científico analizara la colocación de una nueva pasarela que se estaba construyendo. Me proponían volar a Penang, en Malasia, para hacer una evaluación de la ubicación propuesta por la empresa. En 1996, había impartido unas clases de escalada en el Jardín Botánico de Bogor, en Indonesia, y en aquel momento me había quedado asombrada al ver cómo dos de mis colegas de allí, Sofi y Matia, habían sido capaces de escalar vestidas con el tradicional pañuelo para la cabeza y un atuendo suelto muy poco práctico para la escalada. En el 2013, la familia real de Johor, en Malasia, me invitó a asistir como ponente principal al Día del Conservacionismo en aquel país. Mucho antes de aquello, incluso, había hecho una escala en Kuala Lumpur, de camino a la Universidad de Sídney, en el vuelo que dio inicio a mi aventura de posgrado. Estaba emocionada ante la oportunidad de regresar al hogar de los árboles más altos del planeta, y más feliz aún de ofrecer una supervisión científica de una nueva pasarela.

Unos meses después, mi mundo entero se transformó, con un nuevo proyecto de pasarela del dosel en Penang y el desafío de realizar un estudio de biodiversidad en el bosque tropical local en un periodo ridículamente breve, con el objetivo de llegar a tiempo para nominar el lugar como Patrimonio de la Humanidad por la Unesco. El éxito de este proyecto de conservación y ecoturismo se debía a la visión de una entidad empresarial local filantrópica, la familia Cockrell, que gestionaba la Habitat Foundation y daba su apoyo a la pasarela de Penang gracias a la pasión que profesaba por los bosques locales. Aquella era mi primera experiencia como asesora de grandes proyectos de conservación para una entidad empresarial, en la que una importante donación podía impulsar la puesta en marcha de un proyecto de manera más rápida que el método convencional y poco eficaz de solicitar ayudas, volver a solicitarlas, luego, inevitablemente, reducir el presupuesto y solicitar, de nuevo, más ayudas. Fiel a mi costumbre, ya en la fase media de mi trayectoria profesional, de compartir el kit de herramientas del dosel con diferentes países, estaba centrada en avanzar y mejorar como representante y defensora del conservacionismo, no sólo en cumplir con la tarea convencional del científico forestal. Fue en la India donde aprendí la importancia de compartir el kit de herramientas del arbonauta con otros países; en la Amazonia, me apoyé en las contribuciones de los científicos ciudadanos para ampliar los resultados, y en Etiopía aprendí a medir el éxito por hectárea de bosque salvado, no sólo por la acumulación de datos técnicos para alimentar las publicaciones académicas. En Malasia, además de colaborar con una entidad empresarial, en vez de con la habitual financiación académica, incorporé una nueva actividad basada en la ciencia ciudadana para estudiar las especies: el *bioblitz*.

Definidos como recuentos rápidos de especies en una convocatoria abierta que se lleva a cabo durante un periodo de tiempo muy breve, los *bioblitzes* comenzaron en el año 2006, cuando unos niños estaban buscando mariquitas de nueve manchas en Washington D. C. Existen aproximadamente quinientas especies de mariquitas en Norteamérica, y cada una presenta un color y un número de manchas diferentes. Durante la mayor parte del siglo xx, la mariquita de nueve manchas era la más común: se llegó incluso a declarar como el insecto oficial del estado de Nueva York. Pero la invasiva mariquita europea de siete puntos había empezado a reemplazar a la especie local, de forma muy rápida y agresiva. El proyecto Lost Ladybug («mariquita perdida») se inició para documentar, durante una temporada estival, cualquier avistamiento de la mariquita de nueve manchas, que se hallaba en peligro. En respuesta al llamamiento, dos niños, Jilene y Jonathan Penhalc, encontraron una mariquita de nueve manchas cerca de su casa, en Virginia del Norte. Cientos de voluntarios se presentaron para buscar más especímenes, y su búsqueda se considera el primer *bioblitz*, una actividad en la que muchos voluntarios buscan en un área concreta durante un periodo limitado de tiempo. Lamentablemente, no se encontraron más especímenes en esa ubicación, aunque posteriores estudios hallaron poblaciones viables en Long Island. Los recursos *online* permitieron a los participantes reunir más de cuarenta imágenes variadas de mariquitas de nueve manchas por todo el país. Hoy día, otros estudios similares a veces recogen miles de imágenes, pero la mariquita de nueve manchas fue una importante experiencia piloto.

Desde entonces, los *bioblitzes* se han convertido en una fantástica herramienta para los naturalistas *amateurs* y biólogos de campo profesionales, para trabajar juntos y encontrar, identificar y estudiar especies en un lapso breve de tiempo. Cuando las imágenes de las especies, junto con su identificación, se cuelgan en las redes sociales, el valor de estos estudios aumenta, al hacer que los resultados sean accesibles para un público global. Este concepto casaba a la perfección con mi pasión por la comunicación pública de la ciencia y era ideal para los desafíos de encontrar especies en hábitats forestales complejos. La noción de involucrar a científicos ciudadanos cambió las reglas del juego. Sin embargo, una reseña científica reciente sobre la participación del público, aparecida en la revista *Frontiers in Ecology and the Environment*, afirmaba que los *bioblitzes* siguen siendo más comunes en los países industrializados, sobre todo porque la gente tiene más tiempo para el voluntariado y un mayor acceso a la tecnología para la recopilación de datos *online*. Así que, a todas luces, era muy importante avanzar hacia una mayor inclusión en las ciencias y establecer proyectos de participación pública fuera de Europa y Norteamérica.

En Penang, me reuní con mi cliente, una familia con raíces locales que además gestionaba una compañía internacional diversificada. La empresa desarrolladora y los proveedores de fondos para la pasarela aérea propuesta eran los mismos. Querían devolver parte de su riqueza a su comunidad con la construcción de un ecoparque que sirviera para educar al público acerca de los bosques pluviales tropicales, y creían que centrarse en el dosel tenía sentido desde el punto de vista económico, para ofrecer una experiencia única del bosque pluvial que atrajera a los visitantes. Este era el primer proyecto conservacionista en el que yo trabajaba donde alguien había firmado un gran cheque: mi trabajo consistía en garantizar que los resultados científicos y de conservación fueran efectivos y duraderos. La primera tarea era inspeccionar la ubicación de la pasarela y diseñar una interpretación educativa de todo el recorrido. En segundo lugar, cuando el equipo de construcción canadiense se encontró con algunas dificultades en el proceso de construcción, brindé asesoramiento, basado en mi experiencia previa en la construcción de otras pasarelas. Construyeron no una sino dos pasarelas, y para ello emplearon un elemento con un diseño especial llamado «puente de cinta», con un coste de ocho millones de ringgits (RM), el equivalente a 1,8 millones de dólares. Esta clase de pasarela emplea cemento en los cimientos, lo cual significa que los puentes pueden sostener, literalmente, a cientos de personas a la vez. Podría haber sido excesivo, pero el resultado son dos elegantes puentes que se extienden a lo largo de más de 225 metros, a casi cuarenta metros de altura, con una larga plataforma entre ellos. Organicé varias clases y paseos con el personal de educación del parque y les proporcioné historias y datos relevantes acerca del octavo continente que les sirvieran en su desempeño diario como guías docentes. En tercer lugar, mis clientes querían saber cómo convertir sus pasarelas en un centro de investigación del dosel de primer orden a escala global. Yo les hice tres propuestas: (1) traer a un equipo internacional que colaborara con científicos locales y realizar un estudio de la biodiversidad para la presentación del bosque primario, (2) asegurar la conservación del paisaje mediante su designación como espacio protegido, y (3) crear una estación de campo que ofreciera un acceso a las copas de los árboles, para atraer a biólogos que pudieran realizar investigaciones a largo plazo. Yo había supervisado una o dos de estas tres iniciativas en otros lugares de trabajo de campo, pero nunca había tenido las tres tan convenientemente alineadas en un solo proyecto. De repente, me vi coorganizando un estudio de la biodiversidad, colaborando para la nominación del lugar como Patrimonio de la Humanidad de la Unesco y ayudando a diseñar una futura estación de campo.

Desde que Charles Darwin recopilara miles de especies en los trópicos durante su expedición en el *Beagle*, la biodiversidad se ha convertido en sinónimo de la salud y la resiliencia del ecosistema. Pero el kit de herramientas para el estudio de las especies tropicales no ha progresado mucho durante las décadas más recientes, en comparación con los avances en la genética, la agricultura o incluso la astronomía. La organización Conservation International desarrolló su Programa de Evaluación Rápida (RAP) en el siglo xx, con el que enviaban a equipos de expertos a realizar estudios en diversos ecosistemas por todo el mundo, como método para determinar qué hábitats era más importante salvar. En el siglo xxi, la noción de «ciencia ciudadana» se está expandiendo y aumenta su alcance en los estudios de la biodiversidad mediante la evaluación rápida, que ahora se conoce como *bioblitz* cuando es el público quien participa. Con la labor que realizan los voluntarios durante un periodo limitado de tiempo, se pueden ejecutar rápidamente estudios de parques urbanos, playas o casi cualquier ecosistema, para ayudar a la gestión conservacionista o para analizar las poblaciones de especies en peligro. Además de la participación del público, algunas aplicaciones de móvil, como iNaturalist (www.inaturalist.org), han permitido la integración de datos de especies en plataformas de redes sociales, que también sirven como biblioteca para la comunidad científica y para los profesionales conservacionistas. Cuando trabajé como directora de la sección de ciencia en un museo de California, tuve la gran fortuna de financiar e invitar a iNaturalist a participar como parte de nuestro equipo de investigación en el museo, y esto finalmente la dio a conocer dentro de los círculos académicos y museísticos. Ahora se gestiona junto con National Geographic, cuya presencia como marca internacional ha permitido que la aplicación extienda su alcance global.

El ecoparque Habitat de Penang Hill, situado en el estado de Pulau Pinang, en Malasia, atrae a visitantes de la ciudad con su sendero en la naturaleza, sus dos puentes de cinta (llamados Vía Langur) y otro sendero aéreo que consiste en una serie de tirolinas. En un esfuerzo colectivo, los fundadores de Habitat, los científicos de las universidades locales y los funcionarios gubernamentales aspiran a presentar su nominación a la Unesco para las 7.285 hectáreas de bosque colindantes, así como para las 5.196 hectáreas de santuario marino frente a la costa. Por definición, las reservas de la biosfera son áreas de ecosistemas marinos o terrestres que reciben el reconocimiento internacional dentro del marco del Programa sobre el Hombre y la Biosfera (MAB) de la Unesco. Se establecen para crear vínculos entre los humanos y la naturaleza, y hacen falta recursos tanto biológicos como culturales para que la propuesta para ser una reserva tenga éxito. Esta región se caracterizaba por contar con un bosque pluvial tropical primario de tierras bajas, dominado por árboles de la familia de las dipterocarpáceas. Era un plan emocionante averiguar qué biodiversidad habitaba estas colinas y contratar a expertos locales e internacionales para peinar las laderas desde lo alto hasta la base de las plantas dipterocárpeas.

A pesar de que el área estaba cerca de una gran ciudad, con una universidad reputada, no se había hecho ningún estudio organizado de la historia natural en Penang Hill. Durante mi primera visita, para reunirme con la empresa que financiaba el proyecto y para ver el lugar, también organicé reuniones con la Universidad Sains Malaysia (USM), la mayor institución científica del país, y di una charla sobre el dosel, en la que destaqué la increíble biodiversidad local de Malasia. Poco después, el director del departamento de Biología me ofreció convertirme en profesora investigadora, un puesto no remunerado pero muy respetado. A partir de aquel primer seminario, colaboré de manera muy cercana con la USM y, gracias a su entusiasmo, creamos un grupo de trabajo para organizar un *bioblitz*, como primera fase de un plan de tres fases para convertir Penang Hill en un centro de investigación internacional. Los donantes corporativos me otorgaron generosamente una ayuda para invitar a los participantes, y, con una gestión responsable, financiaron aproximadamente a treinta científicos internacionales y a otros cincuenta biólogos y estudiantes de la USM, además de a varios funcionarios gubernamentales y al personal del ecoparque. Emparejamos cuidadosamente a los científicos locales con los expertos internacionales para que los estudios fomentaran futuras colaboraciones. Solicité, además, una ayuda adicional para financiar a un grupo de adolescentes para la emisión en directo por *streaming* de una expedición de campo virtual para las escuelas en todo el mundo, así que, en total, la expedición contaba con 117 participantes. Por descontado, no hubo manera de evitar el drama logístico. Varios científicos querían más fondos de los que permitía nuestro presupuesto, otros querían asistir con sus hijos (no había ningún problema con esto, pero sí requería de más tarea, para garantizar su seguridad durante el trabajo de campo), y algunos querían tomarse unas vacaciones después de completar el *bioblitz*, que tampoco suponía ningún problema, pero sí un esfuerzo extra para trasladar los especímenes al final de su estancia. En general, todo salió como la seda, teniendo en cuenta la amplitud y el alcance de nuestro grupo.

Tras analizar cuidadosamente los protocolos del *bioblitz*, mejoramos el planteamiento de seis formas: (1) ejecutar el muestreo del bosque entero de forma completa, desde las copas hasta el suelo, no sólo en el suelo forestal; (2) contratar a expertos que pudieran clasificar todos los principales grupos de especies, desde los tardígrados hasta los hongos o los loris perezosos; (3) crear asociaciones estratégicas entre los expertos malayos y los científicos internacionales; (4) diversificar el equipo, para que incluyera a estudiantes, científicos ciudadanos, funcionarios del Gobierno, universitarios y taxonomistas; (5) invitar a participar a las mujeres y las minorías en una proporción significativa, y (6) usar las redes sociales para compartir los hallazgos por todo el mundo. Estaba claro, según la literatura existente, que ningún *bioblitz* hasta entonces había abordado todos estos objetivos de manera simultánea. La planificación duró un año, incluida la organización de dos cumbres científicas en Penang para despertar el entusiasmo local. La ejecución del estudio duró diez días, y, finalmente, se dedicaron dos años más a documentar los resultados. Aún hoy, mientras escribo, algunas nuevas especies aguardan todavía su clasificación científica, probablemente entre montañas de temas pendientes en la mesa de algún científico desbordado de trabajo. Este es un ejemplo perfecto de cómo la taxonomía queda atrapada en un cuello de botella y, tristemente, explica por qué los científicos se lamentan de que algunos bosques se destruirán mucho antes de que su biodiversidad llegue incluso a ser clasificada.

En preparación para el evento, se contrató a un intrépido equipo de arboricultores locales para que recorrieran la colina y crearan una lista básica de árboles identificados, como base esencial para registrar la ubicación de un insecto que estuviera alimentándose o de un ave anidando en un dosel. En Malasia, las agencias gubernamentales tienen un gran protagonismo en cualquier decisión y en la gestión del territorio, de modo que también pasé muchas horas en grandes salas con funcionarios (en su mayoría hombres), para hablar de los detalles de la propuesta para la Unesco. La información resultante del estudio del *bioblitz* se añadiría como parte de la nominación. Además de su inclusión en el dosier para la Unesco, el préstamo a algunas instituciones extranjeras de ciertos especímenes para su identificación también requería de un papeleo cuidadoso, para garantizar unas transferencias que cumplieran con la legalidad. Es de vital importancia adaptarse a las normas locales relativas a la recolección de especímenes por parte de científicos extranjeros, no sólo en Malasia sino en muchos otros países. Todas las nominaciones dirigidas a la Unesco deben ser enviadas por los gobiernos regionales, de manera que muchas instituciones, además de la universidad, estaban activamente involucradas en la redacción de la solicitud en aquel momento, cuando preparábamos el estudio.

No nos vino mal mi amistad previa con la sultana de Johor, una de las mayores defensoras de la conservación en Malasia. Tres años antes, yo había participado como ponente principal en el Día del Conservacionismo, un evento en el que la familia real ejercía de anfitriona, en especial su Alteza, cuyo nombre oficial memoricé concienzudamente antes de asistir: Raja Zarith Sofiah Binti Sultan Idris Shah, esposa del sultán Ibrahim Ismail de Johor. Después de la ponencia, Raja Zarith Sofiah se comprometió públicamente a subir los sueldos de los agentes de la Policía que trabajaban en los parques naturales, como incentivo para reducir la caza furtiva y que sus empleos resultaran competitivos frente a las cantidades que se pagaban en el mercado negro por los tigres. La población malaya de tigres había caído a menos de trescientos en el año 2014, y a pesar de ello los furtivos aún podían vender de manera ilegal un tigre por cincuenta mil ringgits (RM). También instó a su Gobierno a elevar las penas para los furtivos y a apoyar a las organizaciones no gubernamentales para fomentar la concienciación y el conservacionismo. Actualmente, continúa con su infatigable defensa de la biodiversidad.

Malasia se enfrenta a otros desafíos relacionados con la conservación de sus bosques pluviales, además de la caza furtiva del tigre. Una de las amenazas más importantes en la actualidad es la industria del aceite de palma, que tuvo un beneficio de cincuenta mil millones de dólares en el 2017, y continúa su expansión. Indonesia y Malasia generan más de las tres cuartas partes de la producción mundial de aceite de palma, aunque Brasil y África están avanzando en ese mercado. En Asia, se deforestaron enormes franjas de dipterocárpeas para este lucrativo cultivo, que se usa en multitud de industrias y para su consumo como aceite vegetal. La mayoría de los consumidores ni siquiera son conscientes de que están comprando aceite de palma –ni de qué es el aceite de palma ni del coste que su cultivo tiene para el planeta–, que se emplea en miles de productos diarios como el champú, la comida rápida, los jabones, los plásticos o la bollería. La introducción de biocombustibles fue otra sentencia de muerte para los bosques malayos, porque provocó un gran repunte de la tala rasa, en respuesta a esta oportunidad comercial. Una vez destruidos estos bosques tropicales primarios de gran altura, se establecieron grandes plantaciones de palma aceitera (*Elaeis guineensis*), una especie originaria de África, como cosecha única en monocultivos extensivos. A menudo se emplea el fuego para deforestar los bosques primarios y plantar palmas aceiteras; en la última década, algunos de los incendios más grandes del mundo se han producido en el Sudeste Asiático, debido a las plantaciones de palma aceitera.

La familia de las dipterocarpáceas es la pieza fundamental de los ecosistemas forestales en Malasia y esa familia de árboles fue la que me inspiró originalmente a estudiar la ecología tropical. Mi director de tesis durante el máster en Escocia, Peter Ashton, era un experto mundial en dipterocarpáceas y había realizado gran parte de su trabajo de campo en Malasia. Podría decirse que es la familia de plantas leñosas más importante que existe desde el punto de vista económico. Mientras yo temblaba de frío en las Tierras Altas de Escocia, tratando de medir la expansión de los botones del abedul en lo alto de un destartalado andamio, Peter investigaba en el cálido bochorno de los trópicos, y después regresaba al verano escocés (¡que no siempre es cálido, en realidad!). Las historias que contaba acerca de aquellos llamativos árboles de gran altura que crecían en los bosques húmedos y calientes de Malasia me engancharon a los trópicos. En mis tiempos de posgrado en Australia, la familia de las dipterocarpáceas volvió a aparecer, de manera indirecta. El reputado ecólogo Joe Connell, que era mi director del doctorado, y yo reflexionamos durante cinco años acerca del hecho de que, en algunos bosques, se da un predominio de una especie en concreto, como los hayedos de *Nothofagus moorei* y las amplias extensiones rurales de eucaliptos en Australia, así como las masas forestales del género *Mora* en Trinidad o del género *Pentaclethra* en Costa Rica, y, por supuesto, la familia de las dipterocárpeas en el Sudeste Asiático. ¿Cómo puede una sola especie predominar con tanto éxito en un mundo con más de sesenta mil especies de árboles? Para la mayoría de los ecólogos, los trópicos son sinónimo de alta biodiversidad, y los biólogos que viven en zonas de clima templado recorren grandes distancias para estudiar las masas forestales altamente diversas en las latitudes tropicales. Pero Joe y yo estuvimos identificando cuidadosamente cada plántula individual y cada árbol en distintas parcelas en Australia para un estudio de investigación a largo plazo, y gracias a ello empezamos a darnos cuenta de la existencia de masas forestales monodominantes. Yo acababa de pasar tres años estudiando el haya antártica, que ocupaba casi el noventa y cinco por ciento de las áreas de bosque pluvial templado frío. El único factor común que Joe y yo podíamos encontrar entre estas especies dominantes eran sus asociaciones subterráneas con ciertos tipos de micorrizas, que parecían darles una ventaja competitiva. Estos hongos vivían en asociación con especies concretas y proporcionaban un mecanismo añadido de absorción de agua y nutrientes del suelo. Incluso para un especialista del dosel, esta explicación bajo tierra era emocionante y transformaba mi percepción de las dinámicas de crecimiento de los árboles considerados en su totalidad.

Joe y yo publicamos conjuntamente un artículo en el que planteábamos la hipótesis de que las asociaciones micorrizales permitían a determinadas especies predominar sobre otras, con ejemplos de regiones tanto templadas como tropicales. Una vez publicado el artículo, en 1987, muchos estudiantes hicieron pruebas para comprobar nuestra teoría en diferentes lugares (¡y demostraron que era correcta!). Desde entonces, se han desarrollado nuevas herramientas para estudiar las raíces con más detalle y se ha descubierto que los árboles «se comunican» a través de los pelillos de la raíz. En algunos bosques templados, como los del Noroeste del Pacífico, un árbol maduro o un árbol madre puede compartir los recursos con sus plántulas a través de esta conexión subterránea. En cierto sentido, esos suelos contienen una compleja autopista de micorrizas y pelillos de las raíces, que transmiten beneficios entre los progenitores y sus retoños. Las masas arbóreas tropicales con una baja diversidad no se han estudiado de manera tan extensa como los lugares con una densidad de biodiversidad más alta. Esto implica un sesgo, dado que la mayoría de los científicos que viajan a los trópicos desde las zonas templadas para realizar estudios de campo van en busca de bosques con una gran diversidad, bosques diferentes de los que encuentran en sus lugares de origen, donde la diversidad es menor. Yo lo llamo el «sesgo templado» y, tras analizar las masas forestales monodominantes de hayas antárticas en Australia, estaba encantada de poder, por fin, desarrollar un estudio de campo acerca de la familia de las dipterocarpáceas, que presentaban, en Malasia, una monodominancia similar.

Por fin llegó el 13 de octubre del 2017. Todos los participantes nos reunimos al amanecer para dar comienzo al *bioblitz* de Penang Hill. Preparados, listos... ¡ya! Todo el mundo salió en desbandada, adentrándose en la jungla para encontrar bichos y traerlos con ellos de regreso a nuestro «campo base», que consistía en un puesto al aire libre con unas sencillas mesas plegables, microscopios, alcohol, lámparas, un enorme despliegue de comida y tentempiés, y toda clase de utensilios para hacer el recuento de todas las criaturas. Un entomólogo había traído unas pequeñas piscinas hinchables, con las que creó una serie de cuencos exteriores para atrapar a los insectos que se sintieran atraídos por el agua. Otro empleaba unos tamices especiales para encontrar microartrópodos en muestras de tierra. A medida que los viales iban llegando desde el dosel, los taxonomistas miraban por los microscopios y contaban con entusiasmo el número de hormigas, escorpiones, escarabajos, ácaros, nematodos, larvas y otras criaturas de seis u ocho patas. Ocho escaladores se encargaban de tomar muestras de las copas y recoger todo lo que pidieran los expertos en biodiversidad. Todo esto generaba mucha excitación, especialmente cuando llegaban nuevos registros de hormigas y epífitas arbóreas desde lo alto. Los visitantes se iban acercando al ecoparque Habitat y contemplaban, fascinados, las mesas de los científicos, que hacían emocionantes descubrimientos. Los métodos de cada equipo eran bastante distintos, en función del taxón que estuvieran investigando. Al igual que los organismos que estudiaban, muchos biólogos se activaban por la noche, para hacer el recuento de murciélagos, arañas u otras criaturas nocturnas. Al tiempo que unos se levantaban temprano para observar aves, otros justo se iban a dormir, después de cazar escorpiones. El equipo del dosel usaba técnicas de cuerda única y tijeras de podar telescópicas para recoger especímenes de hojas, flores y frutos de los árboles de gran altura. Más tarde prensaron todas las colecciones para su accesión por parte del herbario de la USM, además de preparar duplicados para su préstamo a otros lugares. Con los estudios de biodiversidad internacionales, es de vital importancia alojar los especímenes en una institución local, pero a veces los

duplicados pueden entregarse en préstamo. El equipo de ornitología llevó a cabo recuentos con punto de radio fijo; es decir, que se
ponían de pie en un punto fijo a determinadas horas del día, y regis-
traban los avistamientos y los sonidos. También recogían grabacio-
nes y fotografías para la página web iNaturalist. Mientras tanto, el
equipo de las hormigas iba, literalmente, arrastrándose por el suelo
forestal, manipulando a la vez un aspirador para succionar especímenes, un machete para escarbar en la madera podrida y unos cuadernos de notas. Los mirmecólogos compartían algunos artilugios
con otros entomólogos, incluidas unas trampas de cuenco amarillo
(algunos insectos voladores se sienten atraídos tanto por el medio
acuoso como por el color amarillo), trampas de caída, redes de
captura y trampas de luz. Como si fuera la coreografía de un espectáculo de *ballet*, los bosques cobraron vida con unos cuerpos humanos que desplegaban movimientos artísticos, en aras de la recolección biológica.

Un *bioblitz* implica mucho sudor, concentración y exclamacio-
nes cuando los científicos hacen descubrimientos en su búsqueda de
un taxón en particular. En conjunto, fue un proceso caluroso y su-
cio. Extrajimos e identificamos cuarenta y tres especies de termitas,
que requirieron de una comprobación microscópica posterior en
el laboratorio, para aislar cada tipo en viales llenos de alcohol
con cientos de diminutas manchitas marrones flotantes, que tal vez
finalmente den vueltas hasta la posteridad en el cajón de un museo.
También catalogamos once especies de tardígrados, que constituye-
ron las primeras colecciones de este filo, los tardígrados, en Malasia, entre las que había dos especies desconocidas hasta entonces.
Para identificar estas criaturas, demasiado pequeñas para poder
observarse a simple vista, el doctor Randy «oso de agua» Miller
dedicó muchas horas a escrutar cuidadosamente pequeños trocitos
húmedos de musgo, hojas y corteza bajo el microscopio electrónico
de barrido (SEM) en busca de tardígrados microscópicos, además
de un seguimiento de un año para comparar sus fotografías con las
colecciones existentes en todo el mundo. La identificación de doscientas veinte lianas y trescientos dípteros (es decir, moscas y sus

parientes) fue un resultado absolutamente increíble, como también lo fue el recuento final de cuatrocientos noventa arácnidos. Otro avistamiento muy celebrado fue el loris de la Sonda (*Nycticebus coucang*), un pequeño primate noctámbulo con unos enormes ojos que miran hacia el frente con mucha expresividad. Casi parecía un extraterrestre cuando lo detectaron con una luz frontal, ya entrada la noche. El loris, de costumbres completamente arbóreas, fue nombrado como la mascota de nuestro *bioblitz*. El loris es un animal omnívoro, que se alimenta de la vegetación, de huevos de ave, de insectos y de materia animal. Es el único primate venenoso del mundo: secreta un veneno de unas glándulas que tiene en los codos, una sustancia que lame antes de morder a cualquier enemigo. El loris es víctima, cada vez más, del tráfico ilegal de animales como mascotas y sus hábitos crípticos y poco conocidos dificultan el recuento preciso de sus poblaciones.

Gracias al equipo de escaladores, que recogieron un amplio material del dosel, todos los científicos pudieron estudiar especies desde la base hasta lo alto del bosque para cada taxón. Asimismo, se tomaron muestras de hojas de las copas de cada especie de árbol y, de esta manera, se generó una imagen instantánea de la defoliación de un momento determinado en el tiempo; no el tipo preciso de monitoreo de hojas durante muchos años que he podido hacer en otros lugares, pero sí una información que permite una visión general de las interacciones entre los insectos y las plantas. Los estudiantes de instituto del proyecto JASON midieron la defoliación por la acción de los insectos calculando la proporción de superficie de hoja comida en muestras de treinta hojas por especie, altura y edad. La herbivoría oscilaba entre el cero por ciento de área foliácea comida (*Ficus* sp.) y el 61,9 por ciento de defoliación en un individuo de *Cinnamomum porrectum*, con una media del treinta y uno por ciento de defoliación en el *C. porrectum* en toda la colina. Después de tomar muestras de cientos de árboles para una evaluación rápida (es decir, para tomar una instantánea de la herbivoría) a lo largo de toda mi vida, Penang Hill fue el primer sitio en treinta años en el que se encontró una especie sin ninguna herbivoría en absoluto. Todas las hojas de la higuera local (*Ficus* sp.) estaban intactas, ¡el mencionado cero por ciento! Me puedo imaginar a mi amigo chamán del Amazonas, Guillermo, preguntando emocionado acerca de las especiales cualidades medicinales de esas hojas increíblemente tóxicas. Desgraciadamente, no pudimos identificar la especie de estas altas higueras, sencillamente porque no tenían frutos.

Este *bioblitz* hizo avanzar el kit de herramientas de historia natural de varias maneras. Ante todo, en primer lugar, para nuestro estudio, aplicamos con éxito una perspectiva que abarcaba el bosque en su totalidad, desde los suelos hasta la copa más alta, con la ayuda de ocho escaladores profesionales. Los doseles estaban equipados con cuerdas de escalada en toda la colina, incluida nuestra especie icónica, la más alta, *Shorea curtisii*, una dipterocárpea local común que crecía hasta alcanzar los sesenta metros de altura. En segundo lugar, los análisis comprendían una amplia variedad de taxones: microbios, algas, tardígrados, artrópodos, helechos, enredaderas, árboles y vertebrados. Durante un periodo de diez días, documentamos nuevos registros de campo: nuevas especies de escorpión fantasma y de tardígrados, nuevas algas registradas por primera vez en esta región, nuevos registros de hormigas en las copas de los árboles y de helechos poco habituales en rocas, y el descubrimiento de la comunicación por ultrasonido del noctámbulo colugo de Sunda (*Galeopterus variegatus*), que se detectó una noche mientras los biólogos rastreaban murciélagos. Una nueva especie de arácnido amblipigio, *Phrynichus cockrelli*, fue bautizada con el nombre de los patrocinadores visionarios que habían construido las pasarelas y financiado el estudio. La suma total de 1.659 registros se calculó durante un simposio celebrado el último día de la expedición, aunque el recuento de algunos taxones no se terminará de realizar hasta bien entrados los años veinte del presente siglo.

Otra singularidad de nuestro *bioblitz* fue la composición de sus participantes, que incluía colaboradores locales además de globales, y el hecho de que el sesenta y cinco por ciento del total de 117 participantes fueran mujeres, un récord absoluto para cualquier expedición en el bosque pluvial de la que yo tenga noticia. (Me río al recordar que yo era la única mujer en la expedición con el globo aerostático en Camerún.) El estudio también contó con la participación de una juventud global tanto en persona como virtualmente, con la presencia de estudiantes de instituto en Malasia y en Hong Kong, que trabajaron junto con los científicos, así como en la retransmisión *online* en directo por *streaming* a varias escuelas, desde primaria hasta secundaria. Yo había conseguido una ayuda aparte para reavivar el proyecto de educación a distancia JASON, para hacer la primera expedición tropical desde que retransmitimos nuestra expedición en la pasarela del Amazonas, casi dos décadas atrás. La tecnología avanzada había cambiado mucho las dinámicas de las expediciones virtuales: el proyecto JASON original tenía un coste de varios millones de dólares, para trasladar el equipo y contratar a un grupo de filmación que grabara, editara y transmitiera vía satélite a todo el mundo. Nuestro relanzamiento tuvo un coste de cincuenta mil dólares, que cubría un ordenador portátil, a tres técnicos expertos y a un grupo de estudiantes, junto con unos cuantos profesores.

¿Cuál fue el ingrediente secreto que hizo que este fantástico *bioblitz* fuera un éxito? Hizo un tiempo fabuloso. Una semana después de la expedición, llovió tanto que la mitad de la colina se desprendió sobre el valle y la montaña quedó cerrada durante dos meses. Son los riesgos del trabajo de campo. Se generó un compañerismo maravilloso entre los equipos de campo, hasta tal punto que varios grupos todavía colaboran en proyectos globales. Pero el impulso esencial de nuestro éxito fue contar con un gran apoyo del Gobierno, así como financiación por parte de unos patrocinadores visionarios, además de la decisión de unir a los científicos locales con los internacionales. Esas colaboraciones recibieron, además, la atención de los medios, que se hicieron eco de la felicitación tanto del Gobierno como de las entidades corporativas, que destacaban el objetivo general de promover la conservación entre los diversos agentes. En diez días frenéticos, documentamos en Penang Hill más de mil quinientos registros nunca antes

documentados oficialmente. ¿Qué pasaría si todos los museos en-
viaran al personal de sus colecciones a estudiar un ecosistema
inexplorado en el planeta? ¿Y qué pasaría si todos los museos si-
guieran una estrategia coordinada para que cada uno tomara
muestras de un lugar diferente? Los científicos probablemente
multiplicarían por diez nuestro conocimiento global de la diversidad de las especies. Los biólogos de campo a menudo caen en la
práctica convencional de regresar al mismo lugar y concentrarse
en un espacio principal a lo largo de toda su carrera. Como consecuencia de ello, algunos lugares son estudiados exhaustivamente,
mientras otros permanecen inexplorados o no reciben fondos
para la investigación. Nuestro *bioblitz* fue un ejemplo de un lugar
poco explorado que cosechó descubrimientos inmediatos; en sólo
diez días, desvelamos algunos secretos novedosos de los bosques
pluviales tropicales de Malasia.

Una de las características singulares de Penang Hill es que está
situado a quince minutos en coche de unos dos millones de residentes, sin contar la visita anual de más de tres millones de turistas. No
hay muchos ecosistemas tropicales de los que se pueda decir que
tengan un acceso público de tal alcance, y esto convierte al sitio en
un gran representante del conservacionismo, la ciencia ciudadana y
la difusión pedagógica. Cuando estuvo terminada la propuesta
para la Unesco, se le puso como título: «Reserva de la Biosfera Penang Hill: la joya de la isla. Donde la naturaleza se conserva y la
cultura se celebra». Guardo, sobre la mesa de mi despacho, una
copia del dosier de 188 páginas, y hay otras copias en varios despachos gubernamentales al otro lado del planeta, pendientes de evaluación por un comité internacional. Penang cuenta con ocho lugares culturales que son patrimonio de la Unesco, pero ninguno
biológico, de modo que todos teníamos la esperanza de que se
aprobara, para garantizar que este bosque tropical esté protegido a
perpetuidad.

Otro elemento innovador de este lugar tenía que ver con el modelo de negocio de Habitat, un parque de vida salvaje con sus dos
nuevos puentes de cinta, dedicado a la investigación y la educación

acerca de las copas de los árboles tropicales. Los generosos patrocinadores de Habitat tenían la mira puesta en una futura estación de investigación del dosel. El trabajo de campo ya no sería un esfuerzo individual, como era el caso cuando yo me dediqué a escalar en Australia, como una arbonauta solitaria. Nuestro *bioblitz* constituía una nueva modalidad de investigación de campo, que acogía a una gran diversidad de socios: la fundación Habitat, el Departamento de Gestión Forestal del estado de Penang, la Academia de Ciencias de California, la Universidad Sains Malaysia, la Fundación TREE, el parque Habitat Penang Hill, el Departamento de Vida Salvaje y Parques Nacionales de Malasia, la Corporación Penang Hill, la Universidad de California, en Berkeley, el proyecto JASON Learning, la Comisión Fulbright, el canal PBS *Nature*, la Universidad Nacional de Singapur, la empresa Tree Climbing Planet, el Fondo Mundial para la Naturaleza (WWF) en Hong Kong y la entidad The Tree Projects.

Gracias al proyecto del dosel en Malasia, aprendí nuevas maneras de dirigir un negocio conservacionista. Primero, contar con un patrocinador comprometido nos ahorró un tiempo y una energía que, de otro modo, habríamos tenido que invertir en pedir ayudas, lo cual implica enviar múltiples solicitudes varias veces durante muchos años para obtener fondos. Segundo, este proyecto reforzó la idea de que el ecoturismo es una herramienta de vital importancia para el conservacionismo. La primera pasarela que ayudé a diseñar, en Australia, hace más de tres décadas, era una estructura relativamente simple para ayudar a los voluntarios de Earthwatch y al puñado de huéspedes que acudían a un pequeño alojamiento en el bosque de Queensland. Estas dos pasarelas de Penang tienen capacidad para educar a cinco millones de personas cada año. Y tercero, generar una relación de confianza con la comunidad local e incluir una diversidad de partes interesadas fue un punto clave. En este caso, el proyecto incluyó a estudiantes, funcionarios, científicos de la universidad local, expertos internacionales, medios de comunicación y ONG asiáticas. Esta no es una fórmula que yo hubiera aprendido en la escuela de posgrado, sino en la escuela de la vida, tras muchas décadas siendo testigo de la deforestación y luchando por comprometerme con un conservacionismo más eficaz. Tenemos todavía mucho camino por delante en esta tarea de salvar a los árboles, ¡pero la fórmula del éxito va mejorando!

Los *bioblitzes* son, ahora, una herramienta internacional ampliamente usada para estudiar especies en distintos ecosistemas. La gente que no puede tomarse una semana entera de vacaciones para viajar a la selva amazónica sí puede, en cambio, dedicar un día a estudiar una arboleda local de secuoyas. Estos estudios, que se organizan en numerosos parques, reservas, espacios urbanos e incluso jardines, suelen limitarse a un taxón concreto. Las aplicaciones de móvil para estudiar la biodiversidad están proporcionando una plataforma en la que los descubrimientos de especies se envían sin cortapisas a los expertos. Con la aplicación iNaturalist, la gente cuelga imágenes *online* y los taxonomistas pueden confirmar su identificación. Todo esto, sin embargo, se basa en la participación voluntaria y en el poder de las masas para garantizar la precisión y la amplificación de los conjuntos de datos. Un beneficio importante de cualquier programa de ciencia ciudadana es la implicación de un público amplio en la historia natural. Pero, al igual que ocurre con la investigación técnica, esta clase de acciones demasiado a menudo informa sobre la presencia o ausencia de una especie en peligro, pero no la salva. La comunidad científica, tanto en su rama voluntaria como en la profesional, sigue luchando por crear vías factibles de prevenir la pérdida de especies y de sus hábitats, y no sólo de compartir información. Pero, si implicamos al gran público en la biología de campo −ya sea mediante *bioblitzes*, aplicaciones *online* o, simplemente, animando a las familias a que salgan al aire libre para observar su vida salvaje local−, la combinación de ciencia y tecnología puede ser una inspiración para administrar la biodiversidad de nuestro planeta.

❦ EL MERANTI ROJO OSCURO ❦
(*Shorea curtisii*)

¿Cuántas personas en todo el planeta podrían recitar los nombres de los árboles más importantes desde el punto de vista económico e identificar una de nuestras familias de plantas que más carbono almacenan? Son las dipterocarpáceas, una familia que cuenta con dieciséis géneros y aproximadamente 695 especies, distribuidas en los trópicos de las tierras bajas del Sudeste Asiático. Su nombre común es dipterocárpea, un término que no suele formar parte del vocabulario de la mayoría de la gente. El género más grande es el *Shorea* (196 especies), y también se incluyen otros géneros como el *Hopea* (104 especies), el *Dipterocarpus* (70 especies) y el *Vatica* (65 especies). La palabra *Dipterocarpus* proviene del griego: *di* significa «dos», *pteron* significa «ala» y *karpos* significa «fruta» (sus frutos consisten en una semilla dura aceitosa con una o dos «alas»). Los troncos rectos y lisos alcanzan una altura de casi noventa metros, y a menudo presentan ramas sólo a partir de los treinta metros. El espécimen más alto conocido es *Shorea faguetiana*, que mide casi noventa y tres metros de alto. La isla de Borneo se considera el epicentro de las dipterocárpeas, ya que estas representan el veintidós por ciento del total de árboles, formado por unas 270 especies, de las cuales 155 son endémicas. Las dipterocárpeas constituyen la mayoría de la biomasa no sólo en Borneo, sino también en Java, Sumatra, Malasia y las partes más húmedas de Filipinas.

Las dipterocárpeas son especies muy apreciadas por su madera fina y recta, que se emplea para fabricar contrachapados, mobiliario, suelos, barcos, instrumentos, aceites aromáticos y resinas. Un árbol dominante del dosel en el lugar de nuestro *bioblitz* de Penang Hill fue el *Shorea curtisii*, conocido como el meranti rojo oscuro. Nuestro equipo de escalada instaló las cuerdas en un espécimen magnífico de este árbol para recoger muestras, así como para entrenar a los guías locales del parque para futuras actividades arbonáuticas. En Malasia e Indonesia, todavía se tala, de manera selectiva, el *S. curtisii*, a pesar de que su cosecha está restringida a ejemplares grandes con un número adecuado de árboles conespecíficos en la hectárea que lo rodea. Aun así, los madereros no siempre respetan adecuadamente estos requisitos legales, y no hay demasiados datos acerca del descenso de las poblaciones de esta especie que inevitablemente produce su tala. Cuando se deja intacto, el meranti rojo oscuro proporciona un importante hábitat para mucha vida salvaje en peligro: el orangután de Borneo (*Pongo pygmaeus*), el rinoceronte de Sumatra (*Dicerorhinus sumatrensis harrissoni*), el elefante pigmeo de Borneo (*Elephas maximus borneensis*), el mono narigudo (*Nasalis larvatus*), la ardilla de bandas negras de Borneo (*Callosciurus orestes*) y el gato de Bengala (*Prionailurus bengalensis*), entre otros.

El *S. curtisii* es originario de Malasia, Indonesia, Borneo, Singapur y Tailandia, y es uno de los árboles más comunes en estas regiones. Se trata de una especie emergente que se alza a una altura de más de sesenta metros, y tiene una corteza de color gris o marrón rojizo, con gruesas hendiduras. Sus hojas carecen de pelillo, son lisas, de forma elíptica y de unos diez centímetros de largo. Sus pequeñas flores son generalmente blancas o de color amarillo pálido, con cinco pétalos y quince estambres, y, a pesar de su reducido tamaño, son lo suficientemente grandes como para ser polinizadas por unos diminutos insectos llamados tisanópteros o arañuelas. Muchas flores de las plantas dipterocárpeas emiten una intensa fragancia que atrae a los polinizadores, ya sean arañuelas o, a veces, escarabajos. Los frutos son alados, con tres alas largas y dos cortas, que se vuelven rojas antes de la maduración y finalmente se dispersan, descendiendo como un helicóptero, para germinar en el suelo forestal. Por lo general, las plántulas crecen junto a los ejemplares adultos porque las semillas aladas no pueden flotar muy lejos del progenitor. Al ser árboles que producen numerosas semillas en una sola temporada, la floración ocurre sólo una o dos veces por década, o a veces incluso en un periodo más largo. El hecho de que dé frutos de manera tan poco frecuente es una estrategia de huida temporal, porque el ritmo rápido de producción de semillas impide que la población de frugívoros aumente lo suficiente como para consumir la cosecha entera en un marco temporal tan breve. En Borneo, el fenómeno El Niño-Oscilación del Sur (ENOS) activa la floración y la fructificación, así que las futuras alteraciones climáticas podrían tener un impacto negativo en su regeneración. Como en el caso de otras plantas dipterocárpeas, las especies del género *Shorea* entablan asociaciones subterráneas únicas con los hongos, mediante las cuales los pelillos de las raíces se entrelazan con ectomicorrizas que le confieren al árbol una habilidad competitiva para absorber más agua y nutrientes que otros árboles sin un socio fúngico. En los trópicos, donde la competición tanto por los recursos del suelo como por un espacio en el dosel tiene una importancia vital, tener relaciones fúngicas, llamadas micorrizas, es una auténtica ventaja.

Además del emocionante mundo subterráneo de las plantas dipterocárpeas, otra maravillosa historia relacionada con el género *Shorea* tuvo lugar en lo alto del dosel arbóreo, y tuvo que ver con el descubrimiento de sus polinizadores. Según cuentan, dos estudiantes de posgrado esrilanqueses colocaron unas escaleras para subir a un alto dipterocárpeo y establecer su campo base en la copa del árbol, para descubrir, con mucha paciencia, quién polinizaba a estos gigantes productores de semillas en masa. Por fin, una noche sucedió; y, al igual que la semillazón, esto también ocurrió todo de una sola vez. Unas diminutas arañuelas de alrededor de un milímetro de largo, con unos minúsculos cuerpecillos y unas pequeñas alas con flecos, descendieron a millones, polinizando rápidamente las copas de los *Shorea*, una detrás de otra. Los estudiantes descendieron y muy pronto se prometieron, ¡un romance verdadero en los anales de los arbonautas! A partir de aquel acontecimiento trascendental, ha habido algunas observaciones puntuales de otros polinizadores como abejas, escarabajos y polillas, pero las arañuelas son cruciales para la reproducción de esta especie clave desde el punto de vista económico y ecológico. No se sabe mucho más de los doseles arbóreos del género *Shorea*, debido a su inaccesibilidad. Sus hojas disuaden a los herbívoros gracias a los taninos de sabor amargo, y ni siquiera el colugo, que se alimenta de hojas, se atreve a pegarle un bocado. En el ecoparque Habitat, de Penang Hill, un espléndido *Shorea curtisii* permanece encordado, como árbol icónico para la escalada, lo cual sin duda traerá más descubrimientos acerca de sus secretos arbóreos.

10

Un puente entre curas y arbonautas

⟅⟆ ⟅⟆

*Salvar los bosques de Etiopía,
iglesia por iglesia*

Aquel generador improvisado soltaba chispas mientras proyectaba, como buenamente podía, imágenes de Google Earth de los fragmentos de bosque que quedaban en Etiopía, unos diminutos puntos verdes rodeados por enormes extensiones marrones de cultivos de subsistencia. Yo iba vestida con la ropa caqui de campo, una anomalía ante una audiencia de más de cien curas etíopes ataviados con turbantes y unas amplias sotanas de color blanco. Nos habíamos reunido todos allí con una misión común: salvar los últimos árboles nativos del norte de Etiopía. Yo había volado hasta la ciudad etíope de Bahar Dar, concretamente para hablar con la dirección de la Iglesia ortodoxa en la mitad norte del país, donde los únicos bosques nativos que quedaban rodeaban los edificios de las iglesias: los llamaban «bosques iglesia». Estos pequeños fragmentos representaban el último bastión no sólo de árboles nativos, sino también de aves, insectos y mamíferos. Sin estas áreas de bosque, sin polinizadores ni agua fresca, el sustento de la población se debilitaría y su biodiversidad, probablemente, se extinguiría. Los curas tenían curiosidad, y me podía imaginar sus conversaciones apagadas: ¿Por qué una mujer sola, que, además, no era practicante de la iglesia ortodoxa etíope, haría un viaje tan pesado para hablar de sus bosques? Mi tarea consistía en explicar por qué estos pequeños fragmentos de árboles eran importantes no sólo para Etiopía, sino únicos para el mundo. Para entonces, yo ya era una arbonauta veterana y había redirigido mi carrera profesional, con el propósito de usar mis conocimientos sobre los árboles para salvar especies y bosques únicos, y su biodiversidad. Etiopía presentaba un enorme desafío, teniendo en cuenta la pobreza extrema que asolaba la mayor parte del país, algo que, a su vez, había llevado a una falta generalizada de inversión en ciencia y en la conservación de la naturaleza. Pero sus árboles e insectos, debido a su condición endémica y su función esencial para los ecosistemas africanos, son tan importantes para la salud del planeta como los de California o Perú.

Las iglesias ortodoxas etíopes (técnicamente, la Iglesia ortodoxa tewahedo etíope, EOTC) están rodeadas por arboledas sagradas: unos bosques primitivos (o primarios) de más de mil años. Las iglesias dedican su misión religiosa a proteger a todas las criaturas de Dios, además de al espíritu humano. Estos bosques eran el territorio de nidificación de aves endémicas como el ave martillo, varias especies de cálaos y aves de la familia *Nectariniidae*, así como un tesoro escondido de más de 168 especies de árboles, que estaban documentadas en una tesis doctoral del 2007 de un estudiante etíope. Como científica conservacionista, yo utilizo un vocabulario diferente, pero mi misión es la misma que la de estas iglesias: proteger la diversidad biológica.

Mi viejo ordenador portátil renqueaba con las frecuentes sobrecargas eléctricas, pero resistió. Cuando los curas vieron las imágenes aéreas de sus propios bosques, rodeados de tierra marrón y campos de cultivo secos, se quedaron boquiabiertos de asombro. Ellos no tenían acceso a ordenadores, a las imágenes de Google Earth, ni siquiera a un libro de biología que los ayudara a aprender acerca de la biogeografía insular, que es un concepto ecológico aplicable a los fragmentos forestales. La descripción de las imágenes durante mi charla me ayudó a transmitir la necesidad urgente de crear lazos entre la religión y la ciencia, para conservar estos tesoros verdes. Etiopía constituía uno de los casos de deforestación más extremos que yo hubiera visto.

Imagina aproximadamente treinta y cinco mil pequeñas masas forestales de entre varios cientos y varios miles de árboles, en medio de un paisaje árido de agricultura de subsistencia. Estas áreas verdes tenían un tamaño de entre doscientas y doscientas cuarenta hectáreas, y su número generaba mucha discusión porque nadie sabe muy bien cómo definir un fragmento de bosque: ¿diez árboles? ¿cinco hectáreas? Algunas estimaciones calculaban que el número de fragmentos forestales del norte de Etiopía ascendía a cincuenta y cinco mil, mientras que otras daban una cifra mucho más baja, de veintiún mil. Lo que sí sabemos es que queda menos del tres por ciento del cuarenta y dos por ciento original de terreno boscoso. Esto se traduce en una extensión de algo menos de un millón de hectáreas de puntos verdes rodeados de veinticinco millones de hectáreas de agricultura de subsistencia. Las arboledas son conocidas como «bosques iglesia», y durante milenios las comunidades locales creían que su templo de culto debía estar rodeado de bosques, para proporcionar un refugio a todas las criaturas. Sin embargo, si tus hijos tienen hambre o la sequía reduce las cosechas, es comprensible que caigas en la tentación de utilizar este recurso para su supervivencia. De vez en cuando, la población local usaba los árboles del perímetro para obtener leña, permitía que el ganado se alimentara de las plántulas y del follaje del sotobosque, sembraba demasiados cultivos de café en el sotobosque, descortezaba los troncos más viejos para talarlos con el fin de proveerse de más leña, y a veces empleaban tirachinas para cazar furtivamente mamíferos o aves cuando las familias estaban desesperadamente hambrientas. Los curas lamentaban la degradación de sus bosques sagrados, pero sin un apoyo económico o gubernamental importante, su único recurso consistía en rezar para que apareciera una solución: no tenían un presupuesto relevante ni la pericia para moverse en los círculos políticos. Debido a su modo de vida monástico, muchos no eran conscientes de que los valles colindantes habían sido talados hasta que vieron las imágenes aéreas que les mostré en la presentación. Estas fotografías impulsaron a los líderes religiosos a pasar a la acción y poner en marcha nuestra colaboración en varios niveles singulares:

ciencia más religión, una mujer trabajando codo con codo con cientos de curas hombres, una norteamericana cristiana entre miles de etíopes ortodoxos, y la integración de una tecnología aérea muy avanzada con una de las filosofías espirituales más antiguas del mundo.

¿Cómo llegué a descubrir la urgente situación que atravesaba Etiopía? Durante mi decimoséptimo año como tesorera de la Asociación para la Biología Tropical y la Conservación (ATBC), nuestra reunión internacional se celebró en Morelia, México. En cada congreso, hago entrega de un modesto cheque al estudiante que gana el premio al mejor artículo, y ese año el ganador fue el doctor Alemayehu Wassie Eshete, un investigador que acababa de terminar su doctorado, una tesis que incluía un estudio de los árboles nativos de todo el norte de Etiopía, en colaboración con la lista de especies en peligro de la Unión Internacional para la Conservación de la Naturaleza (IUCN). La Lista Roja de la IUCN señala las especies cuyas poblaciones descienden tanto que necesitan una acción urgente. Después de hacerle entrega del cheque, lo felicité y, amablemente, le pregunté: «¿Y ahora qué?». Casi entre lágrimas, me explicó que él era la única persona que estaba trabajando en aquel urgente asunto. ¿Cómo iba a irme de allí y desearle buena suerte sin ofrecerle orientación o mi colaboración? Después de todo, yo contaba en mi haber con casi treinta años de investigación del dosel y había dedicado las últimas dos décadas a la conservación de los bosques en otros tres continentes. ¿Por qué no aplicar esos años de experiencia en Etiopía? En mi trabajo de campo anterior, en el Amazonas y en la India, a pesar de que había ido ampliando mi currículum no había dado prioridad directamente a salvar árboles, y esto me había hecho replantearme mi actividad hacia la mitad de mi trayectoria profesional. Había adoptado algunas medidas personales: en dos ocasiones había abandonado la zona de confort de una plaza fija en el ámbito académico para trabajar en un museo, con la intención de alcanzar a una audiencia más diversa a través de una plataforma pública. También había escrito algunos libros de historia natural que habían tenido cierto éxito, tenía una agenda ajetreada, llena de charlas y discursos en varias instituciones, desde escuelas de secundaria a ceremonias de graduación, y había dirigido las primeras expediciones virtuales para estudiantes de secundaria. Todas estas experiencias me resultaron muy valiosas a medida que fui centrándome en el conservacionismo forestal, no sólo en la producción académica.

Mi nuevo colega etíope, Alemayehu, tenía una formación poco convencional, que compaginaba dos mundos: la religión y la ciencia. De pequeño, había estudiado para ser cura ortodoxo y había sido discípulo de un cura veterano, además de pasar largos periodos en soledad en el bosque. Después de una década de formación religiosa, había observado que el ecosistema colindante que rodeaba la iglesia, un bosque que había llegado a amar, estaba desapareciendo. Sus padres lo convencieron de que una formación universitaria le proporcionaría unos conocimientos expertos tanto en religión como en ecología. Él era consciente de que este objetivo conservacionista no podía perseguirse desde el altar, sino que hacía falta una combinación de religión y ciencia, así que Alemayehu solicitó y obtuvo una beca para ir a la Universidad de Wageningen, en Países Bajos, para estudiar Ecología Forestal. Allí, solo en un país extranjero, lejos de su mujer y de sus hijos, se dedicó a la investigación. Esa misma determinación es la que aportó a nuestro esfuerzo colectivo para la conservación. Alemayehu y yo nos apoyamos mutuamente con una motivación común: ¿Por qué no abordar uno de los desafíos forestales más urgentes del mundo para salvar los últimos fragmentos forestales de Etiopía: los bosques iglesia?

El nivel de la inversión científica en Australia es mucho más alto, comparado con muchos países africanos. ¿Tenía sentido intentar promover la gestión medioambiental en países con menos recursos? Y ¿podía el conservacionismo triunfar con socios religiosos en lugar de instituciones académicas o agencias regulatorias? En Etiopía, Alemayehu tenía un acceso limitado a la tecnología, a la financiación o a soluciones sostenibles. Eso hacía que para él fuera muy difícil convencer a las comunidades locales de la importancia de los bosques nativos para la salud humana. Pero se había ganado la confianza de los curas locales. Por mi parte, yo tenía acceso a la tecnología, a fuentes de financiación y a la información científica más reciente en ecología. En México, pasamos muchas horas tomando cafés y hablando de los pormenores logísticos para ver cómo podíamos, entre los dos, evitar el rápido deterioro del paisaje en Etiopía. Con el último trago de café, juramos trabajar juntos para revertir la desaparición de bosques nativos en Etiopía, empleando dos recursos muy dispares: la religión y la ciencia. Los bosques tienen una importancia espiritual enorme para varios miles de millones de personas en todo el mundo; este hecho podría ser la clave para impulsar el conservacionismo global en el futuro. Es relativamente fácil traducir la madera, el agua o los polinizadores a un valor monetario, para calcular los beneficios de los árboles para la humanidad, pero no resulta tan sencillo calcular su valor espiritual. Tal vez el número de oraciones debería considerarse una medición relevante, para darle, finalmente, mayor peso a la noción de mantener los bosques en lugar de explotarlos.

Para su tesis doctoral, Alemayehu había medido el crecimiento y la distribución de 168 especies de árboles en veintiocho bosques iglesia locales, señalando aquellos que estaban clasificados como especies en peligro según la convención internacional. Observó la degradación de la salud de estas especies, debida a la acción humana; especialmente, al uso excesivo de esas áreas como terrenos de pasto para el ganado, que invadía los bosques para alimentarse de las sustanciosas plántulas y el follaje del sotobosque. Había aprendido a calcular la densidad de las masas forestales y el descenso de plántulas en pequeñas parcelas, pero no tenía una solución directa que los curas pudieran aplicar para revertir la situación. La mayoría de las familias tenía dificultades para poner comida en la mesa y no estaba preocupada por la degradación que acechaba a las plantas nativas. Y ninguno de los curas tenía formación científica para medir la reducción del perímetro o el grado de degradación por el ganado en sus bosques forestales: sólo contaban con sus observaciones de que la integridad de sus árboles estaba cada vez más comprometida. Después de que Alemayehu completara su doctorado en el 2007, los curas empezaron a criticarlo por su investigación, porque veían que limitarse a hacer una lista de especies y a escribir informes no eran acciones concretas que salvaran directamente a los árboles en sus santuarios sagrados. Tenían razón. Él había descrito la degradación del bosque pero no sabía qué acciones claras había que implementar para arreglar la situación. Además, el hecho de que las mujeres locales, que ocupaban un lugar ideal como administradoras medioambientales de la comunidad por sus actividades diarias, no formaran parte de ninguna solución le parecía aún más desalentador. Las niñas a menudo dejaban la escuela después de quinto de primaria y tenían su primer hijo a los trece años, pero no tenían voz como gestoras locales del entorno, a pesar de su interacción directa con la naturaleza, como ir a por agua, recoger leña y cultivar huertos. Alemayehu estaba muy desesperanzado por el futuro de los fragmentos forestales de su país, cada vez más reducidos, se sentía frustrado por la tendencia social a excluir el conocimiento de las mujeres de las posibles soluciones medioambientales, y consternado al no contar con ningún apoyo gubernamental, ni siquiera de una ONG local.

Como primer paso para cumplir con el compromiso adquirido en México, le compré a Alemayehu un billete de avión para que pudiera participar como investigador visitante en un programa de estudios medioambientales en New College, Florida. Toda mi familia estuvo encantada de acogerlo en casa durante ese tiempo. Una noche, mientras surfeaba en internet en el ordenador de casa a las dos de la mañana, descubrió Google Earth. Me desperté con el runrún de la impresora a toda máquina y vi a Alemayehu mirando hipnotizado las imágenes aéreas que compartiría con los curas. Mostraban perímetros dentados donde los arados de los granjeros habían invadido la propiedad de la iglesia, huecos en el dosel donde los ciruelos africanos habían sido talados ilegalmente, y un exceso de caminos abiertos que cruzaban en zigzag todo el paisaje. Google Earth le sirvió a Alemayehu para confirmar lo que había observado sobre el terreno: las masas forestales que quedaban en el norte de Etiopía estaban en peligro. Los curas apenas salían de sus pequeños enclaves verdes, y por eso no eran conscientes de la gravedad de la degradación que se extendía en los valles colindantes. De igual modo, los feligreses del lugar no viajaban tan lejos como para comprender el contexto amplio de la deforestación de Etiopía.

Tras la visita de Alemayehu a Florida en el 2008, dediqué el resto de ese año a estudiar la (limitada) literatura científica existente acerca de la conservación de plantas africanas. Leí y releí la tesis de Alemayehu, así como otro puñado de publicaciones, muchas de las cuales se centraban en el uso de especies no nativas para la restauración de los bosques. La mayor parte de los informes versaban sobre la introducción del eucalipto australiano por parte del Gobierno etíope. Casi como una solución viperina, los gomeros se ofrecían como una posible restauración del dosel arbóreo en África. Pero estos árboles representaban una amenaza infame para el dosel nativo por tres importantes razones: (1) a pesar de que los gomeros no nativos crecían más rápido fuera de Australia debido a la ausencia de sus plagas connaturales, su madera no sólo era inferior a la de las especies locales, sino que también suponía un peligro de incendio por su química propensa al fuego; (2) sus doseles excluían la biodiversidad nativa a causa de los aceites volátiles del eucalipto, y (3) requerían unas cuatro veces más agua que los árboles nativos de Etiopía y, por tanto, absorbían el agua de la capa freática hasta dejarla a unos niveles muy bajos. Teníamos que emprender rápidamente dos acciones: sacar al ganado de los bosques iglesia para salvaguardar las plántulas y el follaje del sotobosque, y eliminar la invasión de eucaliptos no nativos. Llegamos a la conclusión de que una solución efectiva sería construir un cercado de conservación para proteger las arboledas. Al principio, recordé el éxito del alambre de púas que empleamos para nuestros programas de plantación de árboles en el territorio rural de Australia. Tal vez unas simples vallas de alambre de púas podrían proteger los bosques iglesia. Traté de convencer a una gran corporación agrícola para que donara unas enormes bobinas de alambre de púas para un vallado temporal. ¡No hubo suerte!

Al año siguiente, reservé un billete de avión para viajar a Etiopía y partí con una pequeña bolsa de mano para ver los árboles sagrados en persona y avanzar con Alemayehu en nuestra estrategia para poner en marcha un plan de acción. Fueron veinte horas de vuelo: de Tampa a Nueva York, de Nueva York a Fráncfort, de Fráncfort a Addis Abeba, y de Addis Abeba a Bahar Dar, la ciudad que era la puerta de entrada al norte de Etiopía. En el último tramo del viaje, aplasté la cara contra la ventanilla del avión, tratando de detectar cualquier punto verde similar a las imágenes que habíamos visto de Google Earth. Eran muy pocos y estaban dispersos. El paisaje era mucho más árido de lo que habría podido imaginar. Agarrada a los reposabrazos, me pregunté cómo haría para mantener el optimismo ante un desafío tan desmoralizante. Alemayehu estaba convencido de que la mayor parte de la degradación del bosque había ocurrido a lo largo de los últimos cincuenta años, pero como no había registros por escrito, teníamos que preguntar directamente a los curas acerca de la historia reciente de la incursión del ganado y de la invasión de eucaliptos. Durante más de mil años, estos enclaves ortodoxos habían sido símbolos de fe por todo el territorio de las tierras altas etíopes. Sin embargo, en el siglo XX, sin canales de riego ni herramientas de metal, las cosechas de los cultivos fueron sistemáticamente bajas y la población se vio en la necesidad de despejar más y más terreno para alimentar a las familias. Durante la investigación para su tesis doctoral, Alemayehu descubrió que si los etíopes pierden los últimos fragmentos nativos que quedan de bosque, perderán también sus manantiales de agua dulce, la biodiversidad, la conservación del suelo, la sombra, la miel, el hogar de muchos polinizadores, el almacén de carbono, la materia prima para las tintas que se emplean en los murales religiosos y en las telas, bancos de semillas, futura madera y, tal vez lo más importante de todo: sus santuarios espirituales.

Muchos de los árboles nativos de Etiopía son endémicos; es decir, que no se encuentran en ningún otro lugar del mundo. El increíble ciruelo africano (*Prunus africana*) no es sólo noble en estatura –es la especie más alta de la familia de las rosáceas–, sino que, además, es una planta medicinal que se usa en todo el continente africano. La Lista Roja de la IUCN de especies amenazadas o en peligro incluye muchas especies etíopes: el baobab (*Adansonia digitata*), el árbol de coral (*Erythrina brucei*) y la higuera del cabo (*Ficus sur*), por nombrar sólo unas pocas. Otro aspecto de igual importancia es que los doseles de ciruelo constituyen el hogar de muchas especies nativas de aves, animales e insectos, que representan el legado biológico del país, incluidos insectos de importancia económica que polinizan los cultivos, aves únicas que son iconos para el turismo y mamíferos nativos. Estas últimas áreas boscosas representan un arca de Noé para Etiopía, y sustentan un banco genético de especies esenciales para una futura restauración ecológica. Teniendo en cuenta la acelerada deforestación de Etiopía, que se confirmaba gracias a las observaciones de la población local, no quedaba mucho tiempo para que estos bancos genéticos desaparecieran para siempre. Muchos de los fragmentos que quedaban estaban ya significativamente degradados y requerían esfuerzos urgentes para revertir los impactos del ganado, la recogida de leña, la presión de los campos de labranza en los bordes, la caza furtiva y la sustitución del dosel nativo por unos eucaliptos invasivos. Mientras el avión tomaba tierra en Bahar Dar, yo no tenía ni idea de qué me encontraría. ¿Conseguiríamos Alemayehu y yo alcanzar nuestro ambicioso objetivo de salvar estos valiosos bosque iglesia?

Como primer paso para crear una solución, debíamos comunicarnos con los líderes religiosos y generar una confianza entre los científicos y el clero. Así que organizamos un taller en el que pudiéramos hacer una presentación visual con las imágenes que teníamos de Google Earth y abrir un serio debate acerca de la degradación del bosque. Asimismo, hice unos panfletos encuadernados con las imágenes, para repartir entre los curas. Como buena bióloga de campo, elegí un hotel ridículamente barato como campo base en Bahar Dar. No había ninguna aplicación de móvil que me ofreciera consejo, sólo una guía Lonely Planet en la que aparecía el hotel Ghion, por menos de diez dólares al día. Apenas caían unas gotas de agua (no potable) de un grifo oxidado, así que coloqué un tazón en la bañera y, cuando se llenó, conseguí «ducharme» con una toalla mojada. La luz eléctrica consistía en una sola bombilla que colgaba del techo, y no parecía que la ropa de cama hubiera sido lavada desde que la compraron, probablemente décadas atrás. Había guardias paseando por los alrededores para asegurarse de que los vagabundos no entraran en los salones, que estaban abiertos al exterior. El lado positivo era que el café del hotel era fabuloso. El café proviene de Etiopía. Cuenta una hermosa leyenda que, un día, unos antiguos cabreros observaron que sus cabras saltaban, llenas de energía, después de alimentarse de las bayas silvestres de un matorral del sotobosque. La siguiente vez que los pastores se sintieron cansados, masticaron esas bayas para revitalizarse y elevar sus propios niveles de energía, y así es como nació el café. La primera mañana, me desperté con los estridentes graznidos de unos cálaos cariplateados (*Bycanistes brevis*), con los picos de un tamaño desmesurado, que jugaban alegremente en lo alto de unas higueras, cuyos enormes doseles se extendían por todo el terreno del hotel. Este coro aviar competía con los muecines, que emitían su cántico diario al amanecer a todo volumen, lanzando oraciones estridentes desde unos altavoces por todas las calles.

Todas las mañanas durante esta primera visita que hice en el 2009, disfruté de la alarma matutina de los cálaos, tomando un café etíope en el frescor del jardín del hotel, con mis mitones puestos. Ese primer día, después de desayunar con el aire frío de aquella mañana de enero, Alemayehu me llevó a visitar un bosque iglesia llamado Zhara, a unos veinticinco kilómetros de Bahar Dar. Después de pasar varias laderas marrones dedicadas a la agricultura de subsistencia, llegamos a un oasis verde junto a la carretera, que ocupaba un total de siete hectáreas. El contraste era asombroso. Allí dentro, nos rodeó una sinfonía de cantos de aves y el zumbido de los insectos, mientras afuera, en los campos áridos, reinaba el silencio. Aquel santuario de sombra estaba impregnado de ricos aromas botánicos, del bello perfume de las flores, de la madera en descomposición, del follaje y la corteza. Varias aves martillo

(*Scopus umbretta*) –un pájaro desgarbado de aspecto prehistórico–
aleteaban en lo alto de los árboles, y decenas de aves de menor tamaño cantaban a pleno pulmón en aquel exuberante verdor. Bajo
un frondoso dosel, caminamos junto a un manantial de agua dulce,
donde varias personas estaban dándose un baño de este elixir sana-
dor. Varios tocones indicaban los lugares donde alguien había destruido las preciadas copas para que la luz del sol penetrara en parcelas donde cultivaban café en el sotobosque. Esta era una actividad
sostenible, pero su práctica estaba tan extendida que estaba poniendo en peligro la salud del bosque. Me sentí honrada de conocer a
Yeneta Tibebu, el cura de Zhara y una de las figuras religiosas con
más influencia en la región. Él era muy tímido (igual que yo) y hablaba con un tono muy suave, pero me permitió hacer una reverencia y besar su cruz, una muestra de confianza y de mutua amistad y
respeto. Alemayehu lo invitó a acudir a nuestro taller y él accedió
quedamente a asistir. Mientras paseábamos por el perímetro exterior de Zhara, donde las hierbas secas se mezclaban con los árboles,
atraje sin querer una inoportuna masacre de biodiversidad. Dos
días después, tenía veintiséis picaduras de ácaro rojo, y subiendo.
Las picaduras fueron apareciendo desde el atardecer y a lo largo del
día siguiente, a medida que estos voraces bichos correteaban por
todos mis intersticios más cálidos, pegando mordiscos y dejando
sus toxinas urticantes en las heridas. A estos ácaros les encanta pi-
car, especialmente por las costuras de la ropa interior, ¡por debajo
de las gomas! Ay, los placeres del trabajo de campo en la hierba
seca… El feroz picor no remitió hasta pasada una semana, y en la
siguiente visita, me mantuve dentro de los límites de la vegetación
sombreada, donde no acechan los ácaros rojos.

Nuestro taller estaba programado para dos días después, y tendría lugar en una población rural llamada Debre Tabor, que era
donde la Iglesia ortodoxa tenía su sede regional. Salimos en un
jeep de alquiler, antes del amanecer. Primero pasamos a recoger al
cura del bosque Zhara y después hicimos una parada en otro oasis
verde, de unas tres hectáreas, llamado Wonchet, para llevar a su cura
principal, Aba Tweachew, que procedió a sentarse en el asiento de

atrás y vomitar. Alemayehu me explicó con discreción que aquel cura nunca había ido en un vehículo a motor hasta entonces. Aunque yo había viajado mucho, el paisaje del África oriental no se parecía a nada que yo hubiera visto. Algunas higueras y ciruelos africanos moteaban un paisaje, por lo demás, marrón, que muy pronto estaría sembrado de *teff*, un cultivo de grano estacional. En estos terrenos dedicados a la agricultura extensiva, salpicados de pequeñas cabañas de barro cubiertas con techos de paja, no vivía ave alguna, no había vida salvaje. La gente caminaba por una pista de tierra extremadamente caliente y polvorienta para ir al mercado, a veces en grupos que conversaban animadamente. Las mujeres acarreaban el grano y otros productos en costales de tela que se colocaban sobre la cabeza, para intercambiarlos por otros artículos. De vez en cuando, una familia transportaba la piel entera de una vaca, como una tabla gigante y rígida. Un hombre llevaba un panal de abejas sujeto a una rama. El concepto de caminar varios kilómetros para ir al mercado y llevar tu mercancía y tus compras sobre la cabeza es algo inconcebible en los países industrializados. Es difícil imaginar cómo podría el mundo lograr la igualdad para las mujeres en un futuro cercano, teniendo en cuenta la extrema división económica que existe.

Finalmente, la carretera principal se convirtió en una pista de tierra, uno de los caminos más abruptos que yo haya experimentado, con unos enormes remolinos de polvo tapando la visibilidad del conductor y de la gente que caminaba por la vereda hacia el mercado. Me atraganté al inhalar tanta tierra etíope y cuando finalmente llegamos a Debre Tabor, toda mi ropa estaba cubierta con una densa capa marrón. Nuestro conductor se aproximó al hotel rosa brillante situado a un lado de la pista de tierra, detrás de un grupo de camiones con barro incrustado, a los que les estaban cambiando los neumáticos. Este sería nuestro nuevo campo base. A pesar de que la llamativa mano de pintura de color rosa chicle le daba un aspecto casi nuevo a la fachada, el interior era otra historia. Me acompañaron al tercer piso, a una «habitación con vistas» que daba al grupo de camiones y neumáticos polvorientos, y a unos puestos donde unos niños compraban cocacolas y chicles. Habían cortado el agua en el hotel de manera temporal –que luego resultó permanente– y la luz saltó más o menos una hora después de nuestra llegada. Por suerte, llevaba una luz frontal, con la que pude orientarme para subir los tres tramos de escaleras. Preferí no comer la comida local a oscuras y me derrumbé sobre la cama sin quitarme la ropa sucia.

Alemayehu había alquilado una sala y había pagado a un conductor para que nos llevara en su destartalado *jeep*, junto con nuestro equipo, desde Bahar Dar hasta Debre Tabor. Quería darles una buena impresión a los curas porque ninguno de ellos había asistido nunca a una charla sobre la ecología de los bosques iglesia. La primera traba había sido convencer a los líderes religiosos de asistir, y Alemayehu me había dejado preocupada cuando me dijo que habría que pagarles dietas a todos como incentivo. No teníamos financiación de ninguna ayuda o beca, y yo ya había comprado un billete de avión caro y había costeado los ciento cincuenta panfletos a color, pero sabía que tenía razón: la garantía de participación de estos líderes religiosos era esencial. Alemayehu me había explicado que tendría que pagarles por tres días: un día de viaje, otro día de asistencia al taller y otro por el viaje de vuelta, además de las comidas, el hotel y los billetes de autobús. Le había dado muchas vueltas a cómo hacer frente a estos gastos extra, calculando a partir de la media que cobran en dietas los participantes en Norteamérica. Pero Alemayehu calculó que el total ascendería a diez dólares por cura, lo cual da la medida de la inmensa diferencia del coste de vida entre la Etiopía rural y otros países. Me sentí muy aliviada cuando le extendí un cheque por mil quinientos dólares para llevar a ciento cincuenta curas a nuestro taller.

Los curas no nos fallaron. En el primer taller, sólo quedó espacio para asistir de pie, y por algún milagro celestial, el generador funcionó. Alemayehu tradujo mi presentación a su idioma nativo. Aunque hay algunos conventos de mujeres en la región, la mayoría de los líderes del clero en Etiopía son hombres, así que yo era la única mujer a la mesa. Se quedaron sin respiración al ver las imágenes aéreas de sus paisajes y les chocó ver el alcance de la deforestación en las regiones de alrededor, donde los árboles habían sido sustituidos por campos de *teff*, mijo y maíz. Los curas entablaron un animado debate, criticando el programa gubernamental para plantar eucaliptos y reconociendo claramente la cantidad de agua que esos árboles no nativos absorbían del suelo, así como su toxicidad para la biodiversidad local. Cada vez más animados, estos ciento cincuenta hombres, de entre veinticinco y ochenta y cinco años de edad, empezaron a plantear soluciones que iban desde la construcción de muros de conservación a eliminar las plántulas de eucalipto para restaurar las especies nativas. Ese día, los curas se comprometieron a trabajar juntos para salvar los bosques que quedaban, conscientes de que una voz unida tendría mayor peso en las comunidades locales.

A menudo se considera que la ciencia y la fe espiritual son adversarias, pero ese no es el caso en Etiopía. Con la ciencia como guía, los curas ortodoxos están ahora embarcados en prácticas conservacionistas agresivas para restaurar sus bosques iglesia. Más de dos mil millones de personas en todo el mundo respetan y protegen arboledas sagradas como parte de su legado espiritual, y más de mil trescientos millones de personas viven en terrenos agrícolas degradados, de manera que tal vez las soluciones de Etiopía puedan aplicarse en otros países. Si se aprovecha la poderosa fuerza de la religión, quizá la conservación pueda avanzar ahí donde no llegan los gobiernos ni las corporaciones. Poco después de celebrar el taller, el obispo de la diócesis del norte de Etiopía me concedió el primer memorándum de entendimiento oficial (MOU) otorgado a un extranjero, que me daba acceso permanente a los bosques iglesia. Este privilegio iba acompañado de la petición personal del obispo de que nunca abandonara nuestra misión compartida, en reconocimiento del hecho de que tendríamos más poder unidos en equipo. Después de treinta años como arbonauta, mi trabajo de campo en los bosques iglesia de Etiopía me recordaba lo que había aprendido en el remoto interior de Australia muchos años atrás: que generar confianza era el recurso más valioso para lograr una conservación de abajo arriba, basada en la comunidad.

La religión ortodoxa tewahedo etíope se enorgullecía de ser más antigua que su homóloga copta egipcia. Las comunidades rurales participaban en sesiones de oración diarias, frecuentes celebraciones sagradas (nacimientos, bautismos, bodas, muertes) y cuestiones del día a día que recibían una bendición clerical. Situado en el centro del terreno de la iglesia, el templo ortodoxo etíope es siempre un edificio circular y en su interior hay otras tres secciones circulares que simbolizan la Trinidad. La mayoría de los bosques rodean un manantial que es fuente tanto para el consumo como para la sanación. Como científica, para mí no era lo normal dedicar largas horas a la oración, pero como copartícipe del conservacionismo etíope, me adapté rápidamente. La mejor manera de trabajar sin fisuras con la población local es adoptar sus actividades culturales. Participé en ceremonias en las que comí cordero recién asado sentada en el suelo forestal o un guiso de contenido inidentificable, y tomé un aguardiente casero de unos cántaros de veinte litros, rezando entre bocados. Estas gentes rurales rebosan una alegría y una reverencia por la vida inagotables. De hecho, sentía casi envidia viendo a los padres cultivar los campos acompañados de sus hijos pequeños y a las mujeres yendo a coger agua con sus hijas.

Los lugareños usaban las plantas medicinales que recogían de los árboles del bosque iglesia para la mayor parte de sus dolencias. A pesar del sabor amargo de sus frutos, el icónico ciruelo africano (*Prunus africana*) se sobreexplotaba porque supuestamente curaba el cáncer de próstata. Había otros árboles medicinales, entre los que se incluían las higueras (*Ficus sur* y *F. vasta*), cuyo jugo lechoso elimina los parásitos intestinales (también en el Amazonas se emplea el *Ficus* con fines parecidos); la hagenia o cabotz (*Hagenia abyssinica*), que se emplea para las lombrices intestinales; el *Commiphora schimperi*, fuente de la mirra, y el baobab (*Adansonia digitata*), que tiene numerosos usos medicinales. El sagrado enebro africano (*Juniperus procera*) se cultivaba de forma sostenible para su uso en la construcción, pero sólo en la de las iglesias, debido a su historia, porque es la madera que se empleó para crucificar a Jesús. A diferencia de la región amazónica, donde los botanistas han documentado bastante bien la etnobotánica de la zona, existen muy pocas publicaciones que den cuenta de los usos medicinales de las plantas etíopes. La gente, en cambio, se apoya en la tradición oral, y la ciencia, a la zaga, aún está poniéndose al día.

La mayor parte de los árboles nativos crecía más despacio que los eucaliptos introducidos, porque las especies etíopes vivían entre sus enemigos naturales, que mantienen su crecimiento bajo control. Este factor por sí solo ya incitaba a plantar especies no nativas. Pero la gente también observaba que los eucaliptos agotaban el nivel freático, ya que absorbían aproximadamente cuatro veces más agua que los árboles nativos, además de expulsar del dosel a las especies nativas, debido a la toxicidad de sus hojas y de su corteza. Así que, incluso sin una educación formal en ecología, los curas los llamaban «árboles diabólicos». A pesar de su lento crecimiento, los árboles nativos habían evolucionado para adaptarse a suelos pobres y restringidos, y a las frecuentes sequías, y sus doseles suponían el principal hábitat para los animales endémicos. El mono vervet (*Chlorocebus pygerythrus*) retozaba en el dosel medio junto con el damán roquero (*Procavia capensis*), mientras que otros residentes de niveles más bajos, como el duiker común (*Sylvicapra grimmia*), la hiena rayada (*Hyaena hyaena*) y un mamífero moteado llamado jineta etíope (*Genetta abyssinica*), tenían su hábitat en el sotobosque nativo. Añadí más de cien especies etíopes a mi lista personal de nuevas aves, incluida una especie poco habitual, el loro carigualdo (*Poicephalus flavifrons*), que dependía de los árboles nativos de la región del lago Tana. Si estas últimas arboledas desaparecen, la biodiversidad local tal vez llegue a extinguirse.

Regresé un año después del primer taller, para celebrar una segunda sesión. Yeneta Tibebu, el cura progresista de Zhara, estaba deseando darme una sorpresa. Por iniciativa propia de su iglesia, habían recogido rocas de los campos cercanos y habían creado unos hermosos muros en seco alrededor del bosque iglesia, un perímetro de 1,6 kilómetros que salvaguardaba las cuarenta y seis especies nativas de árboles, así como una incalculable biodiversidad. Este muro de conservación local era una solución inteligente, porque mantenía al ganado y a las cabras en el exterior, definía los límites del bosque de cara a los granjeros, minimizaba la recolección de leña en los bordes, protegía el banco de semillas y de biodiversidad, y constituía una gran fuente de orgullo entre los lugareños. La gente se refería a sus muros como «un manto para la iglesia», y profesaban con devoción la creencia de que, sin un muro, un enclave religioso estaba incompleto. La pared medía alrededor de un metro veinte de alto y sesenta centímetros de ancho, y no requería de ningún mantenimiento. En algunos casos, el muro se había edificado unos metros hacia afuera de los límites existentes del bosque, para compensar por la reducción del perímetro sufrida durante las últimas décadas. Muy pronto, otros bosques iglesia habían seguido el ejemplo de Zhara durante el primer año, tras nuestro taller inaugural: Debresena construyó 1,9 kilómetros de muro, que protegía cuarenta especies de árboles, y el muro de Mosha, de 2,8 kilómetros, rodeaba cincuenta y tres especies de árboles.

Alemayehu me explicó que debíamos prometerles una donación económica por cada muro, para ayudar a los curas a comprar verjas de entrada (cuatro en total, una a cada lado), y como incentivo. Dado que estos curas no tienen una economía monetaria, esta donación también los ayudaría a reparar los techos o a proteger sus valiosos murales religiosos, a menudo expuestos a las inclemencias del clima. Ahora voy recaudando fondos poco a poco con retribuciones honorarias dedicadas a los muros de conservación en Etiopía, y Alemayehu es el bróker local que asigna las donaciones. Los curas están muy agradecidos por nuestros esfuerzos y esto ha generado un enorme grado de confianza entre nosotros. Muchos donantes internacionales descubren este proyecto en mi página web y se animan a donar después de ver estos fragmentos de verde aislados en medio de una gran extensión de agricultura de subsistencia. Hicimos un presupuesto del coste total de los muros de piedra alrededor de cuarenta bosques, que ascendía a unos quinientos mil dólares, además de los talleres anuales: uno de los programas estatales de conservación de la biodiversidad más baratos del mundo. Hemos recaudado más de la mitad de los fondos que necesitamos para cumplir nuestro objetivo y, hasta la fecha, la mayoría de los donantes son niños de primaria del otro lado del mundo, que o bien organizan una campaña o venden galletitas para recaudar fondos. Cuando doy la clásica charla virtual de «conoce a un científico» en una escuela norteamericana, a continuación, por lo general, toda la clase hace una donación conjunta para salvar los árboles en Etiopía. Una de las donaciones más sentidas llegó de una clase del último curso de primaria de una escuela para alumnos con pocos recursos ubicada en el Bronx, que donaron el equivalente al dinero del almuerzo de una semana. Una familia en Alemania hizo una donación como ofrenda en memoria de su difunto padre. Una joven canadiense montó un puesto de limonada para recaudar fondos para los muros. Gracias a las herramientas virtuales y a las redes sociales, ¡los niños pueden potenciar la conservación desde la otra punta del planeta! Algunos colegas científicos suelen debatir acerca de la posibilidad de plantear unos corredores de conexión cuando se haya completado la construcción de los muros, porque dudan de que alguna vez la población local vaya a ampliar o alterar la ubicación original de los muros. ¡Hay buenas noticias sobre la conectividad entre los bosques iglesia! Dos de los curas ya han extendido los límites de sus muros para facilitar una mayor restauración de las arboledas, porque la gente está más que dispuesta a proporcionar la mano de obra necesaria para mover los muros de ubicación para ampliar los bosques iglesia. En el mundo del conservacionismo, conectar diferentes fragmentos de hábitat es enormemente beneficioso porque crea un refugio más grande. Etiopía todavía carece de sistemas de canalización de riego modernos, tractores u otros avances para aumentar la producción agrícola. Por ahora, la población local necesita grandes extensiones de cultivos para tener suficiente alimento.

Etiopía es un escenario complejo para la conservación. Se trata de uno de los países más poblados de África, con más de cien millones de residentes en la actualidad, y tiene unos recursos naturales únicos y abundantes: las fuentes del Nilo, nuestros antepasados humanos (es el hogar de la homínida Lucy), fuertes valores religiosos, una gran cantidad de minerales y una biodiversidad endémica única que no se halla en ningún otro lugar del mundo. Mi colega en Etiopía, Alemayehu, solía recitar esta lista de los tesoros naturales de su país, pero a la vez se sentía frustrado porque su país nunca aprovechara sus recursos de una manera estratégica, como ocurría en otros países africanos. Pero Etiopía se está poniendo al día rápidamente. El Gobierno es consciente de que el cambio climático está pasando factura en unos territorios con niveles crecientes de sequía, plagas de langostas y otras dificultades. En el 2019, el presidente puso en marcha una operación progresista al declarar un día de plantación de árboles, en el que se procedió a plantar 352 millones de plántulas en el territorio, tras su germinación en viveros financiados por el Estado. Esto supera a cualquier otro país hasta la fecha, y a pesar de la alta mortalidad a la que, sin duda, están abocadas esas plántulas, por la falta de agua y de mantenimiento hortícola, esta operación es una demostración de una extraordinaria visión conservacionista por parte de un líder nacional. Etiopía está poniendo en práctica cada vez más acciones dirigidas hacia un futuro verde. Yo continuaré rezando con los curas, organizando talleres y respondiendo a la confianza del clero en nuestra alianza entre la ciencia y la religión.

Cuando ya tuvimos en marcha un firme plan de acción para conservar los bosques iglesia, los curas se mostraron algo más abiertos ante la idea de que Alemayehu y yo realizáramos una investigación de campo. Saben que no nos limitaremos a recopilar datos y documentar especies, sino que estamos comprometidos en la búsqueda de soluciones para salvar sus árboles y «para proteger a todas las criaturas de Dios». En la siguiente fase, Alemayehu y yo nos embarcamos en una serie de expediciones financiadas por National Geographic, para estudiar la biodiversidad de los doseles de los bosques iglesia. Primero, solicitamos una ayuda para estudiar los insectos, para financiar la participación de una docena de expertos internacionales en diferentes taxones de artrópodos. ¡Conseguimos la ayuda! Envié una solicitud para que entomólogos aventureros se unieran a nuestra expedición y recibí una abrumadora cantidad de respuestas positivas, entre las que había expertos en hormigas, escarabajos, ácaros, moscas, nematodos y otros bichos de seis y de ocho patas. Equipamos los doseles arbóreos con cuerdas, encontramos especies nuevas, anotamos nuevos registros de distribución y amasamos una enorme cantidad de seguidores entre los alumnos de las escuelas, que querían aprender acerca de sus bichos locales.

Para estudiar los insectos, establecimos unos transectos en dos bosques iglesia diferentes y empleamos múltiples métodos: bandejas de golpeo, trampas de luz, redes de captura, trampas con cebo, trampas Malaise, trampas de caída y la simple observación. Los bosques iglesia son, en esencia, pequeños fragmentos verdes que representan unos increíbles experimentos naturales de biogeografía insular. Esto nos permite comparar la diversidad y abundancia de especies entre lugares de diferentes tamaños, altitudes, composición y madurez de los árboles. El trabajo de campo, sin embargo, resultaba increíblemente largo, en comparación con otros países. Teníamos que contratar a conductores, cargar los todoterrenos, comprar comida, reunirnos con cada cura para que diera su permiso para que hiciéramos el muestreo y, a continuación, equipar los árboles con los aparatos para el muestreo de insectos en el dosel. Toda esta preparación nos llevaba unos cuantos días hasta que por fin cazábamos un bicho, y nuestro trabajo no estaba libre de obstáculos. Primero, colocábamos las cuerdas tanto para escalar como para poner las trampas de los insectos en el dosel, que se alzaba a más de treinta metros de altura. Pero, en la primera mañana, vimos que todas las cuerdas habían sido retiradas cuidadosamente de las ramas y ya no estaban. Pudimos comprar más cuerda en el pueblo, pero después de ese percance, Alemayehu contrató a unos guardias para vigilar cualquier equipación que tuviéramos que dejar colocada en los árboles por la noche, porque la población local retiraba el cordel y los viales de sedal alegremente, y se los llevaban a casa para darles mejor uso, probablemente en el jardín o para sujetar los productos del mercado. Después de aquello, revisamos el presupuesto para incluir la contratación de guardias para vigilar las trampas las veinticuatro horas del día. No resultaba caro, pero tardábamos varios días más en encontrar hombres disponibles (a las mujeres no se les permitía sentarse en el bosque toda la noche).

Todo nuestro trabajo de campo debía respetar la actividad normal de la iglesia, así que poníamos cuidado en preguntar por las horas de los funerales, las misas y otros actos religiosos. Cuando pasaba una procesión religiosa entre los árboles, nos quedábamos completamente en silencio en el bosque y evitábamos hacer fotos si los lugareños estaban presentes. Durante nuestra expedición, reunimos a una gran audiencia de espectadores, así que decidimos aprovechar la oportunidad para formar a los estudiantes locales acerca de la biodiversidad de su región. Al final de varios días de muestreo, decenas de críos (en su mayoría chicos) se iban detrás de nuestros científicos, así que era obvio que realmente querían aprender más acerca de su historia natural local. Alemayehu explicaba que, al no haber ordenadores, guías de campo ni libros de texto, las escuelas ofrecían muy poca educación medioambiental, y los profesores no organizaban salidas al campo. Reflexioné largo y tendido acerca de esta desigualdad global en cuanto a recursos escolares y en el desafío paralelo de educar a la siguiente generación de curas (y biólogos) etíopes. Así que emprendí dos ideas. La primera consistía en hacer camisetas que mostraran los polinizadores nativos más importantes, con el nombre en su idioma, el amárico, para que los niños tuvieran una guía de campo de los insectos en la espalda. Esto tenía el beneficio añadido de proporcionar ropa para ir a la escuela. Muchos niños no tenían una camiseta y para ir a la escuela se ponían unas mantas a modo de ponchos. Las camisetas eran, además, muy prácticas para un trabajo de campo duradero: las listas en papel sencillamente acabarían mojadas o en el fogón de mamá. Las camisetas tuvieron un éxito enorme, e incluso los curas querían llevarlas debajo de sus amplias sotanas blancas. Hicimos una cantidad limitada, debido al alto coste de transportarlas hasta África, pero espero que muy pronto encontremos a un productor local que refuerce nuestra moda de educación medioambiental. La segunda innovación para educar al alumnado local fue la creación de un libro para niños para explicar por qué los árboles constituyen un recurso local tan valioso. Un colega etíope y yo escribimos un libro titulado *Beza, Who Saved the Forests of Ethiopia, One Church at a Time* («Beza, la niña que salvó los bosques de Etiopía, iglesia por iglesia»), la historia de una niña que ayuda a conservar los árboles locales. Cada vez que alguien compra un ejemplar de *Beza* en Amazon, mi pequeña fundación (www.treefoundation.org) dona una copia en amárico a un niño o niña, o a una escuela en la Etiopía rural. Fue toda una lección de humildad entregarle a una niña (o a un niño) su primer libro, impreso en su propio idioma.

Tardamos una semana entera por bosque en colocar las trampas de insectos, contratar guardias, trabajar al ritmo de la actividad religiosa y luego recoger/secar/pinchar/etiquetar los resultados, así que nuestra expedición de dos semanas no permitió que recogiéramos muestras en diez bosques iglesia, como habíamos planeado. Pero, en cambio, conseguimos recoger unos datos extraordinarios de dos de los lugares, y dado que estos eran los primeros estudios de campo centrados en los artrópodos en los bosques iglesia, estábamos muy emocionados con los hallazgos. Finalmente, sólo cuatro de los métodos de recolección (las trampas de luz, las Malaise, las redes de captura y las trampas de cebo) nos proporcionaron unos datos de muestreo consistentes que nos sirvieran para establecer comparaciones. Reunimos ocho mil doscientos artrópodos, que incluían 253 morfoespecies de coleópteros (escarabajos) de treinta y siete familias, y al menos cuarenta y cinco especies de ácaros oribátidos. Una nueva especie de ácaro especialmente feúcho, marrón y peludo recibió más tarde el nombre de *Pilobatella lowmanae*, en honor de la directora de la expedición, bautizado por un ruso experto en ácaros (mis hijos todavía me toman el pelo y dudan de que bautizar a ese bicho desaliñado con mi nombre sea, realmente, un reconocimiento).

Nuestro segundo proyecto financiado por National Geographic estaba dedicado al estudio de los reptiles y los anfibios. Esta vez, Alemayehu y yo propusimos realizar el trabajo de campo tanto en la vegetación del bosque iglesia como en los muros de conservación, al considerar que tal vez la piedra sirviera de nuevo hábitat para los lagartos y las serpientes. En lugar de traer a un equipo numeroso para una expedición, contratamos a un solo estudiante de posgrado para que hiciera varias visitas tanto a los bosques con muro como a los que no tenían muro alrededor. Casi no había ninguna información publicada acerca de la biodiversidad herpetológica en esta región, de manera que nuestros hallazgos sumaron nuevos registros a los anales de la ciencia. También pudimos confirmar que los muros en seco constituían un refugio seguro para muchos reptiles y anfibios. De hecho, la mayoría de las especies estudiadas se encontraban entre las piedras.

Durante más de diez años, Alemayehu y yo hemos trabajado a partir de un modelo de conservación que se basa en un ingrediente principal: la confianza. Fructificó porque nosotros también tenemos un vínculo auténtico: cada uno de nosotros aporta algo esencial a la colaboración. Yo nunca podría haberme ganado la amistad de la Iglesia ortodoxa tewahedo etíope sin un colega local que fuera respetado por los líderes religiosos. Y Alemayehu no podría haber emprendido fácilmente unas acciones tan audaces para salvar sus bosques sin una socia externa que lo ayudara a recaudar fondos y a despertar un interés internacional. Él es el embajador para los lugareños, mientras que yo soy el enlace con el mundo exterior. Continuamos financiando nuevos muros de conservación, organizando talleres anuales para los nuevos curas a través de diferentes regiones del norte de Etiopía, repartimos libros y camisetas, y difundimos la importancia de la conservación del bosque iglesia etíope como una prioridad global.

En el 2018, visité Gibstawait, un bosque con un muro perimetral recién construido que alberga la mayor diversidad de aves nativas registrada. A mi llegada, el cura y sus discípulos estaban encantados e inmediatamente sacrificaron un cordero (algo no muy frecuente en este territorio asolado por la sequía). En sólo dos horas, estábamos disfrutando de un auténtico banquete, celebrando la protección exitosa de su arboleda sagrada. Nos dimos un festín de cordero guisado bajo el dosel, elevamos unas oraciones y dimos algunos sorbos a su especial licor (con el que rellenaban los vasos a rebosar). La comunidad religiosa honra a Alemayehu por sus soluciones para la conservación de los bosques: es toda una estrella de los árboles. Mi propio sentido del significado de la gestión global se ha profundizado al trabajar junto con las gentes humildes y, al mismo tiempo, fuertes de esta región. Nuestra historia cambia el paradigma para modificar la conservación: alejarla de la toma de decisiones gubernamental, de arriba abajo, y acercarla a las acciones de las comunidades locales, de abajo arriba. Pero queda todavía un gran enigma por esclarecer: ¿Es ya demasiado tarde? ¿Son estos fragmentos de bosque en Etiopía demasiado pequeños para aguantar? ¿Podrá sostenerse la diversa composición de especies nativas? ¿Tienen las poblaciones aisladas de árboles y mamíferos suficiente variación genética para sobrevivir al avance del cambio climático? ¿Cuál es el destino del medicinal ciruelo africano, teniendo en cuenta que sólo quedan uno o dos en cada arboleda?

Regresé a Etiopía como investigadora con una beca Fulbright para continuar con mi trabajo sobre la conservación de los bosques, el dosel arbóreo y las mujeres en la ciencia. Se me asignó la Universidad de Jimma, donde desarrollé varias iniciativas para traer nuevas ideas a la institución de educación superior más grande del país. En primer lugar, impartí una clase de escalada en el departamento de Biología. Lamentablemente, sólo participaron estudiantes hombres. Mientras colocábamos las cuerdas, los babuinos competían con nosotros por el espacio del dosel y lanzaban ramitas a sus parientes primates, que luchaban por adquirir su destreza en las actividades arbóreas. Mientras realizábamos aquellas prácticas de escalada, unas mujeres con unos grandes costales de tela recogían café en el sotobosque. La desigualdad de género en Etiopía sigue siendo un gran reto, así que monté un grupo universitario de *networking* para profesoras de las disciplinas CTIM. Sólo aparecieron seis mujeres y todas ellas eran técnicas. Ellas me explicaron que cuando se ofrece un puesto académico, si se ha presentado un hombre, no se tiene en cuenta la candidatura de una mujer. Mi tercera tarea consistió en proporcionar asesoramiento para la creación de un futuro jardín botánico en la Universidad de Jimma, el primer museo de plantas para la región del sur del país. Elegimos un espacio, compartimos ideas para fomentar la participación del público y cruzamos los dedos, con la esperanza de que esos santuarios públicos formen parte del futuro de Etiopía.

¿Y después? Mientras escribo este libro, Alemayehu y yo hemos alcanzado la mitad de la financiación para la construcción de los muros de conservación alrededor de los cuarenta bosques iglesia con la biodiversidad más alta. Nos faltan menos de doscientos mil dólares para completar nuestra visión del arca de Noé. Nos hemos centrado en la región del norte de Etiopía porque ahí es donde la pérdida de masa forestal es mayor. Mi pequeña Fundación TREE (www.treefoundation.org) es la vía principal para recaudar fondos. Pero tenemos que actuar rápido para salvar la biodiversidad de Etiopía. Esperamos poder contar con la ayuda de alguna gran ONG para financiar los muros a mayor escala o con la de un solo patrocinador que comprenda la importancia de salvar las especies de un país entero. Los muros de piedra son muy económicos en comparación con la dimensión de salvar bosques tropicales en otros países, y, lo que es tal vez más importante, los curas representan una gestión de confianza y las comunidades locales están felices y dispuestas a construir estos bellos muros para salvaguardar sus bosques.

Esta es una historia en la que todos ganan, y gana la conservación. Los granjeros ganan porque se retiran las piedras de los campos, lo cual aumenta la producción; los curas ganan, al salvar a todas las criaturas de Dios; la gente gana, porque los bosques proporcionan muchos servicios que mejoran sus vidas, y los árboles ganan porque los muros garantizan la protección tanto de los individuos maduros como de las plántulas. Existe una creencia que dice que los ermitaños, llamados *menagn* en amárico, viven en silencio bajo el dosel. Son invisibles para la mayoría de la gente, pero su presencia puede sentirse poderosamente. El cura principal, Abune Abraham, que vivió, él mismo, durante muchos años como un ermitaño, está ahora restaurando un bosque entero para su diócesis ortodoxa en las afueras de la ciudad de Bahar Dar, para crear un complejo religioso. Se ofreció a construirme una pequeña cabaña de piedra, para que pueda visitarlos más a menudo, un auténtico gesto de buena fe. Cuando observo a estos curas, que valoran el silencio, me doy cuenta de que mi propia tendencia hacia la timidez en la infancia tal vez no fuera algo tan malo. A menudo me acuerdo de mi abuelo, que construyó nuestra cabaña de piedra y que mantuvo a salvo un olmo solitario en la sala de estar. Me lo imagino sonriendo desde el cielo, orgulloso de que esté construyendo unos muros de piedra para salvar árboles en Etiopía.

❧ EL CIRUELO AFRICANO ❧
(*Prunus africana*)

Durante uno de mis primeros viajes a Etiopía, el cura del bosque iglesia de Debre Tabor me cogió de la mano y me llevó a un campo cercano donde los granjeros estaban plantando avena. En medio del terreno embarrado había un árbol solitario. Aunque no hablábamos el mismo idioma, el mensaje estaba muy claro. El cura señaló con el dedo este ejemplar aislado, un ciruelo africano, y con gestos me explicó que antes estaba dentro de los límites de su bosque sagrado. Decididos a producir el suficiente alimento para sus familias, los granjeros de la región se habían excedido al eliminar una zona de bosque y habían invadido los terrenos espirituales. El cura lamentaba que muchos agricultores estuvieran arando tan cerca de los límites del bosque iglesia y que anillaran los troncos, pues ese proceso mataba a los árboles en los bordes de la arboleda. Cada vez que vuelvo a Debre Tabor, ese árbol me

saluda como un centinela en mitad de unos campos de monoculti-
vo, un crudo recordatorio de la importancia de conservar los bosques iglesia que quedan en pie.

El ciruelo africano (*Prunus africana*) se distribuye a lo largo de
las regiones montañosas del África central y del sur, así como en las
islas de Santo Tomé, Gran Comora y Madagascar. Pertenece a la
familia de las rosáceas y, con una altura máxima de casi cuarenta y
seis metros, este árbol del dosel es uno de los más altos de su género, *Prunus*. Durante su primera expedición a las montañas de Camerún, en 1861, el botanista europeo Gustav Mann y su equipo
extrajeron varios especímenes que fueron trasladados al Jardín Botánico Kew Gardens, para su clasificación. En Londres, fue el botanista William Jackson Hooker quien bautizó la planta, a la que
llamó *Pygeum africanum*, donde el género se refería a la forma del
fruto: una esfera con una depresión o hendidura, que recuerda a
unos glúteos humanos. Casi cien años después, en 1965, el botanista Cornelis Kalkman propuso cambiar el género *Pygeum* por *Prunus*, tras emplear la cladística molecular para demostrar que esta
especie era un ciruelo. El *Prunus africana*, conocido como ciruelo
africano o pígeum, tiene muchos nombres distintos en los distintos
idiomas africanos.

El ciruelo africano tiene una corteza característica, de color negro parduzco, con unas fisuras que forman una trama corrugada
rectangular. Las hojas son alternas, simples, elípticas, puntiagudas
con una punta afilada, glabras, ligeramente serradas y de color verde oscuro en el haz, pero de un verde pálido en el envés. El peciolo
es rosado o rojo y la planta florece de octubre a mayo, con fragan-
tes inflorescencias blancas o beises que se polinizan por mediación
de los insectos. Entre septiembre y noviembre aparece el fruto, de
color rojizo o morado pardo, parecido a una ciruela en su forma y
estructura, que da alimento a aves, monos y ardillas, así como a los
humanos. Como otras especies del género *Prunus*, el ciruelo africano tiene nectarios extraflorales, glándulas a lo largo del borde de las
hojas que recompensan con nutrientes a ciertos insectos especializados, a cambio de que estos protejan el follaje de los herbívoros. Este

tipo de relaciones entre planta y animal no están suficientemente estudiadas en la mayoría de los árboles africanos, de modo que aún no sabemos qué especies frecuentan estos doseles. En Ruanda, Dian Fossey documentó que a los gorilas de las montañas les encantaba el fruto del ciruelo africano.

El ciruelo africano es muy preciado porque tiene diversos usos medicinales y, como consecuencia de ello, sufriría una sobreexplotación si no estuviera protegido legalmente por el Apéndice II del Convenio CITES (Convención sobre el Comercio Internacional de Especies Amenazadas de Fauna y Flora Silvestres). Las poblaciones locales emplean la corteza para numerosos usos medicinales: para la malaria, como apósito, como veneno para flechas, para el dolor de estómago, la insuficiencia renal, la gonorrea, la demencia y la fiebre. La cosecha incontrolada de la corteza ha provocado una extensa mortalidad de esta especie, con el consiguiente descenso de sus poblaciones. Debido a su fama como remedio para tratar el cáncer de próstata, esta especie se cultiva ahora en muchas regiones de África para los mercados farmacéuticos. En 1966 se patentó un fármaco que se extrae de la corteza, y se calcula que el valor comercial anual de esta medicina supera los doscientos millones de dólares. Además de para su uso farmacológico, el ciruelo africano se cultiva para fabricar mangos de hachas, carros, suelos, cubiertas de puentes, mobiliario y utensilios. A diferencia de sus homólogos del género *Prunus* en Europa y Norteamérica, el *P. africana* no ha sido estudiado de manera exhaustiva y existen muy pocas publicaciones que hablen de algún aspecto de su ecología. La investigación botánica futura es vital para gestionar adecuadamente el destino de este importante árbol nativo etíope, como el de casi cualquier otra especie de árbol en África.

11

Aulas en el cielo… ¡para todos!

✦

*Sillas de ruedas y tardígrados
en las copas de los árboles*

La pregunta que más me hacen los niños de primaria es: ¿Cuál es la especie más habitual del dosel? Por desgracia, todavía no existen suficientes arbonautas para que podamos dar una respuesta correcta a esa cuestión. Pero si tuviera que elegir una, apostaría a que son los tardígrados, también llamados «osos de agua» o «lechones de musgo». «Tardi-¿qué?», pregunta la mayoría de la gente. El nombre que designa a este filo relativamente desconocido, los tardígrados, significa literalmente «caminante lento». En realidad, estas perezosas criaturas microscópicas no caminan en absoluto, sino que básicamente flotan en una gota de agua. Proliferan en casi cualquier sustrato húmedo, de agua dulce o salada, así que pueden vivir en entornos secos como los desiertos, en los que se dan chubascos ocasionales, en los húmedos bosques tropicales e incluso en condiciones extremas como las fuentes termales de los acantilados glaciales de la Antártida. Cualquier trocito de musgo, liquen, corteza o superficie de hoja que esté húmedo proporciona la película de agua necesaria para envolver su minúsculo cuerpo cilíndrico y sus cuatro pares de patas telescópicas con garras o discos adhesivos. Cuando se evapora su hábitat acuático, el tardígrado adopta un estado latente y espera hasta que llueve, a veces durante décadas, o flota a la deriva en el aire por encima de las copas de los árboles hasta que llega a una nueva ubicación, en busca de la humedad. Ni la sequía ni las inundaciones ni las temperaturas extremas son capaces de matar al tardígrado. Cuando mis hijos eran pequeños, descubrieron al oso de agua gracias al popular canal de televisión Animal Planet, que los presentaba como los organismos más extremófilos del planeta por su capacidad para soportar condiciones físicas extraordinarias. Miden entre 0,2 y 0,5 milímetros de largo (como una partícula de polvo) y dominan sus reinos liliputienses de tierra, hojas y gotas de agua, junto con otras criaturas de pequeño tamaño, como los nematodos, los colémbolos, los rotíferos y los ácaros. Suena a ciencia ficción: una invasión de miles de millones de criaturas osunas en miniatura, que reptan por nuestros jardines y matorrales suburbanos mientras dormimos.

Como científica y como exploradora –o, en realidad, como persona normal que vive en este planeta–, una nunca sabe dónde hará su siguiente descubrimiento. Los tardígrados irrumpieron en mi vida porque estaba decidida a brindar oportunidades en la biología de campo para la juventud desfavorecida. Durante muchas décadas, he trabajado con gran entusiasmo en pos de la inclusividad en las ciencias, probablemente porque no siempre me he sentido acogida en mi profesión, entre la red dominante de hombres blancos. Estaba decidida a garantizar que las mujeres jóvenes y los miembros de otras minorías no se sintieran igualmente intimidados. A los once años, escribí mi primer libro –*Through the Year with Gertrude Grosbeak* («Un año con Gertrude Picogordo»)–, que contaba las aventuras de una pájara que se hacía amiga de una niña que no podía andar y estaba postrada en su cama. (¡No lo publiqué hasta que cumplí los sesenta!) Una estudiante que había leído el libro recientemente y a la que le había encantado, me hizo recordar que llevaba casi toda mi vida pensando en los retos de la inclusividad en la biología de campo. Ella misma iba en silla de ruedas, así que casi podría haber servido de modelo para ese libro. En mi vida adulta, siempre me he preocupado de que parte de mi misión sea aprovechar cada oportunidad para trabajar con las minorías en el terreno científico: he enseñado a niñas de familias con pocos recursos económicos a escalar árboles en un campamento de verano, he formado a arbonautas mujeres vestidas con las ropas tradicionales en la jungla de la India, he contratado a candidatos cualificados que pertenecían a minorías en todos mis puestos de liderazgo, he ayudado a chicos y chicas de comunidades desfavorecidas a conseguir becas y oportunidades de investigación, y he asesorado a un gran número de estudiantes pertenecientes a minorías en las universidades en las que he impartido clases. Al recordar mi época como profesora, pienso que el hecho de ser una madre divorciada que tenía que conciliar constantemente los niños con el trabajo tal vez me hiciera parecer más cercana que otros profesores, a ojos de algunas estudiantes que se enfrentaban a dificultades parecidas.

Uno de los colectivos más ignorados de manera continua en la biología de campo es el de los estudiantes con movilidad reducida. Casi el veinticinco por ciento de los norteamericanos viven con algún tipo de diversidad funcional, y sin embargo constituyen sólo el nueve por ciento del total de trabajadores científicos y el siete por ciento de los doctores en ciencias, según un informe publicado en el 2019 en la revista *Science*. La Ley de Americanos con Discapacidad (ADA) se promulgó en 1990 para garantizar una mayor inclusividad, pero, a lo largo de mi carrera, nunca me había encontrado con ningún programa que animara a los estudiantes con diversidad funcional física a plantearse una carrera en la biología de campo. Por lo general, los estudiantes en silla de ruedas quedan relegados al laboratorio o a tareas de oficina. Como directora de un jardín botánico, me sentía frustrada ante esto, especialmente cuando veía a gente joven en sillas de ruedas, a madres con carritos o a ancianos con andadores recorriendo los terrenos con dificultad. Me hizo aún más consciente el hecho de pensar que no podrían acceder al dosel arbóreo o, probablemente, ni siquiera podrían disfrutar de un sendero irregular en el bosque. Esto me llevó a construir la primera pasarela accesible de Norteamérica para gente con diversidad funcional física. En el décimo aniversario de la ley ADA, nuestra representante de Florida, Pam Dorwarth, cortó la cinta desde su silla de ruedas e inauguró, así, la primera pasarela de todo el país que cumplía con los preceptos de dicha legislación, en un jardín botánico.

Dorwarth se echó a llorar cuando un grupo de gente en sillas de ruedas rodó sobre una rampa con una pendiente gradual para experimentar las copas de los árboles por primera vez. Pero una pasarela acorde con ADA no era, ni mucho menos, suficiente. Yo quería orientar a estudiantes con movilidad reducida que soñaran con trabajar al aire libre como ecólogos, que quisieran descubrir nuevas especies en los bosques. Estaba convencida de que cualquier estudiante podría escalar si ella o él empleaba sus brazos para sujetarse de las cuerdas. Yo misma nunca fui una estrella del atletismo, y aun así me hice un nombre como una de las más dotadas arbonautas del mundo. Con los avances en la equipación para el acceso al dosel, prácticamente cualquiera puede ascender por la cuerda con una mínima fuerza muscular. Mi amiga Patti tuvo poliomielitis, y se convirtió en la directora ejecutiva de Tree Climbers International, uno de los grupos de escalada recreativa más grandes del mundo. Tanto Pam como Patti son una auténtica fuente de inspiración para mí. Ellas demuestran que la escalada de árboles es para cualquiera, y fueron mis asesoras de confianza a la hora de crear un programa del dosel para estudiantes con movilidad reducida.

¿Qué mejor manera para que los estudiantes se emocionen con la biología de campo que descubrir nuevas especies? Es difícil imaginar que una nueva especie de ave o de escarabajo exista en los árboles de clima templado, porque esas criaturas de mayor tamaño ya han sido documentadas. Pero ¿y los osos de agua? De joven, mi hijo James estaba absolutamente fascinado por los osos de agua. En el instituto, estaba decidido a sumarse a una expedición estudiantil a la Antártida para estudiar a los tardígrados que viven en climas fríos. Primero, aprendió a tomar muestras de estas diminutas criaturas con uno de los mayores expertos mundiales, en la Universidad Estatal de Carolina del Norte, que además compartió con él su licencia para que James pudiera recoger legalmente muestras de bichos y traerlos de regreso desde otros continentes. Luego, recaudó sus propios fondos para el viaje, porque yo sencillamente no podía costear un gasto tan grande. Vendió acciones de su participación en esta expedición del oso de agua a amigos y vecinos que desearan compartir la emoción del descubrimiento. James no sólo envió una postal a todos sus accionistas, sino que, a su regreso, organizó una charla científica para compartir sus hallazgos durante la expedición. Supongo que en esta familia llevamos en la sangre lo de trabajar con osos de agua.

Así es como terminé colaborando con Randy Miller (conocido como «doctor oso de agua»), un taxonomista especializado en tardígrados que tiene, él mismo, problemas de movilidad. El mundo de la biología de campo es pequeño y ambos habíamos coincidido treinta años atrás en Australia, cuando compartimos laboratorio y director en nuestros respectivos proyectos de investigación. Más recientemente, me había vuelto a poner en contacto con él y había conseguido financiación para traerlo conmigo al *bioblitz* de Malasia, donde descubrió una nueva especie de tardígrado en los bosques tropicales. Gracias a la combinación de mis habilidades en el dosel y su dominio experto de los osos de agua, formábamos un gran equipo. Así de inesperados y enrevesados son los caminos de la colaboración en la biología de campo. Nunca coincidíamos en ningún congreso porque nuestras disciplinas eran muy diferentes, pero conocíamos el área de especialización y la reputación del otro: la base de una colaboración de confianza.

Randy manejaba la hipótesis de que los tardígrados eran habituales en los árboles de clima templado, pero nadie los había estudiado nunca en el dosel; ni siquiera en Kansas, donde estaba la institución en la que trabajaba Randy: la Universidad de Baker. Ambos creíamos que si enseñábamos a escalar árboles a un grupo de estudiantes arbonautas y recogíamos muestras de tardígrados, se producirían nuevos descubrimientos, así que ¿por qué no reclutar a estudiantes con movilidad reducida? Solicitamos una beca de la Fundación Nacional de Ciencias (NSF), dirigida a un panel denominado Experiencias de Investigación para Universitarios (REU), que está orientada especialmente para estudiantes universitarios, con la esperanza de ofrecerles una experiencia de la carrera científica. Al tercer año de intentarlo, la NSF nos concedió la ayuda. (O quizá fue que se cansaron de releer la solicitud revisada año tras año.) Nuestro proyecto se titulaba oficialmente «Herbivoría en 3D y biodiversidad de los tardígrados en los doseles arbóreos de Norteamérica: Un estímulo para estudiantes con diversidad funcional, para dedicarse a la biología de campo», pero nuestros estudiantes lo llamaban cariñosamente: «Osos de agua sobre ruedas en el dosel». Con el filo de los tardígrados como objetivo y las copas de los árboles como escenario para nuestro trabajo de campo, sin duda teníamos un programa que era el no va más para garantizar que los estudiantes sintieran la emoción de la exploración y una sensación de logro.

Sorprendentemente, nuestra primera gran dificultad fue encontrar estudiantes que cumplieran los requisitos para este programa becado. Sencillamente, no había una base de datos con la lista de correos de los estudiantes en sillas de ruedas de los campus universitarios estadounidenses, de modo que pusimos un anuncio en varias publicaciones de la red nacional ADA y a través de varias sociedades científicas. El plan consistía en acoger a grupos de estudiantes universitarios tanto con movilidad reducida como con movilidad completa, de manera que todos aprendieran a apreciar las fortalezas y vulnerabilidades de los demás. A sugerencia de la NSF, restringimos el alcance a la movilidad reducida, porque no les parecía fácil que dos profesores diseñaran métodos de investigación de campo seguros para una serie de diversidades funcionales. Los estudiantes con autismo, invidencia, sordera y otras particularidades deberían tener el mismo acceso, pero requieren de una metodología diferente para garantizar la calidad de la experiencia de investigación. Financiar equipos de estudiantes dentro de los parámetros de un presupuesto de investigación siempre es un reto. En este caso, esto incluía los costes de alojamiento y transporte en avión de los estudiantes a Kansas, además del estipendio diario necesario. Nuestra limitada beca también debía costear la equipación de escalada, los materiales de laboratorio y el alquiler de vehículos que estuvieran adaptados para sillas de ruedas. (A pesar de nuestros esfuerzos y de los anuncios de varias empresas de coches, las furgonetas de alquiler no estaban adaptadas para movilidad reducida, como anunciaban, y tuvimos que coger en brazos a los estudiantes para sentarlos y sacarlos del asiento.) La Universidad de Baker nos ofreció un buen trato para el alojamiento en una residencia de estudiantes: diez dólares por noche por estudiante (muy económico, comparado con el alojamiento en el que entonces era mi lugar de trabajo, en San Francisco, que costaba cien dólares por noche). Así que, por razones presupuestarias y porque sabíamos que encontraríamos tardígrados en los árboles de cualquier lugar, decidimos que el proyecto tendría su campo base en Kansas. Yo casi había olvidado lo que era dormir en uno de esos colchones plastificados de las residencias, hasta que llegué a la Universidad de Baker, en Baldwin City, Kansas, en un atardecer de junio sofocante y húmedo, para empezar la primera de cinco sesiones de verano de investigación, para estudiar los osos de agua con estudiantes universitarios. En comparación con otras condiciones nocturnas, como las selvas remotas, era un lujo. ¡Y estaba encantada de tener un váter con cisterna!

Durante la primera semana, enseñamos a los estudiantes a escalar, empleando mis métodos originales y de efectividad probada, que combinaban técnicas de cuerda única con arneses, tirachinas y cuerdas. Llevaba más de treinta años usando estas técnicas y sabía que funcionarían, al margen de cuáles fueran las limitaciones de movilidad de los estudiantes. Aun así, ha habido varias mejoras: arneses almohadillados, elegantes tirachinas de aluminio (aunque esos están pensados para cazadores, ¡no arbonautas!) y equipos de escalada cuya seguridad ha sido cuidadosamente comprobada por expertos en actividades recreativas. Todas ellas suponían un enorme avance con respecto al inicio, cuando había que confiar en una equipación casera. Enseñar a estudiantes que iban en silla de ruedas a ascender con cuerdas hasta el dosel era una tarea intimidante, pero también resultó ser una de las más gratificantes. Montamos un sistema de compañeros, con parejas de estudiantes con y sin movilidad reducida, y contratamos los servicios de un club de escalada recreativa de la ciudad de Kansas, que nos dio sesiones de entrenamiento durante dos jornadas, para que cada pareja de estudiantes tuviera a un escalador de árboles experto que controlara cada movimiento.

La primera tarea era aprender a hacer nudos y familiarizarse con las cuerdas. Hacíamos los nudos una y otra vez, y los repetíamos de nuevo: el nudo Prusik, el nudo tope del 8, el ballestrinque y el nudo as de guía eran, todos ellos, buenas opciones que servían para muchas cosas y, como siempre les recordaba a los estudiantes, ¡un conocimiento esencial si alguna vez naufragaban en una isla desierta! Era importante sentirte segura cuando estabas colgada de una cuerda, y sobre todo confiar en que habías hecho los nudos correctamente. Los diferentes materiales del equipo se conectaban empleando distintos nudos, y a veces nuestro equipo de muestreo estaba sujeto a los cinturones con nudos o con mosquetones. El segundo reto fue maniobrar con las ruedas de las sillas sobre un suelo de hierba, tierra y raíces, para llegar a la base del árbol. Las primeras sesiones prácticas se celebraron en las campas de la universidad, que eran un suelo llano. El tercer reto, y probablemente la operación más difícil para los estudiantes en silla de ruedas, era colocarse los arneses. Si no puedes ponerte de pie, no es fácil deslizar los pies por unos estribos y tirar de un cinturón hacia arriba y alrededor del cuerpo. Pero, gracias a nuestro sistema de compañeros, todo el mundo pudo colocarse la equipación. La fase final, y la más emocionante, consistía en enganchar el aparato de ascenso a una cuerda que nuestros expertos escaladores habían sujetado cuidadosamente alrededor de una rama robusta (los estudiantes ya tenían suficientes desafíos aquella primera semana para tener que preparar ellos mismos las cuerdas), y empezar a escalar, deslizándose hacia arriba por la cuerda como orugas. Qué imagen: tres estudiantes despegaron a la vez desde sus sillas de ruedas. Arriba, más arriba, hasta lo alto. Hubo muchos resoplidos y sudores, pero, incluso desde una distancia de nueve metros, pudimos ver que todos ellos estaban eufóricos de orgullo y entusiasmo mientras saludaban al equipo que permanecía abajo en el suelo, asomados desde su enclave en el dosel. En las siguientes jornadas de escalada, se convirtieron en expertos a la hora de deslizar las cuerdas y manejar los puños, esos aparatos de elevación con unos dientes en diagonal que permiten el ascenso e impiden que la cuerda se deslice hacia abajo. Gracias a los puños, no hace falta tener unos músculos fuertes para escalar un árbol, sino más bien un movimiento fluido para elevarse por la cuerda y avanzar con la equipación, un gesto que finalmente sale de manera natural, como andar en bici. Después del primer día, todos tenían agujetas porque es imposible no ponerse tenso y no usar los músculos para agarrarse a las cuerdas o al tronco. Pero esa fuerza física no es necesaria y, al final, todo el mundo aprendió a escalar casi sin esfuerzo. Durante cinco veranos, el entrenamiento fue haciéndose más efectivo, a medida que mejorábamos nuestra metodología de enseñanza. Pero siempre con mucho resoplido y sudores, ¡como le pasa a cualquier escalador!

Durante la segunda semana, además de subir a los árboles, el entrenamiento se centraba en las dificultades de tomar muestras de osos de agua. ¿Cómo haces para encontrar algo que no puedes ver? La respuesta: aprendes a predecir dónde se supone que está y tomas muestras ahí, con la esperanza de que los osos de agua estén flotando alegremente dentro de la muestra. Para responder correctamente a cuestiones acerca de la distribución de los tardígrados en los bosques, nuestros grupos de estudiantes crearon transectos a lo largo de toda la altura de los árboles y tomaron muestras de sustratos húmedos, como musgo, liquen, follaje y corteza. En ecología, no hay ni tiempo ni necesidad de recolectar una población entera, y es suficiente con una pequeña parte. Es crucial tomar las muestras con rigor y evitar el sesgo, de manera que una gran parte de nuestra formación de verano consistía en desentrañar las técnicas de muestreo de campo y aprender estadística. Mi experiencia previa con la investigación de las hojas resultó ser una preparación muy útil para los osos de agua, porque ambos requieren el diseño de un muestreo con respecto al espacio y el tiempo. Era importante tomar muestras en distintas escalas espaciales: en la hoja individual, en la rama, a cierta altura, en el árbol entero y, finalmente, en el bosque entero. Igualmente relevante era tomar muestras con una escala temporal: los días, los meses, los años e incluso los siglos tienen un impacto enorme en algunas preguntas de la biología de campo. En el caso de los osos de agua, no existen estudios con ninguna variable espacial o temporal: ¿Vivían en un nivel específico del dosel? ¿Preferían una especie de árbol en concreto sobre otra? ¿Musgo, corteza o follaje? Al no poder ver a aquellos bichos microscópicos, tomamos muestras aleatorias de todos los hábitats apropiados, algo así como pedir un deseo y cruzar los dedos. Tomamos muestras de los troncos de arriba abajo, de las ramas con follaje y musgo, y de distintas especies. Cada muestra recogida tenía el tamaño de una cucharadita de sustrato, apenas un mechón de corteza o de materia verde suavemente retirada e introducida en una pequeña bolsa de papel, que etiquetábamos al detalle con la fecha, la ubicación, la altura, la especie y el hábitat. Los estudiantes aprendían a replicar cada muestra y a evitar el sesgo, que podía consistir en algo tan simple como la tentación de seleccionar siempre el musgo de color verde brillante porque es más bonito que el grisáceo. Durante cinco veranos, distintos grupos de estudiantes tomaron muestras y muestras y muestras: múltiples colecciones para cada altura, especie, bosque y hora del día o de la noche. Al igual que en el caso de la medición de las hojas, el tiempo y el espacio eran factores de gran importancia para dar respuesta a cuestiones acerca de la distribución del oso de agua. Más relevante aún, aquel estricto régimen de muestreo ahorró tiempo y esfuerzo, porque gracias al correcto diseño estadístico, obtuvimos el número de tardígrados simplemente mediante el submuestreo de una porción de la copa, en lugar de tener que contar cada oso de agua individual.

Tras aprender a dominar los detalles del trabajo de campo, regresamos al laboratorio para aprender a usar los microscopios, preparar láminas, distinguir entre diferentes especies y clasificar a las otras criaturas que convivían con los osos de agua. Las muestras se secaron al aire en las bolsas de papel y después las humedecieron con agua destilada en un pequeño contenedor con el fondo con dibujo de rejilla, para el recuento. Los estudiantes comenzaron la búsqueda de sus osos de agua con un microscopio estereoscópico con un aumento de cuarenta, para que cualquier animal flotante pudiera detectarse con facilidad. Aquel primer día hubo muchos chillidos y gritos de «¡Tengo uno!» a medida que los estudiantes entrenaban la vista para encontrar a estas masas regordetas flotantes aumentadas. Después, transfirieron los especímenes a unas láminas de cristal para guardarlos bien y más tarde identificaron el género empleando un microscopio óptico de alta potencia, con un aumento de entre doscientos y cuatrocientos. En algunos casos, los estudiantes iban hasta la Universidad de Kansas para fotografiar los especímenes con un microscopio electrónico que verdaderamente realzaba las características que lo identificaban, de cara a su publicación. Tras muchas sesiones de escalada y de trabajo en el laboratorio, publicamos los resultados. Y qué publicación: más de quince artículos científicos con más de veinticinco mil osos de agua recogidos, además del descubrimiento de ocho nuevas especies hasta la fecha, en unos corrientes árboles de clima templado. Nuestra beca se convirtió en un proyecto estrella para la Fundación Nacional de Ciencias, tanto por los resultados obtenidos como por ser un emblema de inclusividad. Los grupos de estudiantes eran extraordinariamente diversos: con y sin diversidad funcional, estudiantes del colegio preuniversitario, veteranos del Ejército, madres con sus hijos, negros, blancos, latinos, asiáticos y universitarios de primera generación.

A pesar de su ubicuidad, los osos de agua forman uno de los grupos de organismos más desconocidos que residen en todas las casas. Los tardígrados están relacionados con los insectos, pero son lo suficientemente distintos como para constituir su propio filo en el árbol evolutivo, entre los nematodos (los gusanos) y los artrópodos (crustáceos, insectos, garrapatas y ácaros). Se han descrito más de mil especies de oso de agua en la literatura científica, y existen en todos los continentes, pero como hay tan pocos expertos mundiales, nunca habían sido estudiados en los doseles arbóreos hasta ahora. Como el resto de los animales superiores, el tardígrado cuenta con sistema digestivo, excretor, muscular y nervioso. Pero, al igual que los animales inferiores, carece de sistema respiratorio o circulatorio, y en cambio, su respiración es cutánea. Algunas especies son herbívoras y otras, carnívoras: se alimentan de bacterias, algas, pequeños organismos que viven en el suelo y, a veces, de otros tardígrados. Como se enganchan a las superficies de las hojas, los tardígrados a su vez son devorados por otros animales herbívoros, como los ciervos y el ganado. Sin la menor duda, también son devorados por seres humanos desprevenidos, unos diminutos bocados de nutrición en ensaladas o platos de verdura, invisibles por completo a simple vista. Al microscopio, los tardígrados parecen ositos y, debo admitirlo, ¡son muy monos! Tal vez algún día su capacidad única de sobrevivir en un estado latente resulte de vital importancia para la investigación médica o la exploración espacial.

Técnicamente, el término que había empleado el canal de televisión Animal Planet para designarlo, «extremófilo», no era el correcto, porque el tardígrado está clasificado como un organismo «extremotolerante», y ahí reside el secreto de su capacidad para soportar la adversidad medioambiental. Durante las sequías, entra en una fase latente llamada «criptobiosis» y se transforma en una bolita deshidratada llamada «tonel». Durante otros episodios medioambientales extremos, sobrevive hinchándose como un globo y flotando en la atmósfera hasta encontrar condiciones más propicias para su ciclo vital, un fenómeno denominado científicamente como «anoxibiosis» y comúnmente llamado «lluvia de tardígrados». Se ha registrado el caso de un tardígrado que revivió cuando se administró una gota de agua sobre el tonel en una planta seca de un herbario ¡de más de un siglo de antigüedad! Otro fue revivido a partir de una muestra de musgo de la Antártida, que se había recogido y guardado congelada durante más de treinta años. Han sido enviados como organismos experimentales en expediciones de la NASA y no sólo han sobrevivido sino que, además, se han reproducido en el espacio exterior. En el 2019, la sonda israelí *Beresheet* iba a ser el primer vehículo privado que aterrizara en la luna, pero la nave robot perdió el contacto con la base de control de la misión y se estrelló. Los responsables de la misión creen que su cargamento, que incluía varios miles de diminutos osos de agua, tal vez sobreviviera cuando el casco de la nave liberó su carga al exterior. Esto significa que ahora mismo podría haber una población de toneles de tardígrado en la luna, un entorno adverso para los mamíferos, ¡pero completamente tolerable para el animal más duro del planeta Tierra! Técnicamente, necesitan una atmósfera y agua para crear una colonia, pero pueden permanecer como toneles durante largos periodos. ¿Encontrarán los científicos agua en la luna? Quién sabe, pero si existe alguna gota en algún lugar del paisaje lunar, tal vez los osos de agua sean los primeros en detectarla.

Nuestros estudiantes abordaron cuestiones nuevas para la ciencia: ¿Cuál es la densidad de osos de agua en los diferentes doseles? ¿Cuántos hay en cada árbol: cientos, miles...? ¿De la misma especie o de especies diferentes? A lo largo de cinco veranos, recogimos 28.384 muestras, en las que estaban representadas treinta y siete especies, de cincuenta y ocho bosques, en cuatro estados, en altitudes de entre cero y mil trescientos metros sobre el nivel del mar, y a diversas alturas en los árboles, desde el suelo hasta los sesenta metros. Nuestros estudiantes escalaron 492 copas y descubrieron ocho nuevas especies, además de establecer veintiséis nuevos registros de distribución. Lo verdaderamente sorprendente (lo que hace que el biólogo de campo pegue un grito de emoción) es que el ochenta por ciento de todas las muestras recogidas de liquen, musgo, corteza o follaje contenían al menos un oso de agua, pero nuestro manejo *amateur* del microscopio no era el más preciso. Debido al intenso proceso de análisis de las muestras, la mayoría de las preguntas que habíamos planteado quedaron sin respuesta. Probablemente, llevará años analizar las suficientes muestras para determinar la cantidad media de tardígrados que vive en el dosel. Pero, a juzgar por los hallazgos preliminares, probablemente haya cientos de millones de tardígrados por cada hectárea de bosque. En esos cinco veranos, nos concentramos en los árboles locales que encontramos en Kansas, porque era la mejor manera de limitar el presupuesto de la beca de investigación. Pero cada verano visitamos también una estación de campo o un bosque nacional en distintos puntos del país, para plantear una pregunta curiosa: ¿Difiere la densidad de osos de agua entre los diferentes bosques del país, como, por ejemplo, entre los bosques de robles y arces de Massachusetts y los bosques maduros de coníferas de Oregón? Para responder a esta cuestión, visitamos varias estaciones de campo ecológicas por todo Estados Unidos, para recoger muestras. Los recuentos preliminares indican que los bosques templados de Massachusetts albergan más osos de agua que los de Kansas, Florida u Oregón, pero, como en toda investigación ecológica, un verano de muestreo no es concluyente. Hubo un dato que se repitió en todos los sitios, incluido Kansas: las densidades más altas de tardígrados habitan las copas de los árboles, más que el sotobosque. Como en muchos otros aspectos de la biología de campo, sobre todo en el estudio de la biodiversidad, tanto la financiación como la mano de obra son limitadas, y esto hace que los muestreos sean procesos lentos.

La aventura de muestreo más intimidante que emprendimos fue escalar en el Noroeste del Pacífico, donde la altura media de una conífera occidental madura es de unos sesenta metros. Nuestros estudiantes ya eran expertos en escalar robles y fresnos de quince metros de altura en Kansas, pero hay que sudar mucho para escalar una distancia cuatro veces mayor. Para garantizar una seguridad absoluta, contratamos a un profesional especializado en preparar árboles de gran altura para la escalada. Después de volar de Kansas a San Francisco, California, nuestra expedición al oeste comenzó con un paseo por un sendero accesible bajo las secuoyas rojas (*Sequoia sempervirens*), en Muir Woods. Al atardecer, les pedí a los estudiantes que escribieran en sus diarios cómo se habían sentido al ver por primera vez algunos de los árboles más altos del mundo. Uno de ellos escribió: «Al ver el tamaño de estos árboles y la magnitud de sus troncos, me doy cuenta de lo pequeño que soy en comparación con el mundo, y sobre todo con el universo». Qué gran verdad. El Noroeste del Pacífico es la región donde crecen las especies de mayor altura del mundo, y aun así, menos del diez por ciento de los estadounidenses han visto una secuoya. ¡Hay más gente que ha escalado el Everest que gente que haya escalado uno de estos árboles! A pesar de su estatura y su ubicación geográfica en una de las regiones con más inquietud científica del planeta, no se sabe apenas casi nada de sus doseles. No es fácil escalar estos gigantes de enorme altura y desprovistos de ramas laterales donde colocar una cuerda. Otros habitantes de los bosques de coníferas en el Noroeste del Pacífico son la secuoya gigante (*Sequoia gigantea*), la tsuga del Pacífico (*Tsuga heterophylla*), el pino de Oregón (*Pseudotsuga menziesii*), la tuya gigante (*Thuja plicata*), el abeto noble (*Abies procera*) y el abeto del Pacífico (*Abies amabilis*), todos ellos igualmente intimidantes para la escalada. Con la aparición de los tirachinas de gran potencia y arneses extracómodos, los científicos forestales pueden ahora explorar con seguridad las zonas superiores de las copas. Nuestros estudiantes tomaron muestras en varias copas diferentes y, una semana después, de regreso en el laboratorio, descubrieron que estos doseles húmedos constituían un hábitat ideal para el oso de agua, con dominancia de un tardígrado, el *Pilatobius oculatus*, que representaba el cincuenta y dos por ciento de los registros. Las secuoyas a menudo viven rodeadas de niebla, y esa humedad sin duda brinda un ecosistema acogedor para el oso de agua. Sus copas no sólo producen energía a partir de la luz del sol de la manera convencional, absorbiendo el agua desde las raíces, sino que algunas veces alteran el sistema para tomar un atajo y absorber directamente la niebla al interior del follaje a través de estomas. En la última década, el botanista Todd Dawson y sus estudiantes de la Universidad de California, en Berkeley, descubrieron esta vía singular, mediante la cual la niebla ofrece una ventaja para realizar la fotosíntesis, lo cual explica por qué estos árboles prosperan en las zonas costeras a lo largo de la costa del Pacífico. Además de proporcionar agua directamente a las agujas, la niebla rodea las copas y reduce la evaporación, aumentando, así, la eficacia hidrológica de las secuoyas y de la vegetación colindante. Estos grandes árboles no sólo absorben en su follaje el agua directamente de la niebla: también absorben la humedad de la manera convencional, desde las raíces hasta las hojas, a través de una amplia red de células xilemáticas. Como si fuera una pajita en un batido, el tejido del xilema funciona como un mecanismo de succión que bombea hacia arriba el agua, el ingrediente clave para la fotosíntesis, que tiene lugar en el follaje. ¡Esa pajita debe de ser gigantesca para llevar el flujo de agua hasta lo alto de una secuoya de gran altura!

Los actuales modelos de cambio climático predicen un descenso de las nieblas en la costa de California, así como un aumento de la frecuencia de las sequías. Greg Asner, biólogo en la Universidad Estatal de Arizona, realizó varios estudios aéreos de los bosques antes y después de sequías extremas entre el 2014 y el 2016, en colaboración con los investigadores Anthony Ambrose y Wendy Baxter, que escalaron los árboles y realizaron la comprobación de la verdad fundamental, al confirmar los resultados de las imágenes a través de la observación directa sobre el terreno. Mediante repetidas mediciones del dosel desde dentro y desde arriba, Greg, Anthony y Wendy descubrieron que los doseles individuales transpiraban ¡entre quinientos y ochocientos litros de agua al día! Estas enormes cifras superan con creces los cálculos estimados basados sólo en el suelo forestal. Desde entonces, varios equipos han explorado con aviones los bosques del norte de California para monitorizar el impacto de la sequía, y han calculado la pérdida de contenido de agua mediante la espectroscopia láser y los modelos satelitales. Los resultados indicaban un impactante número de copas muertas, y una severa pérdida de agua en más del treinta por ciento de un área de un millón de hectáreas de bosque, que contenía aproximadamente cincuenta y ocho millones de árboles de gran tamaño. A medida que el cambio climático provoca cada vez más episodios extremos de lluvia y niebla, estas fluctuaciones de humedad representan una enorme amenaza para la salud futura de estos gigantes que, en condiciones normales, muestran una gran resiliencia.

Para los científicos que, como yo, estudian la herbivoría, las secuoyas resultan desconcertantes porque casi no tienen depredadores que se alimenten de su follaje, a pesar del enorme bufé de ensalada que ofrecen. De hecho, se han librado de la depredación durante milenios, lo cual constituye un caso completamente único en el mundo de la ecología, donde suele haber, como mínimo, un insecto que ha evolucionado para defoliar cada especie de planta.

Paul Fine, de la Universidad de California, en Berkeley, estudia actualmente las toxinas del follaje y de la corteza de la secuoya, para averiguar cómo es que ha permanecido inmune al ataque de los insectos durante miles de años. Unas pocas observaciones históricas mencionan impactos muy leves, como el ataque de polillas de las coníferas y de los barrenadores de cabeza redonda sobre las piñas y las semillas; evidencia de follaje mordisqueado o chupado por áfidos, bráxteas, cochinillas, escarabajos de las hojas, entre otros; ramas pequeñas atacadas por escarabajos de la corteza y barrenadores; botones succionados por polillas de la punta, y el descortezado puntual de los troncos por parte de los osos. Lamentablemente, en el 2020, se registró la primera muerte de una secuoya gigante por ataque de insectos en el Parque Nacional Sequoia, en California. Este árbol tenía más de dos mil años de edad, y sus vecinos habían muerto recientemente por la sequía y los incendios, dejando al resto de individuos en una situación vulnerable. Los escarabajos de la corteza habían invadido las ramas superiores y causaron la primera muerte documentada de una secuoya por la acción de los insectos, seguramente por el estado de vulnerabilidad excepcional causada por los episodios climáticos extremos. Por desgracia, se están dando muertes similares de otras coníferas a lo largo de la región. Tal y como explicó al periódico *The Guardian* la doctora Christy Brigham, que supervisa los bosques del Parque Nacional Sequoia y de Kings Canyon: «Así no es como mueren las secuoyas gigantes. Se supone que debería seguir viva durante otros quinientos años». A medida que el cambio climático se hace más extremo, está empezando a tener un impacto incluso sobre los gigantes más viejos y grandes del mundo.

No es fácil estudiar los doseles de los árboles más grandes del planeta. No sólo las secuoyas de California, sino también las dipterocárpeas de Malasia, las ceibas de la Amazonia e incluso los árboles pulpables de África suponen grandes desafíos para la seguridad y el rigor científico. Las cuerdas y los tirachinas no sirven para sus tramos superiores y no siempre es posible construir pasarelas. Una cuarta herramienta singular en nuestro kit de herramientas del

arbonauta, empleada para las copas más altas, incluidas las del Noroeste del Pacífico, es una grúa. Aunque es caro manejarla, porque
se contrata a un operario profesional que cobra una buena tarifa, la
grúa proporciona un acceso fácil y repetido a los tramos superiores
de las copas más altas, porque el brazo de la grúa se eleva por encima. Adquirir e instalar una grúa cuesta alrededor de un millón de
dólares (generalmente se compra una grúa de segunda mano de una
empresa de la construcción), además de los gastos de su manejo.
Para ponerlo en perspectiva, ese coste es minúsculo comparado con
los presupuestos de la NASA o de un acelerador de partículas, que
requieren miles de millones de dólares, pero los presupuestos para
la biología de campo son significativamente más bajos que los que
se manejan en la exploración del espacio exterior o en la física. La
Universidad de Washington trabajó con la «grúa del dosel Wind
River» en el Noroeste del Pacífico a finales del siglo XX, que permitía un acceso único a algunos de los árboles más altos del mundo.
Yo tuve la suerte de ser una de los pocos arbonautas que usaron
esta grúa para su investigación. Nuestro equipo tomó muestras del
daño producido por los insectos en lo más alto del abeto noble,
del pino de Oregón, del tejo del Pacífico y de la tuya gigante. Seguimos un régimen de muestreo sofisticado y de alta precisión, generando ciento un puntos aleatorios en el dosel con un modelo infor-
mático tridimensional, y luego usamos la canastilla de la grúa para
acceder a cada punto de muestreo durante un periodo de una semana y realizamos mediciones replicadas del daño de los insectos sobre el follaje. Los resultados mostraron el daño por insectos más
pequeño de cualquier tipo de bosque en el mundo, con una media
de consumo del 0,3 por ciento de área foliácea. Esto no era prácticamente nada, especialmente en comparación con el follaje tropical
de Australia y de la Amazonia, que presenta una media de entre el
quince y el treinta por ciento de área foliácea consumida. La mitad
de los puntos de muestreo no presentaban herbivoría detectable en
las agujas de las coníferas, lo que las convierte en uno de los follajes
más resistentes del mundo. Estas coníferas contienen unas sustancias químicas de defensa eficaces y parecen ir por delante de la

rápida adaptación de los insectos a la hora de digerir las toxinas. Teniendo en cuenta que un abeto noble maduro supera ampliamente el millón de hojas, era crucial realizar un submuestreo preciso para medir la herbivoría y obtener resultados rigurosos. Esa misma canastilla de la grúa de Oregón era ideal también para compartir las copas de los árboles con estudiantes de secundaria que nunca podrían haber escalado hasta una altura de cuarenta y cinco metros al primer intento. Como parte de la serie de expediciones virtuales del proyecto JASON, llevé a alrededor de diez estudiantes de sexto de primaria a una miniexpedición en la enorme canastilla de la grúa Wind River, para estudiar parte del follaje más alto del mundo. Un chico del Bronx se sorprendió, emocionado, al ver una babosa banana del Pacífico sobre una rama mientras nuestra barquilla ascendía hacia lo alto, y sonrió de oreja a oreja. Las grúas lograban que fuera fácil compartir el octavo continente incluso con los ciudadanos más terrestres o con los arbonautas más improbables. Existen aproximadamente diez grúas del dosel en todo el mundo, incluidas dos en Panamá, varias en China, una en Australia, algunas en los bosques templados de Europa y algunas más en fase de preparación. Desgraciadamente, la grúa del Noroeste del Pacífico ya no se usa, después de los recortes financieros y las luchas políticas entre las empresas madereras y los ecologistas. Ahora, China lleva la delantera, con tres grúas, mientras que Alemania cuenta con dos, todas ellas dedicadas a la investigación del dosel.

Mi primera experiencia de trabajo con una grúa fue cuando estudié la herbivoría en los bosques tropicales de Panamá. Es muy emocionante estar de pie en una canastilla, muy cerca de un gran grupo de iguanas tomando el sol en las ramas superiores de un limoncillo (*Swartzia simplex*) –que más tarde calculamos que presentaba un 10,1 por ciento de herbivoría–, y tomar muestras de cientos de hojas de sol en un solo día, desde la comodidad de la canastilla de la grúa, de metro veinte por metro veinte, para moverme entre las copas. Es fácil investigar desde la canastilla de una grúa, si se compara con investigar empleando técnicas de cuerda única. El reto más duro para mí en Panamá fue aprender el vocabulario en español para darle las instrucciones direccionales al operario por el *walkie-talkie.* Como en la mayoría de la investigación foliácea, siempre soy muy estricta a la hora de no chocar con las ramas ni romper mis objetos de estudio, así que le insistía todo el tiempo al operario en que manejara la grúa con delicadeza. Las grúas casi no te hacen sudar, pero son demasiado caras para la mayoría de los equipos de biología de campo, y el muestreo está limitado al alcance del brazo de la grúa. Incluso las pasarelas ofrecen un acceso al dosel más flexible, porque los puentes y las plataformas pueden trasladarse o ampliarse por un coste relativamente bajo, y además ofrecen acceso las veinticuatro horas del día sin necesidad de contratar a operarios profesionales. Por otro lado, las grúas han impulsado la investigación del dosel en el Noroeste del Pacífico, así como en Panamá y en Alemania.

Aunque no empleamos la grúa del dosel para tomar muestras, nuestros hallazgos acerca del oso de agua en el Noroeste del Pacífico constituyen los primeros registros de este filo en estos grandes árboles, pero quizá haga falta una década para analizarlos por completo. Al margen del lento proceso de clasificar y publicar los hallazgos, nuestros estudiantes con movilidad reducida pueden estar orgullosos de sus logros, ¡y espero que más de uno opte por la biología de campo! Una estudiante destacada llamada Rebecca, que era tímida y me recordaba a mí misma, me acompañó más adelante a la selva amazónica, donde llevó a cabo una investigación sobre los árboles tropicales. Cargar y descargar la silla de ruedas de los pequeños cayucos no era fácil, pero con aquel viaje cumplió su sueño de conocer los bosques pluviales del Amazonas, ¡y hoy es ya una veterana arbonauta! No está nada mal para una jovencita reacia con movilidad reducida: trabajar junto a su supervisora del dosel, que todavía, algunas veces, se comporta como una flor de tapia, incluso de adulta.

⋙ LA SECUOYA ROJA ⋘
(*Sequoia sempervirens*)

Un misionero franciscano, fray Juan Crespí, es el autor del primer registro escrito de las secuoyas, que escribió en su diario, el 10 de octubre de 1769, cerca de la bahía de Monterey, en California. Imagina a aquellos antiguos exploradores, tratando de avanzar con sus valientes compañeros a través del peligroso territorio del norte de California, lleno de pendientes rocosas de las eras paleozoica y mesozoica, y de pronto encontrarse con un valle de enormes troncos rojizos. Crespí fue el único monje franciscano que caminó desde la Baja California hacia el norte, hasta la actual San Francisco, como diarista oficial de la expedición, y escribió acerca de unos «árboles muy altos de color rojo, desconocidos para nosotros [...] En esta región hay una gran abundancia de estos árboles, y dado que nadie de la expedición los reconoce, se les llama "madera roja" por su color». A partir de esta sencilla descripción en una entrada

de diario, este humilde misionero dio nombre a la especie norteamericana más alta y más icónica.

En la nomenclatura geológica, las secuoyas rojas se describen
como «paleoendémicas»: es decir, una especie con una población
actual que representa un vestigio de su antigua distribución, de
acuerdo con los registros fósiles. Este árbol es, en cierto sentido, un
fósil viviente. El primer registro fósil es de la era mesozoica, hace
entre ciento cincuenta y doscientos millones de años, cuando la secuoya roja contaba con una distribución casi circumpolar ártica,
estaba ampliamente extendida en latitudes medias y era común en
la región occidental de Estados Unidos, en Canadá, Europa, Groen-
landia y China. A medida que el clima fue haciéndose más frío y
más seco, hace casi dos millones de años, durante el periodo Cua-
ternario, los bosques que aún quedaban fueron restringiéndose hasta su actual distribución a lo largo de la costa del Pacífico, en Norteamérica. La intensa actividad maderera durante el siglo xix
mermó estos fragmentos aún más, hasta dejarlos reducidos a una
extensión de unas cincuenta mil preciadas hectáreas, según datos
del 2019 de la organización sin ánimo de lucro Save the Redwoods
League, en el año de su centenario.

Los primeros estudios científicos sobre la secuoya roja estaban
dirigidos principalmente a la extracción de la madera. Muchos informes forestales ofrecían estimaciones del volumen de madera en
bosques de diversa madurez, así como la variación en la estructura y en la composición de la especie. En 1934, el arboricultor
W. Hallin publicó el dato del mayor volumen de madera por unidad de área: registró 8.300 metros cúbicos por hectárea, un total
de 178 plantas. (Si tenemos en cuenta que, de media, en el 2011,
una vivienda requería 2.480 pies tabla, ¡esa cantidad de madera era
suficiente para 188 casas!) Otras investigaciones realizadas en el
siglo xx tenían en cuenta la conexión entre las dinámicas forestales
y las condiciones medioambientales, a medida que los biólogos trataban de comprender por qué estos árboles crecían tanto. A pesar
de que, en general, el interés se centraba en la cosecha de estos gigantes, la curiosidad biológica fue en aumento, y con ella, una

fuerte ética conservacionista. Hasta hace poco, el microclima, la fotosíntesis, las capas de suelo que se forman en las ramas, los requisitos lumínicos y la biodiversidad del dosel no eran temas de estudio muy habituales, y la investigación inicial se limitaba sobre todo a las observaciones a ras del suelo forestal.

Uno de los descubrimientos más recientes sobre las secuoyas rojas tiene que ver con su ciclo hidrológico. La mayor parte del follaje absorbe el dióxido de carbono por la superficie de la hoja, a través de unos poros llamados «estomas», y a su vez libera agua mediante un proceso llamado «transpiración». Esto activa una fila de moléculas de agua que se eleva como en un sifón (o una pajita) desde las raíces, a través de las células xilemáticas, una especie de canal de agua que sube por el tronco. En resumen, los árboles sirven de exhalación a nuestra inhalación, ya que filtran el dióxido de carbono del aire y lo sustituyen por oxígeno. Este proceso fotosintético por el cual los árboles pueden producir energía a partir del sol empleando el hidrógeno y el oxígeno del agua es especialmente productivo en la secuoya roja, porque, dada su altura, un gran número de capas de follaje operan de manera simultánea. Tiene un índice de área foliácea de 14,2, lo cual significa que cada ochenta centímetros cuadrados de suelo forestal hay 14,2 capas de follaje por encima. Si se cuelga una cuerda desde lo alto de la copa, ¡se cruzaría con 14,2 agujas! ¡Eso implica mucha actividad fotosintética allí arriba! (En comparación con estos datos, los bosques caducifolios de Nueva Inglaterra tienen un índice de área foliácea de aproximadamente cuatro o seis; es decir, que una cuerda colgada sólo se cruzaría con cuatro o seis hojas.) Otra estrategia acuosa muy creativa de estas copas es la absorción directa de agua a partir de la niebla hacia el interior de la hoja a través de los estomas, como se ha descrito en la sección anterior.

El conocimiento científico acerca de la secuoya roja avanzó de manera significativa una vez se desarrollaron los sistemas de acceso al dosel arbóreo. Mediante las nuevas tecnologías de ascenso a las copas, el botanista Steve Sillett, de la Universidad Estatal Humboldt, junto con varios colegas científicos, fueron los primeros en documentar la biodiversidad en los tramos superiores de la secuoya roja. Hallaron 282 especies de epífitas en nueve copas, entre las que se incluyen 183 líquenes, cincuenta briófitos (musgos) y cuarenta y nueve plantas vasculares. ¡Todo un récord para un bosque templado! Su tenacidad a la hora de escalar a más de sesenta metros, hasta lo alto de las copas, no sólo es una lección de coraje, sino que abrió un nuevo capítulo en la ecología forestal. Sillett empleó su habilidad como escalador para estudiar un gran misterio arbóreo: ¿Cómo puede el agua llegar hasta la copa de un árbol tan alto? Él fue el primero en medir este increíble proceso parecido a una pajita, mediante el que las moléculas de agua viajan desde los pelillos de la raíz, a través de la fina red de células xilemáticas llamadas «traqueidas», hasta las agujas, a una altura de decenas de metros del suelo. Más increíble aún, el agua se mueve a través de los árboles en silencio: nadie ha oído nunca el borboteo de esta maquinaria de precisión mientras paseaba por el bosque. Parte de la eficacia del transporte de agua es debido a que el follaje del tramo superior es de menor tamaño y mayor grosor que el del sotobosque, y esta práctica anatomía no sólo lo ayuda a sobrevivir a los fuertes vientos y las tormentas, sino que también soporta la enorme tensión generada por el flujo ascendente desde la raíz a la copa. Esta extraordinaria tensión del agua elevándose por el tronco, generada por las hojas, recibe el nombre de «acción capilar». Los científicos han descubierto que los ejemplares maduros, que cuentan con esta eficaz estación de depuración de agua, producen más madera que los individuos jóvenes, lo cual convierte a esta especie en una gigantesca unidad de captura y almacenamiento de carbono, que continúa expandiéndose a medida que crece. Es el patrón opuesto al de los mamíferos, en los que el índice de crecimiento disminuye con la madurez. Tal vez no sea tan sorprendente si pensamos que los árboles más viejos retienen una mayor cantidad de follaje que los jóvenes, lo cual les permite crecer más y mejor con la edad, y transformar en madera una cantidad de dióxido de carbono en constante expansión. Los arbonautas descubrieron otra curiosidad relacionada con las complejas copas de las secuoyas rojas: los árboles desarrollan nuevas ramas líderes (brotes en la punta de las ramas) en el tramo superior del dosel cuando los vientos o las tormentas dañan los troncos. Esta respuesta a condiciones climáticas repetidas tiene como resultado unas complicadas masas de diferentes líderes, tanto vivos como muertos, y una enorme cantidad de residuos en las horcaduras del árbol, donde se establecen minicomunidades enteras. Un ejemplar de secuoya roja llamado Ilúvatar, por el personaje de *El hobbit* y *El señor de los anillos*, de J. R. R. Tolkien, cuenta con doscientos veinte troncos diferentes que se ramifican en la copa, que son resurgimientos después de incendios o de episodios de grandes vientos, y contiene más de veintiocho mil metros cúbicos de madera. Steve Sillett y sus colegas se encargaron de medir este árbol, que está considerado como el organismo vivo más complejo del planeta, y si consiguieron descubrir esta maravilla de estructura fue gracias a que escalaron hasta lo más alto del dosel.

La secuoya roja no es sólo físicamente compleja, sino que su genética es igualmente extraordinaria. Recientes investigaciones indican que cuentan con sesenta y seis cromosomas, una cantidad impresionante si se compara con la mayoría de las coníferas, que sólo tiene entre veinte y veinticuatro. Nuestro genoma humano, en cambio, contiene sólo cuarenta y seis cromosomas. Esta anomalía, llamada hexaploidía porque la especie tiene seis copias de cada cromosoma, explica su enorme variación genética. Pero sólo quedan algo más de cuarenta mil preciadas hectáreas de bosques primarios en el Noroeste del Pacífico, que suponen menos del cinco por ciento de su distribución original, antes de que las actividades humanas destruyeran a estos gigantes. Los científicos reconocen que el cambio climático, con la previsible disminución de la niebla y el aumento de la sequía, supone una amenaza aún mayor para la secuoya roja y otras coníferas del Noroeste del Pacífico. La organización Save the Redwoods League financia gran parte de la actual exploración de estos doseles, para ampliar nuestro conocimiento acerca de la supervivencia de estos árboles. La secuoya de la costa no es el árbol más grande del mundo: ese título pertenece a su pariente del interior, la secuoya gigante. Pero sí es el más alto: alcanza los ciento quince metros de altura. Si uno de estos árboles brotara junto a la Estatua de la Libertad, podría superar la antorcha. Y para conseguirlo, tardaría en crecer hasta ahí más de dos mil años, de acuerdo con la dendrocronología, que estudia la datación de los anillos de crecimiento.

¿Podrá la ciencia del dosel salvar a la secuoya roja? No, pero puede ayudar a salvarla, al poner en valor a estos magníficos árboles. Tal vez nosotros, los humanos, podamos aprender de estos gigantes ancianos. Quizá puedan enseñarnos algo sobre la adaptabilidad y la supervivencia. Estos árboles demuestran tener fortaleza y resiliencia, atributos que son cada vez más importantes en un entorno cambiante. La secuoya roja es el tigre del reino botánico: una especie icónica que representa la resistencia y que despierta un sentimiento de asombro ante el mundo natural.

12

Cómo salvar los últimos y mejores bosques

⤖ ⤗

Fomentar la conservación a través
de Mission Green

«Destruir un bosque pluvial tropical y otros ecosistemas ricos en especies por dinero es como quemar todos los cuadros del Louvre para preparar la cena.»

E. O. WILSON,
catedrático emérito de Biología,
Universidad de Harvard

En el 2020, después de la tragedia de los incendios que quemaron millones de hectáreas en la Amazonia, Australia, Indonesia, California y en otros lugares, me entrevistaron en la BBC. Sólo me hicieron una pregunta: ¿Qué pasará si desaparecen todos los bosques del planeta? Mi respuesta fue simple y cruda: La gente no sobrevivirá. ¡Y punto! Los árboles aportan funciones esenciales que nos mantienen vivos y sin esas máquinas verdes, con sus tropecientos millones de fábricas de energía eficiente (es decir, las hojas), la vida en la Tierra no puede existir. Como arbonauta, grito incansablemente el mensaje de la importancia de los árboles y de cómo mantienen sano el planeta, así como al ser humano. ¡Sobre todo los árboles grandes! Esta es una lista simplificada de diez servicios al ecosistema que proveen los árboles, incluso mientras dormimos:

1. Agua dulce
2. Equilibrio climático
3. Medicinas
4. Materiales de construcción
5. Almacenamiento de carbono
6. Producción de energía
7. Alimento
8. Banco genético de millones de especies
9. Conservación del suelo
10. Refugio espiritual

No es posible sobrevivir en un planeta en el que la pérdida de raíces arbóreas permite que el suelo se erosione y acabe en los canales fluviales; un planeta en el que, con la desaparición de los doseles, el follaje ya no limpie y haga circular el agua dulce; en el que más de la mitad de la biodiversidad terrestre ya no tenga donde vivir; en el que nuestros mayores almacenes de carbono se hayan talado, o en el que hayamos perdido un techo arbóreo que nos da sombra, nos refresca y nos protege. Después de los devastadores incendios del 2020 en Australia, nuestra granja familiar ya no está, después de seis generaciones. Se calcula que mil millones de animales fueron consumidos por las llamas, víctimas de un episodio de altas temperaturas y sequía que batió todos los récords en el antiguo «país afortunado», y que los científicos vincularon directamente con la actividad humana que está calentando nuestro planeta. Después de unos incendios de este calibre, hará falta algo más que unas cuantas temporadas de plantar plántulas para restaurar los ecosistemas australianos, y probablemente algo así como un siglo para restaurar la suficiente cubierta de dosel para acoger a los koalas, los verdugos píos y los canguros.

La Royal Statistical Society (RSS), en su premio decenal a la mejor estadística global, que pone el foco en los temas más urgentes para el mundo, reveló en la edición de 2010-2019 un crudo presagio para el futuro global de los bosques: el dudoso honor fue para «8,4 millones de campos de fútbol de tierra deforestada en la

Amazonia durante la última década» (equivalente a 10,3 millones de campos de fútbol americano, más de sesenta mil kilómetros cuadrados). A pesar de la buena intención de la Royal Statistical Society, que pone el foco en este horror, el ritmo de la deforestación se está acelerando. Los tres principales bosques pluviales tropicales primarios del Sudeste Asiático, la Amazonia y la cuenca del Congo se están reduciendo rápidamente a causa de la actividad humana. Además, varios de los bosques más importantes en las regiones templadas del norte de Rusia, China y Canadá también han sufrido recientes incendios catastróficos y una deforestación excesiva. No se trata sólo de la cantidad de superficie, sino también de la biodiversidad y de la madurez, circunferencia y altura de los árboles. En última instancia, las grandes extensiones de bosques primarios o maduros son los más valiosos. Lo diré otra vez: ¡salvemos el dosel de los árboles grandes! Nuestro planeta alberga aproximadamente 60.065 especies de árboles, y de estos, más de la mitad crece sólo en un país: es decir, que son endémicos y pueden extinguirse si la región es deforestada. Las plantas contienen más biomasa que cualquier otro reino de vida, y ellas inclinan la balanza, con sus cuatrocientas cincuenta gigatoneladas de carbono, en comparación con apenas una en el caso de los artrópodos, 0,06 en el de los humanos y sólo 0,002 en el de las aves silvestres. (Da que pensar que los mamíferos salvajes tengan un peso de dos gigatoneladas, y sin embargo el ganado doméstico alcance una cifra veintidós veces mayor.) Desde que los humanos dominan el planeta, el peso total de biomasa vegetal se ha reducido a la mitad, hasta alcanzar las cuatrocientas cincuenta gigatoneladas, debido a la creciente deforestación. El follaje absorbe el exceso de dióxido de carbono que el ser humano emite a la atmósfera en forma de contaminación, y la madera es, esencialmente, carbono almacenado, de manera que los árboles de gran tamaño constituyen un excelente sumidero de carbono. Los fragmentos de bosque pluvial tropical que nos quedan almacenan ahora menos carbono que hace veinte años, en parte porque eliminamos los árboles viejos y, en el mejor de los casos, replantamos plántulas en paisajes desnudos, calientes y secos. En los años noventa, los bosques de la Amazonia absorbían cuarenta y seis mil millones de toneladas de dióxido de carbono, mientras que, en la segunda década del siglo XXI, esta cifra se redujo a veinticinco mil millones de toneladas. Con el impacto continuo del cambio climático causado por la actividad humana, que provoca incendios, sequías, altas temperaturas y plagas de insectos en los bosques restantes, los modelos climáticos ahora predicen que, en el año 2035, la Amazonia podría convertirse en una fuente de carbono en lugar de un almacén de carbono, teniendo en cuenta la trayectoria de degradación que sufre.

Esos mismos árboles de gran tamaño no sólo almacenan carbono, sino que además dan sombra al suelo y equilibran las temperaturas en todo el planeta. Un estudio realizado por científicos en Brasil, publicado en la revista *PLOS One* (2020), analizaba el impacto de diferentes porcentajes de deforestación de bosque pluvial atlántico en Brasil, y reveló que, con una deforestación total, la temperatura del aire aumentaría hasta cuatro grados centígrados, y con el veinticinco por ciento de deforestación, la temperatura aumentaría un grado centígrado. Los estudios acerca de los bosques subtropicales en China muestran que aquellos que cuentan con una diversidad más alta están mejor preparados para hacer frente a la sequía que las masas forestales con baja diversidad. Se calcula que, en el año 2050, el sesenta y seis por ciento de los seres humanos vivirá en las ciudades, de modo que los árboles urbanos también son prioritarios como producto de alto valor. El Servicio Forestal de Estados Unidos calculó que el valor económico de la cubierta arbórea en el centro de Austin, en el estado de Texas, ascendía a treinta y cuatro millones de dólares anuales por los servicios al ecosistema que proporcionan esos árboles. Pero la esperanza de vida media de un árbol urbano es cada vez más corta: generalmente se talan tras apenas nueve años de vida, para despejar el terreno para arrasarlo con carreteras más anchas o nuevas construcciones.

Los bosques tropicales no sólo funcionan como un Control Central del Clima en todo el planeta, con su gestión eficaz y silenciosa del intercambio de gases y de los ciclos hidrológicos, sino que, además, albergan la mayor cantidad de biodiversidad, y es que se calcula que dos tercios de las especies terrestres viven en el diez por ciento de la superficie terrestre de la Tierra. He dedicado la mayor parte de mi carrera a explorar la biodiversidad en las copas de los árboles tropicales, con las extraordinarias estimaciones de los arbonautas de que el cincuenta por ciento de nuestras especies terrestres habitan los tramos superiores de los árboles, y aun así, aproximadamente el noventa por ciento todavía no ha sido clasificado científicamente. En resumen, estamos destruyendo especies antes incluso de descubrirlas, incluidas plantas capaces de resistir ante enfermedades, polinizadores especializados para las higueras o ciertos doseles especialmente adaptados para oscilaciones intermitentes de calor y sequía. En su libro *Medio planeta*, E. O. Wilson, el reputado biólogo de Harvard, plantea la solución de dejar la mitad del planeta al noventa y nueve por ciento de la biodiversidad, y la otra mitad a una sola especie: el *Homo sapiens*. Wilson incluye una lista de dieciséis bosques de vital importancia para su conservación prioritaria, que coincide con mis propias prioridades en mi investigación: los bosques iglesia de Etiopía, los bosques de las montañas Ghats occidentales de la India, las secuoyas rojas de California, el Sudeste Asiático y la cuenca del Amazonas. Empleando esta lista, muy bien argumentada, como plan de acción, he lanzado un nuevo proyecto llamado Mission Green, para dar prioridad a salvar los doseles de mayor biodiversidad de la Tierra. Con el respaldo de mi colega Sylvia Earle, la distinguida oceanógrafa, que dirige Mission Blue, imitaré su objetivo de encontrar «puntos de esperanza» en los océanos, que ella define como áreas de aguas sanas y alta diversidad. En mi caso, identificaré «puntos calientes» de biodiversidad en los doseles de todo el mundo y construiré pasarelas para proporcionar un incentivo económico a las poblaciones locales, para que puedan conseguir un sustento sostenible a partir del ecoturismo, en lugar de la explotación maderera. Mission Green está casi en marcha y recaudando fondos, con pasarelas en funcionamiento en Malasia,

Florida, el Amazonas peruano y Ruanda, y hay otras en preparación en Mozambique y en los bosques de secuoyas de California. Existen otros bosques que necesitan pasarelas urgentemente para fomentar la conservación antes de que se produzca una degradación excesiva: en Madagascar, en las Ghats occidentales de la India, en Papúa Nueva Guinea y en el Congo. Después de crear pasarelas del dosel que dan trabajo a las poblaciones locales (especialmente a las mujeres), mi pequeña fundación (www.treefoundation.org) tiene como objetivo recaudar fondos para becas dirigidas a estudiantes que acudan a estudiar la biodiversidad de estos puntos calientes del dosel, y continuar documentando ese noventa por ciento de criaturas desconocidas que viven sobre nuestras cabezas.

Lo único positivo que ha salido de los recientes incendios y de la excesiva deforestación es que estos desastres han puesto el foco en el alcance global de la destrucción de árboles, unas duras cifras que sirven de inspiración para que millones de ciudadanos se manchen de barro y ayuden a restaurar el planeta. Etiopía entró en el *Libro Guinness de los récords* al plantar más de 352 millones de plántulas en doce horas en el 2019. Casi un mes más tarde, el estado indio de Uttar Pradesh plantó doscientos veinte millones de plántulas en un día: aproximadamente una por cada residente de la región. Los ciudadanos de ambos países participaron en estas jornadas masivas de plantación, cavando agujeros y regando las plántulas. El Instituto Federal de Tecnología de Suiza publicó un informe que declaraba que el planeta podía restaurar unos novecientos millones de hectáreas más de cubierta arbórea, empleando terrenos poco utilizados actualmente o superficies deforestadas. Asimismo, calcularon que, después de varias décadas de crecimiento, estos nuevos paisajes arbóreos podrían eliminar alrededor de dos tercios de los tres mil trescientos millones de toneladas de carbono que se calcula que el ser humano ha emitido a la atmósfera desde la Revolución industrial. Con técnicas aéreas similares, se ha realizado el recuento de todos los árboles de nuestro planeta, y se calcula que en la Tierra todavía viven en torno a tres billones (o sea: ¡3.000.000.000.000!); Rusia cuenta con unos 642 mil millones de árboles, seguido de Canadá y Brasil, y Estados Unidos está en cuarto lugar, con 228 mil millones. A pesar de que algunos científicos cuestionan las cifras exactas que se dan en estos estudios y en estas jornadas de plantación, la cubierta del dosel está ampliamente reconocida como un elemento esencial para la salud de nuestro planeta. Salvar los árboles de gran tamaño sigue siendo la mejor opción para la buena administración de los recursos naturales, y la plantación de plántulas le sigue de lejos, en segundo lugar. Después de todo, las plantas jóvenes se enfrentan a unas probabilidades de supervivencia insólitas. Deben hacer frente a obstáculos biológicos como la competición, la posibilidad de ser pisoteadas, deben obtener suficiente luz solar y agua, evitar a los depredadores, así como las amenazas adicionales causadas por el ser humano: el fuego, la sequía, temperaturas globales cada vez más altas y la deforestación a gran escala. La probabilidad de que incluso las plántulas más robustas lleguen a adultas es abrumadoramente baja, y si consiguen crecer a lo largo de muchas décadas y convertirse en árboles adultos, sólo entonces podrán acoger una gran biodiversidad, almacenar toneladas de carbono y crear un ecosistema forestal sano. Y ese «si» es muy grande, porque puede que, para entonces, gran parte de la biodiversidad original ya se haya extinguido.

Tenemos mucho bosque y seguimos plantando más, pero cada año se talan mil quinientos millones de árboles. (El número de árboles que se planta no se puede comparar porque varía drásticamente de año en año y las cifras ni siquiera se acercan a cantidades equiparables al valor ecológico y económico de los árboles maduros.) Alrededor de la mitad de los bosques primarios del mundo (es decir, los bosques originarios o maduros) ha sido completamente destruida desde que nació la generación del *baby boom*. No resulta sorprendente que esas masas forestales maduras alberguen la mayor parte del carbono global, una cantidad significativamente mayor que la que almacenan las plántulas que luchan por sobrevivir en las duras condiciones del suelo en

Etiopía o la India. No está bien talar árboles de gran tamaño y luego plantar unos cuantos árboles pequeños para compensar. Debemos alejar nuestra repuesta al cambio climático de las soluciones rápidas o simplistas para almacenar carbono, y crear soluciones a largo plazo que reduzcan la contaminación de las emisiones de carbono. Lo repetiré de nuevo: los árboles de gran tamaño son un recurso global de un enorme valor. Hace dos siglos, Estados Unidos deforestó más del noventa y cinco por ciento de sus bosques primarios, pero los paisajes templados son más fáciles de restaurar que los tropicales, y la floreciente economía estadounidense podría fácilmente hacer frente al coste de la reforestación. Pero no es el caso de Brasil, Madagascar ni el Congo, donde harán falta siglos y un coste significativamente mayor para restaurar completamente un dosel tropical complejo, en comparación con los bosques templados de Europa y de Norteamérica.

Así que, ¿qué se puede hacer para conservar los bosques, ahora reconocidos como uno de los recursos más valiosos de nuestro planeta?

Primero, debemos asegurarnos de que todos los seres humanos tengan la oportunidad de conocer las asombrosas maravillas de los árboles. Animo a los padres a llevar a sus hijos a las pasarelas del dosel, no sólo a la montaña rusa. Cuando las familias y los ciudadanos viven la experiencia del dosel, salen con una educación acerca de la increíble complejidad y la magia de este tesoro verde, y más motivados para protegerlo.

Segundo, debemos tener cuidado con lo que gastamos y con cómo (quizá sin darnos cuenta) contribuimos a la pérdida de árboles. Hay que redirigir el poder del consumo de los países industrializados. La deforestación en la Amazonia está impulsada, en gran medida, por los consumidores de las zonas templadas, que compran maderas tropicales (muchas veces importadas de forma ilegal), soja, frutas tropicales, carne de res y aceite de palma. Si los individuos con el mayor poder de consumo insisten en que sus gobiernos incluyan en las etiquetas de los productos el origen geográfico del café o la soja, nuestras carteras podrían llevar al éxito de la conservación. Por favor, pide café que haya sido plantado bajo abrigo, cultivado bajo el dosel del bosque pluvial, no al sol en campos previamente deforestados. Insiste en comprar productos sin aceite de palma (y cuidado, porque algunos fabricantes usarán veinte nombres distintos para el aceite de palma, con el fin de confundir al consumidor). No compres madera, soja o carne de res provenientes de países tropicales y pide a los comerciantes que insistan a sus proveedores en su correcto etiquetado. Escribe a los políticos para pedir que las etiquetas incluyan la huella de carbono de los productos que llegan a nuestras manos, además de la información sobre su origen geográfico.

Una tercera acción muy generosa es convertirse en un científico ciudadano. Únete a una expedición de Earthwatch, a un *bioblitz* local o a un estudio de la cubierta del dosel urbano, para contribuir a nuestro conocimiento de los árboles. Los biólogos de campo como yo agradecemos la ayuda del público para contar bichos o medir hojas, y más ojos y más manos consiguen mejores resultados. ¿Por qué no organizar un *bioblitz* local en tu propio entorno o en un parque cercano, junto con otras familias? Los niños se lo pasarán en grande y tal vez el Ayuntamiento de tu localidad o los arbonautas locales puedan usar los datos obtenidos.

Y cuarto, lee todo lo que puedas acerca de los bosques y comparte ese conocimiento con tu familia, en la escuela, con equipos deportivos, grupos comunitarios, amistades y profesorado. ¿Por qué no te conviertes en un experto dendrólogo *amateur* y ayudas a otros a aprender? Sin conocimiento, la gente está menos motivada para conservar los bosques.

Quinto, conviértete en representante de los árboles de gran tamaño, especialmente teniendo en cuenta (como dice Dr. Seuss en su libro *El lórax*), que ellos no tienen voz. Defiéndelos en tu comunidad y no permitas que la construcción de grandes almacenes, edificios o carreteras asesine a tus gigantes verdes ancianos, convirtiéndolos en víctimas del «progreso». Si los humanos fueron capaces de construir las pirámides o Machu Picchu hace cientos de años, los constructores actuales sin duda pueden emplear una

tecnología avanzada para mantener unos cuantos árboles de gran
tamaño en medio de la epidemia de cemento. Plantar plántulas o
incluso retoños está muy bien, pero no hay nada que pueda sustituir un gran dosel maduro en cuanto a filtración de agua y producción de oxígeno. Todas las criaturas de tu comunidad te esta-
rán muy agradecidas por salvaguardar su hogar. Los árboles
grandes son un seguro de vida para la siguiente generación.

En este libro, he contado la vida de una científica; concretamente, una bióloga de campo que estudia la biodiversidad, empezando por ese pasatiempo infantil de vital importancia: el juego al
aire libre. La receta habitual para una bióloga de campo: Leer.
Observar. Hacer preguntas. Escribir un diario. Realizar trabajo de
campo. Continuar la investigación con los experimentos en el laboratorio. Tomar muestras con rigor estadístico. Recopilar enormes bases de datos. Publicar. Revisar. Reenviar manuscritos. Diseñar experimentos buscando la perfección, controlando cada
variable externa. Publicar. Solicitar becas. Solicitarlas otra vez.
Recoger series de datos más amplias. Competir por un puesto fijo
en el ámbito académico. Solicitar ayudas. Recoger más datos. Durante mucho tiempo, «publica o muere» se consideraba el mantra
de una trayectoria científica de éxito. Pero hacia la mitad de mi
carrera profesional, mi trayectoria cambió para acometer otras acciones, acciones necesarias y urgentes si lo que buscamos es salvar
los propios bosques que estudiamos los científicos: Educar a los
niños acerca de los árboles. Explicarle la ecología al público. Integrar a las diversas partes interesadas. Escribir para los medios generalistas, no sólo para las revistas académicas. Realizar acciones
directas para conservar los bosques. Gritarlo a los cuatro vientos.
Entrenar a la siguiente generación de biólogos conservacionistas.
Involucrar a las mujeres como gestoras del medio ambiente. Forjar
alianzas con curas, líderes corporativos y otros agentes comunitarios. Compartir historias acerca de los ecosistemas. Orientar a las
niñas acerca de la ciencia. Recoger datos. Colaborar con científicos
ciudadanos. Construir pasarelas para salvar bosques. Escribir acerca de ello. Estudiar bosques en los que nadie hasta entonces ha

financiado una investigación. Regalar libros sobre árboles a niños indígenas. Enseñar al alumnado a convertirse en futuros arbonautas. Hablar de ello. Compartir ideas con quien quiera escuchar. Al final, mis nietos tal vez no lean ni aprecien mi arsenal de publicaciones técnicas ni mi currículum de veinticinco páginas, pero deseo fervientemente que aprecien los bosques nativos de Etiopía o que se maravillen con las vistas desde la pasarela del dosel de Florida, de Vermont, de Australia o de Malasia.

He dedicado casi seis décadas a una pasión por las plantas que dura toda mi vida. Era fan de los pistilos, no de las pistolas, y coleccionaba escarabajos, no discos de los Beatles. He compartido mi historia de hojas y tirachinas aquí, con la esperanza de que tal vez resuene en los oídos de una persona joven a la que tachen de loca de la naturaleza porque prefiere escuchar el canto de un petirrojo en vez de jugar a videojuegos. Quizá mis desventuras motiven a lectores y lectoras de todas las edades a ver de otra manera las copas de los árboles y a apreciar los complejos protocolos que cumplen los biólogos de campo que los estudian. Incluso como adulta, me consideran una clienta excéntrica cuando, ante la llegada de un huracán, llevo mis bichos conservados en viales al banco para guardarlos en la caja fuerte, mientras que todo el resto del mundo hace cola para poner a salvo sus joyas de diamantes. Mis hijos me toman el pelo para que cambie mi título de «arbonauta» por «arbotarada», porque el mundo de la conservación de los bosques es absolutamente deprimente y desordenado. Pero nunca subestimes el poder de uno. Sólo soy una arbonauta, y llego hasta donde puedo. Pero sé que el mundo necesita más científicos ciudadanos que se maravillen con los mecanismos de los ecosistemas forestales; más comunidades que salven a los árboles grandes, sus residentes más venerables; más arbonautas para compartir sus conocimientos en lugares poco explorados, y más inclusividad de todas las diversas voces que claman por la conservación. Si estoy en lo cierto, con mucho trabajo, una buena dosis de suerte y una disposición a creer que estamos todos juntos en esto, una arbonauta puede sembrar un bosque de científicos ciudadanos, listos para erigirse hasta lo más alto por sus amados árboles.

Quizá lo más importante de todo: enseñemos a cada niño y a cada niña acerca de los bosques que los mantienen vivos. Podríamos empezar escalando un árbol.

Glosario[1]

꧁ ꧂

Accesión: en el contexto museístico, la adquisición de un espécimen en una colección.

Áfido: pequeño insecto herbívoro de cuerpo blando que absorbe la savia de los tallos y de las hojas de la planta.

Agalla: excrecencia anormal que se produce en la planta en respuesta a la presencia de larvas de insectos, o algunas veces, de ácaros u hongos.

Agroforestería: sistema de uso de la tierra que combina cultivos con un dosel de árboles nativos.

Agudo: puntiagudo; en la hoja, con bordes acabados en punta.

Ápice: la punta o el extremo.

Arbonauta: persona que explora las copas de los árboles.

Aspirador: aparato empleado para cazar pequeños insectos por succión, como la mosca de la fruta, los colémbolos, hormigas y cigarras.

Bioblitz: estudio de la biodiversidad, realizado en grupo, en un tiempo determinado.

---

1. Véanse también los glosarios de la Sociedad Española de Ciencias Forestales (https://secforestales.org/diccionario_forestal_secf) y de la Organización para Estudios Tropicales (https://sura.ots.ac.cr/florula4/docs/glosario_botanico.pdf). *(N. de la T.)*

Biodiversidad: variación de especies dentro de un ecosistema o hábitat determinado.

Biomasa: el peso total de los organismos vivos o de una especie, individuo o comunidad.

Bosque de clima templado: masa arbórea que crece en climas moderados, generalmente con cuatro estaciones, situado entre las regiones tropicales y boreales.

Bosque pluvial tropical: bosque húmedo latifoliado situado cerca del ecuador, de elevada pluviosidad y generalmente, aunque no siempre, con un alto grado de biodiversidad.

Bosque primario: bosque virgen o primitivo que se conserva relativamente inalterado por la actividad humana.

Bráctea: estructura en forma de escama, similar a una hoja pero de menor tamaño.

Bromelia: planta tropical o subtropical con rosetas de hojas rígidas, a veces espinosas; algunas son epífitas.

Brote epicórmico: vástago o rama pequeña que crece en la base del árbol o sobre el tronco, a menudo como respuesta a un estrés sufrido por el árbol, por el cual la foliación no se está dando de forma sana.

Brote: nuevo tallo o retoño que surge de la base de una parte más vieja del árbol.

Caducifolio: relativo a muchos árboles y arbustos, que pierde las hojas cada año.

Cáliz: conjunto de sépalos que forman la espiral externa de partes florales bajo la corola.

Carnívoro: animal que sólo come otros animales.

Carnoso: relativo a la consistencia, sustanciosa, tierna, parecida a la carne.

Caulífera: flor o fruto que se desarrolla directamente en el tronco del árbol o sobre las ramas más viejas, en lugar de en los extremos de las ramas, como ocurre de forma habitual.

Cayo: isla de pequeño tamaño formada por arena o roca de coral.

Científicos ciudadanos: científicos *amateurs* voluntarios que participan en proyectos de investigación.

Clorofila: pigmento verde presente en todas las plantas verdes, que absorbe la luz del sol, necesaria para realizar la fotosíntesis.

Cloroplasto: órgano celular que contiene clorofila, donde tiene lugar la fotosíntesis.

Cola de ballena: placa multianclaje de metal que permite descender por la cuerda en la escalada.

Cordado o cordiforme: con forma de corazón.

Corola: conjunto de pétalos situados por encima del cáliz que, con forma de espiral, habitualmente forman la parte colorida de la flor.

Dentada: referido a la hoja, que tiene dientes o puntas parecidas a dientes en los bordes.

Descomponedor: organismo que descompone la materia muerta para su reciclado.

Dosel: la capa superior de follaje de una planta o de un ecosistema, que puede medir desde unos milímetros, en el caso del musgo, a más de noventa metros, en el caso de algunos árboles tropicales.

Ecosistema: comunidad de especies interconectadas, que engloba también su entorno físico.

Ecoturismo: una forma de turismo de bajo impacto en el que se visitan zonas vírgenes o protegidas y que se rige por criterios sostenibles.

Emergente: referido a un árbol, que crece a mayor altura que los demás, de manera que su dosel sobresale por encima del resto de los árboles.

Endémica: referido a una especie, que ocurre de forma natural en una región concreta.

Epifilia: capa de microflora que crece sobre la superficie de la hoja, generalmente formada por musgo o liquen.

Epífita: planta que crece sobre otra planta pero no establece una relación parasítica con ella.

Especializado en un anfitrión: insecto que consume una especie de planta en concreto.

Especie invasora: especie no nativa que compite y vence sobre la especie nativa y/o perturba un ecosistema natural.

Especie: segunda parte del nombre científico, que se refiere a una única población que comparte características genéticas y morfológicas.

Estadio o instar: fase entre los periodos de muda en el desarrollo de un insecto.

Estambre: parte masculina de la flor, compuesta por un filamento o tallo, y la antera, donde se produce el polen.

Estigma: parte pegajosa del pistilo, generalmente en el extremo del carpelo, un receptáculo columnar en el que el polen se adhiere y por el que se introduce en la planta para su fertilización.

Estomas: poros situados en las superficies de las hojas que controlan el intercambio de gases.

Estranguladora: tipo de higuera que inicia su crecimiento en una rama del dosel como epífita, pero que finalmente enraíza en el suelo, formando un tallo leñoso alrededor del árbol anfitrión en el que germina, y al que por lo general acaba estrangulando.

Extremófilo: microorganismo que vive en condiciones extremas de temperatura, acidez, presión, alcalinidad o concentración química.

Floema: tejido vascular de las plantas que transporta los azúcares y otros compuestos metabólicos desde las hojas hasta las raíces.

Fotosíntesis: proceso mediante el cual las plantas usan la energía de la luz solar para producir azúcares ($C_6H_{12}O_6$) y oxígeno (O_2) a partir del dióxido de carbono (CO_2) y el agua (H_2O).

Frass: bolitas de materia sólida de desecho generadas por los insectos.

Frugívoro: que se alimenta de fruta.

Gamba o raíz tabular: sección lateral plana en la base del tronco del árbol que forma un saliente del tronco y funciona como una extensión de las raíces y como sistema de refuerzo o contrafuerte.

Género: primera sección del nombre científico, que hace referencia a una categoría que contiene varias especies.

Glabra: referido a la superficie de la hoja, lisa, desprovista de pelos o pelusa.

Glauco: de un apagado gris verdoso o azulado.

Haz vascular: conjunto de vías o tejidos conductores situado justo debajo de la corteza exterior, que contiene el xilema y el floema.

Hemiepífita: planta que pasa la mitad de su vida como epífita y la otra mitad, fijada al suelo mediante raíces.

Herbario: colección de plantas secas y prensadas, etiquetadas con el nombre, la ubicación y la fecha de recolección.

Herbivoría: consumo de materia vegetal (el **herbívoro** es el organismo que consume sólo materia vegetal).

Hexaploidía: célula o núcleo que contiene seis copias de cada cromosoma.

Hipótesis: propuesta de explicación basada en una evidencia limitada, como punto de partida para una investigación.

Hoja compuesta: hoja dividida en láminas foliáceas llamadas hojuelas o foliolos, con un tallo principal que contiene un peciolo que sostiene todos los foliolos.

Hoja simple: hoja que no está dividida en varios foliolos.

Hojas: sección foliácea de cualquier planta.

Lanceolada: hoja con forma de punta de lanza, más ancha cerca de la base y más estrecha hacia el extremo.

Larva: fase inmadura, entre el huevo y la crisálida, también llamado cresa, oruga o gusano.

Leguminosa: planta perteneciente a la familia de las *Fabaceae*, que da el fruto en vainas de legumbres.

LIDAR: acrónimo de *Light Detection and Ranging*, sensor de «detección y alcance mediante la luz», un sistema de imagen por láser que se usa para crear modelos digitales del terreno en alta resolución.

Lignotubérculo: raíz subterránea, generalmente individual, que constituye un importante depósito de agua y nutrientes.

Limbo o lámina foliácea: sección plana, verde, de cualquier tipo de follaje.

Micorriza: relación simbiótica entre las raíces de una planta vascular y los hongos subterráneos, que le otorgan a la planta una ventaja competitiva, al aportarle un extra de agua y nutrientes del suelo.

Minador: insecto que vive en y se alimenta de las células que se encuentran entre el haz y el envés de la hoja.

Monodominante: cuando una especie de árbol predomina sobre el resto de la masa forestal.

Monoica: planta que tiene órganos reproductivos tanto masculinos como femeninos en un mismo individuo.

Mosquetón: enganche de metal que se emplea en la espeleología y en la escalada.

Nectario extrafloral: glándula que secreta néctar pero que no se encuentra en la flor sino en otro lugar, como la lámina foliácea, y sirve para atraer a las hormigas, que, a su vez, protegen el follaje de los herbívoros.

Oblonga: forma de la hoja alargada, más larga que ancha.

Oología: estudio de los huevos de ave.

Ornitología: estudio de las aves.

Oruga: etapa larvaria de las mariposas y las polillas.

Ovario: parte de la flor que se desarrolla y se transforma en el fruto.

Palmeada: hoja en forma de mano abierta, que suele tener entre cinco y siete lóbulos.

Perennifolia: planta que conserva las hojas verdes a lo largo de todo el año.

Pétalo: parte colorida de la flor, a menudo dispuesta en círculo alrededor del ovario y el pistilo.

Pistilada: flor que tiene pistilo pero no estambres funcionales.

Pistilo: parte reproductiva de la planta, que por lo general sobresale para facilitar que los polinizadores recojan el polen para la reproducción sexual de la planta.

Planta vascular: planta que cuenta con un sistema constituido por el tejido vascular para el transporte de agua y nutrientes, como los árboles, los helechos, las angiospermas y las gimnospermas, en contraposición con los musgos.

Puño o jumar: dispositivo mecánico, sujeto a una cuerda fija, que se tensa cuando se apoya en ella un peso, y se destensa cuando no hay peso.

Segundo crecimiento: vegetación que sustituye la vegetación primaria o primitiva.

Semillazón: producción altamente variable de frutos por parte de un árbol, con episodios de producción sincronizada masiva intermitente, que pueden ser anuales o hasta decenales.

Sépalo: lóbulo inferior del cáliz que generalmente es verde y tiene aspecto de hoja.

Sotobosque: capa inferior de vegetación, por debajo del dosel principal del bosque.

Sucesión: sustitución gradual de una comunidad de plantas por otra.

Tallo: eje de un brote vegetal.

Tanino: sustancia amarga producida en la corteza y en otros tejidos de las plantas, que se emplea para repeler el ataque de los insectos.

Tardígrado: también conocido como «oso de agua»; organismo microscópico de la categoría taxonómica del mismo nombre que vive en los sustratos húmedos y es pariente de los artrópodos.

Taxón: grupo o categoría de clasificación de los seres vivos, que puede referirse a la familia, el género o la especie.

Taxonomía: ciencia que se ocupa de la clasificación de los seres vivos y su ordenación mediante nombres.

Terrestre: que se desarrolla sobre el suelo.

Xilema: tejido vascular de las plantas que transporta hacia arriba el agua y los nutrientes disueltos, desde las raíces hasta las hojas.

Agradecimientos

Como en todos mis trabajos de conservación en el ámbito internacional, este libro surge gracias al apoyo de una comunidad global, no sólo de mí, desde luego. ¡Así que hay muchísima gente, y miles de grandes árboles, que se merecen mi más sincero agradecimiento! Después de visitar y trabajar en cuarenta y seis países a lo largo de toda mi vida, estoy agradecida por la multitud de gente, en el ámbito local y en el internacional, cuya sabiduría y amistad han sido una parte fundamental en este viaje. Nunca os podré dar las gracias individualmente en estas páginas, pero os llevo a todos en el corazón, el alma y la mente, con enorme gratitud. Algunos grupos se alzan en lo alto: toda una vida de compañeros de clase y profesores, desde la escuela de primaria Hoffman y el instituto Elmira Free Academy en Elmira, Nueva York; Williams College, en Massachusetts; la Universidad de Aberdeen, en Escocia, y, en Australia, la Universidad de Sídney y la Universidad de Nueva Inglaterra. Quiero dar las gracias especialmente a mis tres amigas de toda la vida, de la escuela de primaria: Betsy Hilfiger, Mimi Welliver y Maxine Parker. Con el grupo de mujeres del remoto interior de Australia forjé una increíble hermandad cuando tuvimos a nuestros hijos a la vez. Cuando regresé a Estados Unidos, tuve varios fantásticos modelos a imitar, que me aconsejaron y me animaron cuando yo luchaba por conciliar la vida familiar y el trabajo: Tom Lovejoy, Peter Raven, Sylvia

Earle, Betsy Bennett, Kristin y John Replogle, E. O. Wilson, John y Lee Trott, Hal Heatwole, Carol y Bob Bilbro, Dan Solomon, Jeff Braden, Hugh Caffey, Brian Rosborough y Cy Spurlino. En Etiopía, le doy las gracias a mi alma gemela en la conservación de los bosques iglesia, Alemayehu Wassie Eshete, así como a los curas de la región alrededor de Bahar Dar, que siempre me han recibido con los brazos abiertos y que han sido una fuente de inspiración para nuestra colaboración. En Malasia, la familia Cockrell, Alan Tan y los profesores de la Universidad Sains Malaysia fueron las estrellas locales que consiguieron garantizar nuestro éxito colectivo para conservar los bosques pluviales de Penang. Soubadra Devy, T Ganesh y Sinu Pallaty son ya viejos amigos y la fuerza catalizadora de los programas del dosel en la India. Randy «oso de agua» Miller es un tremendo taxonomista de tardígrados, y juntos compartimos nuestros conocimientos con varios estudiantes con movilidad reducida. A lo largo de veinticinco años, mis guías en el Amazonas peruano me han enseñado muchísimo acerca de los usos locales de las plantas, así como acerca de la naturaleza humana: Guillermo, Ricardo, Willie y Juan, entre otros. En mi iniciativa más reciente, Mission Green, tengo la suerte de contar con un fabuloso Comité Científico Asesor, que cree que los doseles arbóreos son parte integral de la conservación global: E. O. Wilson, Sylvia Earle, Patricia Wright, Wade Davis, Peter y Pat Raven, y Alemayehu Wassie. He tenido la fortuna de trabajar con el extraordinario personal de diversas instituciones: National Geographic, New College en Florida, Williams College, el Jardín Botánico Marie Selby, el Museo Natural de Ciencias de Carolina del Norte, la Academia de Ciencias de California, la Universidad Nacional de Singapur, Rolex SA y The Explorers Club. Dulce Martínez fue mi hermana en Sarasota, y Jean Thompson Black, una mentora brillante que ha publicado algunos de mis libros anteriores en Yale University Press.

El Centro Rachel Carson para el Medio Ambiente y la Sociedad, en Múnich, me proporcionó el estímulo necesario para hacer este libro gracias a una beca de escritura, y el personal y el comité de la Fundación TREE han enriquecido, durante más de dos décadas, mi capacidad para contar historias. Una «despensa» especial de viajeros por el Amazonas –Deb Heineman, Bob Woods, Mary Mountcastle, Cyndie Spencer, Harland Chun, Susan Walker y Jim Follett– ayudó a que naciera Mission Green, como también lo hizo mi hermana en la Tierra, Elizabeth Moore, el primer ángel benefactor que ayudó a lanzar esta iniciativa. Mi agente literaria, Jessica Papin, de Dystel, Goderich & Bourret LLC, es, en sí misma, una fuerza de la naturaleza, que impulsó verdaderamente el nacimiento de este libro con su entusiasmo e influencia. El equipo en Farrar, Straus and Giroux ha sido un apoyo brillante, liderado por mi querida editora, Jenna Johnson, cuyas cuidadosas sugerencias convirtieron mis torpes frases en un pulido borrador, y por Lydia Zoells, siempre disponible. Doy las gracias al equipo de derechos FSG: Devon Mazzone, Flora Esterly, Pauline Post y Anaka Allen; a los equipos legales, de producción y de derechos: Debra Helfand, Nancy Elgin, Nina Frieman, Abby Kagan, Barbara Cohen, Susan Vantlecke y Na Kim (que hizo las hermosas ilustraciones), y a los equipos de publicidad, *marketing* y comercial: Steve Weil, Sarita Varma, Nikki Barnhart, Hillary Tisman, Daniel del Valle, Carina Imbornone y Spenser Lee.

Finalmente, mis hijos, Eddie y James Burgess, han sido una fuente de inspiración en mis aventuras por todo el planeta, como lo fueron mis padres –Alice y el difunto John Lowman–, que cuidaron generosamente de los niños durante algunas de mis expediciones a tierras más lejanas. Y, muy pronto, espero poder llevar a la siguiente generación, a mis nietos Lyla Louise y Everett Ely Burgess, a explorar las copas de los árboles del mundo. Durante esta búsqueda de hojas que dura ya toda una vida, mi familia extendida –incluidos los compañeros del campamento en el Centro Burgundy para el Estudio de la Vida Salvaje y mis compañeros estudiantes y profesores de posgrado– me han enseñado muchísimas cosas, desde cómo aplastar tábanos hasta cómo cazar una enorme pitón de forma segura o cómo analizar de manera eficaz montones de datos. Un enorme achuchón para Vic von Klemperer, que preparó una increíble comida mientras leíamos las galeradas, y para otras amistades de Sarasota, que me orientaron a través de los múltiples borradores. ¡Sabéis quiénes sois!

Finalmente, muchos arbonautas en todo el mundo han contribuido con conocimientos, inspiración y transpiración a mis historias sobre los árboles. Nunca podré agradeceros lo suficiente a todos vuestra dedicación a los frondosos gigantes del planeta.

Índice temático